2016 "纺织之光" 中国纺织工业联合会纺织教育教学成果奖评审会

2016.8 江苏·常州

2016 年度高职教学成果奖评审会合影

评审会现场照片

教学成果颁奖现场照片

中国纺织工业联合会文件

中纺联〔2016〕60号

关于授予"纺织之光"2016年度
中国纺织工业联合会纺织教育教学成果奖的决定

各有关院校：

根据国务院发布实施的《教学成果奖励条例》和《中国纺织工业联合会纺织职业教育教学成果奖奖励办法》，经中国纺织工业联合会纺织教育教学成果奖励评审委员会审定，联合会批准，"纺织之光"2016年度中国纺织工业联合会纺织教育教学成果奖授奖项目共101项，其中：授予杭州职业技术学院章瓯雁等申报的"基于校企共同体的工作室个性化人才培养模式改革与实践"等17项教学成果一等奖；盐城工业职业技术学院刘华等申报的"'赛、课、证融通，学做案导学导做'教学模式的研究与实践"等32项教学成果二等奖；常州纺织服装职业技术学院苏昊等申报的"技能竞赛与创新人才培养模式融合互联，实现动画专业生校企三方共赢"等52项教学成果三等奖。

中国纺织工业联合会希望全行业要认真落实党中央对纺织工业转型升级的总体要求，鼓励纺织服装院校积极深化教学改革，彰显"做中学、做中教"的纺织教育教学改革的特点，开拓创新，提高纺织教育教学水平和教育质量，全面促进和推动纺织行业的发展。

附件："纺织之光"2016 年度中国纺织工业联合会纺织教育教学成果奖评审结果

中国纺织工业联合会

2016 年 10 月 17 日

——主编——
中国纺织工业联合会
中国纺织服装教育学会
纺织之光科技教育基金会

"纺织之光"

中国纺织工业联合会
纺织职业教育教学成果奖
汇编
（2016年）

东华大学出版社
·上海·

图书在版编目(CIP)数据

"纺织之光"中国纺织工业联合会纺织职业教育教学成果奖汇编.2016年/中国纺织工业联合会,中国纺织服装教育学会,纺织之光科技教育基金会主编.—上海:东华大学出版社,2017.7

ISBN 978-7-5669-1232-9

Ⅰ.①纺… Ⅱ.①中… ②中… ③纺… Ⅲ.①纺织工业—职业教育—文集 Ⅳ.①TS1-4

中国版本图书馆 CIP 数据核字(2017)第 155215 号

责任编辑　李伟伟

"纺织之光"中国纺织工业联合会纺织职业教育教学成果奖汇编(2016年)
FANGZHIZHIGUANG ZHONGGUO FANGZHI GONGYE LIANHEHUI FANGZHI ZHIYE JIAOYU JIAOXUE CHENGGUOJIANG HUIBIAN

主　　编　中国纺织工业联合会　中国纺织服装教育学会　纺织之光科技教育基金会

出 版 发 行　东华大学出版社(上海市延安西路1882号　邮政编码:200051)
出版社网址　http://www.dhupress.net
天猫旗舰店　http://dhdx.tmall.com
营 销 中 心　021-62193056　62373056　62379558
印　　刷　上海锦良印刷厂
开　　本　889mm×1194mm　1/16
印　　张　21.5
字　　数　757千字
版　　次　2017年7月第1版
印　　次　2017年7月第1次印刷

书　　号　ISBN 978-7-5669-1232-9
定　　价　60.00元

"纺织之光" 2016 年度中国纺织工业联合会纺织职业教育教学成果奖评审结果

序号	项目名称	作者	学校	获奖等级
1	"基于校企共同体的工作室个性化人才培养模式"改革与实践	章瓯雁,梅笑雪,竺近珠,郑小飞,郑露苒	杭州职业技术学院	一等奖
2	高职服装专业继续教育"魔方式"的项目化课程教学与管理	李臻颖,朱红,张霞,丁学华,颜丽婷	常州纺织服装职业技术学院	一等奖
3	依托科技创新团队,构建科教结合平台,培养创新创业人才	陈志华,蔡永东,仲岑然,杨晓红,尹桂波,马顺彬,张炜栋	江苏工程职业技术学院	一等奖
4	以技能大赛为引领,构建服装设计专业实践创新能力培养体系	彭立云,邢颖,魏振乾,王军,马昀	江苏工程职业技术学院	一等奖
5	契合职业技能链的高职纺织服装贸易育人系统的构建与探索	包忠明,庄立新,邵东锋,钱华生,左武荣,郭雪峰	常州纺织服装职业技术学院	一等奖
6	高职纺织类专业产学研协同创新人才培养模式的探索与实践	刘建平,臧健,郭雪峰,张春花,夏冬	常州纺织服装职业技术学院	一等奖
7	泛在信息环境下"面料认识与鉴别"混合式教学模式的探索	季荣,董珍时,靳新,张燕飞,杨斌	浙江纺织服装职业技术学院、北京智启蓝墨信息技术有限公司、宁波秉泰服饰有限公司	一等奖
8	大学生电子商务模式下的"1+N"创业实验研究	李世宗,张韬,潘文星,胡红辉,张丹	武汉纺织大学高职学院	一等奖
9	校企协同、中外联动的纺织品设计专业建设与改革——以创新实验班为例	王成,徐丛璐,罗炳金,陈敏,马旭红	浙江纺织服装职业技术学院	一等奖
10	基于慕课理念构建的"纺织品电子商务"网络课程平台及其应用实践	李桂付,施建华,曹林峰,赵磊,周彬	盐城工业职业技术学院	一等奖
11	"织物结构与设计"课程信息化教学改革的研究与实践	于勤,倪春锋,颜晓青,陈在铁,范尧明,费燕娜	沙洲职业工学院	一等奖
12	家纺设计专业学生创新创业线上线下双平台建设的探索与实践	马昀,王希颖,钱雪梅,张晓冬,任健,赵喜恒,陈炎	江苏工程职业技术学院	一等奖
13	基于仿真实训的传统细纱机智能化改造及其应用实践	张圣忠,赵磊,姚桂香,赵菊梅,王曙东,陈贵翠,戴俊,严以登,蒯大文	盐城工业职业技术学院、江苏悦达纺织集团有限公司	一等奖
14	基于校企共同体厂中校平台的现代学徒制培养探索与实践	郑小飞,徐剑,章瓯雁,王培松,郑路	杭州职业技术学院、达利(中国)有限公司	一等奖
15	基于纺织类学生综合能力培养的教学"四化"和育人"四+"创新与实践	贾格维,潘红玮,赵双军,姚海伟,李扬	陕西工业职业技术学院	一等奖
16	校企七合作、产教八融合,建设双优纺织专业团队	瞿才新,秦晓,王建明,刘华,赵菊梅,张圣忠	盐城工业职业技术学院	一等奖

序号	项目名称	作者	学校	获奖等级
17	基于产教融通的"学校－基地－企业"渐进式服装设计人才培养模式创新与实践	王家馨,杨念,吴基作,陈孟超,汤瑞昌,李金龙,周主国,郭智敏,苏燕璇,王田	广东职业技术学院	一等奖
18	"赛、课、证融通,学做案导学导做"教学模式的研究与实践	刘华,王曙东,王慧玲,瞿才新,赵菊梅	盐城工业职业技术学院	二等奖
19	国际化、本土化创新型时装制版人才培养的教学改革与实践	龚勤理,卓开霞,胡贞华,侯凤仙,竺梅芳	浙江纺织服装职业技术学院	二等奖
20	高职院校现代纺织技术专业分层分类人才培养模式的探索与实践	张林龙,吴益峰,王春模,赵红军,王曙东	盐城工业职业技术学院	二等奖
21	唤醒记忆——非遗融入艺术设计课程的探索与实践	薛晓霞,许晓婷,徐静,徐风,项建华	常州纺织服装职业技术学院	二等奖
22	信息化技术在"机织物设计"课程中的应用与教改实践	郁兰,陆晓波,王慧玲,周彬,刘艳,秦晓,马倩,王可,王洛涛	盐城工业职业技术学院	二等奖
23	大连市服装教育信息化平台建设与应用	韩雪,马丽群,李敏,何歆,乔燕	辽宁轻工职业学院	二等奖
24	实践教学资源共建共享机制与应用模式探索	毛志伟,王成,王丁国,项明,叶宏武	浙江纺织服装职业技术学院	二等奖
25	基于校企双主体办学体制下现代纺织专业群人才培养模式研究与实践	王前文,刘华,张圣忠,秦晓,徐帅,周彬,赵磊,陈贵翠,戴俊,王成军	盐城工业职业技术学院、江苏悦达纺织集团有限公司、江苏悦达家纺有限公司	二等奖
26	基于职业特质的"技能菜单式"分类分层培养模式的研究与实践	张荣华,赵磊,陈贵翠,常鹤岭,刘华	盐城工业职业技术学院	二等奖
27	基于创新创业视角下应用型会计人才培养研究与实践	曾洁琼,刘书兰,王珍义,徐雪霞,蔡艳芳,杨孙蕾	武汉纺织大学	二等奖
28	服装与服饰设计专业"可持续设计"思维训练的教学实践与研究	王淑华,庄立新,季凤芹,李蔚,张晶暄	常州纺织服装职业技术学院	二等奖
29	高职院校"双主体"人才培养模式的研究与探索	董传民,栗少萍,李爱香,胡兴珠,朱坤,葛永勃,杨慧慧	山东科技职业学院	二等奖
30	"四轮驱动六对接"纺织院校人才培养模式的创新与实践	张耘,丁馨,刘友全,史蓉贞	常州纺织服装职业技术学院	二等奖
31	高职艺术设计服装专业协同创新人才培养模式探索与实践	张丹丹,陈少炜,周国屏,蔡丹丹,罗正文	广东文艺职业学院	二等奖
32	基于技术逻辑课程体系建设的应用型服装专业人才培养模式改革与实践	朱秋月,曹莉,唐新强,张宁,马智勇	江西服装学院	二等奖
33	以市场需求为导向的"纺织材料检测"课程项目教学内容改革及其"教学做"一体化实践	姚桂香,赵磊,位丽,陈贵翠,张圣忠,王前文,闵庭元,薛华	盐城工业职业技术学院、盐城市纤维检验所	二等奖
34	"自我引导教育"在纺织品设计专业面料设计类课程改革中的实践与研究	王慧玲,周彬,黄素平,郁兰,刘艳,徐帅,陈燕	盐城工业职业技术学院	二等奖

序号	项目名称	作者	学校	获奖等级
35	纺纱设备拆装与维护课程改革实践	王显方,杨小侠,姚海伟,赵伟	陕西工业职业技术学院	二等奖
36	基于"互联网＋"背景下纺织类专业核心课程混合式教学模式的研究与实践	王艳芳,董敬贵,张明,张白露,于加刚	山东科技职业学院	二等奖
37	"三平台三进三出"多方参与阶段式教学模式优化与构建	何丽清,刘宏喜,文水平,刘旭峰,蔡祥,李伟勇,薛桂萍,邹龙辉	广东职业技术学院	二等奖
38	纺织服装专业学生公共英语教学改革的探索——学习动机激发策略的研究与实践	王志敏,邱黎,伍转华,陈剑勇,徐学敏	常州纺织服装职业技术学院	二等奖
39	"民族印染技艺"品牌课程建设	刘仁礼,郭葆青,潘荫缝,梁雄娟,甘敏,伍活辉	广西纺织工业学校	二等奖
40	本科高校转型发展背景下基于威客教学模式培养应用技术型人才的研究	徐照兴,杨水华,杨志文,赵德福	江西服装学院	二等奖
41	互联网＋"女装造型表达"课程教学改革与实践	穆红,陈珊,高岩,严华,张晓旭	无锡工艺职业技术学院	二等奖
42	职业素养教育融入专业课程改革的实践探索	安蓉泉,许淑燕,江平,徐高峰,童国通,赵帅	杭州职业技术学院	二等奖
43	基于"工程中心"构建人才培养体系和社会服务能力的研究与实践	张剑,胡刚,袁劲松,张蕾,欧浩源,李正淳,王昕阳,冯焕霞	广东职业技术学院	二等奖
44	"互联网＋"背景下基于校企合作长效机制的制鞋专业实践教学模式的创新与实践	陈婷,陶辉,周启红,万蓬勃,李世宗,潘文星	武汉纺织大学高职学院	二等奖
45	"学徒＋创业"人才培养实践教学体系改革与探索——以成都纺专服装学院为例	胡毅,吴杰,阳川,刘晓影,沈妮,李晓岩,李维,刘治君	成都纺织高等专科学校	二等奖
46	"教学做一体"纺织类实训教学的创新与实践	严瑛,康强,王化冰	陕西工业职业技术学院	二等奖
47	师徒带教制融合产学研赛,推进课程平台建设和发展	陆旭明,夏建春,缪建华,杨华	常州纺织服装职业技术学院	二等奖
48	中职服装专业数字信息化教学平台的构建	汪薇,朱华平,于虹,马宇丽,李雯,韦雪婷	广西纺织工业学校、深圳格林兄弟科技有限公司	二等奖
49	服装色彩搭配仿真软件的研发	孙文平,田秋实,杜紫阳,崔晓秋,王琳秀	大连市轻工业学校、大连华普威科技有限公司、汇众数字技术公司	三等奖
50	基于"企业学院"的室内设计专业人才培养模式探索与实践	李明,苟晓梅,姜为青,张伟,方美清,倪勇,郭文萍	盐城工业职业技术学院	三等奖
51	技能竞赛与创新人才培养模式融合互联,实现动画专业生校企三方共赢	苏昊,陈捷,沈建,沈洋,项建华	常州纺织服装职业技术学院	三等奖
52	纺织专业群对接区域产业群人才培养模式的研究——以江苏省现代纺织技术重点专业群为例	范尧明,倪春锋,陈在铁,于勤,徐晓军,沈霞	沙洲职业工学院	三等奖

序号	项目名称	作者	学校	获奖等级
53	职业教育与学科教育协调发展的多层次会计人才培养模式研究与实践	李冬冬,刘书兰,徐涛,施梅艺兰	武汉纺织大学高职学院	三等奖
54	以市场化为导向的服装专业校企合作人才培养模式探索与研究	王林玉,陈洁,李月丽,周荣梅,瞿国全,管丽萍,陈玉红,张竹筠	盐城工业职业技术学院	三等奖
55	多元化招生背景下基于学生个性化特点分层次培养特色鲜明的染整专业人才的研究与实践	刘德驹,金绍娣,顾东雅,李萍,项东升,王岚	盐城工业职业技术学院	三等奖
56	高职艺术设计专业生产性教学为社会服务的探索与实践	芮雪莹,许婷芳,代红阳,贾彦金,顾明智	常州纺织服装职业技术学院	三等奖
57	"三位一体"分层递进的纺织类应用型经贸人才培养模式研究与实践	田俊芳,黄辉,谢少安,占明珍,俞红	武汉纺织大学高职学院	三等奖
58	"虚实结合、赛证引领"四位一体的"纺织品外贸跟单"课堂教学实践	朱挺,周彬,徐帅,陈春侠,高小亮	盐城工业职业技术学院	三等奖
59	校企协同创新"女装技术项目"课程"项目主题式"教学模式改革与实践	陈洁,秦晓,周荣梅,王林玉,李月丽	盐城工业职业技术学院、盐城市唯洛伊服饰有限公司	三等奖
60	基于校企深度合作的"纺织检测技术"课程改革研究与实践	陈春侠,姜为青,周彬,黄素平,朱挺	盐城工业职业技术学院	三等奖
61	双创视域下高职纺织品设计专业校企合作课程体系改革及优质资源建设	刘艳,高小亮,刘华,郁兰,王慧玲,马倩,王洛涛,王成军,李爱琴	盐城工业职业技术学院、江苏悦达家纺有限公司	三等奖
62	基于"岗位引领,做学教创"的"新型纱线产品开发与工艺设计"课程系统化开发与应用	高小亮,赵菊梅,张圣忠,刘艳,秦晓,王可	盐城工业职业技术学院	三等奖
63	紧密结合企业标准和生产实际为企业输送准职业人"纺织品染整技术""四化法""三位一体"教学改革	位丽,王曙东,赵磊,陈春侠,浦毅,朱挺,颜云	盐城工业职业技术学院、盐城云翔纺织品有限公司	三等奖
64	"设计技术积累与转化"引领纺织品设计项目化教学实践与研究	孙宏,张志清,韩慧敏,朱红	常州纺织服装职业技术学院	三等奖
65	校企双主体合作办学模式下纺织服装实训基地的建设与探索	姜为青,陈贵翠,赵磊,张立峰,王曙东,瞿才新,刘华	盐城工业职业技术学院	三等奖
66	"政行校企"合作办学模式下高职染整专业学生职业素养培养的研究与实践	顾东雅,项东升,金绍娣,李萍,王岚,许士群	盐城工业职业技术学院	三等奖
67	高职院产学研一体化教学团队的构建与研究	王美红,林元宏,王翠萍,瞿才新,刘华,樊理山	盐城工业职业技术学院	三等奖
68	基于"互联网＋"的纺织类高职校信息技术"创新、创业"人才培养教学团队的建设	刘子明,任志敏,廖定安,邓凯,肖海慧	常州纺织服装职业技术学院	三等奖
69	依托纺织服装生产性实训基地构建基于纺织行业的"小型企业财务会计"实践教学平台	甘玲,朱芳,陈双双,刘爱坤,李昭文,朱华平	广西纺织工业学校	三等奖
70	跨界搭台,协同创新,突显"美第奇"效应	李强林,黄俊,任建华,刘妙丽,黄方千,文德	成都纺织高等专科学校	三等奖

序号	项目名称	作者	学校	获奖等级
71	基于信息化管理协同构建校级质量工程申报平台的研究与实践	黄敏,陈晓燕,蒋纯谷,吴志敏,刘娜,陆盛初	广东职业技术学院	三等奖
72	以实训基地建设为载体,搭建校企联动"立交桥"运行长效机制	刘霞,黄启良,雷敏,朱华平,刘梅,李红梅	广西纺织工业学校	三等奖
73	高职院校实施"卓越技师"人才培养的创新研究与实践	秦晓,王建明,陈洁,程友刚,赵菊梅,瞿才新,吴昊,刘华	盐城工业职业技术学院	三等奖
74	基于产教融合的理念,构建纺织高职教育"三融通"人才培养模式	马顺彬,蔡永东,马斌,张曙光,周祥	江苏工程职业技术学院	三等奖
75	基于校企深度融合的人才培养模式创新研究与实践——以染整技术专业为例	杨秀稳,张昱,郭常青,王开苗,肖鹏业,张莉莉	山东轻工职业学院	三等奖
76	"校企轮转 分步递进"人才培养模式的研究	陈安柱,苏宏林,罗文华	盐城工业职业技术学院	三等奖
77	物流人才 STARS 培养模式的探索与实践	范学谦,谢少安,戴正翔,占明珍,瞿翔	武汉纺织大学高职学院	三等奖
78	产教融合培养纺织专业高素质技术技能人才的研究与实践	李竹君,刘森,吴佳林,唐琴,杨璧玲,陈继娥	广东职业技术学院	三等奖
79	"非遗传承＋文化创新"型人才培养实践与探索	李晓岩,阳川,晏红,钟慧,廖雪梅,胡毅	成都纺织高等专科学校	三等奖
80	高级品牌女装设计人才培养改革与创新	周世康,曹亚箭,古福昌,范福军	香港服装学院	三等奖
81	企业驻校·名店订制·项目教学——服装品牌管理专业人才培养模式创新实践	马丽群,韩雪,何歆,宋东霞,乔燕	辽宁轻工职业学院	三等奖
82	依托三维人体测量的服装设计与工程专业人才培养模式改革与实践	胡佳,段婷,黄春岚,熊欢,涂晓明,付志臣,徐雪梅	江西服装学院	三等奖
83	高级品牌女装立体裁剪人才培养创新模式	周世康,曹亚箭,古福昌,范福军	香港服装学院	三等奖
84	知行合一技能导向的纺织经管类实景育人培养模式探索	姜宁川,何涛,庞霓虹,夏远江,徐娅宁,曾川,祝红军,刘葭,胡旸,万华,蒋海燕,饶绍伦,刘银锋,唐烨瑶	成都纺织高等专科学校	三等奖
85	染整技术专业工学结合"订单式"人才培养模式的改革	梁鹏,于志财,何华玲,金莹,司波	辽东学院	三等奖
86	新常态下的职业教育课程项目化教学实践	戴桦根,曹颖,刘会	嘉兴职业技术学院、嘉兴锦丰纺织整理有限公司、嘉兴市特欣织造有限公司	三等奖
87	对接地方政府人力资源战略,创建服装设计专业多元化课程体系与创新人才培养	黄春岚,段婷,胡佳,胡艳丽,王智沛,唐新强,徐雪梅	江西服装学院	三等奖
88	"纺纱技术"课程信息化、职业化教学改革的实践	罗建红,姚凌燕,刘秀英,刘光彬,宋雅路	成都纺织高等专科学校	三等奖

序号	项目名称	作者	学校	获奖等级
89	工学结合教学效果评价及学生在岗管理模式研究——以染整专业为例	孙开进,项东升,张伟,周秀芹,朱驯	盐城工业职业技术学院	三等奖
90	基于SPOC的"纺织企业管理与成本控制"课程翻转课堂教学改革研究与实践	胡颖梅,蔡育,韩亚东,梁平,罗建红,徐杨博	成都纺织高等专科学校	三等奖
91	中国儒家文化视阈下的服装设计专业设计理念创新与教学实践	龙琳,袁传刚,魏迎凯,许平山,赵剑章,金隽,喻英,郝文洁	安徽职业技术学院	三等奖
92	"服装材料"精品课程建设与实践	董春燕,陈娟芬,廖师琴,杨陈,程浩南	江西服装学院	三等奖
93	构建与实施"工学循环"的纺织技术及营销专业课程体系	巴亮,赵善兵,覃洁宁,陈卫红,冯霞,陆冰莹	广西纺织工业学校	三等奖
94	纺织品装饰艺术设计专业职业能力培养探索与实践	薛霞,邢文凯,张际仲,包荣华	常州纺织服装职业技术学院	三等奖
95	新形势下高职物联网专业项目化教学模式研究	杨磊,杜元胜,李存伟,李洪建,张瑞玲	山东科技职业学院	三等奖
96	以职场为导向的高职人文素质课程改革创新研究与实践——以公共英语分级教学为例	张玉惕,吕宁,胡燕,刘晓玲,蒋宏,刘爱琴	山东轻工职业学院	三等奖
97	染整专业图案设计方向创新人才课程体系改革研究与实践	姚洁,李红梅,潘荫缝,梁雄娟,蒙肖锋,张来东	广西纺织工业学校	三等奖
98	职业院校学生学习主动性研究	王峰,张为乐,王瑞芝,周磊,虞湛,肖鹏业	山东轻工职业学院	三等奖
99	"学生作品商品化"的服装工艺课程建设和实践	李志慧,欧阳晓龙,杨艳,任小波,宋正富	重庆工贸职业技术学院	三等奖
100	纺织品检验与贸易专业实践教学体系的研究与实践	包振华,徐华,范皓,何方容,孙筠,王作宏,全建业,王宝根,李岳,孙俊,黄皓	武汉职业技术学院	三等奖
101	加强和改善学校德育工作的研究	宫淑芝,王伟,马文卿,丁爱美,王首席,陈灵锐	山东科技职业学院	三等奖

目 录 Contents

第一部分 · 一等奖

"基于校企共同体的工作室个性化人才培养模式"改革与实践

杭州职业技术学院

完成人及简介

姓 名	性别	所在单位	党政职务	专业技术职称
章瓯雁	女	杭州职业技术学院	无	教 授
梅笑雪	女	杭州职业技术学院	党支部书记	讲 师
竺近珠	女	杭州职业技术学院	达利女装学院副院长	讲 师
郑小飞	男	杭州职业技术学院	党总支副书记、副院长	副教授
郑露茜	女	杭州职业技术学院	无	讲 师

一、 成果简介及主要解决的教学问题

"基于校企共同体的服装专业工作室个性化人才培养模式"改革与实践,是我校对"校企共同体"体制机制创新理论研究与实践应用的一项成果。"校企共同体"是我校与区域主导行业的主流企业以合作共赢为基础,以协议形式缔约建立的相互开放、相互联系、相互依赖、相互促进的利益实体,是校企合作的新型组织形式,具有共同规划、共构组织、共同建设、共同管理、共享成果、共担风险"六共"特征。达利女装学院是我校与服装行业的主流企业达利(中国)有限公司合作建立的 7 个校企共同体之一。"基于校企共同体的服装专业工作室个性化人才培养模式"经过 4 年的探索与实践取得了显著成效,有效解决了工作室"项目来源不稳定,人才培养功能发挥不足,探索各个教学环节实施细节不够,管理体制与运行机制不健全,对来自不同企业的产品定位、风格等把握不准,学生难以参与到项目中,无法高质量完成企业的产品开发项目"等关键问题。

二、 成果解决教学问题的方法

通过创建校企共同体和个性化人才培养,探索提高人才培养适用性的有效途径。

(1) 项目以达利产品研发为主体,服务服从于个性化人才培养要求。①工作室紧跟企业需求,明确教学定位是个性化人才培养,通过个性化教学,培养一批对服装立体造型感兴趣且具有综合职业能力的学生。②研发项目以达利产品开发为主,以达利天猫店"CB"品牌的产品开发工作过程作为教学内容,学习即工作;将企业真实产品开发项目融入教学,作品即产品;工作室对学生实行企业化管理。

(2) 针对学生特长制定培养方案,分解后的项目易于学生参与和完成。①工作室根据学生特长制定个性化培养方案,然后结合开发项目组织攻关。②工作室对项目进行分解,并根据学生特长等分配项目。项目分解到足够具体、细致,因此学生容易自主完成。

(3) 引入企业对员工考核办法,对学生实行项目绩效考核。按项目完成的过程和成果对学生进行考核,既有过程考核,又有终结考核。每个子任务完成后,指导教师即对学生进行阶段效果评价;整个项目完成后,工作室成员共同参与对项目的成果进行最终评价。

(4) 制度保障,为工作室教学活动的顺利开展和可持续发展奠定了基础。我校出台了《技术研发平台管理暂行办法》,规定了工作室设立的条件、主要任务等。同时,制定了一系列扶持和激励措施,如技术研发平台负

责人享受校内副处级待遇等。

三、 成果的创新点

(1) 在持续不断的新品研发过程中,培养学生的创新能力。以合作企业的产品开发为主,确保学生有持续不断的真实项目进行综合实践;学生参与企业产品开发,实现了"企业专家最后把关,教师为辅,学生设计开发为主"的转变;4年来,工作室为企业设计开发产品312款,学生的创新能力得到锻炼和提高,实现了"训与研"合一。

(2) 工作室接到项目后,根据教学环节对项目进行分解,然后,根据每位学生的特长等分配项目。项目分解做到足够具体、细致,因此学生容易自主完成。

(3) 在老师指导下,学生参与完成真实项目,共同解决企业的实际问题,如工程方向的学生向设计方向的同学请教服装款式设计、电脑效果图绘制、色彩搭配等技能,学生之间的沟通合作增多,团结协作能力得到了极大的锻炼和提高。

四、 成果的推广应用情况

本成果于2012年提出进行实践,2013年顺利立项浙江省高等教育教学改革研究项目。经过4年的理论深化、实践探索、成果推广与应用,在全国高职院校的工作室建设与运行中起到示范与引领作用。

(1) "基于校企共同体的工作室个性化人才培养模式"成为高职院校工作室教学的典范,被全国众多高职院校借鉴学习。本工作室个性化人才培养模式开展后,有效解决了"工作室的项目来源不稳定,工作室的人才培养功能发挥不足,探索工作室各个教学环节实施细节不够,管理体制与运行机制不健全,工作室对来自不同企业的产品定位、风格等把握不准,学生难以参与到项目中,无法高质量完成企业的产品开发项目"等关键问题。服装立体造型工作室每年接受来访的各方领导、同行及兄弟院校师生上百次,通过在这一平台上进行经验、学术交流,扩大了本专业的知名度和影响力,加快了专业建设。

(2) 个性化培养成效显著,工作室学生连续4年获得技能大赛全国或全省一等奖。工作室根据学生的特长,对学生进行个性化培养,成效显著。学生在工作室接受有针对性的培训,进行真实项目的研发,综合职业技能得到快速提升。自2012年以来,4年时间,学生获得全国纺织服装专业学生职业技能标兵3项、技师资格证书3项、全国高职服装专业技能大赛一等奖8项。企业纷纷提前进校预订工作室的学生,不少毕业生毕业不到一年月薪就达8 000元。

(3) 教师深度参与企业产品研发,实践技能显著提升。以基于校企共同体的工作室为平台,依托合作企业的人力资源优势,校企共同实施"团队教师能力提升计划",教师与企业的联系与沟通得到加强。团队教师以项目为载体,以校企合作为纽带,在工作室"立地式"的研发工作中不断提高自身的应用和创新能力。工作室负责人自2013年以来担任杭州生生韵丝绸有限公司设计总监,2013—2015年为企业开发设计产品并带来可观业绩,3年来公司销售业绩达3 600万,利润近800万,受到企业高度肯定。

(4) 理论研究取得丰硕成果,应用前景良好。"基于校企共同体的工作室个性化人才培养模式"的研究与实践,取得丰硕成果:一是,研究和实践成果,以论文形式发表、推广。2014年6月,《塑型材料在服装造型中的应用研究》在核心期刊《丝绸》上发表;2015年10月,《基于校企共同体的工作室制高职服装专业人才培养模式》在《纺织服装教育》期刊发表。二是,先后立项的纵、横向课题23项,到款金额76.9万元。其中,国家级2项,省厅级2项,为企业开发新产品的横向课题2项,为其他院校提供技术指导6项。三是,课题负责人多次担任全国学生技能大赛的裁判和骨干教师培训专家,社会影响广泛,在职业院校特别是中职学校中具有较大影响力。

高职服装专业继续教育"魔方式"的项目化课程教学与管理

常州纺织服装职业技术学院

完成人及简介

姓 名	性别	所在单位	党政职务	专业技术职称
李臻颖	女	常州纺织服装职业技术学院	服装系副主任	副教授
朱 红	女	常州纺织服装职业技术学院	服装系主任	教 授
张 霞	女	常州纺织服装职业技术学院	继续教育学院副院长	讲 师
丁学华	男	常州纺织服装职业技术学院	无	副教授
颜丽婷	女	常州纺织服装职业技术学院	教研室副主任	讲 师

一、 成果简介及主要解决的教学问题

（一）成果简介

经过 10 年的探索与实践,服装专业继续教育"魔方式"的项目化课程教学与管理取得了显著成果。所谓"魔方式"的项目化课程教学与管理,是指为满足学员要求,以培养学习者能胜任岗位工作为宗旨,采用开放式教学,在教学计划、课程体系、教学内容、教学方式和教学管理等方面具有较大的可组合性、可选择性和可持续性发展的特点。

1. 形成了继续教育"魔方式"的项目化课程教学模式

根据企业运营实际、学员个体差异,服装专业继续教育采取两种形式(迎客上门和送教上门)、三方共培(学校、受培企业和社会服装企业),紧扣专业教学四个特性,构建了课程、师资、资源、场地柔性组合的教学模式。

2. 形成了继续教育"魔方式"的项目化课程管理模式

抓住项目化课程的特点,从课程的生成系统管理、课程实施系统管理和课程评价系统管理三个环节解决谁管理? 管什么? 为什么管? 怎样管? 的问题,建立了适合项目化课程的课程管理体系及实施方案。

（二）主要解决的教学问题

(1) 解决了因继续教育学员的培训需求不同而造成的教学内容设置难题。

(2) 解决了因继续教育学员的文化基础和专业技能差异而造成的教学方法实施难题。

(3) 解决了因继续教育的时间和地点的不同而造成的教学组织设计难题。

二、 解决教学问题的方法

（一）构建继续教育"魔方式"的项目化课程教学模式

"魔方式"课程教学模式的构建主要体现在以下 4 个方面:

1. 分类型培养,体现教学目标明确性

继续教育根据服装企业岗位分类将课程进行模块化整合后归纳为服装设计与开发、服装制版与工艺设计、服装生产管理、服装品牌策划与陈列展示、服装营销、服装外贸六大课程模块。分析继续教育对象的特点,分别针对学生、操作工人、有系统专业知识和一定实践经验的员工、一线的生产管理人员、企业领导开展培训,力求

教学目标明确、教学计划切实可行(图1)。

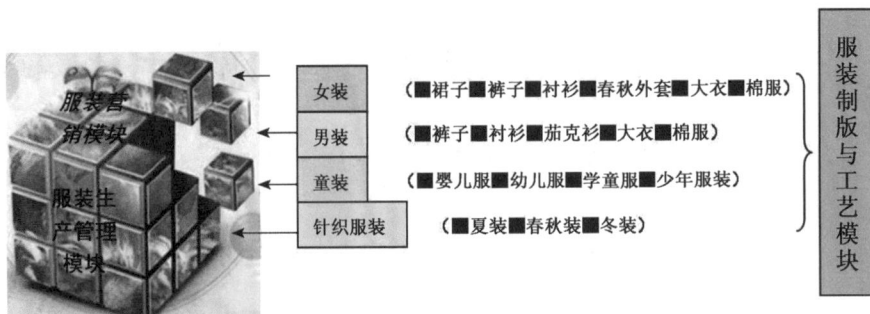

图1 项目化课程柔性组合

2. 分层次设计,体现教学内容针对性

根据继续教育需求,构建了模块化项目课程体系。根据行业发展趋势,设计和完善了项目化课程库。确立了综合职业能力课程观与"多元整合"的课程观,并以此指导课程标准的建立,指导课程开发与课程改革的具体实践(图2)。

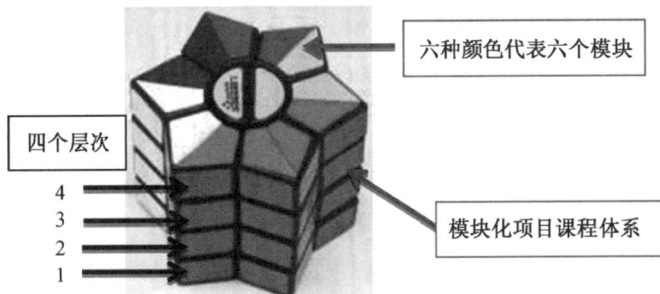

图2 课程体系分类分层

3. 多途径渗透,体现教学形式多样性

课程教学以项目为引领,以典型服装款式或客户订单为载体将相关知识点的理解和专业技能训练结合起来,"教、学、做"一体化。继续教育中还开设了讲座、组织参加展览会和参观相关企业。这些活动的开展,充实了教学内容,丰富了教学形式,活跃了教学过程,延伸了教学空间。

4. 多元评价,体现教学考核综合性

教学考核重视综合性、过程性和多元性。采用多元化的评价方式,自评、互评、讲评、第三方参评(职业技能鉴定、作品展)相结合进行评价。

(二)构建继续教育"魔方式"的项目化课程管理模式

建立了适合项目化课程的课程管理体系,编制了实施方案(图3)。编制了课程生成系统的"关于制订项目化课程标准的建议方案"和课程实施系统的"项目化课程建设工作建议方案"、"项目化课程教学质量管理建议方案"和课程评价系统的"项目化课程建设评估方案"等文件。

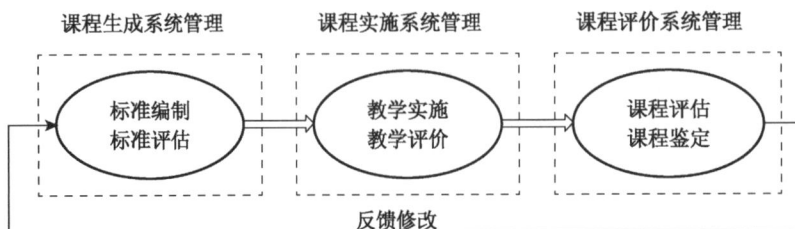

图3 项目化课程管理体系框架图

三、 成果的创新点

（一）实施了"魔方式"的课程教学与管理

为满足企业要求,以培养学员能胜任岗位工作为宗旨,课程可组合、师资可组队、教学场所可选择、教学方式可灵活,继续教育具有培养计划柔性化、模块化课程体系柔性化、教学组织过程柔性化、教学考核柔性化的特点。抓住项目化课程的特点,从课程的生成系统管理、实施系统管理和评价系统管理建立了课程管理体系。

（二）采用了开放式的教学过程

采用了集体学习阶段与个人学习阶段相交替的开放式教学,这种方法能够将新信息与个体的、独特的思维结构相整合。在集体学习阶段提供高密度的信息,个体学习阶段促进学员对学习内容进行深入研究。开放有两层含义:一是教师对学员开放。教师引导学员进行自主探索和独立完成相关的学习任务,理论与实践、思考与行动相结合,基于"课题研究"的综合课程被证明是成功的示范。二是学员对实践或问题开放。学员不仅在实践和问题中巩固学到的知识,而且在实践中体验、感悟、质疑、甚至创新。

四、 成果的推广应用效果

本成果源于我院对服装专业继续教育项目化课程教学与管理的教学改革,经过10年的探索与实践,实现教育目的个人发展能力本位与社会需求能力本位的两者结合,成果得到了政府、行业和企业的认可。常州市教育局副局长梅向东说,常州纺院服装系与企业合作开办的培训班办学形式新颖、教学内容丰富,适应社会需求,为服装行业培养了一批素质优、技术精、能力强的高技能人才。梅副局长尤其对继续教育"教学项目特色化、知识模块多元化、师资力量团队化"的办学特色给予了充分肯定,并指出"常州纺院的服装类继续教育已经打造成品牌特色教学项目"。江苏省教育厅高教处处长经贵宝在一次培训班结业典礼上对服装系的继续教育在课程菜单式管理、项目教学特色化等方面所取得的成效给予了高度的评价。2012年"服装制版与工艺"作为江苏省成人教育特色专业建设验收通过,2015年服装系承办的纺织服装类青年教师企业实践(国培)获江苏省师培中心优秀培训项目。

自2006年起,学院继续教育培养了3 000多人次服装专业人才,近5年总计到账经费近1 600多万元,取得了企业受益、学员成长、政府惠民、学校传口碑多方共赢的局面。这种"魔方式"的项目化课程教学与管理模式的成功实践已经吸引了全国10多个省份的监狱企业和泰州溢达服装厂、常州嘉宝服装有限公司等企业慕名而来洽谈培训项目,服装专业的继续教育已成为校企合作的典范。

依托科技创新团队，构建科教结合平台，培养创新创业人才

江苏工程职业技术学院

完成人及简介

姓　名	性别	所在单位	党政职务	专业技术职称
陈志华	男	江苏工程职业技术学院	纺染工程学院院长	教　授
蔡永东	男	江苏工程职业技术学院	副主任	教　授
仲岑然	女	江苏工程职业技术学院	教务处长	教　授
杨晓红	女	江苏工程职业技术学院	纺染工程学院党总支副书记	副教授
尹桂波	男	江苏工程职业技术学院	纺染工程学院副院长	副教授

一、 成果简介及主要解决的教学问题

（一）成果简介

针对当前高职教育过程中存在的创新创业意识不强、能力不够、不能服务产业发展需求的现状，依托科技创新团队，培养了一批具有创新创业意识和能力的师资队伍，多渠道、多途径构筑科教结合、协同育人的创新创业教育实践平台，通过工程技术中心（平台）、教师科技项目、教授博士工作室、张謇拔尖人才计划、省大学生实践创新计划、技能大赛、社会实践等载体，将科技创新、专业教学、社会服务等有机融合、协同发展，构建"双线融合、三段递进"的创新创业课程体系，递进式实施创新创业训练课程，全方位培养学生创新创业意识和能力，通过深度产学研合作，将师生创新创业能力和成果应用于纺织行业、企业，助推企业产品提档、技术升级，服务纺织行业经济发展，得到政府、纺织行业、企业一致好评。

（二）主要解决教学问题

（1）创新机制，加强考核，多渠道全方位培养师生的创新创业意识和能力，实现理论和实践合一，解决了教师"理论与实践相脱离"的问题。将教师按科技创新团队分方向组合，通过出国研修、专业实践、挂职锻炼、学术交流、短期培训、访问工程师等形式，推进"四个一工程"，经锻炼，专业教师创新创业意识和能力有了全面培养和提高，为开展创新创业教育、教学提供了保障。

（2）构建科教结合创新平台，依托科技创新团队，形成了"双线融合、三段递进"创新创业教育人才培养方案，解决了"教学与科技相脱离"。构建了8个省市级科技创新平台，将6个省校级科技创新团队定方向、定任务、定学生，开设不同层次的创新创业课程，实现了创新创业课程、训练实践两条主线在公共课、专业课、各类实训课中的育创、练创、实创的三段递进，根据不同对象、不同层次、不同创新创业需求，自主选择课程，形成不同考核标准，取得学分可实行转换和奖励，使科技服务教学、教学促进科技，科教紧密结合，培养了学生创新创业能力。

（3）通过科教结合平台，解决了"教育与行业产业相脱离"的问题，培养了一大批行业、企业急需的技术技能人才。学生就业率连续10年达到100%，人才供需比超过1：6，人才培养的质量得到社会和企业的普遍好评，团队产学研合作成绩显著，有效推动了企业产品转型，行业升级，促进了教育和行业产业的深度融合，受到行业及各级政府的肯定。

二、 解决教学问题的方法

(1) 创建省校两级科技创新团队 6 个,将专业教师分到各团队组成科技小组,为每位教师定方向、定任务、定学生,创新体制机制,给每个团队配以专项经费,通过多种形式提升教师的科技创新创业意识与教学能力,促使教学与科研融合,将学生引到鼓励师生创新创业实践的课程中来。

(2) 构建多元创新创业平台,先后建有江苏省先进纺织工程技术中心、南通市新型纤维重点实验室等 8 个平台,整合校内校外资源,形成了以平台建设为方向的众多课题,下达到科技创新团队,将课题研究内容转化为学习任务,由教师指导学生完成,开展科教结合实践训练,再以教师博士工作室为补充,实施科教结合人才培养。

(3) 将创新创业课程、训练纳入人才培养方案,多途径全方位培养创新创业人才。针对各年级不同的基础情况,设计了递进式实施创新创业训练课程,打破体制机制间壁垒,设计相关专业课程,鼓励学生跨学科专业选修,实施考核激励制度,对创新创业课程及形成成果给予学分奖励并可替代其他课程,激发师生创新创业热情。

(4) 开展了百名教师进百企活动和"四个一工程",鼓励教师进行产学研合作,从实际生产中寻找课题,带领学生进行研究,为企业服务,并将研究技术和成果推广至企业,解决生产实践中的问题,将最新项目与成果转化为专业课程教学内容,科教结合,提升了师生的创新创业水平和社会服务能力。

三、成果的创新点

(1) 创新体制机制,构建科教紧密结合平台。打造省校二级共 6 个科技创新团队,构建 8 个省市级科技研发和创新平台,通过工程技术中心(平台)、教师科技项目、教授博士工作室、张謇拔尖人才计划、省大学生实践创新计划、技能大赛、社会实践等形式,为创新创业人才培养提供保障。

(2) 构建"双线融合、三段递进"的创新创业课程体系,多途径全方位培养创新创业人才。将创新创业课程体系纳入人才培养方案,形成一、二、三年级开设不同层次的创新创业课程,实现了创新创业课程、训练实践两条主线在公共课、专业课、各类实训课中的育创、练创、实创的三段递进,根据不同对象、不同层次、不同创新创业需求,自主选择课程,形成不同考核标准,取得学分可实行转换和奖励,培养了学生创新创业能力。

(3) 积极推进科教结合,科技服务教学、教学促进科技,通过百名教师进百企活动和"四个一工程",形成校企深度产学研合作的长效机制,学生就业率连续 10 年达到 100%,人才供需比超过 1:6,师生创新创业成果应用于纺织行业企业,助推企业产品提档、技术升级,服务纺织行业发展,人才培养质量、社会服务工作取得显著成效。

四、 成果的推广应用效果

(1) 由于创新体制机制,学生吸收了纺织行业先进的技术、管理理念等,双证书获得率达到 100%,深就业率连续十年达到 100%,受企业欢迎,在全国技能大赛中摘金夺银,获得个人和团体奖项 60 多项,近百名学生参加了 36 个项目,获得了 6 项专利,发表了 10 篇论文,38 人次获得了省高校优秀毕业设计各类奖项及优秀团队奖,30 多人参加了各类创业大赛 14 项,2 名学生获得了"纺织之光"学生奖。近百名学生先后创业开办了公司、实体店或网店等。

(2) 教学成果辐射兄弟院校,现代纺织技术专业于 2011 年通过国家示范院校重点专业建设验收后,其专业建设和教学改革成果在全国职业院校中得到推广,在全国高职纺织教育领域起到了良好的示范、引领与辐射作用,牵头建设国家级教学资源库,有 20 多所高职院校参加,连续 2 年主办纺织染整国培班,全国 40 多名教师参加培训。连续 2 年主办新疆纺织师资培训班,为新疆纺织类院校培养师资 30 人。由于加强了科技创新团队建设,培养了一大批创新创业人才,提升了广大师生的社会服务能力,促进现代纺织技术江苏省品牌专业、现代纺织技术国家级资源库建设。

(3) 服务纺织行业,通过创建省校两级科技创新团队,创新体制机制,服务企业 120 余家,到账经费 200 万元,为企业培训员工 3 000 余人,开发高新技术产品 4 个,助推企业产品提档升级,为企业新增销售收入 4.5 亿元以上。

(4) 校企合作成绩显著,备受行业及各级政府的重视和奖励,如 2013 年被中国纺织工业联合会授予全国纺织行业技能人才培育突出贡献奖,2014 年被中国纺织工业联合会授予中国纺织服装人才培养基地,2013 年获得南通市服务地方经济贡献奖,2014 年南通市商务局将南通市家用纺织品技术研发服务平台设置在我校,2015 年现代纺织技术专业获中国纺织服装产业校企合作专业优秀案例。

以技能大赛为引领,构建服装设计专业实践创新能力培养体系

江苏工程职业技术学院

完成人及简介

姓 名	性别	所在单位	党政职务	专业技术职称
彭立云	女	江苏工程职业技术学院	无	副教授
邢 颖	女	江苏工程职业技术学院	院长助理	副教授
魏振乾	男	江苏工程职业技术学院	无	讲 师
王 军	男	江苏工程职业技术学院	无	讲 师
马 昀	男	江苏工程职业技术学院	服装设计学院院长	副教授

一、 成果简介及主要解决的教学问题

(一) 成果简介

江苏工程职业技术学院服装设计专业在技能竞赛的引领和推动之下,构建了实践创新人才培养体系,人才培养质量得到显著提升。在技能竞赛的引领和推动之下,搭建了"前店—中校—后厂"实训教学平台,培育了高水平师资团队,推行了"四共育"校企合作运行机制,构建了"产业引领大赛、大赛引领专业、专业引领教学"的实践创新人才培养体系。

近 5 年来,学生在全国性服装设计技能大赛中摘金夺银,获得金奖(一等奖)23 个、银奖 10 个、铜奖 3 个,8 名学生获得"全国纺织服装专业学生职业技能标兵"荣誉称号,1 名学生获得"全国十佳制版师"称号。其中,参加近三次"全国职业院校技能大赛"的所有 13 名选手全部获得一等奖。2012 年、2013 年两次承办"国赛",2013 年、2015 年两次承办"省赛",办赛水平获得主办单位及参赛院校一致好评。

(二) 主要解决的教学问题

1. 技能竞赛推动了"工学结合"人才培养模式改革,促进形成了校企合作新机制

按照技能竞赛的要求搭建了"前店(时尚展示空间)、中校(国际时尚创意园)、后厂(服装生产技术中心)"的实训教学体系;以技能竞赛为载体,探索实施了"四共育(校企共育时尚空间、共育项目团队、共育时尚品牌、共育创业能力)"校企合作运行机制(图1)。

2. 技能竞赛与教学内容有机对接,优化了专业课程体系

将国赛、省赛的内容引入课程教学,将技能竞赛的评价标准引入课程考核,以技能竞赛为要求加强了中职与高职、高职与本科现代职教课程体系的衔接。

3. 技能竞赛发挥了拔尖人才的激励机制作用,促进了学风建设

专业实施"张睿计划"暨"技术技能型卓越人才培养计划",通过多院级、层次技能大赛选拔学生,以师带徒、导师制、校企合作制模式,建立完善的选拔与激励机制。

4. 技能竞赛培育了优秀项目团队,增强了服务地方经济的能力

通过将企业任务与比赛和教学内容相结合,一方面实现了工作过程与学习过程的无缝对接,提升了学生的实践创新能力和教师的科研能力,培养了优秀项目团队;学生实践创新能力的提升也为区域服装产业输送了大

量优秀人才,增强了职业教育服务地方经济发展的能力。

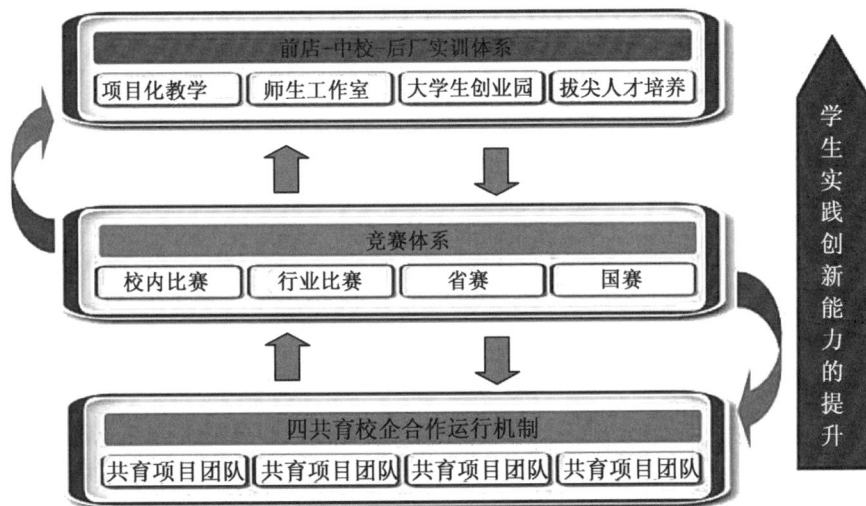

图1 技能竞赛促进了学生实践创新能力提升

二、 解决教学问题的方法

(一)以技能竞赛为载体,构建立体化、多层次的人才选拔激励机制

以"国赛""省赛"、行业大赛为引领,与校内学生技能大赛、学生毕业设计大赛共同构建了"立体化、常态化、多层次、全覆盖"的技能竞赛体系,结合"张睿计划"暨"卓越人才培养计划",实现了技能竞赛训练团队和教学项目团队的融合,竞赛项目与教学内容的融合,竞赛资源与教学资源的融合,建立起完善的人才选拔与激励机制。

(二)以技能竞赛为指南,深化工学结合人才培养模式改革

引入技能大赛评价标准,实现课程标准与行业标准的统一;引入技能大赛评价模式,实现人才培养质量标准与职业标准的对接;引入技能大赛训练模式,提升师生项目工作室、学生创业工作室的工作效能与业绩。

(三)以技能竞赛为抓手,创建"前店—中校—后厂"实训教学体系

将参赛组织、选手培训、参赛作品培育等工作与实训教学任务紧密结合,充分发挥"前店(时尚展示空间)""中校(国际时尚创意园)""后厂(服装生产技术中心)"的实训平台优势,创建场所与生产车间一体化,学习过程与工作过程一体化,教师与师傅、学生与徒弟一体化,学生作业与实际产品一体化的"共享型"实训教学体系。

(四)以技能竞赛为纽带,推行"四共育"校企合作运行机制

与"海澜之家"等知名服装企业深入推进"四共育"合作机制,即校企双方"共育时尚空间、共育项目团队、共育时尚品牌、共育创业能力"。企业赞助协办"国赛""省赛"、毕业设计大赛,技能大赛成为企业的选拔赛。以技能竞赛为纽带,校企合作建设"卡宾服饰"订单班、现代学徒制"海澜班"和"联发面料设计与应用设计中心"等校企合作育人平台。

三、 成果的创新点

(一)实现了技能竞赛体系与课程教学体系的融合

通过"竞赛项目"与"教学内容"的融合,"竞赛资源"与"教学资源"的共享,"竞赛过程"与"教学过程"的同步,"竞赛评价"与"课程标准"的统一。实现了技能竞赛体系与课程教学体系的融合,人才培养质量标准与职业标准的对接。

(二)实现了技能竞赛机制与校企合作机制的融合

逐步完善《服装设计学院教师和学生参赛管理办法章程》及《服装设计学院技能竞赛训练选拔机制》;通过校企联合举办技能大赛,将技能"竞赛项目"与"企业任务"相结合,为企业进行新品开发和产品发布,学校和企业共同培育"时尚空间""项目团队""时尚品牌"和学生的创业能力,实现了技能竞赛机制与校企合作运行机制的融合。

(三)实现了技能竞赛要求与实训体系建设的融合

以技能竞赛为引领,将技能竞赛要求与实训体系建设相融合,2015年成立"技能大赛指导中心""技能大赛设计与工艺师生项目工作室""技能大赛科技转化中心"。实现竞赛资源与教学资源共享、企业项目与参赛项目互融互哺、生校企三方共赢,教学资源在服装设计、服装制版与工艺、服装营销等专业间的共享和高效配置。

四、成果的推广应用效果

(一)专业竞赛成果拔尖

2010年以来,服装设计专业学生在全国各级各类技能大赛中摘金夺银共51项,连续3年在教育部等24个部委举办的全国职业院校技能大赛中所有选手均获一等奖,共13个,这在全国尚属首例。获奖学生中有9名学生获技师资格,9名学生获全国职业技能标兵称号,1位同学获全国十佳制版师称号,7位同学的毕业设计在江苏省本专科优秀毕业设计评比中获奖。毕业生深受用人单位欢迎,学生初次就业率98%以上,专业对口率80%以上。

(1) 2011—2015年,学生连续5年参加全国职业院校技能大赛高职组服装设计(制版)与工艺技能大赛,获得金奖(一等奖)23个、银奖10个、铜奖3个。连续五年获得江苏省级技能大赛金奖(一等奖)12个、银奖4个。

(2) 8名同学获得"全国纺织服装专业学生职业技能标兵"荣誉称号,1名同学获"全国十佳制版师"称号。4名同学获得国家高级技师称号证书,6名同学获得国家高级工称号证书。

(3) 服装设计专业"创新、创优、创业"人才培养实践获中国纺织工业协会教学成果三等奖。

(4) 获得"达利杯"第五届全国高职高专院校学生制版与工艺技能大赛团体一等奖,设计赛项与制版工艺赛项一共4个一等奖。

(5) 2014年获得"第七届凤凰庄杯"全国高职高专院校学生服装制版与工艺技能大赛团体一等奖。

(6) 2013年获得"达利杯"第五届全国高职高专院校学生制版与工艺技能大赛,设计赛项与制版工艺赛项一共4个一等奖。

(7) 2013年获得"达利杯"第五届全国高职高专院校学生制版与工艺技能大赛,设计赛项与制版工艺赛项一共4个一等奖。

(8) 2011年获得优秀毕业设计团队奖(江苏省高校毕业设计与论文评选组委会)。

(9) 2015年获得"达利杯"第五届全国高职高专院校学生制版与工艺技能大赛,设计赛项与制版工艺赛项一共6个一等奖、6个优秀指导老师奖。

(10) 江苏省微课比赛延续技能大赛拓展课程"荷叶边裁剪技巧"获一等奖(江苏省教育厅)。

(11) 获得2015全国教师组服装立体裁剪大赛技能大赛设计组铜奖、工艺组铜奖。

(12) 获得教育部信息教育技术中心主办的第十届全国多媒体课件大赛一等奖。

(二)专业建设成果丰硕

(1) "服装设计专业群"入选江苏省"十二五"重点建设专业群建设项目。

(2) "'产、学、研、用'合作培养创新人才的研究与实践"获江苏教育教学成果二等奖。

(3) "服装设计"课程入选"国家级精品资源共享课程","服装工业样板设计与制作"被评为省级精品课程,"纬编产品设计与开发"被评为全国服装设计专业教指委精品课程。

(4) "服装设计专业'创新、创优、创业'人才培养实践"获中国纺织工业协会教学成果三等奖。

(5) 服装设计专业群被江苏省列为重点建设专业群。

(6) 江苏省服装设计专业中高职教育衔接课程体系研究与实践课题通过验收,高职与本科分段培养课程体系研究与实践课题立项。

(三)产业对接应用广泛

(1) 师生先后为江苏联发集团、香港雅格希服装公司、南通东方星服装有限公司、江苏紫罗兰家用纺织品有限公司、南通海盟服装有限公司、江苏华艺集团、南通赛晖服装有限公司等25家行业主导企业开发新品1 200余款,制作样衣580余款;与南通纺联服装有限公司合作,2次成功中标并承担了南通市崇川区小学生校服的设计、制作任务,共设计并制作了校服样衣58款,完成校服生产3.4万余件。完成江苏工程职业技术学院军训服设计与制作 6 800 余件。

（2）为南通帝人有限公司先后 2 次完成 2015—2016 年度、2016—2017 年度聚酯纤维流行色彩趋势与面料结构分析项目；与南通文峰大世界成功合作开设服装卖场陈列设计项目 12 个；建成"南通市服装数字化技术服务平台"，为超过 35 家的服装企业提供了服装 CAD、服装计算机辅助打样、服装面料数码印花等数字化技术的推广及技术合作服务，合作完成数字化项目任务 740 余项。

（四）社会影响与辐射情况

（1）被评为江苏省职业技能竞赛教学研究基地；中高职服装专业骨干教师培训基地；江苏省职业技能大赛先进单位。连续两年承办教育部等部委主办的"全国职业院校学生服装设计技能大赛"；2012—2015 年，连续 4 年举办服装设计专业高职师资"国培"项目、"省培"项目。

（2）为江苏省职业院校、全国高职院校开展教师培训 120 余人；为新疆自治区培训服装设计师资 50 余人；为江苏省监狱系统、南通赛晖服装有限公司等企业技术人员进行技能培训，共计培训 4 700 余人；为省内中职院校开展服装设计、服装制版等实训教学任务达 870 余人次。

（3）连续两年将毕业设计环节与服装企业开发产品融合，为企业进行新品发布。毕业生设计作品得到企业的高度认可与评价，并受到南通电视台新闻频道、《南通日报》《扬子晚报》和《江海晚报》等多家媒体的热烈追捧和跟踪报道；作为南通电视台多个栏目主持人服装定点设计单位，学生的作品受到南通电视台的充分肯定和电视观众的一致好评；师生作品连续 3 年登上江苏省国际服装节的 T 型台。

（4）毕业生供不应求，深受企业好评，江苏工院服装设计学院被行业企业誉为"江苏服装专业人才的摇篮"，据第三方教育评估机构麦可思的跟踪调查，服装专业学生的就业质量连续多年在国内同类院校中居于前列。2011 级学生龚海燕入选江苏省好青年百人榜，《南通日报》等多家媒体报道了该生的事迹，学生就业率连续多年保持 98% 以上。

（5）新疆职业教育办公室、成都纺织高等专科学校、浙江纺织职业技术学院、新疆轻工业职业技术学院等多所省内外高职院校前来学习取经，突显了教改成果的应用推广价值。

（6）经江苏省教育厅批准，服装设计学院 2013 年起与南通大学纺织服装学院合作，开展"3＋2"本科、专科分段培养工作；与如皋职教中心等四个中职学校合作，开展"3＋3"中高职衔接培养工作。成功牵头申报立项江苏省"服装设计专业中高等职业教育衔接课程体系建设"课题，与南通大学合作申报立项江苏省"服装设计专业高职本科职业教育衔接课程体系建设"课题，并按进度推进建设工作。

契合职业技能链的高职纺织服装贸易
育人系统的构建与探索

常州纺织服装职业技术学院

完成人及简介

姓　名	性别	所在单位	党政职务	专业技术职称
包忠明	男	常州纺织服装职业技术学院	无	三级教授
庄立新	男	常州纺织服装职业技术学院	教研室主任	副教授
邵东锋	男	常州纺织服装职业技术学院	教研室主任	讲　师
钱华生	男	常州纺织服装职业技术学院	无	副教授
左武荣	男	常州纺织服装职业技术学院	无	副教授
郭雪峰	女	常州纺织服装职业技术学院	无	副教授

一、成果简介及主要解决的教学问题

契合职业技能链的高职纺织服装贸易育人系统是主动服务区域纺织服装贸易产业升级的人才新需求,依托江苏省"十二五"高校重点专业"现代纺织贸易"专业群,以纺织服装设计、加工、商贸职业技能链为轴心,以产教融合、校企合作为引领,整合校企优质教学资源,以系统式思维将纺织服装与商贸2类5个专业进行有机融合而构建技术技能人才培养系统。该育人系统主要由围绕纺织服装职业技能链而构建和形成的校企分类合作育人运行机制、技能贯通的教学实施方式、平台递进式的课程体系、学训兼修的技能实训模式和校企兼容的双师教学团队构成。经过近4年的实践与探索,育人系统在技术技能人才培养、教学模式与方式改革等方面取得了丰硕成果,通过专业辐射、区域辐射,在省内乃至国内同类专业教育中产生了一定的影响力。

契合职业技能链的高职纺织服装贸易育人系统以系统式思维解决了以下教学问题:

(1)人才技能培养与产业人才技能需求契合度不佳的问题。

(2)校企合作内容单一和功能模糊的问题。

(3)纺织服装与商贸各专业之间教学实施不能兼容的问题。

(4)纺织服装与商贸各专业之间课程体系、实训体系有机融合的问题。

(5)以机械式思维实施专业建设而使人才技能培养过于单一和孤立的问题。

二、解决教学问题的方法

(一)以职业技能链的理念为引领,实现了人才技能培养与产业技能要求相吻合

通过构建以纺织服装设计、加工、商贸职业技能链为轴心的育人系统,克服单一专业技能培养对应某一职业技能(群)而无法全面满足产业升级对人才技能需求的矛盾,有效提高人才技能培养与产业人才技能需求的契合度。

(二)通过将校企合作企业划分为不同的类别,实现了校企之间的"精准"合作

将校企合作企业按合作内容和功能划分为核心、重点、普通合作企业,并据此确定合作内容和合作企业在人才培养中的功能,消除校企合作内容单一、功能模糊的弊端,提高"双主体"校企合作机制的运行效率。

(三)采取技能贯通的教学实施方式,实现了纺织服装设计、加工、商贸职业技能培养的有效"贯通"

通过实施纺织服装与商贸类专业的技能课程、毕业设计、指导教师、技能证书等互选制度,打破相关专业之间技能培养的"藩篱",解决纺织服装与商贸各专业之间教学实施不能兼容的问题。

(四)构建平台递进式课程体系和学训兼修的实训模式,实现了纺织服装与商贸各专业之间课程体系、实训体系的有机融合

围绕纺织服装设计、加工、商贸职业技能链,构建"底层共享、中层分立、顶层互选"的平台递进式课程体系和学训兼修的实训模式,使相关专业之间的技能课程相互融通和实训教学模式的相互兼容。

(五)运用系统式思维认识并实施专业建设,实现了各专业相对孤立的人才培养要素及其资源的系统化整合

运用系统式思维来认识人才培养要素及其与环境的相互联系,通过各专业职业技能培养的相互嵌入和融通,避免运用机械式思维实施专业建设而造成的技能培养在专业之间相互孤立和技能单一的局面。

三、 成果的创新点

(一)创造性提出契合职业技能链的职业教育理念

契合职业技能链的职业教育理念将产教融合具体化,实现了产业人才技能需求与职业教育人才技能培养的高度契合,创新和延伸了职业教育人才培养机理,使技术技能人才培养更具针对性,为服务区域传统优势产业提供了新思路。

(二)探索践行职业技能贯通的教学实施方式

按照契合职业技能链的职业教育理念,建立健全纺织服装与商贸专业技能课程、毕业设计、指导教师、技能证书等互选制度,使纺织服装设计、加工、商贸各技能在教学实施中得以贯通,打破相关专业单一技能培养的界限,为提高人才培养与产业人才需求契合度提供了保障。

(三)创新构建系统式职业教育专业建设模式

以往的职业教育专业建设模式一般是以机械式思维通过单一技能培养实现专业建设目标,而系统式职业教育专业建设模式是基于系统式思维,在校企融合运行机制下,将人才培养的各种要素进行有机融合的模式。系统式专业建设模式是职业教育专业建设的一种创新尝试。

四、 成果的推广应用效果

(一)高职技术技能人才培养应用

经过近4年的实施和应用,纺织服装贸易育人系统各专业共招收全日制高职学生1 586人,已合格毕业515人,目前在校生1 071人。

(二)专业建设应用

(1) 育人系统的专业建设理念、建设思路、建设模式等在校内江苏省"十二五"高校重点专业"现代服务"专业群、学校重点专业"工商管理"专业群、学校教改试点专业"连锁经营管理"、"电子商务"和"市场营销"等专业建设过程中得到了具体应用,为提升相关专业的建设水平发挥了积极作用,"市场营销专业"在中国商业联合会开展的"全国商科高等职业教育特色专业推荐与命名活动"中,被评为"商科高等职业教育特色专业"。

(2) 借助育人系统实施了"服装设计"、"纺织品设计"和"国际经济与贸易"3个校级品牌专业建设项目。

(三)区域人才培养应用

(1) 借助育人系统申报立项并实施了"江苏省高校品牌专业建设工程一期项目"——"服装设计"专业建设项目。

(2) 育人系统的"服装设计"和"纺织品检验与贸易"专业分别与江苏省金坛中等专业学校和江苏省苏州丝绸中等专业学校开展了"3+3"中职与高职分段培养的试点,2015年被列为"江苏省现代职业教育体系建设试点项目"。

(3) 育人系统的"国际经济与贸易"、"服装设计"和"纺织品检验与贸易"专业分别与江苏理工学院、江南大学等本科院校实施了"专接本"、"专转本"和"专升本"等形式的对接本科教育计划。

(4) 借助育人系统完成有关职业教育研究的"江苏省高等教育教改研究立项课题"2 项,实施"江苏省中高等职业教育衔接课程体系建设立项课题"2 项。

(5) 育人系统师资团队近年完成企业技术和管理服务、地方政府咨询服务等社会服务项目 5 项,成果实施过程中获得省级教学奖励 9 项。

(四) 国内应用影响

(1) 育人系统的"服装设计"专业作为"教育部、财政部高等职业学校提升专业服务产业发展能力项目"已经合格通过验收。

(2) 育人系统内 4 家校企合作企业获评"中国纺织服装人才培养基地"称号。

(3) 利用育人系统的专业优势、师资力量为学校实施江苏省司法系统在职培训项目提供支持,近年完成了包括内蒙古、辽宁、安徽、福建、贵州、江苏等省区在职人员近 20 期、800 多人的培训。

(4) 借助育人系统实施中国纺织联合会纺织服装教改项目 1 项,在北大中文核心期刊发表与成果相关的教改研究论文 4 篇,其他学术期刊 12 篇。

(5) 成果实施过程中获得全国技能比赛团体奖 3 项、个人奖 13 项。

(五) 国际合作应用

(1) 育人系统的专业人才培养方案应用于学校国际合作办学项目常纺-莱佛士国际学院(Raffles Design Institute-Changzhou),师资团队承担了该学院的部分国际合作课程的教学认为,取得了较好的合作效果。

(2) 育人系统的专业人才培养方案应用于学校坦桑尼亚等非洲国家的委托培养项目,师资团队承担了该项目的 International Trade Practical Training, Trade Documents, Graduation Project, Graduation Thesis 等课程的教学任务。

高职纺织类专业产学研协同创新人才培养模式的探索与实践

常州纺织服装职业技术学院

完成人及简介

姓　名	性别	所在单位	党政职务	专业技术职称
刘建平	男	常州纺织服装职业技术学院	系分工会主席	教　授
臧　健	男	常州纺织服装职业技术学院	教研室副主任	讲　师
郭雪峰	女	常州纺织服装职业技术学院	无	副教授
张春花	女	常州纺织服装职业技术学院	教研室主任	讲　师
夏　冬	男	常州纺织服装职业技术学院	系党总支书记	教　授

一、成果简介及主要解决的教学问题

以多方合作培养技术技能型人才为指导思想,以开发符合高职教育培养要求的课程及课程体系为根本,实施校企交替培养方案,开创高职纺织类专业产学研协同创新人才培养模式。主要需要解决的教学问题如下:

(一)学校如何培养企业所需的技术、技能型人才

高职教育不仅是要培养掌握一定技术、技能的人才,更重要的是要培养企业生产一线所需的技术、技能型人才。学校所培养的人才是否适应企业的要求,这就需要高职院校与企业在人才培养问题上共同探讨、相互渗透,建立一种长期稳定的对接关系。多方参与构建"企业实训"课程教学体系,在企业实训课程实施中,构建了由校企双方参与的全方位教学体系,校企双方共同管理,专兼职教师共同施教,以企业所需岗位进行技术技能培训和学习,校、企、生、师相互监督,有效保障"企业实训"课程教学的顺利实施。在实战中锻炼和完善技术技能的掌握和应用。

(二)如何在生产性实训基地创新教学方法和手段

职业院校实训基地是培养技术技能型应用人才的主要载体,是实现职业教育人才培养规格的物质保障。学生深入到生产第一线,亲自体验生产实践活动,感受企业文化,参加企业管理。既可以锻炼学生的工作能力和专业技能,又可以增强其岗位意识、组织纪律性和协作精神,为进入社会打下良好的职业素质基础。在信息化技术迅速发展的今天,可以充分利用各种信息化教学方法和手段,开展不同于传统校园教学模式。

(三)校企如何利用各自的平台资源优势,创新师生科研成果的对接和转化

校企产学研合作是当今高职教育的趋势和难点,如何能找到合适的课题,首先必须了解企业的需求,与企业共建创新载体,为企业开展技术咨询服务。校企双方可以签订横向合作项目,企业向学校支付研究经费,解决企业技术难题,深入研究,申请专利,进一步申报纵向项目,争取国家财政资助,将科研成果产业化,产生新的经济增长点。

(四)如何满足学生和企业技术骨干学历的提升要求,完善现代职教教育体系

高职学生和企业技术骨干中的部分优秀者,在掌握基本的职业技能后有进一步提升自己学历的要求。这就需要在现代职教体系中找到合适的途径,打通提升学历渠道,提高他们职业学习的积极性。

二、 解决教学问题的方法

(一)行业企业学校组建教学集团,人才培养目标与企业人才需求相衔接

学校与中国纺织工业联合会、中国染料工业协会、江苏伊思达染织有限公司、大金(上海)氟化工有限公司等行业企业签订合作协议,组建了纺织染整职业教育教学集团。专业人才培养方案由行业领导、企业专家、专业教师共同制订并实施,使教学过程对接生产过程。标志性成果有纺织品设计专业和染整技术专业已建成江苏省特色专业、染整技术专业教学团队被评为 2014 年"常州纺院年度最具影响力的教学团队"。

(二)开设创新大赛项目开放课程,实现课证融通;建立网络教学平台,创新教学方法和手段

开设了化工工艺试验工、染色小样工工种的培训课程,组织学生参加了全国"挑战杯"创新大赛、江苏省职业教育创新大赛、教育部轻化类教指委技能大赛、常州市职业教育创新创业大赛。组织学生申报江苏省大学生创新训练计划项目、专利,撰写论文。学生完成学业除取得毕业证书外,同时获得了技工证书、大赛奖励证书、专利证书等。标志性成果有授权实用新型专利、江苏省职业教育创新大赛一等奖、"挑战杯"全国竞赛江苏省选拔赛决赛三等奖、江苏省高等学校本专科优秀毕业论文三等奖。

建立了专业网站、精品课程网站、天空教室、QQ 群、微信群、企业生产局域网等。专业教师将课程标准、授课计划、课件、实验通知单、仿真演示传到网上,"企业课堂"代教师把染整企业的数控设备、在线检测软件应用融入网络教学内容中。学生上网进行预习、复习、提交作业、提问,教师在网上及时更新课件、布置作业、答疑。学生和教师不管同时上网,还是错开时间上网,都能提交和批阅作业,有效地提高了教学效率,拓展了师生教学途径和方式。标志性成果有获得全国高校微课教学比赛优秀奖。

(三)校企共建创新载体,提高双师队伍素质

学校与企业共建绍兴市柯桥区生态染整助剂重点实验室、绍兴市柯桥区生态染料中间体重点实验室。课题多数来自企业的技术难题,部分课题是专业教师研究成果的推广应用,青年教师参与课题研究,学生作为研发助理。教师在这些创新载体中开展教科研活动,一边进行科学研究帮助企业解决技术难题,一边指导学生探究与试验。专业教师除具有教师素质和能力外,还是企业研发、设计和生产管理的优秀人员。标志性成果有科技部科技型中小企业创新基金重点项目,获得国家财政经费 75 万元;技术开发合作项目,获得企业研究经费 60 万元;柯桥区大院名校共建创新载体项目,获得区财政奖励经费 20 万元。

(四)建立现代职业教育体系,构建学历创业培训立交互通枢纽

衔接江南大学专升本、衔接南通大学专接本、衔接常州大学(3+2)应用本科,与绍兴县江华化工有限公司联合培养企业技术骨干,为创业储备人才。学校与中国染料工业协会联办"全国印染助剂培训班",学员来自全国各地的染整企业、染料企业和印染助剂企业,已有 3 届学员结业。教师团队创建了学历创业培训立交互通枢纽,学生根据自身职业生涯发展的需要,随时提升学历、创业与就业、专业培训。标志性成果有成为全国纺织印染助剂培训基地、被评为全国纺织职业教育先进工作者。

三、 成果的创新点

(一)人才培养方案与人才市场需求联动

采取"三上三下"的办法对纺织染整专业人才的需求进行调研并预测,纺织染整职业教育教学集团中行业企业学校既互通信息又各负其职,行业协会定期通报行业情报。企业根据市场的变化调整用人计划,学校根据企业用人需求变化,及时更新人才培养方案。

(二)技能智能协调开发,培养创新型人才

针对国家劳动保障部颁发的职业工种大典,学生选择纺织染整专业相关的工种 1~2 个,在取得考评员的双师型教师指导下训练,通过鉴定获得高级工或中级工证书。引导学生参加各级各类创新、创业和技能大赛,开设创新训练项目的开放课程,指导学生申请专利、撰写论文。

(三)校企共建创新载体,锻炼了一支双师型教师队伍

校企共建生产性实训基地、重点实验室,开创"企业课堂"的教学模式,将生产工段序化,学生实行轮岗、定岗和顶岗实训,使教学过程与生产过程对接。教师带项目或针对企业技术难题开展研究工作,签约横向项目,

开发新工艺和新产品。校企联合申报纵向项目,获得政府资助的研究经费,将科研成果直接转化到企业生产中,产生新的经济增长点。

(四)互联网+产学研合作,职业教育对接终身教育

学校建有专业网站、精品课程网站、QQ群、微信群等,在生产性实训基地建有生产局域网,学生随时通过网络得到教师的指导。学生将企业中的技术难题转移为校企产学研合作课题,签约横向项目,进一步申报纵向项目。学生在校期间或毕业后,可读专升本、专接本、专转本,期间学生可去创业或就业,也可以随时回校继续完成学业。根据自身职业生涯规划的需要,不管是在校生还是往届生都可以通过专业网站参加纺织品设计培训班和染整技术培训班,提升学生专业水平。

四、 成果的推广应用效果

(一)校企组建纺织染整教育教学集团,"企业课堂"教学成果累累

学校与中国纺织工业联合会、中国染料工业协会、江苏利步瑞服装有限公司、江苏伊思达染织有限公司、大金(上海)氟化工有限公司等企业组建纺织染整教育教学集团。采取"三上三下"的办法对纺织染整专业人才的需求进行调研并预测,"三上"为网络调研、行业调研、企业调研,"三下"为人才市场招聘、企业专场招聘、教师介绍应聘。行业企业学校三方专家组建专业建设委员会,制订与更新人才培养方案、教学计划、课程标准等。教学内容与企业最新工艺无缝对接,构建了理实创新一体的课程体系。校企共建生产性实训基地,进行"企业课堂"教学,针对纺织染整专业人才目标市场即纺织品设计、染整工艺与贸易、染料商品化与贸易、染整助剂检测与贸易的人才需求,采取"三培三请"措施,即定向培养、委托培养、特长培养,请国外教授上课、请行业行家上课、请企业专家上课。采取"三新三高"的教学方法,即新工艺、新设备、新产品,高科技、高质量、高效益。采取"四模四化"的创新项目化课程体系,"四模"为理实结合、综合应用、生产实训、课题研究;"四化"为四模一体化、生产数字化、操作标准化、课题新颖化。该课程体系符合高职学生职业能力成长规律,理实交替、企业课堂、综合实训、开放课程。强化了学生职业能力和创新能力,学生的技能和智能协调提升。

基地建设实行"厂中校"、"校中厂"和"试制车间"模式,开展"企业课堂"教学,提高了企业的知名度,引进校园先进文化,让企业员工充满活力。生产性实训基地建设,不仅保障了学生轮岗、定岗、顶岗实训,而且也帮助企业解决用工暂时短缺的困难,真正实现了校企双赢。通过教改取得了校教学成果奖一等奖2项、江苏省特色专业、校重点教改专业、江苏省精品教材1本、教育部轻化教指委精品教材1本、校精品课程3门、市校各级教育教学研究项目4项、教育教学研究论文8篇、校企合作编写教材5本、企业奖学金30余万元、优秀教研室、全国纺织行业教育先进工作者、江苏省"教授博士柔性进企业"1人、"企业课堂"优秀指导教师6人、优秀学员26人。在"企业课堂"教学中,助剂1031班获江苏省文明班级。行业企业取得的成效有教学成果奖、技能大赛奖、编写员工培训讲义、学生定向培养、提前录用、储备人才。崇尚企业职业道德,提升企业文化,学生向厂报投稿10篇,学生撰写顶岗实习体会160篇。教师为企业进行织物和原料分析,成品性能测试几十次,指导学生协助完成任务。近五年纺织品设计、染整专业学生就业率达98%,许多学生被染料知名企业、染整助剂知名企业录用(表1)。

表1 学生录用名单表

序号	班级	姓名	工作单位	岗位
1	助剂0331	王瑞萍	上海天坛化工有限公司	化验室主管
2	助剂0631	杨 兵	德司达(上海)染料有限公司	销售经理
3	助剂0631	谢丽娟	常州市中策纺织助剂有限公司	销售经理
4	助剂0832	张 阳	上海信守助剂有限公司	专业翻译
5	助剂0832	庄江艳	上海雅运纺织助剂有限公司	实验员
6	助剂0932	李江华	绍兴县江华化工有限公司	副总经理
7	助剂0932	江贝贝	无锡天然纺织实业公司	车间主任
8	助剂0932	刘 高	绍兴县江华化工有限公司	化验室主管
9	助剂1031	马丽丽	苏州联胜化学有限公司	实验员
10	助剂1131	牛雪纯	德司达(无锡)染料有限公司	实验员

(二) 开展丰富多彩的技能大赛和实践创新活动,开放课程成绩喜人

针对纺织染整专业技能和创新训练开设许多开放课程,学生根据自己的特长和兴趣进行选课。学生经申请、登记随时可以进实验室试验,并得到教师的指导。所有纺织染整专业学生必须进行1~2个工种的训练与鉴定,双师型老师取得国家劳动部门培训并颁发的考评员证书,指导学生训练。学生从新手、熟手到能手,达到规定熟练程度,向职业技能鉴定中心申报,如进行化工工艺试验工、染料分析工职业技能鉴定。组织学生参加全国"挑战杯"大赛、国家工业分析与检验技能大赛、省职业创新大赛、教育部轻化类教指委技能大赛、常州市创新创业大赛、企业技能大赛,教师轮班指导。组织学生参加江苏省大学生创新训练计划项目、江苏省纺织品设计实训基地大学生创新训练计划项目、校大学生创新训练计划项目,教师指导。在准备各类大赛和创新项目训练时,教师指导学生检索文献、撰写项目申请书、设计试验方案、试验操作、结果与分析、评价、优化试验方案。项目研究取得预期成果后,教师指导学生申请专利、撰写论文、投稿等。

近5届学生80%取得高级工、20%取得中级工,江苏省职业教育创新大赛一等奖、二等奖各1项、"挑战杯"全国竞赛江苏省选拔赛决赛三等奖、常州市首届创意思维大赛一等奖、常州市创新创业大赛三等奖2项、"大金杯"常州纺院与大金公司联办职业技能大赛一等奖。指导江苏省大学生实践创新训练计划项目9项、授权实用新型专利1项、指导发表省级期刊论文3篇、江苏省本专科优秀毕业论文4篇(表2、表3)。

表 2 省级大学生创新一般项目

序号	学生姓名	导师	项目名称	时间
1	顾亮亮、王青	刘建平、袁红萍	氨基硅微乳液柔软剂生产与应用研究	2008—2010
2	踪文争	刘建平、袁红萍	棉纤维阳离子改性及应用探究	2010—2012
3	陈丽友、李大庆等	夏冬、曹红梅	植物染料丁香对丝绸染黑色工艺探究	2011—2012
4	陈云、刘志香	郭雪峰	环保型发光面料的创新设计及其织造关键技术研究	2012—2013
5	吴田田	刘建平、张春花	生态型棉用阻燃剂开发与应用	2013—2014
6	缪广飞	田恬、刘建平	纳米氧化锌的分散性能研究	2014—2015
7	伍玉娟、王晴洁	曹红梅、夏冬	超声波法天然染料的提取及染色工艺研究	2014—2015
8	谭慧慧、严菁华	郭雪峰、张际仲	创新图案设计在经编织物中的艺术应用与工艺实现	2015
9	戴胜飞、孙玉娜	臧健、刘建平	红外线伪装染料的制备及染整应用	2015

表 3 专利、省级论文和优秀毕业论文

序号	学生姓名	导师	题 目	等级	时间
1	吴田田	刘建平	实用新型:一种防火棉手套	国家级	2014.6
2	吴田田	刘建平	生态型棉用阻燃剂开发与应用	省级	2014.9
3	踪文争	刘建平	棉纤维阳离子改性及应用探究	省级	2011.12
4	顾盼盼	刘建平	氨基硅微乳液织物柔软剂的合成与应用研究	省级	2010.3
5	顾盼盼	刘建平	P型活性染料在纤维素纤维上印花应用探讨	省级三等奖	2010.12
6	刘志香	郭雪峰	发光面料的创新设计及其发光亮度研究	省级三等奖	2013.12
7	甄慧慧	王建平、郭雪峰	可降解海藻酸盐纤维性能及其医用功能材料的应用研究	省级三等奖	2015
8	吴田田	刘建平	棉用阻燃防水剂的制备与应用	省级三等奖	2015

(三) 开发和利用网络教学资源,提高教学效果和效率

建有专业网站、精品课程网站、天空教室、QQ群、微信、生产局域网等。教师积极参加微课比赛、多媒体课件比赛、训练动画制作、拍摄视频、网页设计与编辑,利用这些方法和手段能很好地处理教学中的重点和难点。要求学生通过计算机一级考试,鼓励学生通过计算机二级考试,学生学会网上文献检索。在理实创新一体化课程中,教师将教学资料传到网上,如人才培养方案、课程标准、授课计划、课件、教案、仿真演示、习题、试卷样题、实验通知单、仿真演示等传到班级QQ共享中,供学生预习。随着课程进度,教师布置作业,学生下载,做完后再上传提交,教师批改后再回复学生。学生有问题随时问,教师上网后看到随时回答。教师针对学生问题也可以思考一段时间再回答。在生产性实训基地中,建有生产局域网进行"企业课堂"教学,中央计算机连接各机台计算机,生产工艺流程的操作步骤输入计算机中。学生向师傅学会计算机生产软件操作,根据生产任务要求调取或修改操作步骤,就能完成生产任务。如生产中机台计算机碰到问题,则立即向中央计算机请求帮助。开学初教师把教学进度表上传网上,期末成绩上传网上,供师生查询。江苏省大学生实践创新训练项目中期检查、毕业顶岗实习统计、毕业论文、文献检索在网上进行。已毕业的学生可以通过微信、QQ、邮件请教教师一些专业问题。

获得全国高校微课教学比赛优秀奖1项、江苏省高校微课教学比赛一等奖1项,建有省特色专业网站1个、精品课程网站1个、省大学生实践训练创新网站1个、天空教室6个、班QQ群6个、微信群6个、生产局域网3个、教务系统管理网站1个、毕业顶岗实习网站1个、项目管理和数据采集等网站若干个。

(四) 校企共建创新载体与科研成果转化,双师与效益获得共赢

校企产学研合作的起点是找课题,多跑企业、多参加专业年会、多与专业人士交流,了解企业需要什么技术,如工艺、设备和产品等。潜心研究,注重积累,根据企业需求,进行小样试验、性能测试、应用试验、评价和优化,从而掌握原创技术成果。为企业开展技术咨询服务,与企业共建创新载体,如重点实验室。校企双方签订横向合作项目,企业向学校支付研究经费,解决企业技术难题,深入研究,申请专利,申报纵向项目,争取国家财政资助,将科研成果产业化,产生新的经济增长点。项目规模先从小项目、低级别、低层次开始,逐步提升项目水平,直至高大上项目。项目类型先从横向合作项目开始,再申报各级各类纵向项目获得基金支持,如国家、省、市、校的自然科学研究项目和教育教学研究项目。教师、技术人员和学生组成项目组,教师担任项目负责人,小试在学校进行,大生产在企业进行。学生作为研发助理参与项目研究,如学生完成产品性能测试和应用试验工作任务。

教师团队针对企业技术难题的攻关和专业教师长期研究成果转化需要,学校与企业共建江苏省功能性纺织材料与制品工程技术研究开发中心、江苏省高职纺织品创新实训基地、常州市新型纺织材料重点实验室、绍兴市柯桥区生态染整剂重点实验室、绍兴市柯桥区生态染料中间体重点实验室。在这些创新载体中,签订横向合作项目2项、深度研究后申报纵向项目3项,获得政府财政支持,开发了新工艺、新设备和新产品。项目有科技部科技型中小企业技术创新基金项目获政府资助75万元、技术开发合作项目获企业资助60万元、绍兴市柯桥区产学研合作与成果转化项目奖励经费20万元、江苏省高校高新技术产业发展项目、中国纺织工业协会科技计划项目、常州科教城(高职教育园区)院校科研基金项目2项,共获资助1万元、常州纺织服装职业技术学院基金重点项目(教育教学类RJY201406),产学研合作培养技术技能型人才模式的探索,获校资助0.6万元。建立了校企两个教科研活动场所,学生作为研发助理参与项目研究工作。师生公开发表科技论文约100篇、发明专利3件、实用新型专利1件,产生经济效益约5 000万元。教师团队老中青结合,青年教师下企业锻炼,为企业解决技术问题,如原料进行红外光谱分析。双师型突出人才有在读博士后、博士各1人、江苏省青蓝工程骨干教师2人、常州市优秀科技工作者1人。

(五) 搭建学生学历提升与高就平台,建立现代职业教育体系

纺织染整专业与本科院校对口专业合作共同招生,开设专升本、专接本、专转本、(3＋2)应用型本科班,建立现代职业教育体系。与常州大学轻化工程专业合作(3＋2)应用型本科、江南大学纺织工程专业衔接专升本、南通大学纺织工程专业衔接专接本、东南大学化学工程等专业衔接专转本。在校生、往届生任何时候都可以报名,先上课,再参加国家入学考试,修完所有课程,成绩合格就能取得本科毕业证书和学士学位证书。能为企业提供技术服务的教师与知名纺织企业、染整企业、染料企业、印染助剂企业合作,针对企业人才需求对学生进行

重点培养,为企业培养技术骨干,如苏州联胜化学品有限公司、上海雅运助剂有限公司、无锡德司达染料有限公司、绍兴县江华化工有限公司。组织学生参观国际染料助剂(上海)展览会,了解国内外染料助剂的最新产品。组织知名企业来校招聘,如德司达染料公司、上海雅运助剂公司。建立网络信息招就业平台,请企业家、营销经理、应用工程师、往届生给学生上课和交流,如请大金(上海)氟化工有限公司专家来校上课。通过校企共建创新载体的建设,鼓励学生自主创业,使学生不仅是岗位的就业者,更是岗位的创造者。在印染助剂行业有一定影响力的教师与中国染料工业协会合作举办全国印染助剂高级培训班,面向全国染整助剂企业招收学员,本校学生可免费参加培训,已举办全国印染助剂培训班 3 届,学校到账培训费 2.6 万元。

以上三条学生成才途径形成互通枢纽,教师团队协作,各负其责,学生自主选择。不论是在校生还是往届生,根据自身需要都能通过这个枢纽提升自己,并且随时能进能出。

泛在信息环境下"面料认识与鉴别"混合式教学模式的探索

浙江纺织服装职业技术学院、北京智启蓝墨信息技术有限公司、宁波秉泰服饰有限公司

完成人及简介

姓 名	性别	所在单位	党政职务	专业技术职称
季 荣	女	浙江纺织服装职业技术学院	专业主任	副教授
董珍时	男	浙江纺织服装职业技术学院	图书馆馆长	副研究馆员
靳 新	男	北京智启蓝墨信息技术有限公司	无	无
张燕飞	女	浙江纺织服装职业技术学院	无	讲 师
杨 斌	男	宁波秉泰服饰有限公司	无	工程师

一、 成果简介及主要解决的教学问题

(一)利用SPOCS,解决"不要学"的问题

九零后的学生,成长于网络环境下,是个性张扬的一代,各种各样的信息充斥在他们的生活中,传统课堂对学生的吸引力越来越低。利用SPOCS,因材施教,实现个性化学习,加强课堂吸引力。

(二) 混合式教学模式,解决"不愿学"的难题

翻转课堂很难要求全部人在课前完成视频的自学任务,所以能随时随地的将线上学习任务跟线下课堂活动结合起来的混合式教学,就显得比较容易实现。解决翻转课堂中学生自主学习能力差,不愿意提前学习的问题。

(三) 利用便携式智能化电子工具,解决课堂互动少与课堂时间不足的问题

实行"项目教学""行动学习""创新学习",以学生为主体分组合作,锻炼学生表达交流能力。但往往课堂时间不足,无法让每一个同学发表自己的观点,所诉观点也很难在课后重现。利用便携式智能化电子工具,可使每个人都有分享自己看法的时间和机会。

(四) 借助手机APP,解决过程考核中教师工作量过大问题

在过程性评价中,考查内容由过程考核(项目报告、任务书)、作品(作品展示与评鉴)及测试(标准化开卷测试)组成,采用教师、企业打分与学生自评、互评相结合的方式。教师核分要花去大量的时间,苦不堪言,还很难对学生的学习过程进行真实的记录及评价,借助手机APP,实现真正的过程性评价。

二、 解决教学问题的方法

(一) 利用SPOCS,实现个性化学习

完成动画、视频的制作与收集整理,并录制了大量微课视频,结合PPT,初建SPOCS。学生可以根据自己的实际情况,自主选择学习内容,甚至学习的地点和时间(图1)。

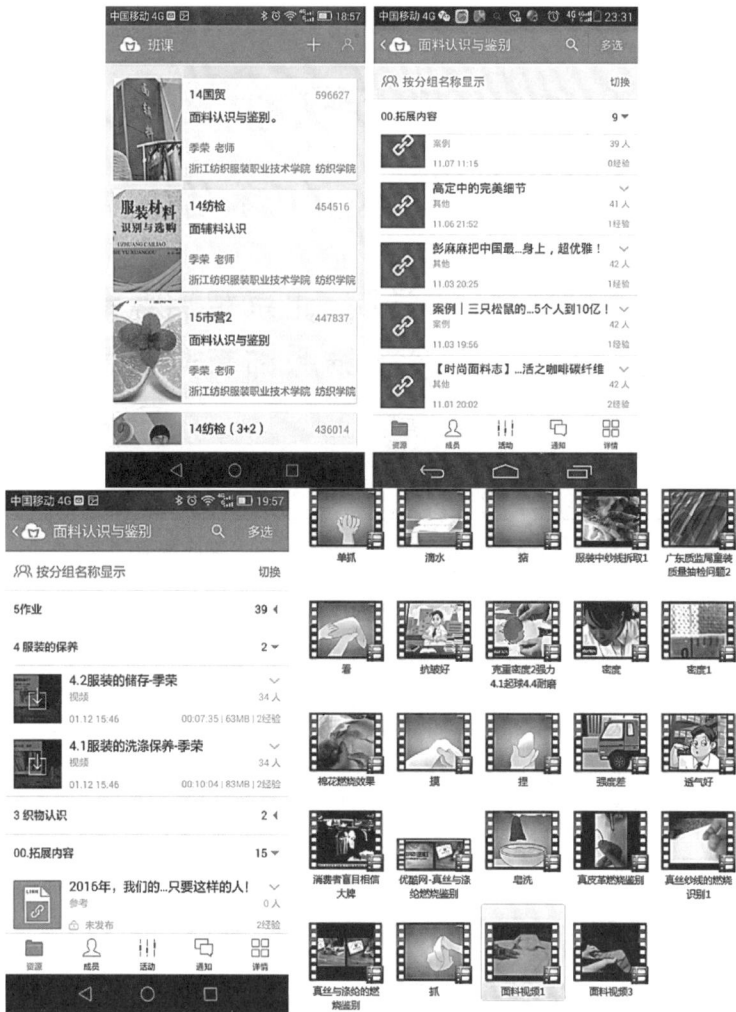

图 1　初建 3 门、8 个班级的 SPOCS

(二) 混合式教学模式,线上学习任务跟线下课堂活动结合

利用手机 APP"蓝墨云班课",随时随地学习,轻松完成课堂的翻转;手机签到、手机小测试,及时调整教学内容,形成即时反馈的线上线下的混合式教学模式。如"面料材质认识与鉴别"项目,形成课前自学—课堂实践—随时自学—辅导—实践,课后讨论—答疑的线上线下混合式教学模式(图 2、图 3)。

图 2　课堂活动库

图 3　利用手机签到/习题/讨论/学 SPOCS

(三) 利用便携式智能化电子工具,进行多方互动,多向互动

便携式智能化电子工具的普及,使得课前的预习及课后师生互动,变成全方位、立体化、随时随地的交流,相当于带了多个随身老师,增加师生、生生间的多向互动,更方便于学生的自学,使得历届学生间的交流也变成可能。而这种网络化的学习、互动是没有身份、地点、时间的限制的,是终身学习、多方互动(图4、图5)。

图4　利用 QQ、微信与学生进行课后互动　　　　图5　微信群中学生课外任务视频讨论

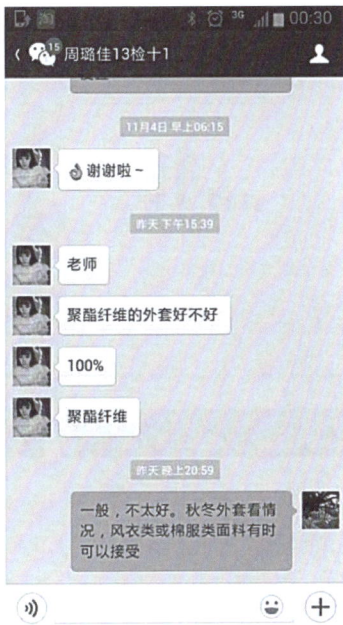

(四) "教学做"一体化的信息化教学模式

采用"教学做"一体化的教学方式,与信息化手段结合。以原创动手项目为主,如"面料再造""衬衫面辅料选用"等,以课前网络自学、课堂 PPT、视频、动画与教师演示相结合,学生边听边学、边学边做,通过"多层次实践,层层深入,环环相扣"的形式解决这一问题。信息化教学模式、网络化互动方式、一体化教学过程,使得原本枯燥无味的教学变得生动有趣、简单易懂(图6)。

图6　"教学做"一体化的教学方式与信息化手段结合

(五) 借助手机 APP,构建立体化评价模式,评价机制与教学过程完美结合

在这种教学中,过程性教学内容大大增加,借助手机 APP 完成过程性考核,在云班课中,可以记录学生所有的学习活动:查看过的资源,参与过的讨论,做过的测试题……都可以获得相应的经验值,成为过程性考核最详实的数据。再结合作品及测试组成形成多层次、多形式、多元化的全过程的立体化评价模式(图7)。

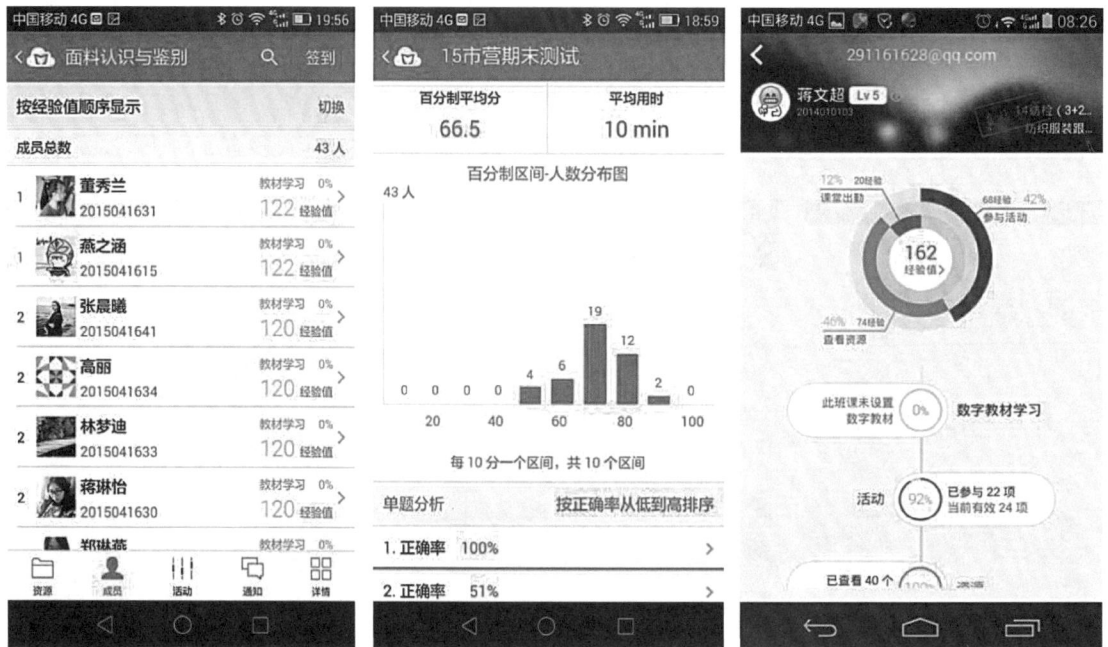

图7 评价机制与教学过程完美结合

三、 成果的创新点

本课题邀请信息化技术及教学专家和企业专家参与教学设计,在信息化课堂教学实践中,延续传统的教学方式的优点,形成了移动信息化教学环境下"混合式教学模式、多向互动方式、一体化教学过程"的信息化手段与课堂教学相结合的教改方案(图8)。

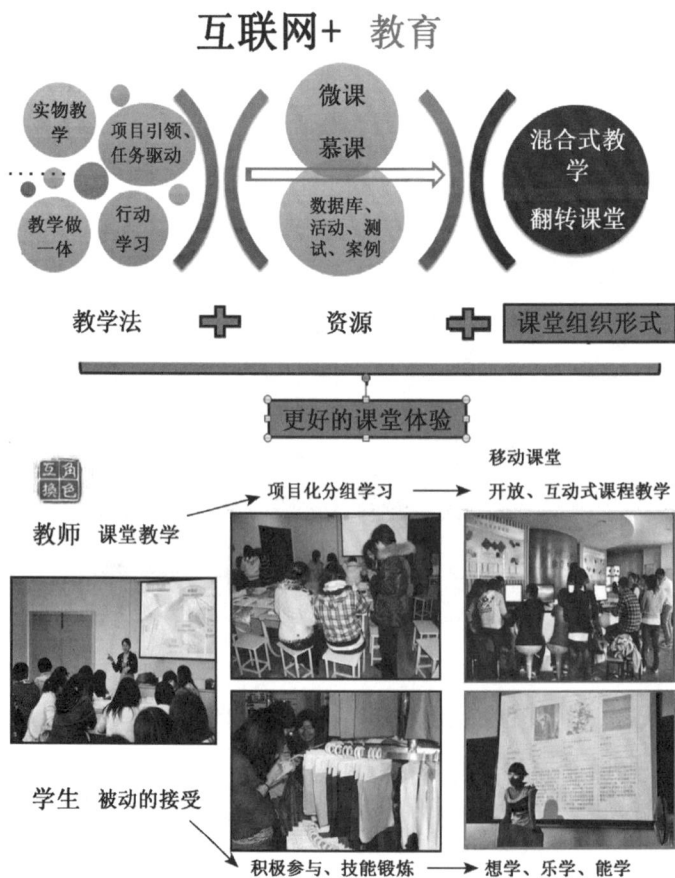

图8 信息化教学环境下的混合式教学模式

通过课前微课(通过 SPOCS,随时随地播放)预习→分组实践→视频、动画与教师演示相结合→师生共同分析→再分组重新认识→分组实验→总结方法→重新操作→课后微博、QQ 互动交流的方式,实现课前自学,课堂实践-随时自学-辅导-实践,课后讨论-答疑的线上线下结合的混合式教学模式。便携式智能化电子工具的普及,使得课前预习及课后互动,变成全方位、立体化、随时随地的交流,实现"泛在学习"(图9)。

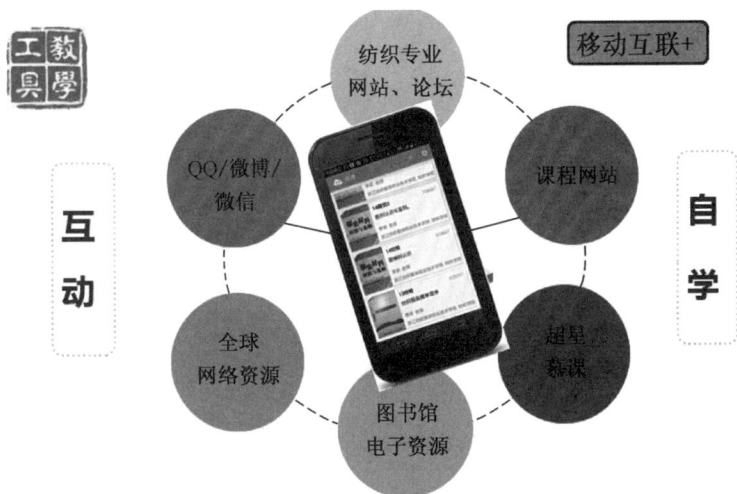

图9　使用便携式智能化电子工具的学习资源及互动工具

建立了课程微博、微信,利用"蓝墨云班课"初建 SPOCS,探索泛在信息化环境下开放式的、多向互动的高效课堂。可以随时随地学习,轻松完成课堂的翻转或混合;手机签到、小测试,即时反馈调整教学内容;教学做一体结合头脑风暴、课堂讨论,增加师生、生生间多向互动(图10)。

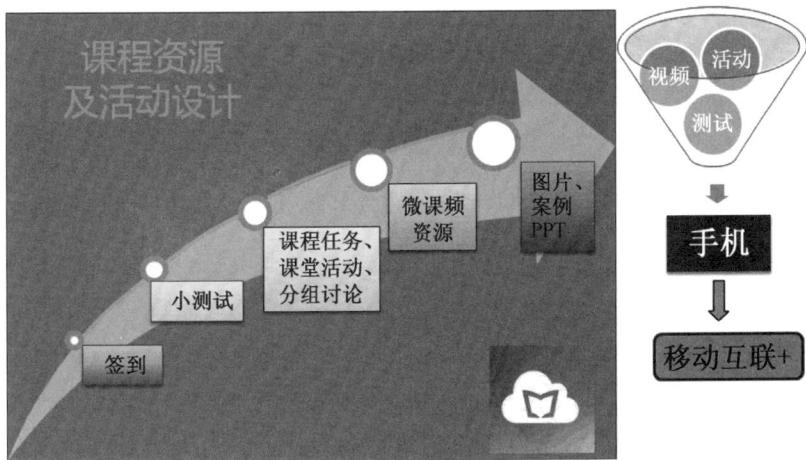

图10　SPOC 资源及活动设计

四、 成果的推广应用效果

教改先在 12 服工(3＋2)2 班、4 班试行,后推广至 13 服装营销、13 国贸、13 纺检、14 纺检等 12 个班级,其中 8 个班级、2 门课建立了 SPOCS。实践后的调研显示,移动信息化教学环境下的信息化手段与课堂教学相结合的教改模式下,学生必须学会管理自己的学习,并能相互学习。学生的自学能力、相互学习能力、表达能力、创造能力、信息素养都得到提高,也增强了学生自豪感与学习活动参与度。

该教学成果连续两次作为学校创新课堂案例第一名,在全校推广,目前,全校已有英语、模特表演、家纺产品设计等多个专业及课程使用该成果相关方法教学,取得良好教学效果。

相关教学方法及手段曾被中央财经、中国教育、各省市卫视,网易头条、爱奇艺、今日焦点等400多家媒体报道、转载(图11)。

并被邀请在全国移动信息化课程资源建设培训会(北京、海南等,中国教育报刊社)、腾讯课堂(北京智启信息技术有限公司)、宁波市创新课堂交流会(宁波市高教督导处)、移动信息技术与课堂教学深度融合研讨会(杭州,浙江中医药大学)等做经验介绍,在全国推广(图12)。

图11 成果被多家媒体报道

图12 全国移动信息化课程资源建设培训会嘉宾讲座

大学生电子商务模式下的"1＋N"创业实验研究

武汉纺织大学高职学院

完成人及简介

姓　名	性别	所在单位	党政职务	专业技术职称
李世宗	男	武汉纺织大学高职学院	院长	教　授
张　韬	男	武汉纺织大学高职学院	教研室主任	讲　师
潘文星	男	武汉纺织大学高职学院	副院长	讲　师
胡红辉	男	武汉纺织大学高职学院	副院长	讲　师
张　丹	女	武汉纺织大学高职学院	无	讲　师

一、成果简介及主要解决的教学问题

本成果基于电子商务背景下大学生面临更加严峻的就业形势,根据国务院办公厅下发的《关于促进以创业带动就业工作的指导意见》及各级政府出台的鼓励大学生创业各种优惠政策,提出了大学生电子商务模式下的"1＋N"创业实验研究的实施技术线路,构建了以创业就业为目标,以人才培养模式、课程体系、实践教学体系、考核体系改革为核心的创业实验体系(图1)。

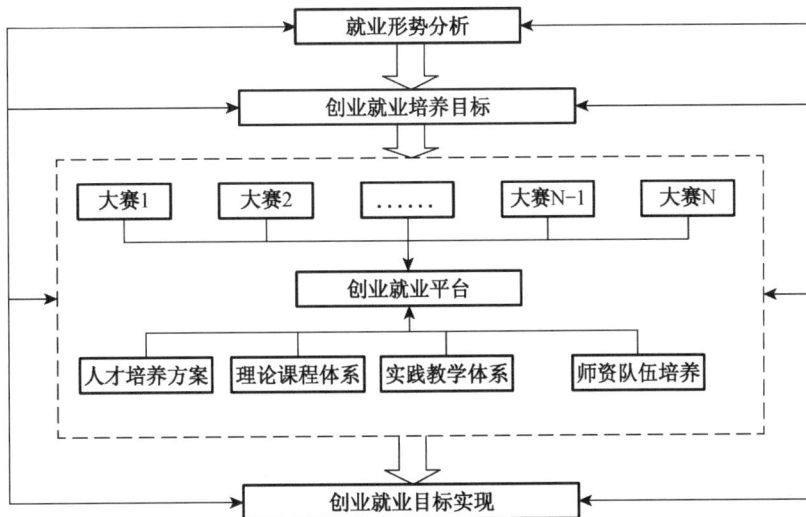

图1　"1＋N"创业实验体系

2009年以来,高职学院对大学生电子商务模式下"1＋N"创业实验研究进行顶层设计与实践,依据实施技术线路图,拟定了新的专业人才培养方案、课程体系改革方案、实践教学体系改革方案、考核体系改革方案,经过几年的研究与实践,学院教育特色逐步彰显,专业结构不断优化,人才培养质量稳步提升,学生创业就业能力不断增强。近年来,学院就业率一直在90%以上,有的专业就业率达到100%。

二、 解决教学问题的方法

本项目主要以创业就业为目标,探索新的教育理念、新的培养模式和新的管理机制,全面推进大学生的创业活动,培养学生的创新精神,增强创业、就业能力。

（1）以创业就业为目标。

（2）以"吾家衣舍"服装商务网站交易平台和中国纺织服装高技能培训基地为平台。

（3）改变目前的"重知识体系、轻能力和素质体系"的教育模式,构建"知识体系、能力体系、素质体系"三位一体的人才培养模式（图2）。

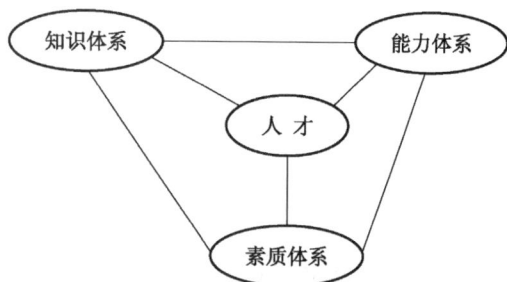

图2 三位一体的人才培养模式

（4）进行以专业定位为主导的课程体系的改革,加强课程体系的实用性,形成了统一基础知识、学科基础知识、专业基础知识、专业课程、专业实用课程、通识课程体系。

（5）形成模拟实验、大赛实训、园区实战、园区创业和毕业设计五个环节的实践教学体系。

（6）完善教师和学生考核体系,制定与此相适应的奖惩管理规范制度,在原有考核体系基础上,增加实践教学五个环节的学分,评审优秀毕业生时加分,优先向企业推荐就业。

三、 成果的创新点

（一）凝炼了人才培养的新理念和新特色

人才培养新理念:以创业就业为目标,以大赛为基础,以人才培养方案、理论课程体系、实践教学体系、师资队伍建设改革为支柱,培养具有创业就业能力强的应用型人才。

新特色:借助电子商务平台和高技能培训基地,培养创业创新人才。

（二）构建了"1＋N"的创业实验体系

"1"就是围绕"吾家衣舍"服装商务网站和"中国纺织服装高技能培训基地","N"就是组织学生参加全国各类大学生的比赛,通过大赛进一步锻炼学生的知识水平和竞争能力。

这种模式是以学生为主体,老师为指导,以创新创业为目的。此创业实验体系不仅在电子商务、市场营销、服装设计专业运用,而且扩展到所有的相关专业;不仅在本学院运用,而且推广到其他的高等院校。

（三）建立了相对完备的实践教学体系

实践教学体系由模拟实验、大赛实训、园区实战、园区创业、毕业设计五个环节构成。实践教学环节与理论教学按1∶1时间安排。

四、 成果的推广应用效果

该成果在武汉纺织大学高职学院研究与实践,在武汉职业技术学院、武汉软件学院等学校推广。2014年8月,《纺织科学研究》刊发了文章《育人如流水潺潺》,对我院优质的教学资源、先进的教学模式和独特的育人理念在众多纺织服装职业院校中显得颇为突出的事例进行了报道。

（一）形成了一批教学改革和教育科学研究项目

1. 省级教研项目

李世宗:大学生电子商务模式下的"1＋N"创业实验研究,2009。

张韬:基于湖北服装产业集群形成的研究——以汉派服装产业集群为例,2014。

2. 纺织工业联合会教学研究项目

张韬:面向服装产业构架的T型人才培养体系研究,2015。

张丹:基于学习共同体的服装专业实践教学研究与实践,2015。

3. 校级教研项目

张丹:面向市场,"精英店长班"特色人才培养的探索与实践,2012。

张丹:精英店长班创新校企合作的探索与实践,2013。

张丹:以应用型学习带动高职学院学风转变的探索与实践,2014。

张丹:服装专业学生学徒制学习共同体的创新与实践,2015。

李世宗:高职服装设计专业工学结合校企互动人才培养模式的探索与实践,2013。

张韬:以校企合作为导向的工作室教学模式在服装专业人才培养中的研究,2013。

李世宗:大学生创新创业训练项目——都市丽人实体店,2014。

(二) 取得了一定的成果

1. 发表教研论文 10 篇

李世宗:大学生电子商务模式下的"1＋N"创业实验研究,《湖北经济学院学报》,2010,5。

李世宗:关于精品课程建设的思考 2012 ERP PRESS 国际学术会议(ISTP)。

李世宗:结果导向型期货投资人才培养模式研究,《高等教育改革与研究文集》,武汉出版社,2014,4。

李世宗:我国高等职业教育的现状及对策研究,《高等教育改革与研究文集》,武汉出版社,2015,46。

潘文星,张丹:深化改革,探索高职服装专业人才培养新模式,《高等教育改革与研究文集》,武汉出版社,2014,4。

陈婷,潘文星:高职教育校企尝试合作六个观测点的设计,《高等教育改革与研究文集》,武汉出版社,2014,4。

张韬:服装设计专业设立"工作室制"教学模式的运用研究,《高等教育改革与研究文集》,武汉出版社,2014,4。

张韬:探索成衣结构设计中的立体思维方法,化学工业出版社,2014,11。

张丹:纺织服装行业精英店长班特色人才及培养,《纺织教育》,2012。

张丹:略论服装艺术设计教学中民主互动的师生关系,《教育教学改革与创新研究论文集》,2012。

2. 出版专著和教材 7 部,学术论文和作品 24 篇(件)

3. 获得纺织工业联合会教学成果奖 5 项

(三) 促进了学生职业技能的提高

2009、2010 年中国互联网协会组织的第二届、三届全国大学生"e 路通杯"电子商务创新应用大赛,我院女子旗舰队获得全国三等奖、绿色 E 路行获得全国二等奖。

2010 年 6 月,我院学生创业团队武汉保鑫租赁服务有限责任公司在湖北省第六届大学生创业竞赛中获得金奖,9 月获得第七届"挑战杯"中国大学生创业计划竞赛银奖。

2012 年、2013 年、2014 年,我院学生在第五届、六届、七届全国高职高专院(校)学生服装制版与工艺技能大赛中,15 人次获得三等奖和 1 个优秀奖。

2015 年 10 月,我院 4 件作品获首届"重庆工贸职院杯"全国鞋服饰品及箱包设计大赛优秀奖。

(四) 提升了创业能力和就业率

有一批学生自主创业,开办独立公司。我院兰宁工作室的兰宁同学被评为 2015 年学校自主创业标兵。我院就业率近年来达 90% 以上,鞋艺专业就业率达 100%。

(五) 教学成果在兄弟院校推广

近年来,武汉职业技术学院、武汉软件学院、成都纺织高等专科学校、丽水学院、泉州轻工学院等院校领导和教师先后来我校访问和交流借鉴教学改革经验。

校企协同、中外联动的纺织品设计专业建设与改革——以创新实验班为例

浙江纺织服装职业技术学院

完成人及简介

姓 名	性别	所在单位	党政职务	专业技术职称
王 成	男	浙江纺织服装职业技术学院	教务处副处长	副教授
徐丛璐	女	浙江纺织服装职业技术学院	专业主任助理	讲 师
罗炳金	男	浙江纺织服装职业技术学院	系主任	教 授
陈 敏	女	浙江纺织服装职业技术学院	无	讲 师
马旭红	女	浙江纺织服装职业技术学院	无	讲 师

一、 成果简介及主要解决的教学问题

(一) 成果简介

随着经济发展、社会转型和产业升级,我国纺织产业创新人才短缺已经成为制约经济持续快速增长的突出问题。针对纺织产业转型升级和产业结构调整对创新性技能人才的迫切需求,学校组织研究团队,以浙江省优势专业建设为契机,对纺织设计创新人才的培养目标、培养标准、实施方案进行了深入探讨、研究和论证。从2011 年开始,学校进行纺织品设计创新人才培养的改革实践,以培养"宽视野、强实践、能创新"的纺织设计创新人才为目标,在全省高职中率先开展"纺织创新人才"实验班专项培养,系统设计并实践了"校企协同、中外联动"的纺织创新育人模式。通过国际合作和校企合作,创建"艺、工"结合为特色的课程体系,搭建"技术与艺术融合"的纺织品设计工作室实践育人平台和"大赛平台、社团平台",以学生特色项目为载体,加强学生的实践能力创新能力培养,在专业改革和人才培养等方面取得了显著成果和综合效益,并得到广泛好评和推广应用。

(二) 主要解决的教学问题

1. 解决产业驱动下的纺织品设计创新型人才培养问题

根据纺织产业创新驱动来优化高技能人才培养,形成"宽视野、强实践、能创新"人才培养和技术创新优势,探索培养高职院校纺织品设计创新人才的新模式。

2. 解决创新纺织理念下的专业教学改革问题

从产业驱动的视角,融入产业转型升级和创新驱动发展的理念,深化教学改革,促进专业教学与产业发展的共同演进和良性循环,探索高职院校纺织品设计专业建设的新思路。

3. 解决实践基地、创新平台不足及人才培养环境模式相对封闭的问题

以工作室丰富实践教学平台,以企业真实项目为实践教学任务,校企导师协同指导,不断提升纺织品设计人才的培养质量和水平,探索培养高职院校纺织品设计创新人才的新路径。

二、 解决教学问题的方法

(一) 以国际化为专业建设方向,实施基于工作室平台的校企协同、中外联动育人模式

以培养"宽视野、强实践、能创新"的纺织设计创新人才为目标,成立创新实验班项目小组,组织教师对行业

和企业的纺织品设计人才需求进行调研并通过专业指导委员会论证。借鉴英国伯恩茅斯艺术大学纺织品设计专业培养方案,结合本土特色,形成纺织品设计专业培养方案。通过引进企业的横向资金,创建以公司依托的功能纺织品、数码纺织品、艺术纺织品工作室,引进企业设计师进驻工作室。基于具有教学与科研服务功能的工作室平台,整合英国、马来西亚等资源和优势,实施校企协同、中外联动的纺织品设计人才培养模式,重点培养时尚面料的设计人员(图1、图2)。

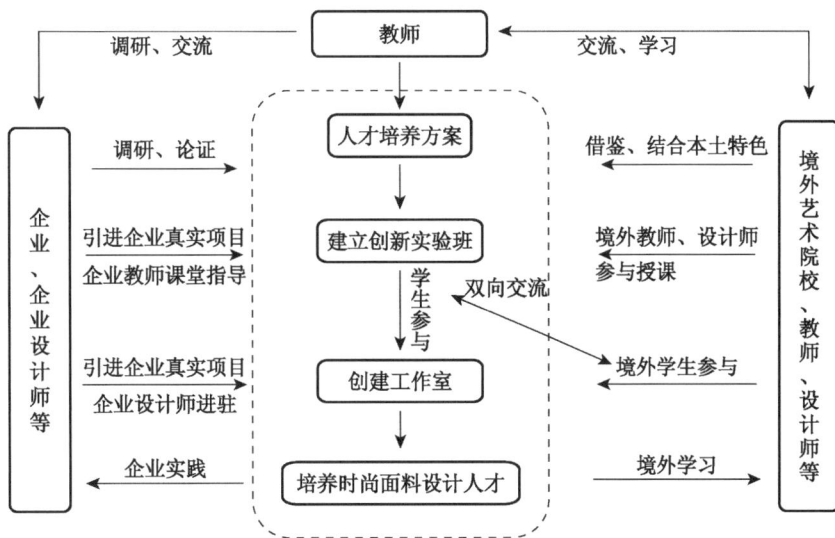

图1 纺织品设计创新实验班人才培养模式图

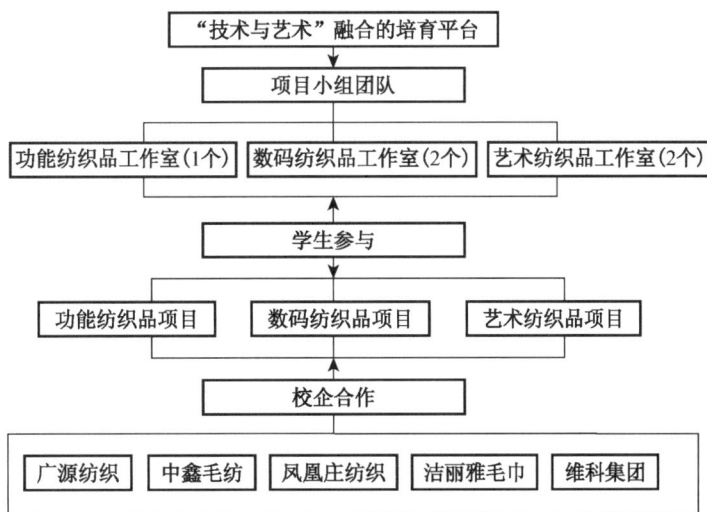

图2 "技术与艺术"融合的纺织品设计育人平台

(二) 以时尚化、小班化、双语化为课程建设方向,构建"艺工"结合的课程体系

课程体系分为专业群基础平台、专业方向模块选修平台、专业拓展选修课,形成了设计、工艺和贸易的课程超市;课程体系反映现代纺织产业领域最新科技信息、工艺流程和技术;注重时尚引领、创意驱动的项目化课程的复合集成。

(三) 基于"互联网+"理念,引入国际化教育资源,培养学生设计能力

邀请境外及我国香港、台湾艺术院校的设计师来校,通过培训、讲座、学术交流等,引进国际先进设计方法和设计理念;选派教师和学生参与国际交流与学习培训,拓展了学生的国际视野,锻炼提高学生的创新设计能力。在"请进来、走出去"的同时,开发国际化网络教育平台,利用国际化网络教育平台,实现专业和课程的全方位国际化合作(图3~图12)。

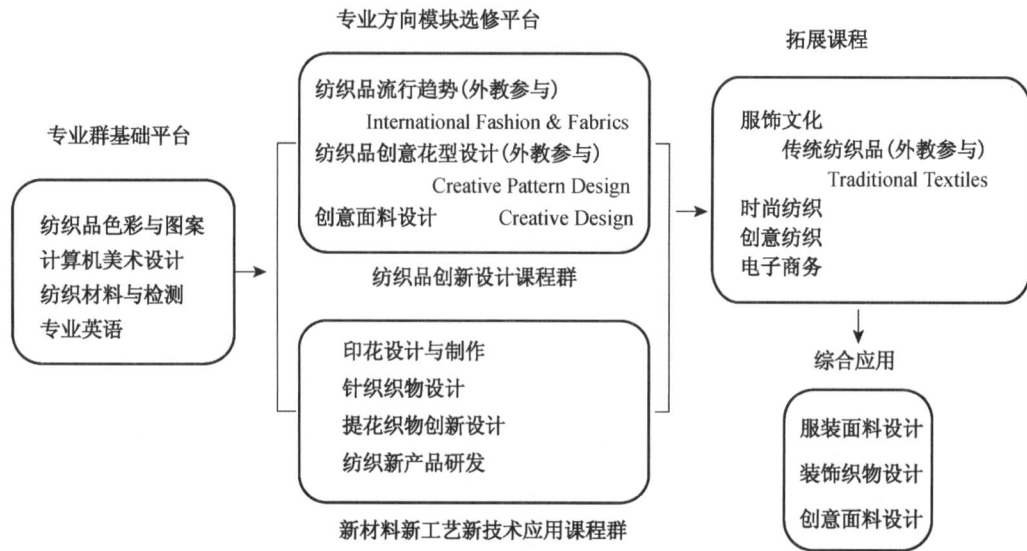

图3 课程体系图

外教	单　　位	授课形式或内容
Fiona Clare Hamblin	英国诺丁汉特伦特艺术大学	流行趋势教学
Sam	英国伯恩茅斯艺术大学	艺术设计教学
姜绶祥教授	香港理工大学	学术讲座及创新设计作品展示
鸟丸知子	日本设计师	刺绣工艺讲座及工作坊培训
Edric Ong，Nancy Ngall	马拉西亚纺织品设计师	民族特色与创意面料设计教学

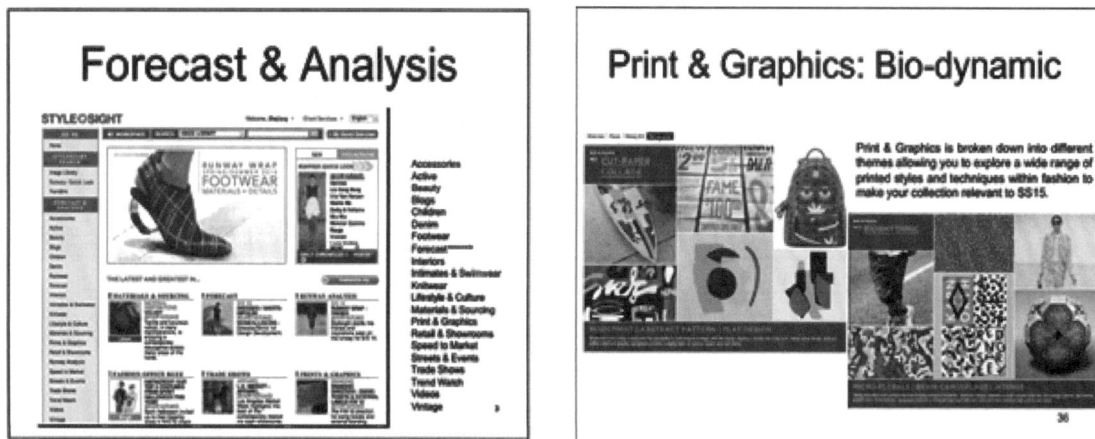

图4 国际化网络教育平台课程内容

图5 专业教师借助国际网络教育平台与英国教师进行交流

图 6 英国诺丁汉老师来校授课

图 7 日本关根裕惠老师进行色彩培训

图 8 英国伯恩茅斯老师与学生交流

图 9 教师到英国伯恩茅斯学院学习

图 10 马来西亚老师到我校授课

图 11 在马来西亚老师指导下的学生作品

图 12 学生到台湾进行学习

(四) 搭建"社团平台、大赛平台",课内外结合,提升学生的创新能力

依托校企协同创新平台,搭建"社团平台、大赛平台",以学生创新特色项目为载体,将教学、科研与思政相结合,课内外联动,开展学生创新创业活动和科研服务,提高学生的创新能力(图 13、图 14)。

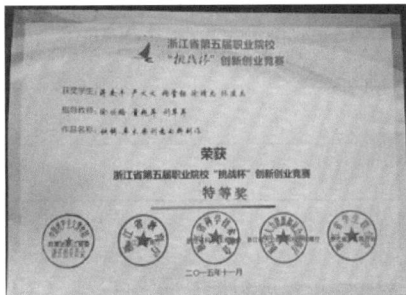
图 13 学生团队获浙江省第五届职业院校"挑战杯"创新创业竞赛特等奖

图 14 学生获第九届国际绞缬染织国际设计大赛二等奖及优秀奖,作品被中国丝绸博物馆收藏

三、 成果的创新点

(一)基于工作室平台的校企协同、中外联动育人模式

以企业的纺织品设计项目任务完成为驱动,依托"技术与艺术"融合的工作室,搭建纺织品设计育人培养平台,整合英国、马来西亚、中国香港及台湾等地资源和优势,形成以创新设计人才培养为目标的校企"双元"、几方联动培养模式。

(二)基于教育国际化视阈下的学生设计能力培养途径

请进来:邀请境外知名院校的设计师等来校,开设讲座、学术交流等,引进国际先进设计方法和设计理念。

走出去:选派学生参与国际交流与学习培训,拓展了学生的国际视野,锻炼提高学生的创新设计能力。

实施"基于网络平台的国际远程教学模式":利用国际化网络教育平台,通过即时互动方式使学生和老师有机会自由地与国外学生及纺织品设计师进行信息交流和对话沟通,实现专业和课程的全方位国际化化合作。

(三)基于"大赛平台、社团平台"学生课外创新特色项目活动

"教学、科研、思政"联动,搭建"大赛平台、社团平台",以学生创新特色项目为载体,课内外结合,推广实施"教学做创"教学模式,提升学生创新创业能力。

四、 成果的推广应用效果

专业从 2011 年 12 月开始,以浙江省优势专业、省特色专业、宁波市服务型重点专业建设为契机,面向时尚纺织、创意纺织、技术纺织,校企共创宁波纺织协同创新中心和"技术与艺术"融合的教学育人平台,构建校企协同创新机制,创新人才培养模式,在课程与教学资源建设、学生创新创业活动和创新能力培养、科研与服务等方面取得了显著成效,毕业学生的就业质量得到提升,2015 年的麦可思调查显示,学生就业率、学生就业满意度和企业满意度均名列学校前三位。

(一)应用成效

1. 校企协同共建的课程和教学资源成效

通过校校合作、校企合作开发数字化教学和服务资源库 3 个,资源总量 60 多万条目。通过这些资源库,与企业创新要素资源进行对接,并通过在线支持,建立了师生通过上网为企业进行服务和互动共享途径(表 1)。

表 1 校企协同共建的成效

项　　目	数　　量
宁波市教学成果奖	一等奖 1 项、二等奖 1 项
国家精品课程＋国家精品资源共享课程	1 门＋1 门
宁波数字图书馆网络课程	2 门
纺织新工艺、新技术、新产品特色教材	6 本出版
数字化专业教学资源库	3 个
信息化实践视频教程	11 门
慕课	3 门

2. 学生创新创业成效

2013 年 12 月至 2015 年 12 月,组建学生创新特色小组 15 个,申报并完成分院创新特色项目 78 项,申报省级新苗计划项目 16 项;创新特色小组学生设计创意作品 1 000 余件,被企业选中的有 360 多件;实施专业卓越技师项目 6 个,获得卓越技师称号的有 25 人,有 8 位学生进驻宁波镇海高校创业创新孵化园进行创业,其中学生李静注册资金 50 万,进行地毯设计与营销,2 年内,营业额已经达到 570 万。

专业社团以"经纬设计""经纬原创""经纬挑战""七彩经纬社会实践"("禅式风格——寺庙纺织品研究"、

"盘扣与纺织品"暑期社会实践团队分别获得 2014 年、2015 年宁波市社会实践优秀团队、浙江省社会实践优秀团队)等为主题开展活动,每年平均开展课外活动 200 多人次,受益到专业的每个学生。通过专业微信公众号(经纬设计、经纬纺贸)传递专业新技术、新产品信息共 362 篇网上文字,从而也拓展了专业影响力。

学生创新特色项目活动,走出了一条特色育人、实践育人之路,助推了纺织企业的升级发展,获得宁波市校园文化品牌荣誉称号,并被东南商报等多家媒体报道。

3. 学生技能比赛成效

依托大赛平台,学生参加各级类型比赛 80 多次,共取得省部级及以上一等奖 16 人次、二等奖 30 人次。在浙江省第三届、第四届和第五届"挑战杯"中荣获创新创业类一等奖;在 2015 年的浙江省高职高专创新、创业挑战杯比赛中,参赛的三个团队,分别获得特等奖 1 项、一等奖 2 项;在 2015 年全国高职高专纺织面料设计比赛中,获团体一等奖(第 1 名),参赛 10 名选手全部获奖,其中一等奖四人、二等奖三人、三等奖三人;在 2015 年国际纺织品设计比赛中,有两位同学分别获得铜奖和优秀奖。依托大赛平台,学生每次比赛成绩优异,确立了现代纺织技术专业在省内甚至国内同类院校中的领先和优势地位。

4. 科研服务成效

依托校企协同创新平台和校企合作机制,培育出学生创新型服务团队、科研服务型的教师团队、浙江省块状经济专家,他们在推动我省纺织产业从传统行业向高设计含量、高附加值的时尚创意型产业转型发展作出了重要贡献。

(1) 学生为企业设计和试制产品。每年为宁波锦胜海达等企业设计产品 1 000 多件,被企业选中而生产 360 多件。

(2) 为宁波社区中小学生和家长进行传统纺织品科普培训 3 次,每次学员 50 人,扩大专业影响力。

(3) 每年为宁波新大昌织造公司、宁波中鑫毛纺集团等企业提供技术服务 500 多次,开发产品 500 多种,为企业带来经济效益 900 多万元;为企业员工培训与技能鉴定 5 300 人次。举办了"浙江省棉纺织企业车间管理干部管理技能的培训班"、企业紧缺的"织布工技师班"和"全国色纺技术培训班"等,在行业中产生深远影响。

(4) 国家级项目 3 项,省市级项目 35 项,横向合作经费 380 万元,授权发明专利 8 个,新颖实用专利 19 个,宁波市科技进步奖 2 项,宁波市创新发明奖 1 项。

(二) 推广与示范

(1) 学生创新性特色项目被《东南商报》等多家媒体报道。

(2) 基于工作室平台的校企协同、中外联动人才培养模式和机制在教育部纺织服装职业教学指导委员会中进行深入交流和推广,受到同类院校和专家学者的高度评价,认为目标明确、针对性强,起到示范引领作用。

(3) 育人成果(特别是学生的特色创新项目)引起同类院校广泛的关注和兴趣,在国内领域具备了较强的影响力和显示度,成为国内院校学习与仿效的榜样。

(4) 近年来,先后接待 20 多家国内院校(包括南通工程职业技术学院、盐城纺织职业技术学院、江西纺织职业技术学院)以及海外院校的参观交流。

(5) 帮助新疆阿克苏职业技术学院组建现代纺织技术专业,在师资培养、实验室建设、课程建设、人才培养方案制定、全国性技能大赛和示范建设等方面给予全方位的人力和智力指导,得到新疆阿克苏职业技术学院领导和当地政府的高度肯定。

基于慕课理念构建的 "纺织品电子商务" 网络课程平台及其应用实践

盐城工业职业技术学院

完成人及简介

姓　名	性别	所在单位	党政职务	专业技术职称
李桂付	男	盐城工业职业技术学院	经贸管理学院院长	副教授
施建华	男	盐城工业职业技术学院	无	讲师/高级工程师
曹林峰	男	盐城工业职业技术学院	商贸管理系主任	讲师/经济师
赵　磊	男	盐城工业职业技术学院	无	讲　师
周　彬	男	盐城工业职业技术学院	无	讲　师

一、 成果简介及主要解决的教学问题

(一) 成果简介

基于慕课理念构建的 "纺织品电子商务" 网络课程平台主要服务学生学习 "纺织品电子商务" 这门课程。"纺织品电子商务" 是一门跨界课程,包含了纺织和电子商务领域的知识。"纺织品电子商务" 网络课程平台 2014 年 2 月上线,已经正常使用了 2 年多。

进入 "纺织品电子商务" 网络课程平台方式:

(1) 在浏览器输入 http: // 222.188.99.28:8080 /ec2 /forum.php

(2) 手机扫描二维码

(二) 主要解决的教学问题

(1) 学生学习不感兴趣问题,"纺织品电子商务" 网络课程平台应用之前,学生对于这门课程不太感兴趣。成果应用之前,学生在教室按部就班听老师学习,成果应用之后,学生可以在学习平台选择自己感兴趣的内容,学生也特别细化这种信息化手段的教学方式。

(2) 学生被动学习问题,"纺织品电子商务" 网络课程平台应用之前,学生都是被动学习,成果应用之后,学生都养成主动学习的习惯,课前,学生可以在学习平台上先学习、讨论和进行测试,然后在课上,老师进行分组完成任务。

(3) 教学内容陈旧问题,"纺织品电子商务" 网络课程平台应用之前,纸质的教学教案基本不变,成果应用之后,随着电子商务网络营销不断有新的营销手段出现,比如由博客营销发展到微博营销,再发展到微信营销,网络课程学习平台上的内容也很容易随时调整。

二、 解决教学问题的方法

(1) 对于学生不感兴趣问题,在 "纺织品电子商务" 网络课程平台上,老师按照教学内容,制作知识点的微视频,以及 FLASH 动画来培养学生对于这门课程的兴趣。

(2) 对于学生被动学习问题,"纺织品电子商务"网络课程平台构建了慕课的学习方式,学生可以在学习平台上通过观摩视频、看动画的方式学习,然后在讨论区进行讨论和提问,接着进行在线测试,只有测试通过,才可以进入下一个知识点学习。这种学习方式逐渐培养学生主动学习的习惯。

(3) 对于教学内容陈旧问题,"纺织品电子商务"学习平台上设置讨论专区,学生可以提出自己感兴趣的知识点,老师根据情况制作相关知识点的学习视频。这种方式可以保证学习内容与时俱进。

三、 成果的创新点

第一,"纺织品电子商务"网络课程平台实现慕课学习理念。学员在课前可以自主到课程平台学习规定的章节,看相关视频,然后到讨论区进行讨论和答疑,接着进行在线测试,如果测试通过,方可进入下一环节的学习。慕课理念主要体现在学习平台的三步学习方式(图1)。

第一步:学习知识点视频或者PPT界面

第二步:学员在线讨论答疑区

第三步:学员进行在线测试考核

图1 学习平台的三步学习方式

第二,"纺织品电子商务"网络课程平台可以在线电子商务技能实训。"纺织品电子商务"经过课程组充分调研和二次开发,确定了本课程的三项技能实训,分别为电子商务网店运营技能实训、电子商务网店装修技能实训以及电子商务客服技能实训(图2)。

实训一:电子商务网店运营技能在线实训

实训二:电子商务网店客服技能在线实训

实训三:电子商务网店装修技能在线实训

图2 三项技能实训

四、 成果的推广应用效果

"纺织品电子商务"网络课程平台自2014年2月上线,就一直受到学员的好评。主要学习的班级有连锁经营管理专业班级和纺织品贸易专业的班级。如营销策划1301、连锁1401、连锁1511、纺贸1201、纺贸1301等班级(图3)。

图3 "纺织品电子商务"网络课程平台使用班级情况

"织物结构与设计"课程信息化教学改革的研究与实践

沙洲职业工学院

完成人及简介

姓　名	性别	所在单位	党政职务	专业技术职称
于　勤	男	沙洲职业工学院	教研室主任	副教授
倪春锋	男	沙洲职业工学院	纺织系主任	教　授
颜晓青	男	沙洲职业工学院	无	副教授
陈在铁	男	沙洲职业工学院	教务处长	教　授
范尧明	男	沙洲职业工学院	教研室主任	副教授
费燕娜	男	沙洲职业工学院	无	讲　师

一、成果简介及主要解决的教学问题

织物结构与设计是"江苏省'十二'五重点专业群——现代纺织技术专业群"以及"江苏省特色专业——现代纺织技术专业"的核心课程,也是我院推进信息化教学资源建设的重点课程。

"织物结构与设计"课程信息化教学改革的成果是基于以下研究课题:①全国纺织服装职业教育教学指导委员会的纺织服装院校信息化教学研究课题——高职院校教师信息化教学能力提升策略研究与实践。②沙洲职业工学院教学改革重中之重课题——高职院校协同推进教、学、管信息化试点研究。③沙洲职业工学院教学改革研究课题——高职院校教师信息化教学设计能力培养的研究与实践。

(一) 成果简介

1. 运用信息化技术和手段,开发和整合了"织物结构与设计"课程信息化教学资源

(1) "织物结构与设计"课程教学资源库建设。建成包括多媒体课件、教学设计、教学案例、教学实施、自主训练与测评库、教学评价等数字化课程教学资源。

(2) 企业虚拟平台资源建设。校企共同搭建网络课堂,开展行业资源库、样品库、虚拟工厂、虚拟工艺、虚拟平台等建设。

(3) 课程信息化学习平台建设。与上述资源库建设同步的课程信息化在线学习平台,形成开放互动的教学空间。

2. 改革课程教学方法,提高了学生学习能力

以应用为驱动,建立了"平台＋资源＋教学"在线授课的教学方法。融入信息技术元素,优化教学,改革教学方法。①将课程分为原组织设计、变化组织设计、联合组织设计、复杂组织设计 4 个项目,精选信息化教学素材,优化教学内容,整体布局教学设计,突出学生为主体地位,体现"做中教、做中学"的学习形式等。②面向学生开展混合式教学、提高教学质量,对校外实习实现远程教学,并能够服务企业培训和终身学习。③实现教师网络协同备课,开展网络在线教学,做学生学习的组织者和指导者,并能够进行在线答疑。

以信息职业素养提升为目标,建立了"平台＋资源＋学习"在线学习形式。注重教学过程从"以教师为中心"逐步转向"以学生为中心",以培养学生信息化职业素养。①充分利用以课程资源和自主学习资源为主的数字化教学资源体系,培养自主学习的能力。②学生的学习过程由"被动接受,支配学习"转变到"自主建构、创造学习",开展自主学习、协作学习和探究学习。学生在教师创设的学习环境中充分发挥主动性和积极性,能够和教师交换信息、丰富知识、提高见识,从而提高了信息化职业素养。

3. 建立了信息化教学多元评价体系

通过教学方法的改革,形成了学生评价、组间评价、教师评价、企业评价的多元化实时评价体系,学生利用"织物结构与设计"在线学习平台将知识的学习从课堂延伸至课外。①课前对知识进行预习、作业递交,教师进行初步评价。②课内合作探讨学习,学生利用信息资源,如织物图案设计工具、织物打样软件、织物CAD仿真软件对所完成的工作任务进行自评、同学之间互评的形式获知知识与技能的掌握程度,同时接受教师的网上点评。③课后学生根据对知识的掌握程度和个性需求进行拓展学习,所完成的作品通过网络连线接受企业工程师在线评价。

(二)主要解决的教学问题

1. 教学资源的开发与整合

以专业培养能力为目标,对课程内容进行职业能力划分,开发和利用了与职业能力学习匹配的丰富的数字资源、优质的教育资源。以现有的设施设备,整合了教学资源,拓展教学空间。运用现代教育技术构建以学生为中心,利用在线课堂、网络平台、在线学习与测试的教育手段,融合校内外学习、支持学生在开放式的数字化服务平台上学习。

2. 改革教学方法,优化教学过程

根据课程教学目标和要求,以网络资源的形式呈现企业的真实订单产品融入校内生产性实训项目,将教学项目、工作任务、教学内容以数字化形式呈现出来,充分运用信息化资源、创设信息化教学环境,将信息技术与教学内容、教学过程、教学方法与课程各个环节深度融合,突破重点,解决难点。引导学生参与到信息化学习环境中来,学生根据在线学习平台实现任务领取、问题解决、作业递交、师生互动等学习过程,师生教学活动实现了数字化、可视化和协作化。

3. 激发学生学习兴趣,有效促进学生自主学习

注重"织物结构与设计"课程的数字化改造,创新教育内容,促进信息技术与专业课程的融合,提高课堂教学质量。学生根据学习兴趣和个性需求,合理安排学习时间,对课内难以掌握的知识在课后登录到网络学习平台等资源中复习、巩固,学生信息技术职业能力、数字化学习能力和综合信息素养得到提高。创新信息化教学与学习方式,根据学习内容学生可自主学习,提升了个性化互动教学水平,激发学生学习兴趣,进而从知识、技能和素养多方面提高技能型人才的培养规格和质量。

二、 解决教学问题的方法

(一)提升教师信息化素养,整合了课程信息化教学资源

采取了短期培训和长期培训相结合的手段提高教师信息化教学能力,让教师掌握了信息化教学的基本要求,创新信息化教学模式,引导学生自主学习和个性化学习,促进教与学、教与教、学与学的全面互动。掌握网络技术、多媒体技术等现代教育技术手段,充分利用有效教育资源快速收集、整理信息资料,将庞大的信息展示出来并进行快速传递,极大地提高了教师信息化能力必须具备的基本素质。以此能力为基础,完善碎片化教学资源,提高资源信息化的整合度。

(二)合理运用信息技术、数字资源和信息化教学环境,系统优化了教学过程

将"织物结构与设计"课程分为原组织设计、变化组织设计、联合组织设计、复杂组织设计等4个项目,每个教学项目分为组织设计、织物分析、织物打样、上机工艺设计与织物CAD仿真模拟设计等5个工作任务。借助图案设计工具、织物分析与打样视频和动画、织物设计的打样软件、仿真软件以及相关教学资料对各个任务进行信息化教学设计。注重课前预习、课堂实施、过程评价、课后拓展的教学过程优化,以提高教学效果,并进行过程评价和结果评价。

三、 成果的创新点

(一)采取了多种信息资源支持学生学习,将学习的决定权交给学生

教师的信息化教学能力突出,自主开发了图案设计工具、实物打样模拟软件和视频、开发了织物设计CAD

软件,建立了课程网络平台,创造信息化教学环境,将信息资源与信息技术结合,恰如其分地应用到教学实施过程中。并且信息资源与信息技术工具、学习目标、工作任务紧密相关,学生利用信息技术,通过探究式学习将以前难以学习的内容变得迎刃而解,实现了课程学习的决定权转向学生的教学形式。

(二) 建立了时时可学、处处可学、人人可学的学习平台

建立了"教学内容、助学软件、学习资源、在线评价、互动交流"等内容为一体的"织物结构与设计"课程在线学习平台,学生根据学习平台自主选择合理的时间进行学习,将课程的学习延伸至课外,即课前进行工作任务准备;课内在"学中做,做中学"的环境中完成工作任务;课后学生根据自己学习所得,进行自主选择、拓展提高。

(三) 实现了课堂在线实时评价教学方法,提高教学效果

课堂教学过程中采用了多种学习评价方法。学生根据织物模拟软件对设计的作品进行自评;同一个工作任务的同学在网络教室利用凌波平台实现同题互评;教师对学生的作品实现单独交流评价;学生在课后,根据课程学习平台上的拓展资源进行能力提升,将设计的面料通过 E-mail 发送至企业面料设计师,获取评价。该教学方法实现了学生自评、学生互评、教师评价、企业评价的在线实时评价方法,提高了学生学习效果。

(四) 尊重学生个性差异,激发学生的学习兴趣,实现人人成才的目标

教师根据课程的总体目标,设计了多个教学项目,并把项目分解成多个难度不同的工作任务,利用信息技术恰如其分地将信息资源融入到教学中去。课堂教学中教师有侧重点,引导学生根据自身学习能力选择不同难度的工作任务进行学习,课后可以根据所学所得,进行能力提升学习。教师改变了以往对所有能力不同的学生千篇一律的教学方法,尊重了学生的个性差异,激发了学习兴趣,让每一个学生都能学到应有的技能。

四、 成果的推广应用效果

(一) 校内应用

(1) 利用信息技术改革"织物结构与设计"课程的教学方法,提高了课程教学效果,保证了学习质量,提升了学生专业技能。"织物结构与设计"课程的信息化教学在 2014 年和 2015 年现代纺织技术专业、纺织品检验与贸易专业所有学生中使用率为 100%,2014 年、2015 年现代纺织技术专业学生的高级技能证书获取率为 100%。学院对此成果逐步推广,并选出全院 9 个专业的相关课程推行信息化教学,实行高级技能证书考核。

(2) 大学生的创新意识和创新能力得到提高,学生参加的江苏省大学生实践创新项目——"蓄电池用涤纶排管织物的研制""牦牛绒面料的织制与性能测试"顺利结题。

(二) 校外辐射

(1) "织物结构与设计"课程的信息化资源建设为江苏中孚达股份科技有限公司、中国华芳集团、澳洋集团等公司的部分员工提供了学习的机会,为地方经济发展做出了贡献。并且成果部分完成人分别担任江苏中孚达股份科技有限公司副总经理、产品开发部副主任。

(2) 教师的信息化教学能力得到提升,教师到江苏农牧科技职业学院、苏州职业大学、江阴职业技术学院、硅湖职业技术学院作信息化教学讲座,深受兄弟院校好评。

(3) 学生的职业技能得到极大提升,参与 2015 年中国纺织服装教育学会举办的"纺织面料设计"技能大赛荣获二等奖 1 项、三等奖 2 项,进步明显。

(三) 社会影响

(1) 教师参与的作品"小提花织物模拟设计"(选自于"织物结构与设计"课程)获得 2014 年全国信息化教学大赛信息化教学设计比赛一等奖、江苏省信息化教学大赛信息化教学设计比赛二等奖;作品"T 恤衫图案设计"获得 2015 年江苏省信息化教学大赛信息化教学设计比赛二等奖。在全国纺织类院校中位列前茅。

(2) 2015 年 12 月,"织物结构与设计"课程荣获苏州市教育局批准的优秀新课程。

(3) 2014 年 11 月 20 日,苏州新闻播放了成果完成人的牦牛绒面料设计(选自于"织物结构与设计"课程)的研究成果,并刊登于 2014 年 12 月 26 日的《苏州日报》,社会反响良好。

(四) 专家评价

学院组织校外专家对该成果进行了鉴定,部分鉴定意见如下:

(1) "织物结构与设计"课程将信息技术与资源自然融合,借助多样化的媒体资源,基于课程学习平台实施

"做中教、做中学",突出重点、突破难点,并激发学生学习兴趣。更可贵的是将课堂教学延伸到课外,课前应用,课堂重点应用,过程评价能够贯穿始终,课后再学、再拓展。该信息化教学方法在高职院校课程建设中具有示范作用。

(2)"织物结构与设计"课程建立了在线学习平台,引导学生自主学习,实现学生在线化任务领取、问题解决、作业递交互动交流。学生根据教学软件进行自评、同学之间同题互评、教师网络留言点评,课后拓展资源的学习采用了企业工程师评价,实现了多元评价相结合的在线评价形式,体现出信息化教学方法改革的引领作用,教学成效突出。同样,该教学方法在同类型课程教学中具有可移植作用。

家纺设计专业学生创新创业线上线下双平台建设的探索与实践

江苏工程职业技术学院

完成人及简介

姓　名	性别	所在单位	党政职务	专业技术职称
马　昀	男	江苏工程职业技术学院	服装设计学院院长	副教授
王希颖	女	江苏工程职业技术学院	党总支书记	讲　师
钱雪梅	女	江苏工程职业技术学院	无	副教授
张晓冬	男	江苏工程职业技术学院	人事处副处长	副研究员
任　健	男	江苏工程职业技术学院	艺术设计学院副院长	副教授
赵喜恒	男	江苏工程职业技术学院	无	讲　师
陈　炎	男	江苏工程职业技术学院	无	助　教

一、 成果简介及主要解决的教学问题

（一）成果简介

江苏工程职业技术学院家用纺织品设计专业主动适应行业产业转型升级要求,以"大学生创意园"为线下实践平台,以家纺设计交易网站为线上实践平台,构建了"线上线下同步运行"的育人双平台,极大地提升了学生的创新创业能力和综合素质,成功培育了 10 余个学生"创客"团队和创业项目,学生团队多次在省、市创新创业大赛中获奖(图 1)。

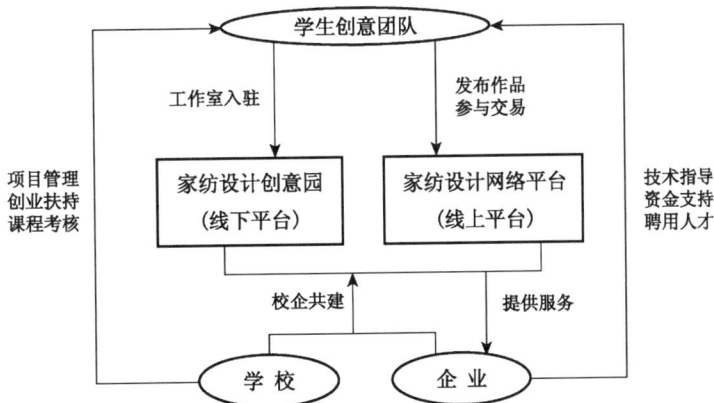

图1　线上线下创新实践双平台运行模式图

（二）主要解决的教学问题

1. 建设大学生创意园,形成了开放共享的创新团队培育机制

该专业与南通市经济和信息化委员会、江苏蓝丝羽家用纺织品有限公司等企业合作,建设了"江苏工院家纺设计创意园",并建立起适应开放服务、协同创新、资源共享、市场化运作的创新团队培育机制和管理机制。

2.构建线上实践平台,打造了学生创意作品的"市场直通车"

该专业与浙江瓦栏文化创意有限公司合作,共建家纺设计交易网络平台。该平台通过网上对接,方便快捷地将企业任务直接导入课程项目,同时将学生创意设计作品向企业展示,学生在真实的市场竞争中提高了专业技能与综合职业能力。

3.线上线下同步互动,提高了学生创业成功率和就业质量

"设计创意园"指导学生团队开设"线上工作室",实现线上线下的同步互动。学生完成项目任务的过程,也是企业发现人才、挑选人才、锻炼人才的过程。在这一过程中,校企共同培育创新项目,共同扶持创业团队,提高了学生创业成功率和就业质量。

二、 解决教学问题的方法

(一)建设创意园绩效管理体系,完善工作室运行管理机制

结合《高职校企共建艺术设计类专业校内实训基地运行管理与绩效评价》课题研究成果(2015 年通过省级验收),建立了创意园工作室绩效管理体系与激励机制,实施"创新创业扶持计划",培育学生创客团队,以学生完成项目任务的动态数据为统计依据,对学生团队的业绩进行评估,并作为对工作室进行考核、激励和管理的依据。

(二)成立"创新事业部",形成产教结合的办学模式

通过校企合作,创意园成立了"创新事业部"。事业部为"家纺设计创意园"的运营与管理机构,具有教学和经营双重职能,对内为学生创业团队提供项目指导与技术经济服务,对外按市场化方式为企业开展有偿服务,通过对外接单、项目技术支持、管理与培训等服务项目获得的相应收益,形成可持续发展的能力。

(三)建立校企混编的指导老师团队,实行校企"双导师制"

通过校企合作机制,创意园吸引企业参与建设,企业为学生团队提供项目支持,并选派设计师与校内教师共同担任工作室导师。充分发挥导师的"全过程育人、全方位育人"作用,实现教师与师傅、学生与学徒、作业与项目的深度融合。学生在校企"双导师"的指导下,通过耳濡目染,提高专业技能与创新创业能力,传承"匠心精神"。

(四)实施"积分换学分"弹性学分制度,实现个性化人才培养

学生完成工作室项目任务可赚取业绩积分,实现对学生业绩的量化考核。学生获得的积分将按一定的比例兑换成专业选修课学分。业绩积分来源包括两方面:一是按学生刷卡进入工作室的时间统计积分;二是导师根据学生完成项目任务的业绩,结合平时综合表现结算成积分。

三、 成果的创新点

(一)建设设计创意园,实现创意创业教育运行模式的创新

创意园各工作室作为创意创业团队的孵化基地,改变通常毕业前才抓创业教育的传统模式,通过校企合作培养机制,实现了从学生创新实践到创业尝试的有机衔接。学生在工作室通过长时间的实战训练,从大一的"体验式",到大二的"融合式",再到大三的"自主式"的渐进发展,逐步完成了从青涩的学生到成熟的职业人的蜕变。

(二)线上线下双平台互动,实现创新创业教育手段的创新

学生借助创意园及家纺设计网络平台,在发布作品、完成项目任务的过程中,进一步了解和熟悉市场需求,提高了专业技能与职业能力。学校通过线上线下双平台,与企业共建了创新创业实践教育基地,开发了学生创新创业的活动内容,丰富了创业教育手段。

(三)实施"创新创业扶持计划",实现创新创业教育扶持机制的创新

实施"创新指导、项目孵化、创业基金"三位一体的创新创业推动模式,加大了对学生团队与项目的扶持力度;企业提供项目来源、技术支持,选派导师开展项目指导培训。通过创新扶持机制,提供优质服务,改善创业环境,降低创业风险和创业成本,提高了项目成功率。

四、成果的推广应用效果

(一)填补了高职家纺设计专业创新创业教育机制研究的空白

目前国内有关高职艺术设计类专业大学生创意创业教育的研究,主要集中于创新创业人才培养模式的改革、课程体系的构建、实训平台的搭建,而对于创新创业教育机制,尤其是针对家纺产业特征的创意创业教育机制研究却鲜见报道。本成果研究的推行"创新创业扶持计划",培养学生创客团队,借助互联网技术,线上开展项目实践,促进线下创新创业等举措、机制,有效填补了此方面的空白。学院制订了《企业驻校工作室管理办法》、《大学生创意创业园项目实施方案》和《大学生创意创业园管理规定》等规章制度,有效支撑了创新创业教育活动的开展。目前,学院已拥有企业驻校工作室、研发中心(校中厂)、教师工作室、学生创业工作室等各类学生实践基地30余家。

(二)学生自主创新创业能力得到提升

学院于2013年建立"大学生设计创意园",容纳"学生创业工作室"8间,组织近40名学生创意者和7名专业导师形成了创业团队,有5家以上的企业与学院合作,以工作室为创业基地,以线上线下项目任务推动学生创业的实践,共同为创业人才的培养提供机遇和服务。在此基础上,学校2014年被评为"江苏省大学生创业示范基地",首批江苏省创业培训定点机构、南通市创业孵化基地、南通市创业培训基地。形成了学生创业典型——"四月天家纺花型设计工作室"、"青春印象工作室"和"俏丫丫演绎服饰工作室"等,及创业学生典型——张宗山、孙泽斌、于宇等。这些工作室不仅仅成为了技能提升的实训基地,更是一块学生自主创业的样板,其中四月天家纺花型设计工作室年利润达200万,其运行管理的模式及取得的成效得到江苏省教育厅沈健厅长的高度评价。这些创业工作室带动了一大批学生参与就业,也带动了一批学生毕业后自主创业。创新项目"手绘地图设计与销售"、"中国风演绎服饰设计在线网络销售"和"手绘家居鞋艺术设计"等都被江苏省和南通市等地方媒体和杂志报道和宣传,产生了较大的影响力。学生创业团队获2010年"挑战杯"大学生创业大赛一等奖,2014年南通市大学生创新创意大赛三等奖,2014年"江苏学信杯"第四届大学生创新创意创业大赛现代服务组二等奖,指导老师获得"优秀指导教师奖"。

(三)人才培养质量不断提升,社会辐射能力不断加强

(1)"工作室研学"课程入选江苏省高等职业教育2013年度人才培养质量报告优秀案例。

(2)近3年,在江苏省"紫金杯"文化创意设计大赛中获金奖1个;在张謇杯、海宁杯国际家纺设计大赛中获金奖1个、银奖2个、铜奖4个;在江苏省优秀毕业设计评比中获一等奖2个、二等奖1个、三等奖1个,优秀团队设计奖2个;在全国纺织服装花样面料设计大赛中获金奖5个、银奖3个、铜奖1个,优秀指导教师奖4个。在教育部职业院校艺术设计教学指导委员会教师讲课竞赛中获金教鞭奖2个,银教鞭奖1个,在全国同类院校中成绩显著。以上获奖作品均作为优秀典型案例充实进入课程教学资源库中。

(3)学生就业质量显著提高。第三方调查显示,该专业学生毕业半年后就业率为98%,高于全国示范性院校同类专业6个百分点;毕业半年后的平均月收入经全国示范性院校同类专业高出530元。

(4)通过参与校内工作室及校外基地的项目研发,学生的创意能力和实践能力得到极大提升,大量作品被企业采纳投入生产,为企业创造了巨大的经济效益。通过工作室平台,近两年学院师生先后承接了上海艾莱依家用纺织品有限公司、浙江蓝鸽实业有限公司的提花面料开发及婚庆整体家居设计,云南昆明昆交会办公空间设计,"生活南通"微信客户端开发,江苏宝缦家用纺织品有限公司新厂区景观规划室内设计,江苏蓝丝家纺有限公司展厅设计等200余个项目。师生的社会服务能力大大提高,荣获"南通市职业教育服务地方经济贡献奖"。

(5)学生创意创业园的建设成果为同类院校专业建设提供了参考和借鉴,先后有苏州经贸职业技术学院、成都纺织高等专科学校、浙江纺织服装职业技术学院、广东纺织职业技术学院、西安美术学院和南京艺术学院等20多家院校前来参观交流。江苏教育电视台、南通电视台、中国高职高专网、中国家纺网等多家媒体对成果进行了报道。

基于仿真实训的传统细纱机智能化
改造及其应用实践

盐城工业职业技术学院、江苏悦达纺织集团有限公司

完成人及简介

姓　名	性别	所在单位	党政职务	专业技术职称
张圣忠	男	盐城工业职业技术学院	无	研究员级高工/教授
赵　磊	男	盐城工业职业技术学院	无	讲　师
姚桂香	女	盐城工业职业技术学院	无	副教授
赵菊梅	女	盐城工业职业技术学院	无	教学秘书
王曙东	男	盐城工业职业技术学院	办公室主任	讲　师
陈贵翠	女	盐城工业职业技术学院	无	讲　师
戴　俊	男	江苏悦达纺织集团有限公司	无	高级工程师

一、 成果简介及主要解决的教学问题

新型纺纱仿真实训多功能一体细纱机的改造既能服务于学校,也能服务于企业,既能服务于教学,也能服务于科研,近两年来,师生一直精心打造传统细纱机的智能化改造,在传统细纱机的设备结构、智能化运用、校企合作、教科研运用上取得了一些成效。

(一) 完成仿真实训应用的传统细纱机多功能纺纱硬件改造

新型纺纱仿真实训多功能细纱机的改造完全在FA507B细纱机上进行硬件安装,增加紧密纺、赛络纺、段彩纺、包芯纱、竹节纱等多纺纱部件,在锭子传统机构、牵伸机构、卷绕成型机构、控制系统、机架上进行了设计与改造。

(二) 完善仿真实训应用的传统细纱机多功能纺纱机软件改造

对改造后的细纱设备完成软件的改造与设计即控制系统的完全实现,能够有效的控制整台机器的运行,还要能够实现改造要求的所有功能,包括:①实时监控采集主传动电机转速、锭子转速、前罗拉转速以及钢领板运行位置的数据,通过PLC系统控制整个机器的运行包括纺纱过程中的钢领板自动升降、中途启动停车并且能够记录钢领板位置,并主动跟踪钢领板位置开车、中途停车、自动落纱等功能。②模仿企业真实生产过程设计人机界面,设定工艺参数并通过不断刷新触摸屏界面显示实时纺纱过程中的工艺参数以及细纱机的运行状态。③对实际纺纱过程中的锭子转速、牵伸倍数、喂入输出定量、捻度等进行计算并且自动显示在触摸屏上,并且依靠机器上各个部分的传感器、光电感应器进行自行协调控制。④对于日常所出现的故障能够自动检测报警,程序和机器运行状态出现故障时自行报警、停车。

(三) 推进课程"教学做"仿真实训一体化,提升学生创新开发能力

紧密结合高职高专教育的人才培养目标,智能化改造国家级纺织实训中心的现有的环锭纺细纱机,实现多种新型功能纱线开发的一体机融合,有效的推进了现代纺织技术专业核心课程"新型纱线产品开发与工艺设计",实现"教学做"一体化,使得该课程能够很好地构建"基于新型纱线产品开发的生产过程"的项目化课程体系,该课程体系是以新型纱线的生产过程和典型岗位工作的任务组织教学内容,从而提升学生在新型纱线产品

上的创新开发能力,学生成果也较丰硕,有依托多功能细纱机进行自我开发的各种新型纱线,也有依靠开发的纱线开发的新型面料。

(四)促进校企深度合作,开发新型纱线培训教材

依托我校新开发的多功能智能细纱机,教师与校企合作企业(江苏悦达纺织集团有限公司、江苏东华纺织集团)共同参与新型纱线产品开发项目合作,开发校企共用的《多功能智能细纱机使用说明书》和《新型纱线产品开发与设计》项目化自编教材,制订以培养企业需求为导向的"新型纱线产品开发与设计"课程教学标准、网络教学平台、微信课程教学资源等。

(五)拓展学生毕业论文(设计)的选题范围

新型纺纱仿真实训多功能 FA507B 细纱机的改造为近 2 年的毕业生的毕业论文或者毕业设计,提供了更多的选题范围及良好的实施条件,学生不但进一步提高了自己的生产实践动手能力,也能更好地提升自己的纱线产品研发能力,为他们顺利走上工作岗位打下坚实的基础。

(六)为教师投入纱线产品开发研究项目提供优良条件

新型纺纱仿真实训多功能 FA507B 细纱机的改造为现代纺织技术教学团队的老师在申报新型纱线产品开发的相关项目、论文发表、专利申请、课堂教学研究、课程建设研究等方面均提供了较好的实施保障。

二、 解决教学问题的方法

(一)采用多功能一体细纱机进行新型纺纱仿真实训应用的"教学做"一体化

新型纺纱仿真实训多功能细纱机改造完成的优势通过学生对机器的实际操作展现出来。改造之前学生更改工艺需要根据所学知识计算相关的工艺参数查找到工艺所需的齿轮然后进行人工更换,整个过程需要大约 20 分钟左右,而且一车一次只能纺一个品种、一种工艺,既浪费时间又极大地降低了机器的使用率,造成了机器紧张的局面。因此新型纺纱实训多功能细纱机改造的完成极大地改善了这种局面的发生,现在学生经过计算得到自己所需的工艺之后只需在操作界面上输入自己工艺参数即可完成工艺参数的更改,而且改造完成后一车可纺多品种,两边可以分开控制可纺两种不同的工艺,因此一台机器可以同时进行两种工艺纺纱多种纺纱方法纺纱,极大提高了机器的使用率,减少了机器使用紧张局面的出现。

机器改造的完成使新型纺纱生产实践工艺上机快捷、方便。改造之前教师课堂上的教学有很大的困难,课堂上教师对班级同学进行分组纺纱实训,共分为 6 组,改造之前的细纱机每次只能进行 1 个品种的纺纱,而且变更工艺繁琐,上课进度跟不上,且耗电耗时间。但是新型纺纱仿真实训细纱机的改造改变了这个局面,同样的课程要求而改造后的细纱机能够双侧分开控制,而且一车可纺多品种,极大地节约了时间,提高了机器的使用率,对学生的仿真实训、教师课堂的教学组织都有很大的帮助。

(二)采用多功能一体细纱机实现新型纺纱产品多样化、综合化开发

环锭纺纱虽然近些年来被一些新型纺纱所取代,但是它凭借着自身的优势依然占据着不小的市场使用率,基于环锭纺纱的新型纺纱技术被越来越多的人开发出来,但是他们大都是单一存在的,不能实现两种新型纺纱或者多中新型纺纱的组合。改造过后的新型纺纱多功能细纱机集多种新型纺纱方法于一车,既可以实现原本单一新型纺纱方法纺纱,又可以实现两种新型纺纱方法和多种新型纺纱方法纺纱,越来越多校企合作企业(如:江苏悦达纺织集团、中恒集团、江苏东华纺织集团、江苏南纬悦达纤维科技公司等)愿意在我校进行新产品开发,同时学生能及早地参与到企业的新型纱线产品生产实践加工中。

(三)组建一支优秀的新型纺纱教学团队

新型纺纱多功能细纱机的改造与应用对新型纺纱教学团队的老师的教学能力水平有很大的提升,通过专职与兼职教师相结合,专职老师去企业顶岗实习 1 年(如毛雷老师与吴昊老师均去江苏悦达纺织集团有限公司顶岗实习 1 年),引进(江苏悦达纺织集团有限公司、江苏东华纺织有限公司等)新型纺纱企业兼职教师,不断提高师资队伍建设,采取一系列政策和措施(王曙东老师去新加坡纺学、赵磊老师参加省培与国培项目等)提升师资教学水平,目前,团队拥有硕士学位职称教师占专任教师比例达 60%,企业兼职教师占比例达 40%,形成了一支素质优良、结构合理、专兼结合的师资队伍。

三、 成果的创新点

(一)创新开发以仿真实训为目的的多功能一体智能细纱机

为了适应高职实践教学的需要,很多高职院校现有的细纱设备建立了非常不错的实训条件,但学生在 3 年的专业学习中对新产品开发创新能力的提高不够,且在一体化教学与科研方面依然存在可纺产品单一、教学效率低、变更工艺时间长等问题,给教学组织带来严重的阻碍,因此在这种情况下,由我院师生共同参与,结合纺织设备加工企业对现有的实训机型 FA507B 环锭纺细纱机进行新型纺纱仿真实训多功能智能一体化改造,以原有的细纱结构为基础,首次开发出集"环锭纺、赛络纺、包芯纺、竹节纺、段彩纺、紧密纺"等 6 种纺纱方法于一身的多功能一体纺纱机,可开发数 10 种新型纱线,这样学生可以以任何企业的真实产品项目模拟企业的生产过程,进行新产品开发。

(二)以多功能一体智能细纱机为中心,强化学生的职业综合能力

强调以仿真实训的多功能一体细纱机为中心,在"新型纱线产品开发""纺纱工艺设计与质量控制"等课程上引进企业的新型纱线产品开发作为课程教学任务载体,通过企业的新型纱线产品开发案例实行真题真做,并以此作为学生新型细纱操作技能培训平台,同时,教师与学生共同参与江苏悦达纺织集团、江苏中恒集团、江苏东华纺织有限公司等企业的新型纱线产品开发。

(三)解决校内学生实训动手难,企业工艺过程再现难的问题

随着纺纱设备的智能化越来越突出,纺纱企业的工艺变更不再需要进行人工更换,只需要将纺纱工艺参数直接输入界面,通过智能化控制直接获得新工艺,而目前纺织职业院校大多停留在培养学生人工变更工艺参数,因此培养的学生无法适应企业智能应用需求,而且由于一个班级学生一般都在 40 人左右,因此在正常教学的情况下,还无法满足每个学生的实训动手(即手工变更)。通过本项目的实施,一方面学生变更工艺速度很快,有效解决了校内实训动手难得难题;另外一方面,纺纱企业的纺纱工艺过程也可以在课堂教学中再现,再现与实施纺纱企业的真实项目,激发了学生对新型纺纱课程的学习兴趣。

四、 成果的推广应用效果

(1) 传统细纱机的智能化改造进一步推进了"新型纺纱产品开发"、"纺织导论与入职训练"和"纺纱工艺设计与质量控制"等现代纺织技术专业核心课程"教学做"一体化模式的实施,课程项目设计内容创新性强,实用性高,全面高效地应用于校企合作开发的新型纱线产品的仿真实训及其研究,助推了东华纺织有限公司、中恒集团等企业完成 5 个省级新产品新技术的鉴定。传统细纱机的智能化改造运用也为我院教师发表高质量的文章提供了很好的硬件,近 3 年来在《棉纺织技术》、《纺织导报》、《上海纺织科技》和《针织工业》等全国中文核心期刊上发表论文近 60 篇。

(2) 传统细纱机的智能化改造及其应用进一步完善了《现代纺纱与操作技术》和《纺织导论》等校企合作开发教材的建设,目前正在进行教材内容第 2 版的修订与完善。现代纺织技术专业与纺织品检验与贸易专业 2015 届与 2016 届的毕业生中有近 80% 以上的学生毕业设计(论文)选题都与新型纺纱有关,多功能智能一体细纱机的利用率可达 95% 以上,毕业学生在新型纺纱产品上的创新开发能力得到大中型纺纱企业的认可。

(3) 传统细纱机的智能化改造明显提升了我校专业教师在新型纺纱产品开发上的科研水平,在《棉纺织技术》、《上海纺织科技》、《纺织导报》和《毛纺科技》等专业核心期刊上发表"精梳棉纤维/负离子纤维/柳皮纤维/澳毛紧密纺混纺纱的开发"、"木浆纤维/芦荟/棉赛络针织纱的工艺设计与优化"和"18tex 吸湿排汗纤维/竹浆纤维/大豆蛋白纤维 70/20/10 混纺纱工艺优化"等论文近 35 篇。同时也为紧密型校企合作企业,如江苏悦达纺织集团有限公司、江苏东华纺织集团等开发新型纱线产品提供良好的研发场所,近年来与校企合作企业共同参与完成了"调温纤维/羊绒/木棉混纺柔软型空调纱""汉麻/棉/天丝多组分混纺纱"等新型纱线新产品、新开发的鉴定工作。

基于校企共同体厂中校平台的现代学徒制培养探索与实践

杭州职业技术学院、达利(中国)有限公司

完成人及简介

姓　名	性别	所在单位	党政职务	专业技术职称
郑小飞	男	杭州职业技术学院	党总支副书记/副院长	副教授
徐　剑	男	杭州职业技术学院	达利女装学院副院长	技　师
章瓯雁	女	杭州职业技术学院	无	教　授
王培松	男	杭州职业技术学院	教科办主任	助理研究员
郑　路	女	达利(中国)有限公司	无	高级经济师

一、成果简介及主要解决的教学问题

解决了现代学徒制培养过程中企业培养和学校教学之间的衔接问题,创新了现代学徒制培养模式,通过厂中校建设较好地解决了在现代学徒制培养中教学内容衔接和师资衔接等问题。

解决了现代学徒制培养的的教学质量管理问题。实行学校和企业双重管理,按照企业要求制定了《学生选拔和管理办法》《教师考核与管理办法》等,保证了人才培养质量。

解决了学生定位不清,缺少生涯规划等问题。

二、解决教学问题的方法

(一)校企协同建设产学研中心

为了深化产教融合,在达利厂区以企业提供场地和装修、学校提供设备的方式,校企共建面积约3 000余平米的厂中校——达利(中国)有限公司产学研中心,厂中校以达利新产品研发和销售为工作重点,同时为集团培养优秀人才,提供优质人才储备。厂中校实行达利企业化的运作及管理模式,达利总裁担任中心主任,由达利公司部门主管任部门经理,专业负责人担任经理助理。通过双师共同授课和实践指导,企业真实项目操作,提高学生职业素养和专业技能。

(二)协同制定学徒制人才培养方案

校企共同商讨制定人才培养方案,根据设计岗位、制版岗位和工艺岗位的工作要求和能力需求开发针对性强的课程,形成对接紧密、个性鲜明、动态调整的课程体系。明确校企双方的课程授课教师,以真实研发项目为教学任务,全面实施素养教育,将职业素养、人文素养教育贯穿培养全过程。

(三)协同成立教师师傅团队

厂中校的教学和实训指导由专业教师和达利专家共同来完成,组建了教师师傅团队,教师师傅团队共同完成学生的指导,企业师傅指导实践,专任教师以理论指导为主,并充当企业专家的助手,在协助企业专家的过程中不断学习,提高教师的专业技能。

(四)校企协同教学质量管理

以企业要求作为考核标准,制定"达利产学研中心学生考核办法",分为业绩考核和职业素养考核,职业素

养占 30%,考核指标有考勤和工作态度等,由企业师傅评价。业绩考核的指标是每门课程学生研发的作品的质量和被企业录用的数量,占 70%。定期召开教研会议,及时反馈并解决问题。

三、 成果的创新点

(一)载体创新

厂中校建设较好地实现了校企资源共享,学生在教师指导下参与企业产品研发,加强了企业产品研发力量,同时也解决了校企合作过程中兼职教师授课的问题,还解决了现代学徒制培养的教学内容衔接、场所衔接等问题。

(二)机制创新

达利公司总裁既是学院院长又是厂中校负责人,负责各部门协调和资源调配。厂中校管理的主体是企业,如制度制定,课程设计、内容安排、人员配备、考核标准等都按照企业的要求实施,保证了教学的先进性和时效性。学校负责学生选拔和管理、教学实施和制度管理等,双方共同制定实施了一系列教学教务管理制度和教师学生管理制度,为现代学徒制培养提供了有力的制度保障。

(三)方法创新

中高职融通开展现代学徒制培养,拓宽了中高职衔接的内涵,将中职学生纳入现代学徒制培养,较好地解决了中职阶段实习的管理问题。同时与企业所在地区的中职学校建立合作关系,选拔学生进行现代学徒制培养,有效地保证了公司的就业稳定性。

四、 成果的推广应用效果

本成果在探索和实践过程中已使用近 3 年,在服装设计专业 13 个班级,近 500 名学生中实施,应用情况如下:

(一)人才培养质量显著提高

通过厂中校的培养,学生的专业技能得到很大的提高,3 年来学生获得市级以上各类服装设计、制作大赛奖项共 38 项,其中国家级金奖(一等奖)15 项,6 人获技师职业资格,3 人获全国纺织服装专业学生职业技能标兵称号。学生和海派画家陈家泠合作的缂丝服装在国家博物馆展出并永久收藏。

(二)学生的产品研发能力得到很大提升

3 年来厂中校新产品开发量达 3 600 余款,其中 1 400 余款被公司采用并投入批量生产,研发量占达利公司年开发量近 30%。连续 3 年为西博会流行趋势发布会制作服装,获业界良好评价。

(三)提升教师实践能力

为了提高现有教师的实践水平和教学能力,分批组织教师到达利公司实习,3 年来共 3 200 人到公司实习锻炼,设计款式 600 余款,制版 90 余幅;与达利公司共同开发横向课题共 6 项,经费到款额 155 万元;每年派遣 1 位教师到达利公司担任技术员,这些举措提高了教师的职业教育教学理念和企业实践经验,为教师开展理实一体化教学提供实践技术保障。专业教师与企业兼职教师一起进行课程建设,目前已建设了国家级精品课程 1 项、省级精品课程 1 项,立项了浙江省新世纪高等教育教学改革研究项目 2 项,校企共建核心课程 10 门,建设了浙江省重点教材 4 本,完成服装高职教育专业教材编写工作 5 项,发表于国家核心、CN 专业期刊的论文 40 余篇。

(四)带动中职学校发展

作为服装类专业开展中高职衔接的试点院校,服装设计专业主动适应杭州服装产业结构转型升级的需要,联合杭州市服装职业高级中学、乔司职高、新安江职业学校等中职学校,制定了 5 年一体化专业人才培养方案,培养具有首岗适应快、相关岗迁移能力和可持续发展能力的高素质技术技能型人才。为了保证中高职的有效衔接,由高职主导分段实施教学及管理。为了加强中职阶段第 6 学期的实习管理,解决实习单位,提前到中职学校进行厂中校实习学生的选拔,挑选专业基础好、职业发展目标明确、职业素养好的学生进行个性化培养。已经有 60 多位中职阶段的同学在厂中校进行现代学徒制培养。

基于纺织类学生综合能力培养的教学
"四化"和育人"四＋"创新与实践

陕西工业职业技术学院

完成人及简介

姓　名	性别	所在单位	党务职务	专业技术职称
贾格维	女	陕西工业职业技术学院	化工与纺织服装学院副院长	教　授
潘红玮	女	陕西工业职业技术学院	纺织教研室主任	副教授
赵双军	男	陕西工业职业技术学院	纺织品检验与贸易教研室主任	讲　师
姚海伟	男	陕西工业职业技术学院	无	副教授
李　扬	男	陕西工业职业技术学院	无	讲　师

一、成果简介及主要解决的教学问题

(一) 成果简介

该成果是基于现代纺织技术省级重点专业、省级教学团队、省级重点实训基地 3 项省级重点项目建设,在中国高等职业技术教育研究会"十二五"规划课题的研究基础上,实践并形成新的教学成果。

1. 构建了教学"四化"和育人"四＋"的人才培养体系

围绕学生综合能力培养和提升,以学生能力发展为根本,对整个教育教学过程进行全面系统的规划,构建了教学"四化"改革和育人"四＋"实践紧密结合的人才培养体系。实现了课内与课外、教与学的有机融合,整体提升了学生的专业能力、方法能力和社会能力(图1)。

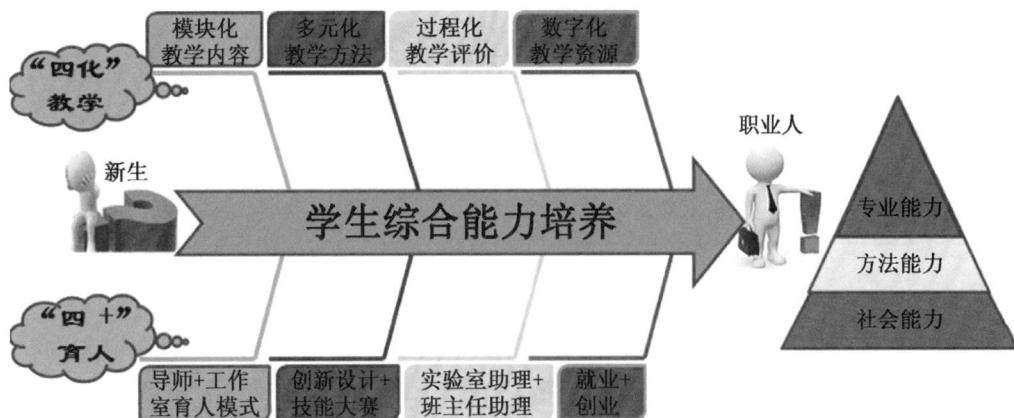

图1　教学"四化"和育人"四＋"的人才培养体系图

2. 创新了纺织类专业教学"四化"改革的新途径

以专业知识与能力培养相结合的教育教学理念为引领,创新纺织类专业教学"四化"改革,即教学"内容模块化,方法多元化,考核过程化,资源数字化"。开辟了全员、全方位、全过程的学生综合能力培养新途径。

3．搭建了纺织类专业育人"四＋"的实践平台

以整体提升学生综合能力和职业素养为思路，搭建育人"四＋"实践平台，即"导师＋工作室"、"创新设计＋技能大赛"、"实验助理＋班主任助理"和"就业＋创业"系列活动平台。激发了学生学习主动性，培育了学生的创新性。

（二）主要解决的教学问题

（1）解决了人才培养体系中重知识技能培养，轻方法能力和社会能力培养的问题。

（2）解决了育人途径不健全，不能有效激发学生学习主动性和创新性的问题。

（3）解决了教育教学改革与学生综合能力培养不能有效对接的问题。

二、 解决教学问题的方法

（一）联手行业龙头企业，创新和探索了教学"四化"和育人"四＋"的人才培养体系

针对学生综合能力较差的问题，以加强学生能力培养为引领，联手纺织行业龙头企业，分析行业人才需求，以纺织行业需要的有较好专业能力、较高的管理能力和创新能力人才为培养目标。系统规划设计了以学生综合能力培养为主线，将教学改革和育人活动密切结合，培养学生专业能力的同时，着力提升学生的方法能力和社会能力，创新和探索了教学"四化"和育人"四＋"的人才培养体系，实现了学生综合能力培养的教育目标。

（二）优化整合教育教学资源，实施教学"四化"改革，搭建育人"四＋"实践平台

从教学内容、方法、考核及资源建设四方面进行核心课程的一体化改革，实现了教学内容模块化、教学方法多元化、课程考核过程化、课程资源数字化的课内"四化"改革（图2）。搭建"导师＋工作室""创新设计＋技能大赛""实验助理＋班主任助理""就业＋创业"的"四＋"的课外实践平台，实现课内与课外、教与学的有机融合，助推教育教学改革与学生综合能力培养的有效对接。

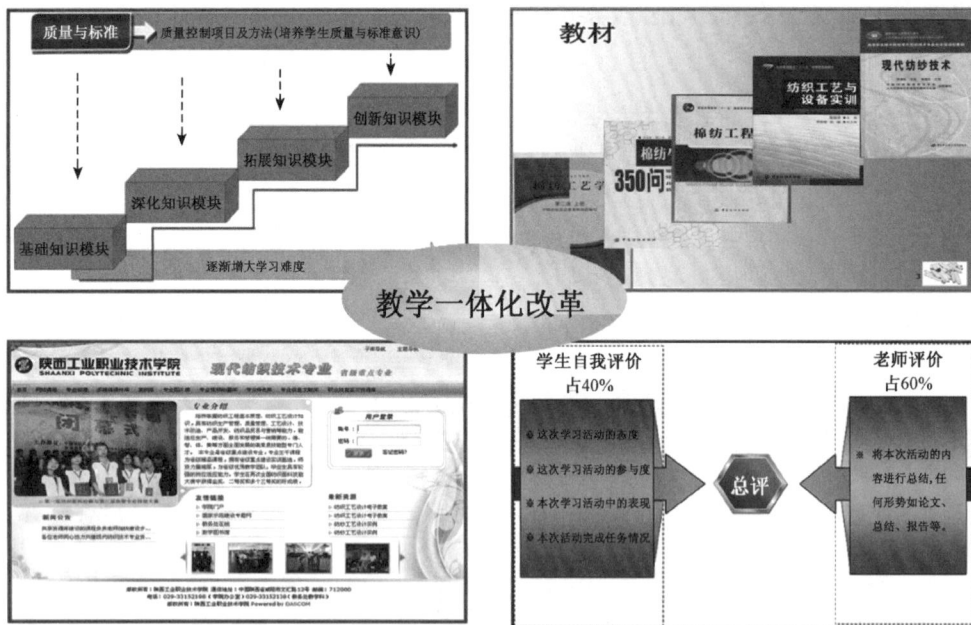

图2　教学"四化"改革图

（三）深度融合教学"四化"改革和育人" 四＋"活动，全面提升学生综合能力

自2011年开始，在纺织类专业，通过全员参与，全过程实施，全方位推进教学"四化"改革和育人" 四＋"活动，开展技能大赛、创新创业系列课外育人活动，培养专业能力，提升创新能力，学生的综合能力明显提高。丰硕的教育教学成果，显著的教育教学效应，辐射并带动其他专业的建设与改革。

三、 成果的创新点

（一）首创教学"四化"和育人"四＋"的人才培养体系

围绕学生综合能力培养，系统地优化和整合了纺织类专业教育教学资源，首创了教学"四化"和教育"四＋"

的人才培养体系。将"教育"与"教学"紧密结合,解决了职业院校在人才培养过程中注重学生专业知识和技能的培养,而忽视学生综合能力培养的问题。

(二)率先实施核心课程的教学"四化"改革

课程改革是教学改革的核心和关键,以学生综合能力的培养为主线,通过对纺织专业课程整合优化内容,形成模块化教学,根据课程内容和学情实施多元化教学,建立过程化考核评价体系,建设数字化教学资源,营造了学生积极参与学习的氛围,实现了知识获取和能力培养的有效融合。

(三)创新性开展教育"四+"的系列育人活动

育人活动是培养学生综合能力和职业素养的有力抓手,针对原有育人模式存在的问题,寻求教育与教学的最佳契合点,创新性开展了育人"四+"活动(图3),全面提升学生的创新和创业实践能力。

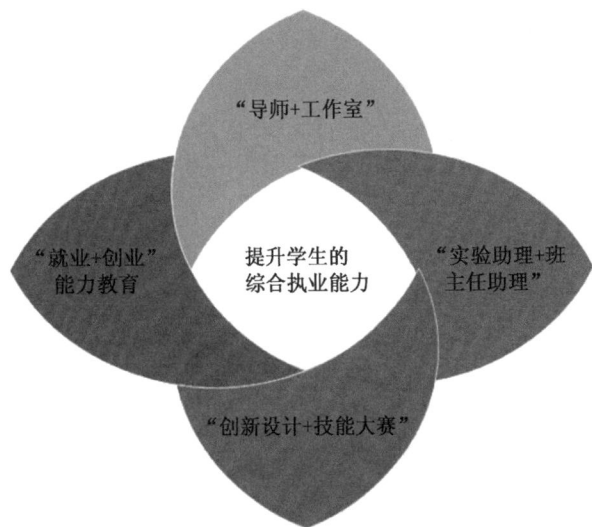

图3 创新实施育人"四+"活动图

四、成果的推广应用效果

(一)练就一支优秀教学团队,取得丰硕教学成果

基于学生综合能力培养为目标的教学"四化"改革和育人"四+"实践过程中,练就了一支观念新、教育教学能力强优秀师资队伍,课程改革和课程资源建设方面取得了显著成绩。近3年来,完成现代纺织技术专业共享教学资源库1项;完成"纺织品跟单实务""纺纱工艺与设备""机织工艺与设备"等网络课程12门;开发《现代纺纱技术》《纺织原料及检验》理实一体化教材、实训指导书10本;主持"纺织品生产跟单实务课改""纺纱工艺与设备"等教育教学建设项目6项。"细纱工艺与上车"获得学院微课比赛一等奖,纺织专业教学改革成果共获得中国纺织工业联合会教育教学成果奖二等奖、三等奖3项。

(二)历练了一批高素质纺织人才,获得行业高度认可

开展丰富多彩的创新设计、技能竞赛等活动,全力提升学生的综合能力和职业素养。经过试点,学生的职业资格取证率及取证等级逐年提高,在各级各类技能竞赛中成绩优异。2012—2015年职业资格取证率分别是86%、89%、96%,高级工取证率分别是25%、32%、36%;2010—2015年在全国"纺织品设计""纺织品检验""纺织品外贸跟单"技能大赛中共计获得一等奖6个、二等奖12个和三等奖15个,获得团体一等奖3个,团体二等奖6个,团体三等奖10个;10名学生获的国家高级职业资格证书。

(三)改革学生毕业设计,创新能力持续提升

将学生的毕业设计、创新设计和导师制结合,丰富了设计作品,提高了作品质量。近3年来,共开展学院大学生科技创新项目37项,师生共同申请外观专利17项。

(四)创新教育教学活动,就业质量不断提高

扎实进行专业、就业和创业教育,全力提升学生的综合能力和职业素养,学生的就业率、工作满意度、起薪点等稳步提高。尤其参加导师制、实训室协管的学生,综合能力获得很大提升,就业岗位好,起薪点明显提高。在校担任实验助理和参与导师制培养的学生,如纺检1102班姚王强,毕业后了创办了人力资源有限公司,公司年收入过百万;现纺1201班冯雪,被中国纺织龙头企业浙江芬雪琳纺织公司聘任为集团董事长助理,其良好的职业素养与处事能力深受企业好评。近3届纺织类毕业生就业率100%,平均对口就业率达到70%以上,远高于全国平均水准20%;纺织类毕业生大部分在行业大型企业就业,分布于国内500强企业与行业100强企业数量占总数77.81%。

(五)成果应用效果显著,在校内外得到广泛推广

2013年开始在校内化工类专业推广实施,也取得很好效果,学生的学习积极性明显提高,班集体学习气氛明显改善,学生的技能大赛成绩明显提高。该成果对高职其他专业人才的培养具有一定的参考借鉴意义。2015年该教学成果在陕西职业技术学院等兄弟院校得到推广应用,社会效应良好。

校企七合作、产教八融合，建设双优纺织专业团队

盐城工业职业技术学院

完成人及简介

姓　名	性别	所在单位	党务职务	专业技术职称
瞿才新	男	盐城工业职业技术学院	副院长	教授
秦　晓	女	盐城工业职业技术学院	纺织服装学院副院长	副教授
王建明	男	盐城工业职业技术学院	无	讲师
刘　华	男	盐城工业职业技术学院	纺织服装学院院长	教授
赵菊梅	女	盐城工业职业技术学院	教学秘书	讲师

一、 成果简介及主要解决的教学问题

（一）成果简介

盐城工业职业技术学院现代纺织技术专业是江苏省重点专业、江苏省示范专业、江苏省品牌特色专业。几年来，一直注重内涵及专业特色的建设。"现代纺织技术"专业团队在荣获我省"高等学校优秀教学团队"称号和"优秀科研团队"称号的同时，在培养目标、实践教学、教学团队、课程建设、教材建设、校企合作等教学改革方面也取得了显著的成果。

经过校企七合作、产教八融合，现代纺织技术专业团队建设取得了极大的进步。2008 年，"纺织实训基地教学团队"获得江苏省高等学校优秀教学团队称号；2015 年，"生物质功能纤维的制备"团队获得江苏省高等学校优秀科研团队称号。通过校企合作共建专业，建设教学团队和科研团队，培养学生，牵头盐城纺织产业研究所共同开发新产品和申报课题项目等，提升了教师的专业建设水平、实践动手能力、科技创新能力、技术攻关水平等。通过产教融和建设学校理事会，召开专业指导委员会，创办悦达纺织学院，建设科技创业园等，提升了教师的技能水平、实践能力、科技研发水平和技术转移能力等。

（二）主要解决的教学问题

（1）解决培养模式不适应生源变化后培养技术技能型人才的需求。

（2）解决教师不适应教学与科研融合的现状。

（3）解决校企合作不深入，实施过程中 "一头热、实施难坚持"的问题。

二、 解决教学问题的方法

（一）校企合作共建专业，共同培养学生

大力创新人才培养模式，围绕"以就业为导向，以服务为宗旨"的职业教育目标，全面实施"校企合作共建专业"。每年组织行业专业企业市场调研，召开企业实践专家研讨会，围绕岗位设置专业方向，共同制定人才培养方案，构建"基于典型职业岗位"的二级课程体系，实施"毕业证书＋职业资格证书"的双证书制度，实行"项目化＋阶段化＋一体化"的教学组织形式，突出了技术应用型、技术技能型和操作型高技能人才的培养，体现了"行知和谐、双证融通"的人才培养创新模式，培养了学生良好的职业道德和职业素质、熟练的职业技能、可持续

发展的能力。

（二）校企合作共建教学团队和科研团队

本着"校企合作、双师结构"原则,建设专兼职教学团队。专业教师在深入企业一线的过程中总结归纳课程教学项目、任务,取得相关技能证书或者工程师的称号,专业教师的实践能力得到提升。聘请企业能工巧匠作为兼职教师,加强教师理论水平培训,专兼职教师教学课时比例1：1。

同时,学校教师与企业人员共建科技创新团队,企业科技人员将任务带到学校,以企业需求为出发点,解决企业当前所面临的技术难题,共同进行科技创新,为企业创造更大效益。

（三）校企共建研究所、工作室,共同开展技术攻关、产品研发、申报项目

校企合作,共建企业研究所,产品开发在学校,产品生产在企业。同时,企业人员常驻学校,深化校企合作。教学与科研相互融合,在实训中心中论证课题,在项目化教学中模拟课题,在毕业设计中研究课题,在校企合作中突破课题,在技术攻关、新产品开发中争取课题。

（四）"政、行、企、校"合作,共建学校理事会,牵头盐城纺织职教联盟

为提升专业建设水平,完善人才培养模式,我校建设学校理事会,政府参与学校决策,邀请企业专家成立专业指导委员会。加强校企紧密合作、产教深度融合,推动盐城纺织职业教育创新发展,我校牵头,联合相关职业院校、行业企业和科研机构成立盐城市纺织职教联盟。

（五）依托企业二级学院,全面实施"教产研一体化",开展社会技能鉴定工作

与江苏悦达纺织有限公司共建悦达纺织学院,在专业建设、课程建设、实验实训室建设、学生技能培训等方面展开全方位的深化融和与改革。学院建有的国家级纺织特有工种技能鉴定站是江苏省第一家纺织行业特有工种技能鉴定站,每年鉴定千余人次。

（六）引企入校,共建科技创业园,促进纺织技术转移

为提高科技成果转化率,引企入校,共建科技创业园,校企深化合作,助力"创客"成长,积极推进"大众创业、万众创新"。依托纺织技术转移中心,实现学校与企业的技术相互转移,促进建立各区县分中心,全面加强科技服务、人才培养等方面合作。

三、成果的创新点

(1) 提出专业团队从教学、科研两个方面建设的观念。

(2) 从7个方面校企合作,8种途径产教融合,建设专业团队。

(3) 从4个平台加强双优团队建设。① 牵头盐城纺织职教联盟,推动盐城纺织职业教育创新发展。② 建设纺织技术转移中心,加速苏北技术转移,促进利用先进技术改造和提升传统产业及加快发展高新技术产业。③ 建设纺织生态中心,促进新产品、新技术的开发与应用。④ 联合南纬悦达纺织研究院建成盐城纺织产业研究院。

四、成果的推广应用效果

(1) "岗位引领、学做合一"人才培养模式及"以职业岗位关键能力为导向、双证融通、工学结合"的专业课程体系通过实施得到了行业、企业的普遍认可。包括江苏教育、盐阜大众报、中国纺织工业联合会网、中国高职高专教育网等多家媒体进行了报道。通过建设,该专业已成为江苏省重点建设专业、江苏省特色专业,人才培养模式已面向全院进行了示范。

媒体报道相关链接:

http：//www.ec.js.edu.cn/art/2013/5/16/art_4344_119994.html

http：//www.ec.js.edu.cn/art/2013/4/25/art_4380_118081.html

江苏省重点专业:

http：//www.ec.js.edu.cn/art/2012/8/14/art_4627_89502.html

江苏省特色专业:

http：//www.ec.js.edu.cn/art/2008/7/18/art_4627_24824.html

江苏省品牌专业：

http://www.ec.js.edu.cn/art/2015/4/17/art_4266_170540.html

(2) 现代纺织技术专业分别荣获江苏省优秀教学团队称号和优秀科技团队称号。

江苏省优秀教学团队：

http://www.ec.js.edu.cn/art/2008/12/3/art_4267_29647.html

江苏省优秀科技团队：

http://www.ec.js.edu.cn/art/2015/7/7/art_4266_175393.html

(3) 通过技能比赛和创新训练,学生创新创意及实践动手能力得到极大提高,学生参加全国高职高专院校学生纺织面料检测技能大赛和全国高职高专院校学生纺织面料设计技能大赛,多次获得团体一等奖,并获多项个人奖。

大赛获奖 1：http://www.ctes.cn/Item.aspx? id=5492

大赛获奖 2：http://www.cztgi.edu.cn/news/11/11-18/0833366.shtml

大赛获奖 3：http://fytw.yctei.cn/kyxm_detail.asp? id=38

大赛获奖 4：http://news.china-ef.com/20121022/350509.html

大赛获奖 5：http://www.ctes.cn/Item/5930.aspx

大赛获奖 6：http://www.ctes.cn/Item/5925.aspx

(4) 不断深化教育教学改革,开展了"工学交替、项目引领、案例法、情境法、启发法、研讨法"等灵活多样的教学方法。完成了 3 部省级精品教材,主编部委级规划教材《纺织材料基础》、《纺织实用技术》、《机织技术》和《现代纺纱与操作技术》等,主持或参编了 20 多本教材,有近 10 门教材获"十二五"部委级规划教材立项。

(5) 依托校企合作平台,推进"产学研一体",积极开展项目研究、技术推广和社会培训工作,取得显著成效。近 3 年与企业联合申报省市级科研项目 29 项,其中省科技厅产学研前瞻项目 5 项,苏北科技专项 17 项,市科技局的工业支撑项目、纺织创新平台等 3 项,横向项目或者联合技术攻关 6 项;累计为社会培训 12 000 人,对提高行业竞争力,推进产业升级,加快绿色纺织经济的形成作出了巨大的贡献。

基于产教融通的"学校—基地—企业"渐进式服装设计人才培养模式创新与实践

广东职业技术学院

完成人及简介

姓　名	性别	所在单位	党政职务	专业技术职称
王家馨	男	广东职业技术学院	服装系主任	教　授
杨　念	女	广东职业技术学院	服装系主任助理	副教授
吴基作	男	广东职业技术学院	无	讲　师
陈孟超	男	广东职业技术学院	无	讲　师
汤瑞昌	男	广东职业技术学院	服装工程教研室主任	讲　师
李金龙	男	广东职业技术学院	无	讲　师
周主国	男	广东职业技术学院	无	讲　师
郭智敏	男	广东职业技术学院	艺术设计系党支部书记	讲　师
苏燕璇	女	广东职业技术学院	实训中心主任	服装实验师
王　田	女	广东职业技术学院	数码服装设计教研室主任	讲　师

一、 成果简介及主要解决的教学问题

基于产教融通的"学校—基地—企业"渐进式服装设计人才培养模式创新与实践广东职业技术学院重点教研项目"深度推进校企合作、共同培育服装设计专业人才培养模式研究与实践",也是广东省教育厅质量工程教研教改项目"对接广东服装产业,双端联合实战化培养服装设计人才的研究与实践(20120201055)"以及"艺术设计(服装艺术设计)广东省第一批重点专业"建设的一项成果。

服装设计人才以培养"工匠精神"为核心,以优化实践动手能力强百花齐放、互补共生的"蓝田能工巧匠"高级技师团队,以及标准化、项目化的课程为重点,以与纺织服装行业的主流企业以合作共赢为基础,在纺织服装商圈内建设"动手能力—职业素养;创意—市场;学校—企业;教学—生产"相融合的基地平台为保障,创建并实践产教融合"学校—基地—企业"渐进式人才培养模式,实现了"教学场地从学校→基地→公司;教学主体从学生→学员→职员;教学内容从课堂项目→模拟项目→真实项目;教学评价从教室→T台→工作台;教学主导从教师→技师→名师"的过渡,创新了人才培养的模式和路径。

经过2年的探索与3年的实践,取得了显著的成效,有效解决了产业和教学契合不紧密,学生由学校直接跨入企业专业能力的不适应,企业参与校企合作积极性不高,人才培养目标宽泛,专业定位模糊不清,同质化严重,教学内容和条件滞后、跟不上产业发展要求等高职校企合作人才培养的关键问题。

二、 解决教学问题的方法

联合广州长江企业集团、广州大利实业有限公司在广州国际轻纺城、中国纺织服装文化教育产业园内建设产教融通"四合"育人平台,建筑面积3 000平方米,投入约500万装修、购买设备,包括以电脑自动裁床、绣花机等设备为主的设计中心、工程中心、服装展厅、课室、服装CAD室、制版室、缝制工艺室、摄影室、办公室、会议室

等,引进欧族岛服饰有限公司、广州几咪服饰有限公司进驻,学校和企业共同组成基地教学管理委员会,依托周边中大纺织服装商圈,借力企业丰富的市场环境和实战资源,把课堂搬到基地,推进项目化、标准化教学。扩大真实项目的教学内容范围,丰富项目化课程设置,建立市场化人才评价体系,使动手能力—职业素养相融合、创意—市场相融合、学校—企业相融合、教学—生产相融合。

(一)创建了产教融通"学校—基地—企业"渐进式人才培养模式

以协同育人"四合"平台为依托,构建了产教融通"学校—基地—企业"渐进式人才培养模式,实现了"教学场地从学校→基地→公司;教学主体从学生→学员→职员;教学内容从课堂项目→模拟项目→真实项目;教学评价从教室→T台→工作台;教学主导从教师→技师→名师"的过渡,创新了人才培养的模式和路径(图1)。

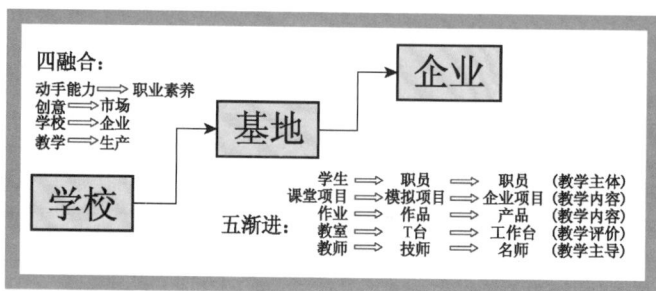

图1 产教融通"学校—基地—企业"渐进式人才培养模式示意图

(二)构建了渐进式标准化、项目化课程体系

坚持"立足一个类别、面向整个行业",把专业课程分成专业基础课程、专业核心课程、职业能力课程、集中实践课程,各类课程有秩序、按步骤、有重点地在学校、基地、企业进行,各个学生根据个人的发展集中精力一个类别突破,同时按老师的特长实行"导师制"培养。服装系是广东省服装设计师、制版师职业技能鉴定的主持制定单位。在基地以欧族岛产品研发过程整合教学内容,选取典型产品研发任务和生产工艺作为教学项目,构建融入行业企业技术标准和职业资格标准的"渐进式"项目化课程体系(图2)。

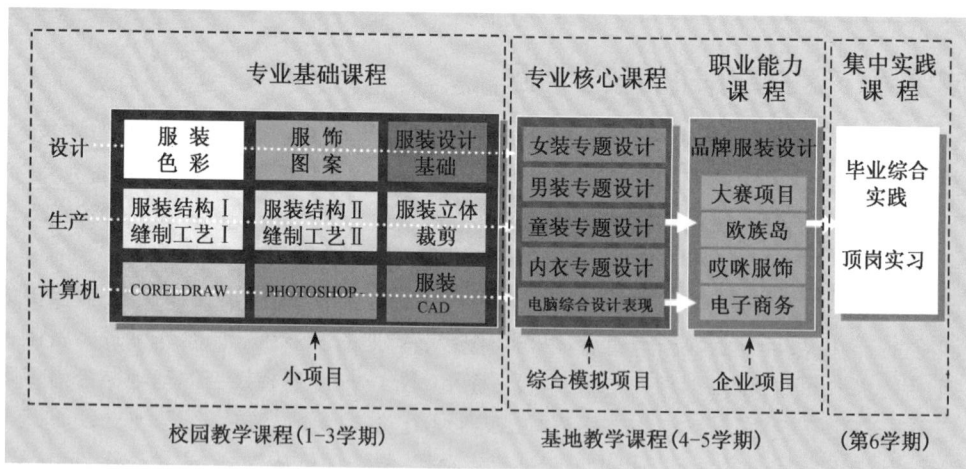

图2 "学校—基地—企业"渐进式项目化课程体系示意图

(三)优化了实践动手能力强的"蓝田能工巧匠"高级技师团队

"蓝"代表技术,"匠"代表匠心,"蓝田能工巧匠"教师团队,旨在精益求精的"工匠精神"的培养和传承,以期在服装设计的"蓝田"盛产出"美玉"。通过实施强师工程、名师工程,建设了一支"高级技师引领、专兼结合、优势互补"的优质教学团队。

目前,我系有教授3人、副教授5人、高级服装设计师2名、服装设计师高级技师21名、中级服装设计师5名、服装制版师技师2名,双师率达到90%以上。2013—2015年,教师获专业省市级奖励33人次。同时,聘任了行业企业专家、技术骨干和能工巧匠等52人全程参与专业建设,按企业要求共同规划专业发展,参与教学活动、开办讲座。校企共建课程 10 门,编写教材 8 部。

(四) 探索形成了系统化的把典型赛事系统化融入教学与评价体系

以职业技能竞赛为热点和推手,把各级各类赛项系统性地纳入专业项目化教学和人才评价体系,让"以赛促教、以赛促学"全程渗透人才培养全过程。

主要有以下四类大赛项目:

(1) 学校组织的基础赛项。每年系部组织专业竞赛,各类课程作品评比、服装设计大赛、服饰品大赛,以及一年一度的校内时装周班级毕业设计秀等。

(2) 全国纺织服装职业技能大赛以及广东省选拔赛。从优秀学生中选拔出全国职业技能竞赛团队,采用项目化、导师制,制定导师培养,优胜者取得参与省赛的资格,最后胜出者代表广东省入围国家赛事。

(3) 全国各类服装设计大赛。根据大赛的类别和教师的强项,分别安排辅导导师,实行项目化导师制培养。学生的专业技能在踊跃投稿中得到反复训练和提升。

(4) 毕业设计优秀作品选拔,参与大学生时装周。广州大学生时装周,尤其是北京国际大学生时装周与国内外服装名校同台献艺,校级之间整体实力的展示与比拼,开阔师生视野,提高专业提升的动力与热情。

三、 成果的创新点

(一) 首次提出了"学校—基地—企业"渐进式人才培养模式与路径

创建并实践产教融通"学校—基地—企业"渐进式人才培养模式,实现了教学从学校到产教融合的基地,再到企业的人才培养路径,实现了"教学场地从学校→基地→公司;教学主体从学生→学员→职员;教学内容从课堂项目→模拟项目→真实项目;教学评价从教室→T 台→工作台;教学主导从教师→技师→名师"的过渡,创新了人才培养的模式和路径。

(二) 成功践行了校企联动、产教融通的办学新机制

由主导产业的主流企业——广州长江企业集团有限公司出资,由广州大利实业有限公司出地,以协议的形式在广州纺织服装商圈、广州国际轻纺城、中国服装面辅料市场集散地、中国纺织服装文化教育产业园内建设产教融通人才培养平台——广东职业技术学院服装系长江实训基地。基地设立服装设计工作室、服装工程工作室、电子商务工作室,引进欧族岛服饰有限公司(定制杨丽萍服装)、广州哎咪服饰有限公司(服装电子商务)进驻,学校和企业共同组成基地教学管理委员会,以合作共赢为基础,以"企业为主体、学校为主导"设计组织架构和制度,缔约建立了相互开放、相互联系、相互依赖、相互促进的实体平台,协同培养人才。

(三) 探索形成了职业标准前引的教学内容

广东职业技术学院服装系是广东省服装设计师、服装制版师职业技能鉴定的主持制定单位。以欧族岛产品研发过程整合教学内容,选取典型产品研发任务和生产工艺作为教学项目,构建融入行业和企业技术标准和职业资格标准的项目化课程体系,"让标准成为习惯,使习惯成为标准",促进教学标准化,以实现学生学习和工作合一。

(四) 形成了系统化的"以赛促评"人才培养评价机制

以竞赛为热点和推手,把各级各类赛项目系统性地纳入专业项目化教学领域和人才评价体系,让"以赛促教、以赛促学、以赛促评"渗透到人才培养全过程,激发专业热情,提升专业兴趣,助力专业提升,实践证明,这是提高教学质量和水平的有效途径。

四、 成果的推广应用效果

本成果 2011 年提出,2012 年作为申报广东省教育厅高职教育重点专业和教研教改项目,是对接广东服装产业"双端联合实战化培养服装设计人才的研究与实践"的重要内容之一,艺术设计(服装艺术设计)专业顺利成为广东省第一批重点建设专业。经过 2 年的研究,3 年的深化、实践、推广与应用,在广东省高职院校中起到示范与引领作用。

(一) 产教融通"四合"育人平台成为高职校企合作典范

本成果实施后,先在校内推广应用,后来在省内得到了借鉴应用。在校内,机电工程系建于祥新光电"机电学院"、艺术系建于南风古灶的"艺术设计基地"等 3 个"基地",产教融合实体得到了广泛推广与应用。校内推

广应用由点到面、由浅入深，应用效果明显。从解决政府在校企合作中职责模糊不清、企业参与校企合作积极性不高等宏观问题入手，逐步深入到解决了企业深度参与学校的教育教学、学校的课程建设等微观问题。2012年艺术设计（服装艺术设计）专业获第一批"广东省高职教育重点建设专业""广东省高职教育校企合作基地"，2014年获"全国纺织服装高技能人才培养基地"，2015年获第一批"省品牌专业""广东省大学生校外实践教学基地"称号。"长江基地"案例拟入选全国《中国高职艺术设计教育十年回望》成果案例。2014年至今来参观学习的高职院校达20多所。

（二）人才培养结硕果，学生参赛获奖丰富，实现体面就业

近4年服装专业学生获国家技能大赛一等奖2项，1名获全国职业技能冠军、标兵，技师资格，二等奖10项；广东省选拔赛一等奖7项，行业、协会金奖、一等奖6项；行业、协会银奖、二等奖2项；86人次入围全国各级各类专业服装设计大赛，获奖49人次。学生设计在中国（浙江）畲族服饰设计大赛中的设计作品被畲族民族博物馆永久收藏。

4年来初次就业率98%以上，专业对口率80%以上，学生起薪逾3 200元/月，企业纷纷提前进校预订学生，不少毕业不到1年的学生月薪就达5 000元。

（三）形成特色鲜明的"能工巧匠"高级技师团队，师资水平显著提升

企业每年出资100万元支持教师能力提升。4年来教师下企业锻炼和参与专业培训达1 200人/日，完成产品研发和技术革新42项，为企业开发产品1 512款项。教师获市级以上奖励33项，广东十佳设计师1名，广州市十佳设计师1名，2015年首届"广德精准"杯中国服装立体裁剪创意设计大赛，获成衣立裁项目"金奖"、创意立裁项目"金奖""最佳风格奖""银奖""优秀奖"，服装系获得"最佳组织奖"。2015年教育部高等学校设计学类教学指导委员会17届全国设计"大师奖""金奖"优秀指导教师奖，2015年参加北京国际大学生时装周获第六届中国高校美术作品学年展"团体三等奖"，大浪杯2015中国女装设计大赛"组织奖"，2012年第五届全国高职高专院校学生服装制版与工艺技能大赛"团体二等奖"，2011年获"中国家居服行业人才培养贡献奖"、中国真维斯杯休闲装大赛"院校推动奖"等奖项。

（四）理论研究取得丰硕成果，应用前景良好

已公开出版校企行合作职业技能鉴定教材2本，承担广东省质量工程相关教研教改课题等省级以上课题9项，在《纺织服装教育》等中国纺织服装教育类期刊发表学术论文6篇。本成果鉴定委员会一致认为该成果具有较强的针对性和实效性，在高职产教融合、校企合作平台建设、体制机制建设和教育教学改革方面迈出重要步伐，取得重大的人才培养效益，对解决中国高职教育校企合作中遇到的瓶颈问题具有重要的借鉴意义，有普遍推广价值，也为高职教育校企合作人才培养模式改革提供了典型范式。该项成果在国内同类项目中处于领先水平。

第二部分 · 二等奖

"赛、课、证融通,学做案导学导做"教学模式的研究与实践

盐城工业职业技术学院

完成人及简介

姓　名	性别	所在单位	党政职务	专业技术职称
刘　华	男	盐城工业职业技术学院	纺织服装学院院长	教　授
王曙东	男	盐城工业职业技术学院	纺织服装学院办公室主任	讲　师
王慧玲	女	盐城工业职业技术学院	无	讲　师
瞿才新	男	盐城工业职业技术学院	副院长	教　授
赵菊梅	女	盐城工业职业技术学院	无	讲　师

一、 成果简介及主要解决的教学问题

本成果以"岗位引领、学做合一"的育人模式为指导,以江苏省教改课题"高职院'学做案导学导做'教学方法研究与应用实践"、中国职教学会院校技能竞赛规划课题"基于市场观的技能大赛项目开发与运作机制研究"为依托,对教学模式开展研究与实践。

(1) 岗位引领,实施"赛、课、证融通"改革,实现学生核心职业能力增值。通过调研和实践专家研讨会提取企业核心岗位任务,设计基于市场观的技能大赛项目,解决了技能大赛项目与企业岗位所需技能脱节的问题;将赛项融入于核心课程内容改革中,重构以岗位序化的工作过程为主线的课程结构,解决了专业核心课程不适应企业岗位任务的问题;围绕学生核心职业能力增值,进一步将课程内容与职业资格融合,解决了职业资格证书与企业真实项目不符的问题,提升了证书的职业资格标准。

(2) 学做合一,实施"学做案导学导做"改革,提升学生自主学习能力。根据高职院学生的自主学习意识差的特点,创新"学做案导学导做"教学模式,按照项目、情境设计、学法导航和知能和谐四要素设计学做案,左栏导学,右栏导做,学做合一,解决了教学主体性的问题,建立了"以教师为中心向学生为中心转变、以教学为中心向学习为中心转变"的教学模式。

二、 解决教学问题的方法

(1) 根据岗位所需核心能力设计技能大赛,与盐城纤检所共建"纺织材料检测"课程,设立纺织面料检测大赛,与悦达家纺共建"机织物设计"课程,设立纺织面料设计大赛,与悦达纺织外贸部共建"纺织品经营与贸易"课程,设立纺织外贸跟单大赛,开发了基于市场观的大赛项目,解决了大赛项目与岗位所需技能脱节的问题。

(2) 将基于市场观的技能大赛融入专业核心课程改革。以"机织物设计"课程为例,打破原有以织物组织结构为主线的知识体系,瞄准纺织面料设计师岗位任务,与悦达家纺面料设计师共同"再造"课程,结合岗位任务,重组课程内容,形成以产品分析、设计和试制为主线的项目化课程结构,解决了专业核心课程不适应企业岗位任务的问题,课程结构由知识体系向"学做合一"转变。

(3) 围绕学生核心职业能力,将课程内容与职业资格融合。校企共建的核心课程"纺织材料检测"、"机织物设计"和"纺织品经营与贸易"的技能鉴定分别对应"针纺织品检验工"、"面料设计师"和"外贸跟单员"证书,实现"课证融通",解决了职业资格证书与企业真实项目不符的问题,提升了证书的职业资格标准。

(4) 根据高职学生自主学习意识差的特点,按照项目、情境设计、学法导航和知能和谐四要素,设计学做案,坚持学做案导学导做,双栏设计的学做案左栏导学,右栏导做,左栏为右栏提供知识支撑,右栏技能训练帮助学生形成左栏知识,学做合一。解决了教学主体性问题,建立了"以学生为中心和以学习为中心"的教学模式。

三、成果的创新点

(1) 首创以企业全流程、全真的典型岗位任务来设置具有市场观的学生技能大赛赛项内容,通过将赛项内容融入课程内容改革,实施"赛课融通",并将课程内容进一步融入职业资格证书,实施"课证融通",完善提升了证书的职业资格标准。通过具有较强逻辑关系、相辅相成的"赛、课、证融合"的改革,学生职业核心能力显著增值。

(2) 首创以"学做案导学导做"为特征的高职院专业核心课程教学模式,开展了实践性学习行为研究,有效地培养了学生自主学习能力,完成了在实践中内化知识。左栏导学,右栏导做,理论与实践有机结合,真正地实现了"学做合一"。

(3) 彻底打破原有课程体系,按照职业岗位要求,遵循"学做案导学导做"原则,再造以岗位工作核心内容需求重组教学内容的课程结构。核心专业课程的学做案设计按照职业岗位序化的工作过程,由易到难、坡度设计,实施按照企业实际工作开展,评价按照企业标准,全面训练学生岗位核心职业能力。

四、成果的推广应用效果

(1) 赛、课、证融通,学生职业能力全国领先,在现代纺织专业群和全校中全面推广与实践。通过"以赛促学、以赛促教、赛学一体",围绕职业核心能力,赛项与课程融合,课程与职业资格对接。在一、二年级学生通过参加企业举办的创新创意比赛培育创新创业能力,二、三年级学生参加校企联办技能比赛及全国高职高专院校学生纺织面料检测、纺织面料设计和纺织外贸跟单等各类比赛和活动,培养专业核心能力。发挥社团作用,采取"高年级"带"低年级",促进学生职业技能提高。学生技能大赛成绩优异,学生在全国纺织面料检测大赛中连续四届荣获团体一等奖;在全国纺织面料设计大赛中多次获得团体一等奖和二等奖;2015 年更是首次在全国大学生外贸跟单(纺织)职业能力大赛中荣获第一名,并荣获团体一等奖;数名同学荣获个人一等奖,2 名同学获"全国纺织院校学生职业技能标兵"称号(表1、图 1)。同时,带动了全校各专业技能大赛成绩提高。南通大学、常州纺织服装职业技术学院、浙江纺织服装职业技术学院和山东轻工职业学院等近 20 家兄弟院校交流学习,凤凰(江苏)网全面报道。

表 1 学生参加全国高职高专院校专业技能大赛获奖情况

时间	大赛名称	团体获奖	个人奖项
2011.11	第二届全国纺织面料检测技能大赛	团体一等奖	一等奖 2 人,二等奖 2 人,三等奖 1 人
2012.11	第三届全国纺织面料检测技能大赛	团体一等奖	一等奖 1 人,二等奖 3 人,三等奖 1 人
2015.10	第四届全国纺织面料检测技能大赛	团体一等奖	一等奖 2 人,二等奖 1 人,三等奖 2 人
2012.10	第五届全国纺织面料设计大赛	团体一等奖	一等奖 1 人,二等奖 3 人,三等奖 1 人
2014.10	第六届全国纺织面料设计大赛	团体二等奖	一等奖 2 人,二等奖 2 人,三等奖 1 人
2015.10	第七届全国纺织面料设计大赛	团体二等奖	一等奖 3 人,二等奖 2 人,三等奖 4 人
2014.11	第四届全国外贸跟单(纺织)大赛	团体三等奖	二等奖 2 人,三等奖 2 人
2015.11	第五届全国外贸跟单(纺织)大赛	团体一等奖	一等奖 2 人,二等奖 1 人,三等奖 2 人

(2) 学做案导学导做,学生专业知识扎实、专业技能突出,社会评价度高。用人单位评价毕业生实践能力好,创新能力强。从问卷调查结果看,用人单位对毕业生的工作技能、动手实践和创新能力充分肯定。2011 年至今,有近 10 名毕业生在盐城市纤维检验所工作,闵庭元所长赞扬本专业毕业生能动手,肯吃苦,善思考,很多学生已经成为所里的骨干力量。毕业生赢得"用得好、留得住"的社会美誉。500 强企业江苏悦达纺织集团有限公司总经理戴俊这样描述本专业学生:"学生的综合素质好,心态平和,能用、能留"。苏州震纶棉纺有限公司总经理钱振声评价:"每年公司都会到盐城工业职业技术学院招聘现代纺织技术专业学生,毕业生实在、肯吃苦、能坚守,企业需要这样的毕业生。公司自 2012 年为盐城工职院纺织专业设立'震纶奖学金',奖励品学兼优的

图1　本专业学生多次在全国高职高专专业技能大赛中荣获团体一等奖

学生"。麦可思公司2011年发布的调查报告显示,在全省59所高职院校中,本专业毕业生就业竞争力排名第6位,毕业生创新能力排名第2位。

　　(3) 核心专业课程作品即是(转化)企业真实产品,教师科技服务能力提升,产学研一体(图2)。通过校企师徒结对,岗位练兵,产学研结合,提升了教师实践能力和科技能力,获批江苏省高校优秀科技创新团队。专业教师在核心期刊发表论文数全国同类院校排名第一,获得省科技厅项目数在省内高职院校同类专业中排名第一,授权专利数同类院校领先。2014年6月24日,《中国纺织报》以《贴近企业做学问——纺织院校产学研现状统计分析》为题,报道了全国纺织类高校产学研合作情况的研究,文中讲到:"第四层次是以盐城纺织职业技术学院、南通纺织职业技术学院和浙江纺织服装职业技术学院等为代表的25所纺织类高职学院。第四层次纺织类高职学院校企合作论文发表数量超过了第三层次纺织院校。其中,盐城纺织职业技术学院发表论文27篇,甚至超过了大部分纺织类本科院校。"

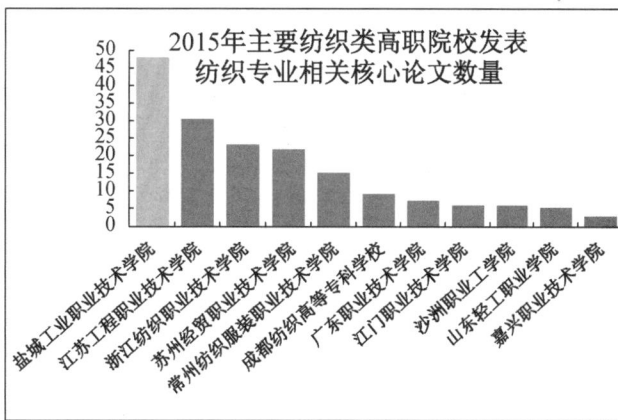

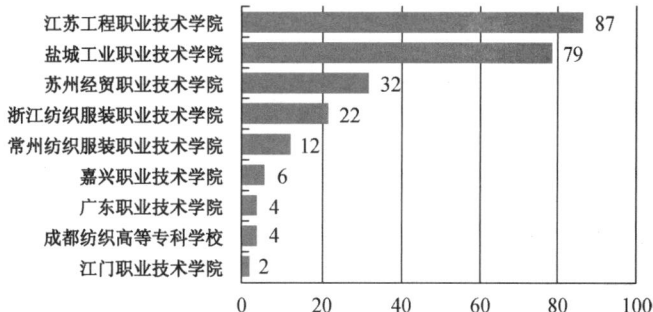

图2　产学研一体

国际化、本土化创新型时装制版人才培养的教学改革与实践

浙江纺织服装职业技术学院

完成人及简介

姓　名	性别	所在单位	党政职务	专业技术职称
龚勤理	女	浙江纺织服装职业技术学院	无	教　授
卓开霞	女	浙江纺织服装职业技术学院	无	实验师
胡贞华	女	浙江纺织服装职业技术学院	无	副教授
侯凤仙	女	浙江纺织服装职业技术学院	国际学院副院长	副教授
竺梅芳	女	浙江纺织服装职业技术学院	无	讲　师

一、 成果简介及主要解决的教学问题

（一）成果简介

我国服装产业正从"传统制造"向"时尚创造"转型,纷繁变化的时装迫切需要技术灵活、有创新能力的时装制版师。我院服装设计与工艺专业是省示范、省重点专业,在对时装产业人才需求深度调研的基础上,专业分流开设时装制版特色班,进行时装制版人才培养的教学改革与实践。创建与国内一线品牌时装企业和国外知名时装院校的合作平台,打造校、企业及境外的教学团队,构建与产业无缝对接的"全程式"课程,导入企业项目和实训室产业化的教学模式,创造性践行"评、展、鉴、赛"评价模式,国际化教学合作实现创意的"中外合璧",营造学生触手可及的时尚氛围,激发学生对时尚的热爱和对时尚把控的诉求,有效提高了学生学习的主动性、积极性和创新性,实现了时装技术和时尚创新的有机融合。自 2011 年起,连续四年在全国服装高职高专院校服装设计与制版技能大赛中获得金、银、铜奖,毕业生 100% 被太平鸟等著名品牌时装企业录用或自主创业,并获得高度评价。创新教学模式在本校和省内外服装高职院校得到良好示范和广泛推广。

（二）主要解决的教学问题

(1) 解决了学生被动接受技能、缺少专业创作热情的学习态度。

(2) 解决了学生无法灵活使用技术、无法独立从时装创意到真实产品转化的困境。

(3) 解决了教学资源和时尚创新氛围不足,课余时间学生无法积极有效开展自学。本成果在 2010 年 8 月立项、2012 年 6 月完成的浙江省新世纪教改课题基础上产生。

二、 成果解决教学问题的方法

(1) 创建校、企业及境外合作平台,打造创新教学团队。创建与一线品牌时装企业、国际知名时装院校紧密合作的平台。分批选派 8 名骨干教师前往英国伦敦时装学院进行立体裁剪培训,到 Soforld 大学担任半年期制版教学,聘请外方教授来校授课,"太平鸟"等企业教师承担 20% 以上的专业教学,引入先进时装技术、创意教学方法,打造高水平的校、企业及境外创新教学团队(图 1)。

(2) 构建"全程式"课程,导入企业项目教学模式,保证创意到企业产品的实现。校企共建与产业无缝对接的"全程式"课程——"立体裁剪""时尚女装产品开发",对接企业时装产品方案、开发流程和技术标准。导入企

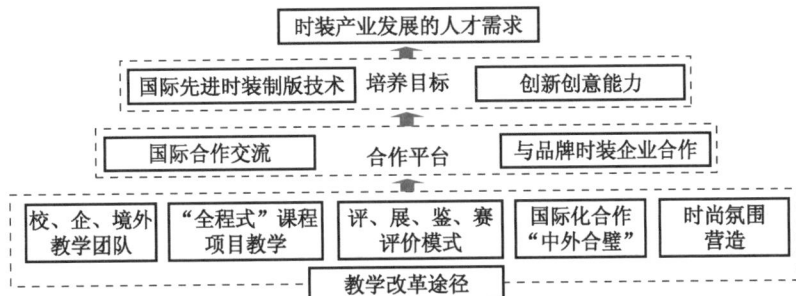

图1　教学改革方法

业时装产品开发项目,由设计、制版、工艺教师组合的校企教学团队(3人),根据项目进度分段交替指导学生,从设计创意到结构、制版创新,到工艺试样,直至成衣效果评价、样板修正,保证从创意到企业产品的实现。融"教、学、做"于一体,在完成项目任务过程中,培养创新能力、提高时装制版能力。

(3) 创造性践行"评、展、鉴、赛"评价模式,激发学生创新、创意能力。"评、展、鉴、赛"贯穿于整个教学过程,学生分小组学习,采用团队和个人、阶段和成果考核成绩相结合。成果作品在学院平台展示,接受全院师生鉴定,校、企教师共同负责作品评价,优秀作品由企业录用转入生产。营造讨论互评、创新竞赛的学习氛围,激发学生创新热情。

(4) 国际化教学合作,实现创意的"中外合璧"。国际教学合作中引入立体裁剪、原型裁剪等先进时装制版技术、创意方法、国际时尚视角,促进时装技术和创意方法与国际接轨。通过与国际时装院校互派短期留学生,接受外方研究生实习教学,在合作企业建立留学生实习基地,共同承担三届宁波时装节中英大学生时装发布会等,实现创新融合与时尚交流。

(5) 营造触手可及的时尚氛围,滋养学生的时尚素养。承办校园时尚周动态、静态时装发布会,学生作品进入校园创业孵化园,实时更新通道时装橱窗陈列,建成课内、课外有效应用的时装案例剖析实训室,开通国际时尚专业网站等,激发学生对时尚的热爱和把控诉求。

三、 成果的创新点

(1) 技术与艺术结合的创新理念。时装制版不但在技术上准确表达平面款式设计图,更运用立体的结构变化丰富设计,不但版型上达到人体舒适、合体,更在造型和线条上追求美感,达成技术和艺术的统一。

(2) 国际化创新,本土化设计。一方面运用国际化的立体裁剪结构创意手法,灵感获取与转化的原创设计方法,结合国际时尚流行趋势,进行结构创新;另一方面结合东方元素、民族审美和穿着习惯,接轨品牌的市场定位,进行本土化设计,彰显产品的竞争力。

(3) 着眼于激发学生时尚热情和创作激情的氛围营造,培养创新的素养和习惯。学生时尚创新能力的培养,不仅仅是课堂教学内容和方法,更在于教学气氛,以及时尚活动、时尚环境等全方位的时尚氛围营造,让学生浸润其中,唤醒创作热情,培养创新的素养和习惯。

四、 成果的推广应用效果

(1) 有效提高了学生的时装制版和时尚创新能力,时装制版特色班毕业生98%以上被品牌时装企业录用或自主创业,并获得高度评价。自2011年起连续五年在全国纺织服装高职高专院校学生服装设计与制版技能大赛获得金、银、铜等奖项,五年来共获国家、省级前三奖项42项。10服工姜利晓同学2011年、2012年连续两届获全国高职高专院校学生服装设计与制版技能大赛金奖,2013年在众多本科、研究生竞聘中脱颖而出,被平湖职高录用为专业教师。

(2) 在省内高职院校中起到良好的示范效应,嘉兴职业技术学院、常州职业技术学院等省内外十余所院校前来交流学习,在浙江省纺织工程学会服装学会2014年度年会上作了教学改革专题介绍,获得专家的充分肯定。

(3) 近3年学生完成企业产品开发项目6项,获项目经费12万元,企业录用款式150余款。参与三届宁波时装节中英大学生时装发布会（企业合作品牌），共设计 1 000 余款，采用 580 多款，经费 88 万元。师生为企业立体裁剪技术服务获经费 16 万元。

(4) 配合教改，教材《创意时装立体裁剪》由中国纺织出版社出版，《女时装设计与技术》由东华大学出版社出版 5 000 册，再版 3 000 册，获"十二五"部委级优秀教材奖。建成国家资源共享课程"成衣样板设计与制作"、省示范课程"立体裁剪"网站，点击率 2 万多次，建成宁波纺织服装数字特色库（含时装款式库、样板库），点击率达 1 亿多次。

(5) 2013 年主持完成宁波市"国际时装品牌运营与时尚创意高级研修班"，32 家时装企业设计、技术主管共 60 人参加研修。

(6) 发表教改和创意设计论文 3 篇，团队教师获全国十佳制版师。

(7) 成果支撑了浙江新世纪教改项目的完成。

高职院校现代纺织技术专业分层分类
人才培养模式的探索与实践

盐城工业职业技术学院

完成人及简介

姓 名	性别	所在单位	党政职务	专业技术职称
张林龙	男	盐城工业职业技术学院	副校长	教 授
吴益峰	男	盐城工业职业技术学院	教务处副处长	副教授
王春模	女	盐城工业职业技术学院	无	副教授
赵红军	男	盐城工业职业技术学院	无	讲 师
王曙东	男	盐城工业职业技术学院	无	讲 师

一、成果简介及主要解决的教学问题

（一）成果简介

盐城工业职业技术学院现代纺织技术专业是省"十二五"重点专业、中央财政支持实训基地依托专业和江苏省品牌专业建设项目。近年来,该专业积极探索分层分类培养模式改革,结合学生特质选择职业岗位面向,制定完善的政策和机制。根据学生知识掌握程度进行分层,依据学生职业兴趣和职业能力进行分类。分层制定课程标准,选择和重组教学内容,采用小班化分层教学,同步化课程实施,多样化组织教学,多元化评价学生(图1),积淀了丰硕的育人成果。

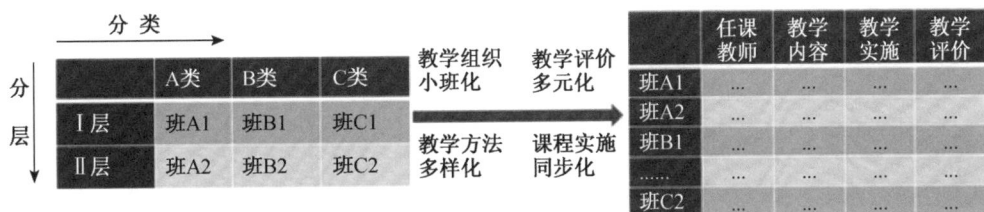

图1 专业分层分类培养模式

本成果主要以江苏省高等教育教改重点课题"基于生源多元化、需求多样化高职人才差别化培养模式的研究与实践"和江苏省高校哲学社会科学课题"高职院校学分制条件下学生素质拓展教育的评价体系研究"等课题为依托,对高职院校现代纺织技术专业分层分类人才培养模式进行探讨,并将有关成果应用于学校人才培养工作实践,取得较为显著的成效。

（二）主要解决的教学问题

(1) 专业人才培养的类型定位问题。根据现代纺织技术专业学生入学时的学业水平和学习需求,将专业工程技术、生产管理和工艺设计岗位作为其发展的选择方向,实现学生的就业岗位与培养目标一一对应,实施分类培养、分层教学。

(2) 专业生源减少,吸引力下降问题。高职院校现代纺织技术专业近年来生源减少较为严重,来源多元化,通过采取一揽子措施解决上述问题。

(3) 专业教学质量不高问题。建立既能体现高职教育特征,又具有开放性、灵活性的、多方同评的差异化教学质量评价与保障体系,解决教学质量不高的问题。

(4) 专业校企合作不紧密问题。通过构建"政、行、校、企"四方合作的协调机构,以及订单培养、打造专兼职教学团队等途径,构建专业校企双赢的合作机制。

二、 解决教学问题的方法

(1) 规范管理模式,形成完善的体制机制。通过建立分层分类人才培养体系,构建"政、行、校、企"四方合作协调机构,如理事会、董事会等,积极邀请行业、企业参与人才共管、共育。推行高职院校法人治理制度,吸引有资质的第三方参与教学管理,构建学校分层分类培养的社会化管理制度。在完善体制机制基础上,专业不同方向实施差别化的培养方案和课程体系,积极探索培养"技、知、素、能"一体化的教学新模式。

(2) 共兼共享,培育"三师型"教师队伍。通过"内培外引"积极吸纳各类人才,围绕专业工程技术、生产管理和工艺设计类人才培养需求,构建专兼结合的教学团队,制订个性化学习方案。使教师成为学生的"人生导师"、学习的"专业教师"、技能训练的"工程师",打造"三师型"队伍。目前本专业专兼职老师比例 1∶1.09,双师比例 100%。

(3) 改革考核方式,构建多元多层的评价体系。通过构建分层分类培养模式下基于学校(学生、教师、督导室)、企业、第三方(麦可思公司)多元多层的评价体系。在具体的项目课程、岗位课程和岗证课程实施中,根据课程特点和学生类型将不同的评价模式进行合理组合,以达到最优效果。

(4) 打通人才培养通道,构建现代职教体系。一方面与对口企业开展"订单式"培养。目前,学校现代纺织技术专业已与斯尔克集团、悦达纺织集团等企业开展订单式培养;另一方面实施"3+2"分段培养。专业与盐城工学院开展"3+2"分段培养本科生的试点。2014 年首次招生,录取率和报到率均达 100%。

(5) 完善配套设施,建设差异化教学资源库。每门课程资源库涵盖高、中、低三个学习层次的课程标准、课程设计、教学视频、教学课件、试题库、案例库等,提升学生自主学习能力。并通过第二课堂和差异化技能鉴定等途径,培养学生职业通用能力。

三、 成果的创新点

(1) 构建了"一平台,多方向"的项目化课程体系。通过充分调研,邀请企业专家与校内专职教师共同研讨,归纳整理出"纺织产品检测与分析、工艺设计与生产组织、纺织营销贸易"等典型工作任务,按照课程设置与岗位工作任务对接,课程标准与职业资格标准对接的要求,对典型岗位工作任务进行整合,按由易到难将其转化为专业核心课程。根据学生认知及职业成长规律,构建了基于典型岗位的"一平台,多方向"的项目化专业课程体系(图2),形成了专业课程实施方案。

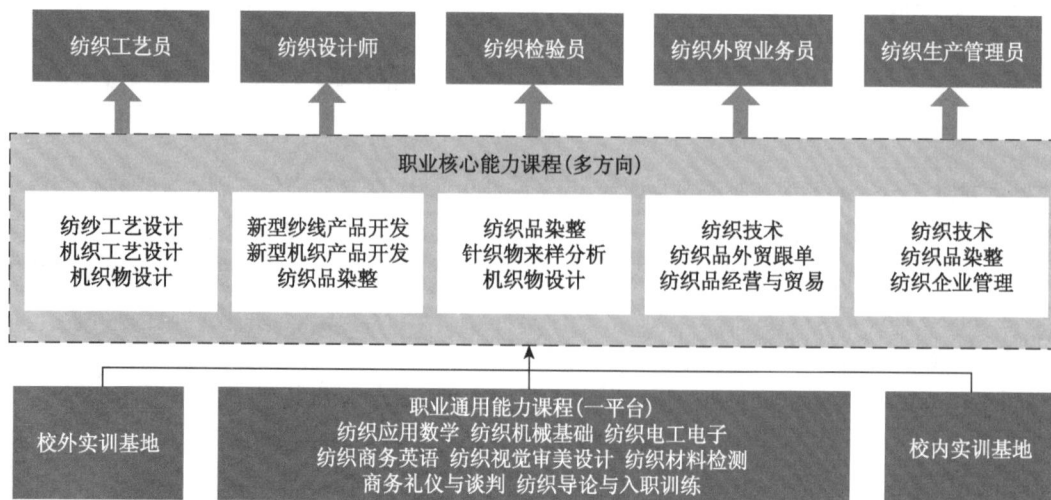

图2 基于典型岗位的"一平台,多方向"的项目化课程体系

(2) 构建了多元多层次教学质量监控和评价体系。按照评价科学、公正、客观的原则,通过学校(学生、教师、督导)、企业、第三方(麦可思)等多方同评,建立评价—反馈—调整—评价的闭环系统,构建多元多层的教学质量保障体系,对人才培养开展全方位、综合性的评价(图3)。

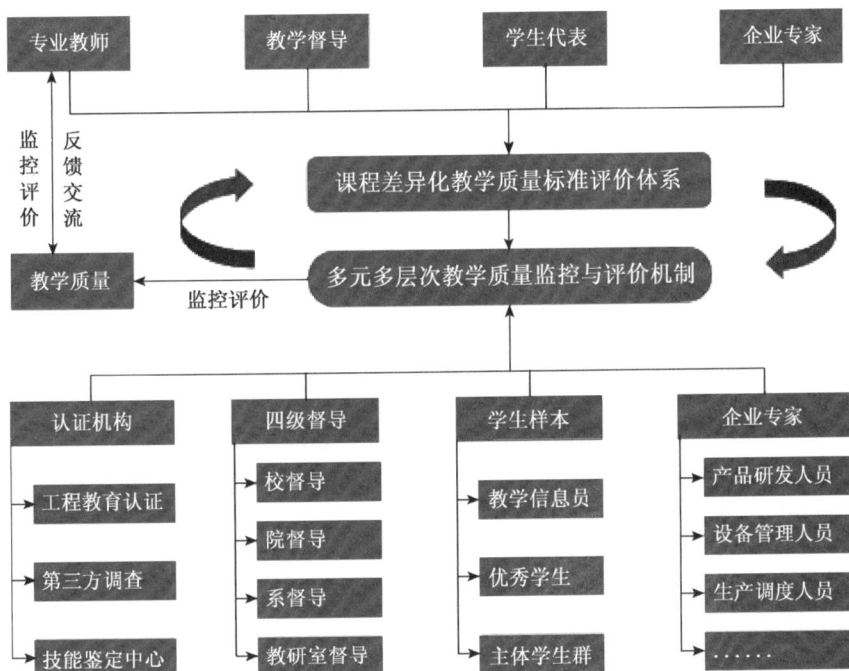

图 3　多元多层次教学质量监控与评价体系

在专业评价过程中,注重对学生实际运用能力的培养,运用项目化测试、操作化运作等形式,打造真实的职业场景,创建分层分类培养模式下多方参与的评价体系。在每次考核或评价结束后都建立信息处理与分析系统,适时反馈教师和学生的相关情况,及时将信息传达到牵头管理部门,为人才培养质量改进提供参考。

(3) 创新了差异化课程实施模式,构建实践教学体系。按照"项目课程(基于产品设计、加工的项目)"、"岗位课程(基于岗位工作任务)"和"岗证课程(基于职业资格证书或技能鉴定)"三种课程模式的不同需求构建实践教学体系,满足分类培养要求,学生依据职业能力需求自主选择实验实训项目。

(4) 创新了校校合作模式,打造具有区域特色的现代职教体系。2013 年以来,学校积极探索和实践纺织专业现代职教体系和人才培养新途径,与东华大学、天津工业大学、江南大学等国内知名纺织院校合作,开展专升本教育,与盐城工学院合作开展"3＋2"专本连读,以及与南通大学合作开展"3＋2"专转本,以及与盐城技师学院合作开展"2＋2"中高职衔接教育,成效显著。

四、 成果的推广应用效果

(一) 学生全面发展能力不断提高

遵循"投入多元,资源共享"的原则,利用与江苏悦达纺织集团共建的"校中厂""厂中校"等资源,挖掘适合学生的创新创业项目,如"纺织品来样分析及产品创新设计"、"纺织品快速出样"、"纺织品花型与纹样设计"和"校园网店"等,结合学校大学生创业园提供的软硬件支持,开设辅助企业生产设计的"工作室",推进"做中学、学中创",促进学生创新创业,孵化小微企业(表 1)。

表 1　现代纺织技术专业学生创业与获奖情况

序号	项目名称	立项或获奖情况	主办方
1	省大学生创新实践项目	21 项	江苏省教育厅
2	2014 年全国"创青春"江苏省大学生创业大赛	铜奖	共青团中央、教育部、人力资源社会保障部、中国科协

(续 表)

序号	项目名称	立项或获奖情况	主办方
3	盐城市首届科技创业大赛	一等奖	盐城市创新型城市建设工作领导小组
4	盐城市青年大学生创业创意项目	二等奖	盐城市人社局
5	省优秀毕业设计	9项	江苏省教育厅
6	省团队优秀毕业设计	4项	江苏省教育厅
7	"东华杯"全国高校纺织类学术与创意作品大赛中获(学生组)	优秀作品奖	中国纺织服装教育学会
8	江苏省大学生示范创业基地——创业园入园项目	29项	盐城工业职业技术学院

(二)社会影响力大幅提升

通过企业跟踪调查,学校现代纺织技术专业毕业生综合职业能力得到用人单位高度评价,毕业生赢得"实践能力好、创新能力强"和"用得好、留得住"的社会美誉,学生入职后即可胜任工艺设计、面料设计、外贸跟单以及生产管理等核心技术岗位,实现了毕业即可顶岗的目标。本专业毕业生以其"为人诚实、技能扎实、工作踏实、生活朴实、创新笃实"的"五实"特质,深受用人单位的欢迎。麦可思公司2013年发布的调查报告显示,在全省59所公办高职院校中,现代纺织技术专业毕业生就业竞争力排名第6位,毕业生创新能力排名第2位。

(三)教育教学改革成效显著

现代纺织技术专业分层分类培养模式调动了学生的学习主动性和创新性,学生的职业能力得到显著提高,学生的学习兴趣和教师的教学积极性得到很好地激发。近年来,现代纺织技术专业学生多次参加全国高职高专院校技能大赛,成绩领先。在全国高职高专院校纺织面料检测技能大赛中4次蝉联一等奖,在全国高职高专院校纺织面料设计大赛和纺织服装外贸跟单职业能力大赛中多次获得个人一等奖和团体一等奖。专业教学团队多次获得江苏省教学成果一、二等奖。

(四)校企合作成果突出

在该人才培养模式下,专业老师始终坚持校企合作,坚持以科研促进教学,坚持服务企业技术进步,成绩突出。2014年6月24日,《中国纺织报》以《贴近企业做学问——纺织院校产学研现状统计分析》为题,报道了全国纺织类高校产学研合作情况的研究,文中写到:"第四层次是以盐城工业职业技术学院、南通纺织职业技术学院和浙江纺织服装职业技术学院等为代表的25所纺织类高职学院。第四层次纺织类高职学院校企合作论文发表数量超过了第三层次纺织院校。其中,盐城工业职业技术学院发表论文27篇,甚至超过了大部分纺织类本科院校。"

唤醒记忆——非遗融入艺术设计课程的探索与实践

常州纺织服装职业技术学院

完成人及简介

姓　名	性别	所在单位	党政职务	专业技术职称
薛晓霞	女	常州纺织服装职业技术学院	无	讲　师
许晓婷	男	常州纺织服装职业技术学院	创意学院副院长	讲　师
徐　静	女	常州纺织服装职业技术学院	无	讲　师
徐　风	男	常州纺织服装职业技术学院创意学院／徐氏枫艺竹竹木刻博物馆	无	研究员级高级工艺美术师
项建华	女	常州纺织服装职业技术学院创意学院／徐氏枫艺竹竹木刻博物馆	实训中心主任	教授、国际商业美术师（A级）

一、成果简介及主要解决的教学问题

本成果在"常州非遗在文化创意产品中传承研究""常州非遗在高职艺术设计课程中的应用研究"等多项省市级项目的支持下,通过艺术设计教学体系系统化"再建设"、传统技艺特色化"再传承",保护性研发"微创新",以"工匠精神"带动职业精神,提高高职教师、学生的职业素养。艺术设计类专业通过引入常州地方非遗项目(乱针绣、留青竹刻),以艺术设计专业教学体系的"再建设",通过科学计划、模块分类、分步实施,系统解决了传统经典技艺的人才日趋匮乏、传播面不广的难题,有目的、有计划、有创意地唤起大众对非物质文化遗产曾经的记忆。建立了非遗大师现代学徒团队,营造匠心文化,培养"工匠精神"。通过技术技能的反复淬炼和习惯养成,实现现代艺术设计教育从技艺层面到表达设计思想、传递审美取向的跨越,解决了学生作业脱离实际、与生产工艺相脱节的问题,实现了作品到产品的有效升级。在对乱针绣技艺的开展保护性研发进程中,通过将数字化乱针绣研发成果运用于牛仔布产业、绣品加工等企业中,填补了乱针绣领域的计算机辅助技术空白,使艺术设计研发与纺织服装产业之间形成有效的契合点,以点触面,有效解决了科研、教学两张皮相脱离的问题,提升了科研成果服务产业的有效度,实现可持续发展。

二、解决教学问题的方法

（一）引非遗项目入课堂,技艺结合构建教学体系

将常州地方非遗的优秀文化和民间艺术技艺(如乱针绣、留青竹刻等),融入到现代艺术设计教学体系的"再建设"中,因技、因艺、因材和因人的不同,以多模块、可重构的方式实施个性化教学模式,搭建行业、企业有效合作的互动平台,实现传统技艺的系统"再传承"。

（二）聘传承大师当导师,现代学徒演练技能真谛

以"走出去、请进来"等方式,聘请了一大批国家、省级传承人来校任教,如聘请孙燕云老师、狄静等一批乱针绣传承大师作为兼职教授,引进留青竹刻传承人徐风作为专职教师等,通过大师系统传授传统技艺精髓,再现了民间传统工艺的艺术魅力。大师对产品质量的完美追求以及孜孜不倦的工作态度,不仅调动和感染了学生认真学习技艺的热情,同时也激励着学生训练过硬的本领。

（三）以先进技术为途径,智能辅助智慧创作

秉承保护非物质文化遗产项目必须遵循的真实性、整体性和传承性的基本原则,采用技术和艺术相结合之路,将数字化模拟与再现、计算机辅助制作与优化等数字化手段应用于非遗技艺(乱针绣)的保护、再现、培训中,将先进技术定位于为艺术服务的辅助工具,通过运用技术手段完成工艺过程中诸如临摹、铺底、选色等辅助性工作,完成了对传统工艺流程的优化,从根本上将艺术家从繁琐的辅助工作中解放出来,使其更加专注于艺术造诣的提升。

（四）以工匠精神为引领,匠心营造职业文化

通过艺术专业教学改革和人才培养方式的多途径,培育精益求精的工匠精神。将技艺传承并不是简单地停留在技艺层面,而是使学生在设计思想、工作态度、职业道德、审美等多方面不断提高认识,从而实现传统文化领域"工匠精神"向现代创意产业领域职业精神的升级。

（五）非遗特色化课程延续——学生手工社团活动

以艺术设计类专业教师、学生组织建设的民艺社,作为艺术设计课程的延续,为学生课后持续研习非遗技艺提供良好学习环境。

三、 成果的创新点

（一）建立了非遗技艺入课堂,构建教学体系

将常州的美术类非物质文化遗产逐步融入我院艺术设计类专业的课程体系中,建立起基础课程与非遗技艺课程的铺垫关系,非遗技艺课程与专业核心课程的延续关系,构建特色化的教学体系,实现文化创意产业背景下,学生传统工艺技能、现代设计能力的综合培养。

（二）以先进技术为途径,智能辅助智慧创作

将数字化模拟与再现、计算机辅助制作与优化等数字化手段应用于常州非遗(乱针绣)的保护、再现、教学培训中,用先进技术助推学生对非遗技艺的再设计。

（三）建设了现代学徒团队,建立了提高教学质量的长效机制

以非遗项目传承人、"双师型"专兼职教师共同组成教学团队,非遗大师学生传授非遗的工艺技能,设计专业教师教授学生现代设计方法、设计程序等,两类教师各有专攻各有所长,选其强项而用之,实现对学生多重能力培养。

四、 成果的推广应用效果

(1) 专业课程教学。在旅游纪念品设计课程、毕业设计课程创作中,围绕常州梳篦而设计的作品"篦如意""梳篦创意设计""情梳""梳韵",多次获省市级奖项,乱针绣作品"风景""小镇"、留青竹刻作品"花鸟"、运用金坛刻纸工艺的作品"红梅阁记",多次获得省市级奖项。

(2) 江苏省大学生创新实践训练计划。成果完成团队通过有计划地指导大创项目"传统元素与现代元素在地方旅游商品设计中的应用"、"常州非遗在艺术设计中的传承探究"、"基于乱针绣工艺的常州特色旅游纪念品研发设计"和"传统吉祥纹饰重构在旅游纪念品设计中的应用",实现非遗在艺术设计课程课后的延续性实践。

(3) 学生社团——民艺社。自 2009 年起,艺术设计专业教师组织建设的学生社团——民艺社,作为创意学院特色展示窗口,受到多人次的参观学习,得到学校领导高度认可,社团多次获得常纺"十佳社团"称号。

(4) 教师科研项目。成果完成团队成员围绕非遗融入艺术设计课程的教学的实践活动,开展省市级课题的研究工作。例如:江苏省科技厅-江苏省科技支撑计划项目(BE2011058)"乱针绣数字化模拟生成与辅助制作技术",常州大学高等职业教育研究院课题"常州非遗在高职艺术设计课程中的应用研究"等。

信息化技术在"机织物设计"课程中的应用与教改实践

盐城工业职业技术学院

完成人及简介

姓　名	性别	所在单位	党政职务	专业技术职称
郁　兰	女	盐城工业职业技术学院	无	副教授
陆晓波	女	盐城工业职业技术学院	无	副教授
王慧玲	女	盐城工业职业技术学院	无	讲　师
周　彬	男	盐城工业职业技术学院	无	讲　师
刘　艳	女	盐城工业职业技术学院	无	讲　师
秦　晓	女	盐城工业职业技术学院	纺织服装学院副院长	讲　师
马　倩	女	盐城工业职业技术学院	无	讲　师
王　可	男	盐城工业职业技术学院	无	讲　师
王洛涛	女	盐城工业职业技术学院	无	助　教

一、成果简介及主要解决的教学问题

针对目前高职教育课程信息化技术教学应用的深度、广度欠缺,学生学习主观能动性不足,学习效率低下,能力提升缓慢的现状,本课题组为增强学生的实践创新能力,增强就业能力,以核心课程之一的"机织物设计"为突破口,将信息化技术贯穿于教学的全过程,有效提高学生的理解能力、自我学习能力、创新能力和实践能力,培养高素质技术技能型人才。随着信息化环境的逐步完善,"机织物设计"教学也必须利用现代信息技术向有利于促进学生学习方式转变的方向进行改革,提倡"自主、探究与合作"的学习方式,逐步改变以教师为中心、课堂为中心和书本为中心的局面;发挥网络学习的优势,使学生能充分利用网络资源共享的特点,支持学生进行在线学习、自主探究式和协作讨论的学习;促进学生创新意识与实践能力的发展,让学生学会通过资源利用、探究发现、通信交流、知识建构的方法创造性地学习。通过基于信息化技术教学改革,改变"以教师为中心"的传统理念,最大限度地释放学生能动性,实现个性化、自主性的学习模式是亟须解决的教学问题。运用网络化技术使师生的交流在更加丰富的层面上展开,为教与学的交互性、协作性和自主性实现构建了有机的平台。利用移动互联网为学生提供学习资源,激发学生自主学习的兴趣,使学生由被动接受转换为主动学习,调动学生学习的积极性,释放他们的能动性。

二、解决教学问题的方法

"机织物设计"作为实践性很强的学科,具有交互性的特点。教师利用信息技术把课程内容数字化处理,并以网络课程的方式、立体化的形式呈现,如建立数字化教学资源库、课程网站;课程内容形态呈现多样性如教材、文献、课件、教学视频、专业视频动画、网络资源等;课程内容以多媒体方式展示,如视频、音频、虚拟仿真等,多媒体声像交替、图文并茂、灵活多样,为学生学习创造了一个良好而生动的环境;建立微信公众平台、微信群、QQ群等,课程内容可传播与共享,拓展教学时间与空间。教学过程中强调学生的主体性,以学生为中心;强调信息技术应用,如基于现代教育技术的教学方法与教学手段的应用,灵活使用多种恰当的教学方法,有效调动学生积极参与学习;强调利用信息化技术进行教学过程设计,包括对课程内容的设计、教学方法的设计、教学评价的设计等。

(一) 数字化教学平台建设

1. 专业教学资源库建设

为使课程的数字化教学资源体系规范化,课程团队建设了课程网络平台,完善了课程教学网站的材料,完成了课程标准、授课计划、课程整体设计、单元设计、课程学案、多媒体课件、课程教学案例、试卷库、习题库、电子教材、课件、题库、教学动画演示、企业产品工艺库、企业面料库、项目任务书、课程录像(主讲教师录像、企业兼职教师授课录像、实训录像、学生操作录像)、微课小视频、模拟编织视频等;学习的网络环境安装多媒体网络教室、多种教学软件(织物 CAD 仿真软件、机织物组织图绘制助手软件);同时,建立教学互动通道,建立课程微信公众平台、师生之间建立微信群、QQ 群等。信息化技术的运用,使师生的交流在更加丰富的层面上展开,为教与学的交互性、协作性和自主性的实现构建了有机的平台,对教学方法、手段的改革,对人才培养水平的提升都起到了较大的促进作用。

2. 多元互动式数字化学习平台

建设数字化学习平台,学生可以在平台上完成上传作业、自测、完成习题,也可以在线就教学问题进行提问,教师随时进行批改、答疑。教师利用数字化学习平台可以对学生开展过程性评价和多元评价,反映学生多个方面的努力、进步和成就。数字化学习平台可促进学生自我评价,促进学生发展、教师提高和改进教学。信息化技术的运用,使师生的交流在更加丰富的层面上展开,为教与学的交互性、协作性和自主性实现构建了有机的平台,对教学方法、手段的改革,对人才培养水平的提升都起到了较大的促进作用。

(二) 信息化教学过程设计与教改实践

在课程教学改革中强调利用信息化技术进行过程设计,包括对课程内容的设计、教学方法的设计、教学评价的设计等,充分利用信息化教学手段,最大限度地释放学生能动性,实现个性化、自主性的学习模式。"机织物设计"课程整个教学过程设计是以翻转课堂为核心理念,采用学案导学、任务驱动、仿真模拟、教学做一体等多种教学方法,借助自建的课程网络平台、资源库、数字化学习平台、多种教学软件、动画演示,利用 QQ、微信实现电脑、手机等多终端学习模式,将信息化教学手段(微课视频、多媒体网络教室、微信平台、三维动画演示、织物 CAD 仿真软件、组织图绘制助手软件、课程网络平台、视频通道、E-mail 等)贯穿于教学的全过程,更好地实现课程的教学目标。信息化技术贯穿于课程教学的始末,课程教学采用翻转课堂模式,学生更专注于灵活主动的学习,学习参与性更强。课前,学生观看微课小视频、织物模型编织视频、查阅资料,并根据视频指导编织出织物模型;课内,教师进行设计方法的讲解与演示,学生进行命题设计;课后,学生完成小样试织,检验设计方案的可行性。

1. 课前准备

要求学生课前到课程网络平台打开学案,初步了解教学的主要内容,查询本次课的教学任务,教师事先将课程微课视频、模拟编织操作视频上传至课程网站、微信平台等,要求学生课前学习,参考视频完成模拟编织任务,并在规定的时间节点前将作品发至 QQ、微信群等,教师在课前进行统计。通过课前编织,学生具有一定的感性认识和空间想象能力,可以保证课程的顺利实施。

2. 课内教学

(1) 任务导入。机织物结构先易后难,变化组织、联合组织尤其是复杂组织都太过抽象,学生很难理解不同组织结构织物的形成过程和织造原理。为了解决传统教学方法的弊端,采用信息化技术辅助教学,在教学中首先利用红蜘蛛软件将电脑锁屏,将学生课前准备阶段的模拟编织品照片全方位展示,发放实物布样,体会织物的特点,引出织物的特征和形成方法,从而顺利导入课程的任务。

(2) 核心知识讲解。教师讲解织物形成原理,由于织物的经纬纱空间交织结构不容易想象,所以可以播放课程网站上的织物动画来化解此难点,结合动画进行设计方法的讲解,学生通过这些形象而直观的动画演示可以对原理有较深理解。

教师提出问题,要求学生思考,学生通过反复观看编织视频和图片回答问题。在此基础上教师再画出截面图,边演示边讲解,不断加深学生对原理的理解。同时通过播放织物组织形成过程的动画,强调织物组织绘制过程中的重点,利用专门设计的机织物组织图绘制助手软件完成上机图的绘制。

(3) 任务实施。布置任务给学生,请他们分组按照指定要求进行设计,任务实施采用的是学生自主设计、教师辅助引导、点评总结的教学方法,以做中学、做中教来突破教学难点,如果设计过程中有疑问,还可以反复多次观看微课视频与演示动画,针对自己不明白的地方进行提问与讨论。引导学生利用织物 CAD 软件进行花型设计,模拟实际效果,设计方案通过红蜘蛛软件直接提交供教师点评和学生互评。

(4) 展示点评。从提交的设计方案中可以看出,织物外观效果可以直观预测,学生在真正理解了织物形成原理之后,上机图设计出错的概率也有了明显的降低,这意味着学生对织物整个设计过程有了很深的理解。同时可以连线企业兼职教师,请他们对织物的配色和设计方案的合理性进行现场评价。

(5) 拓展提升与小结。当学生都掌握了基本知识后,进入拓展提升阶段,教师深入介绍课程织物的形成原理,以便学生课后能进行创新设计。最后向学生推荐课后阅读微信平台上拓展知识,寻求设计灵感,小结并布置课后实践作业。

3. 课后

课后要求学生登录网络课程在线考核系统,在规定时间内针对本次课程的重难点进行在线测试,自主考核评价,教师也可及时了解学生理论知识的掌握情况。以小组为单位对自主设计的织物进行小样试织,教师将往届学生打样的操作视频发到课程网络平台或学生的手机,学生通过实践掌握制织织物的要领,教师和学生之间建立视频通道,学生在实践过程中有什么问题可以随时与教师进行视频通话,教师实时观察并解决小样试织时出现的问题,拓展了教学的时间和空间。试织完成后将整个产品设计过程以及最终作品图片形成设计报告,上传课程网站,专职教师和企业兼职师可在线进行审核评价。专兼职教师共同的评价作为学生平时成绩的依据。

基于信息化技术的机织物设计课程教学改革改变了"以教师为中心"的传统理念,最大限度地释放学生能动性,实现个性化、自主性的学习模式是亟须解决的教学问题。运用网络化技术使师生的交流在更加丰富的层面上展开,为教与学的交互性、协作性和自主性的实现构建了有机的平台。

三、 成果的创新点

(1) 信息化技术贯穿于教学全过程的教改实践改变了"以教师为中心"的传统理念,激发了学生自主学习的兴趣、使学生由被动接受转换为主动学习,很大程度上调动了学生学习的积极性,最大限度地释放了学生能动性,实现个性化、自主性的学习模式。信息化技术的运用,使师生的交流在更加丰富的层面上展开,为教与学的交互性、协作性和自主性的实现构建了有机的平台。

(2) 课程形成以学生自主学习为中心,教学设计为前提,系统网络为支撑,多种教学资源为依托,学生自主学习与专兼职教师同步导学相融合的多元互动模式。利用数字化教学平台开展过程性评价和多元评价,探索和尝试多元评价方法和技术,反映学生多个方面的努力、进步和成就。促进了学生创新意识与实践能力的发展,让学生学会了通过资源利用、探究发现、通信交流、知识建构的方法创造性地学习,加快了学生成为企业所需的高素质技能型面料设计人才的进程。

四、 成果的推广应用效果

该成果于 2012 年起在现代纺织技术、纺织品设计专业实施,问卷调查表明 95% 的同学对教学效果表示满意和非常满意,《机织物设计》教材被列入江苏省重点教材,非常实用,深受学生欢迎。"机织物设计"课程网络平台也得到了学生的广泛使用。数字化教学资源库内容完整,资源丰富,极大地提高了学生自主学习的能力,学生创新能力也大幅提高。

(一) 学生作品创新实用

学生大赛作品和毕业设计作品创新性强,有的直接为企业所采用。悦达家纺从学生作品中直接挑选了部分可以生产的优秀作品,由悦达家纺组织打样、生产。组织生产且形成销售的享受悦达家纺的销售提成,并在悦达家纺研发中心展示厅举行学生作品展。课程团队中郁兰老师指导的《花式局部管状织物的设计与研制》获得学院优秀论文,王慧玲、郁兰老师指导的《小提花发光保健织物设计》《局部剪花衬衫面料设计》等作品获得全国高职高专学生面料设计大赛一等奖、第一名的好成绩。同时,学生的创新思维经过老师的指导与提炼,也已经形成了专利成果,充分展示了我们利用信息化手段的教学成果(图1)。

图1　获奖证书与作品

(二) 学科竞赛成绩斐然

学生近 3 年先后参与了全国高职院校全国高职院校纺织品设计技能大赛,成绩斐然,获得团体一等奖 2 项和二等奖 1 项。2 名学生获得全国职业技能标兵和技师称号,6 名老师获得了优秀指导老师奖(图2)。

图2　获奖证书

(三) 信息化教学成果突出

经过几年的信息化技术教改实践,信息化教学成果斐然,该成果有效促进了质量工程建设,已经形成了学院课改课程、校级精品课程、江苏省重点建设教材 1 部,该成果获得了江苏省高校信息化教学设计大赛二等奖、全国多媒体教学设计三等奖、学院信息化教学设计一等奖、学院教学成果一等奖、全国高校微课比赛三等奖、学院微课一等奖、信息化比赛三等奖等荣誉。

(四) 教师相关课题、论文、教材、专利成果丰硕

经过几年的教改实践,课程团队教师与开展相关教科研课题 3 项,其中江苏省高等教育教改研究立项课题 1 项(高职院"学案导学、导做"教学方法研究与应用实践),江苏省教育技术课题 2 项。课程团队主编的"十二五"教材《机织物设计》获得江苏省重点建设教材,多篇教改论文发表在《纺织服装教育》《轻纺工业与技术》等。学生的创新思维经过老师的指导与提炼,也已经形成了专利成果多项(表 1、图3)。

表 1　获奖成果

成果类型	成果来源	成果名称	成果级别
课题	江苏省高等教育教改研究立项课题	高职院"学案导学、导做"教学方法研究与应用实践	省级
课题	江苏省现代教育技术研究课题	基于数字化教学平台的师生多元互动与实践	厅级
教材	江苏省教育厅	《机织物设计》重点教材	省级

（续　表）

成果类型	成果来源	成果名称	成果级别
论文	《纺织服装教育》	信息技术在高职机织物设计课程教学中的应用	省级期刊
论文	《纺织服装教育》	自我引导教育在高职机织物设计课程教学中的应用	省级期刊
论文	《纺织服装教育》	基于行动导向的学做案导学导做教学模式与实践	省级期刊
专利	实用新型	一种机织功能保健纺织面料	国家专利
专利	实用新型	一种双经三纬提花保暖机织面料	国家专利

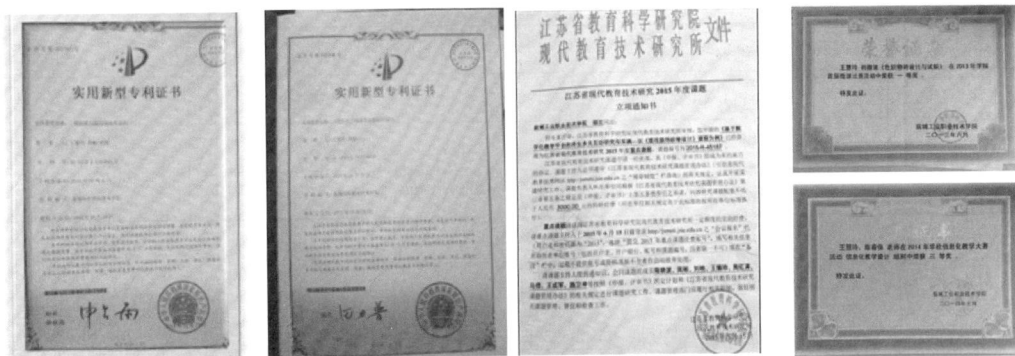

图3　专利与获奖

（五）人才培养成效显著

近几年,学生通过基于信息化技术的课程改革,职业素质和岗位能力得到了很大提高,90%的毕业生实现了零距离上岗和工作的无缝对接,所培养的学生供不应求,深受企业的欢迎和好评。2013—2015年学院委托麦可思人力资源信息管理咨询有限公司对毕业生进行社会需求与培养质量跟踪调查,本专业学生就业率连续3年达到99%,毕业生对母校的满意度达97%,专业对口率85%以上。毕业生综合素质高,业务能力强,将具体学习内容联系到企业的实际工作任务,学生的实践能力大大增强,学生到岗后上手快,很快就能为企业创造效益,教学模式值得推广与实践,具有良好的应用效果和社会影响。

大连市服装教育信息化平台建设与应用

辽宁轻工职业学院

完成人及简介

姓　名	性别	所在单位	党政职务	专业技术职称
韩雪	女	辽宁轻工职业学院	教研室主任	讲　师
马丽群	女	辽宁轻工职业学院	纺织服装系副主任	副教授
李　敏	女	辽宁轻工职业学院	纺织服装系主任	教　授
何　歆	女	辽宁轻工职业学院	无	讲　师
乔　燕	女	辽宁轻工职业学院	教研室主任	讲　师

一、 成果简介及主要解决的教学问题

经过对大连市服装业进行调研,确定以服装企业生产流程为脉络进行信息化教学平台建设,服装企业工作基本流程可以整合为服装企划—服装产品设计—服装版型制作—服装样衣制作—服装生产加工—服装陈列展示—终端销售服务,根据技能培训的方式设计并制作信息化教学平台,满足服装职业教育的要求。

(1) 在服装企划及产品设计方面,搭建精品课程平台,如"服装品牌设计"、"服装立体裁剪"、"服装效果图"和"服装工业制版"等,完成院级服装设计专业资源库建设,并购置服装3D软件完成试衣工作。

(2) 在服装制版方面,完成"服装工业制版""服装版型设计与制作"等精品课及网络课程建设,采用服装CAD教学,目前大连市服装企业大多采用富怡、旭化成等软件进行打版、推板工作,信息化平台的建设有助于服装版型等教学工作实现远程化、现代化、资源共享。

(3) 与北京九派合作建设"服装营销ERP软件实训基地",企业赠送我院40多套ERP软件,形成ERP服装电子商务管理系统,可以直接模拟现代服装企业信息化管理流程,开展服装"进销存"数据分析、服装买手、服装营销模拟沙盘等课程及实操培训工作。

(4) 与大连服装设计师协会电商平台积极合作,培养适合大连市企业以及大连市场的网店制作、销售、客服工作人员。服装电商销售渠道拓展为C2C、B2C、O2O、虚拟试衣间等新模式,加速了网店工作人员的培养效率,更符合网络市场快捷、现代、高效的特点。

(5) 与协作单位大连运邦科技有限公司联合起草编写的辽宁省信息服务管理规范中的网格化社会管理系统,已经通过辽宁省质量技术监督局审核,并从2014年9月开始发布使用,通过网格化社会管理平台,实现信息联动、资源共享的新模式,对服装专业信息化教学平台推广有积极的促进作用。

二、 解决教学问题的方法

不断研究信息化教学课题,以信息技术支撑产教结合、课赛结合、校企合作、顶岗实习,加强服装行业实践教学,创新仿真实训资源应用模式。

(1) 通过信息化教学平台的建立,逐步实现学校与企业共同培养学生,初步实现优化教学内容,提升学生三年实践能力与社会培养在职员工能力的全程化教学体系。低年级学生在基础信息化教学平台开展网络教学、多媒体教学,组织学生进行基本的实践技能训练。开展专业基础技能训练,参加实践技能竞赛,提高学生的实践技能。与校企合作企业模拟服装企业信息化管理流程,"以赛促学、项目促学"培养学生的专业能力。高年级

学生进行学科专业实践和研究性实践,在信息化管理平台上开展职业技能训练,用信息化教学手段,将企业与学校紧密联系,通过校企联合的方式,采用信息化教学管理平台,安排学生直接参与企业项目实施,做到学习知识有的放矢,提升学生的职业竞争力。为将来真正进入到工作岗位提供更加充分和有利的条件。

(2)在职员工培训,积极开展服装 ERP、服装 CAM、服装 CAD 的实训项目。提出高技能人才的规格要求,辅助建立多方向的服装类课程体系,积极建设信息化教学平台,确定符合我国当代经济社会发展的专业教学内容,有针对性的准确把握新一代实用人才的培养,有效把握服装专业教学过程的三个协调:技能训练与岗位要求的协调,培养目标与企业需求的协调,教学内容与企业需求的协调。从而确保专业培养目标准确定位。争取实现学生在课堂后自学、课后扩展、终身学习的目标,为服装企业培养高素质员工提供网络平台,积极研究开发建设,不断总结课程实践、信息化教学方式建设经验教训,对服装专业信息化教学研究方面起到良好的示范作用。

三、 成果的创新点

(一)建设服装专业信息化教学平台,提高现代服装业培训效率

创新创意构建网络课程、专业资源库、模拟仿真软件、3D 制衣为主的信息化教学平台,促进服装企业与高职院校沟通,使企业与院校课堂零对接,促进教师更新教学方法,胜任新形势下的职业教育教学工作要求。

(二)整合服装企业流程,形成专业群课程建设,使信息化教学多样化

确定以服装企业生产流程为脉络进行信息化教学平台建设,课题组根据每个工作流程的职业需要,确定相应的职业岗位制定培训内容,再制作信息化教学平台,满足服装职业教育的要求。

(三)创意并使用不同的信息化技术,提高服装业培训水平

现代化教学手段改善服装业传统教学模式,通过先进的信息化技术,完成服装设计专业资源库建设、模拟仿真软件、网络课程等。满足服装行业不同层次的人才需求和职业素质提升的需要,以课程服务社会的同时提升学院的行业竞争力。

(四)创新服装营销类课程实训技能培养模式

合作开发 ERP 管理软件模拟服装品牌管理流程,服装品牌企划、服装店铺管理等服装管理类课程,通过 ERP 软件系统对真实企业产品模拟商品进销存、流程管理操作等,使学生掌握管理的要素和知识点,并能够直接用于企业的操作。

四、 成果的推广应用效果

(1)项目组成员将信息化教学模式与人才培养方案切实结合,利用信息化教学平台引进企业项目,掌握国内外流行资讯,开阔学生视野,了解最新的服装市场行情,有效整合课程各个环节。先后在《湖北函授大学学报》等期刊发表《大连服装教育信息化教学平台的建设与应用》等研究成果,相关论文 10 多篇。

(2)相关科研成果。通过辽宁省质量技术监督局组织的辽宁省信息服务管理规范中的网格化社会管理系统行业标准 1 项,2014 年 11 月大连职业教育集团确定服装陈列课程、服装品牌课程人才培养方案立项,代表我院服装专业的教学成为行业内课程设置的楷模。马丽群老师 2014 年 7 月被评为中国纺织工业联合会先进工作者,李敏老师 2014 年 8 月获得辽宁省教学名师称号,2014 年 10 月获得大连市十佳服装设计成就奖。"服装陈列设计""网络营销"两门核心课程被学院列为 2014 年度院级网络课程重点建设项目,获得院精品课称号。课题组主持或参与"服装信息化管理人才培养模式的探索"等已经结题或在研的省级教改立项 10 项。国家级校企合作基地建设 2 个,中国商业联合科技技术奖三等奖 1 项,国家级软件大赛获奖 1 项。

(3)社会培训应用。与合作企业北京九派壹线服装软件公司共同建设"服装营销 ERP 软件实训基地",解决了服装营销学生缺少实际实训基地的问题,成为大连地区服装商业从业人员的培训基地。与企业完成合作开发服装产品的横向项目 3 项,金额为 6 万元。与合作企业北京九派壹线服装软件公司共同建设"服装营销 ERP 软件实训基地",解决了营销学生缺少实际实训基地的问题,成为大连地区服装商业从业人员的培训基地。

实践教学资源共建共享机制与应用模式探索

浙江纺织服装职业技术学院

完成人及简介

姓　名	性别	所在单位	党政职务	专业技术职称
毛志伟	男	浙江纺织服装职业技术学院	副院长	副教授
王　成	男	浙江纺织服装职业技术学院	教务处副处长	副教授
王丁国	男	浙江纺织服装职业技术学院	学工部副部长	助理研究员
项　明	男	浙江纺织服装职业技术学院	无	讲　师
叶宏武	男	浙江纺织服装职业技术学院	信息技术中心主任	教　授

一、 成果简介及主要解决的教学问题

信息化是教育现代化的关键。通过3年的建设,本项目形成以下3个方面的成果,概括为"三个一":一是搭建了一个大平台。开发桌面虚拟化系统、应用虚拟化系统、存储虚拟化系统三大系统,实现了物理服务器、网络设备、集中存储设备和虚拟化软件系统的有机整合,大幅度扩大传统实践教学资源平台的使用效果。二是整合了一批教学资源。通过纺织服装虚拟实践课程的系统化、虚拟实践项目的条理化和实践教学管理的规范化等工作,对各专业融合和交叉的实践教学资源进行了整合,使纺织服装虚拟实践教学资源形成规模效应。三是形成了一套共建共享模式。即以信息技术为手段,政府、行业、企业、学校四方合力,组成了一个有机的实验实训体。通过以上三个方面,有效解决了实践教学存在的"三不、三难"问题,即看不见、进不去、摸不到、难再现、难考核、难共享,从而使有限的教育资源发挥出最大的办学效能,降低办学成本,提高教学质量,最大限度培养符合社会需求的高素质高技能专门人才。

二、 解决教学问题的方法

针对实践教学中存在的"三不、三难"问题,综合利用信息技术给予解决。

用视频与动画来解决"看不见"的难题。学生围观老师操作机床,讲解原理,大部分学生只能听到声音却看不清老师的演示,通过播放操作视频的方法来解决;某些设备内部动作过程看不见,化学反应过程看不见,通过播放动画的方法来解决"看不见"。

用预约与直播解决"进不去"的难题。建筑装饰设计专业学生去建筑工地现场教学,受安全因素及施工进度限制,通过调用政府设在各个工地的高清监控视频,远程直播全市工地实时视频的方法来解决;校内实训场地因上课或者没有指导老师进不去,计算机等级考试软件、英语考试软件、众多CAD软件均需要安装在固定的服务器里,还有软件狗,其他电脑不能使用,通过预约使用的方法来解决"进不去"。

用虚拟化实训解决"摸不着"的难题。受到设备数量限制,学生参与实验实训教学时很长时间都是看着老师及其他同学做,好久才轮到自己动手做三五分钟。通过采用仿真软件虚拟实验、实训过程的方法来解决"摸不着"。

用微课与慕课解决"难再现"的难题。实践教学所产生的结果难再现。同一个老师,演示两次同样操作,手法可能不完全一样,所做的产品也不会每次都达到最高水平,通过微课与慕课,播放标准化和规范化实操演示来解决"难再现"。

用预约与收费解决"难共享"的难题。实验实训室大多依托二级学院所设专业的需要而建立的,且不同二级学院的实践教学资源实施分属管理,各自的资源很少能互相利用,不可避免地出现一些重复建设的现象。学院购买的大型设备,使用率不高,平时闲置现象较多。通过预约使用与收费使用,校内在空余时间预约使用,校外通过大型仪器共享平台收费使用,来解决"难共享"。

用智能化考核解决"难考核"的难题。实操考核在职业教育的教学中最终的呈现形式有两类:一是靠校内外比赛获得奖项;二是靠学生获得从事岗位的一个或多个职业资格认证。但是平时的实操考核很难做到公平,公正,快速。通过采用智能化考核方式,由系统自动给出操作分,解决"难考核"问题。

三、 成果的创新点

(1) 共建方法的创新。与中国移动宁波分公司签订战略合作协议,致力于设备资源、设施资源、技术资源、财务资源的共建和共享,共完成了投入达 800 万元的校园基础网络软硬件建设任务,实现校园内部信息交换、内部信息浏览、内部视频资料等服务,为实践教学资源共享构建了先进的信息化平台。

(2) 共享形式的创新。参与宁波市大型仪器共享平台并与其他单位互相支撑大型仪器为特征的平台共享;为相关企业、研究所以及兄弟院校开放虚拟实验平台,通过网络实验预约、网络虚拟实训等途径提供培训、服务为特征的校外共享。

(3) 运行维护的创新。以 ITIL 和 ISO 20000 标准为指南,完成了"呼叫中心子系统"、"IT 运行监控子系统"和"IT 运维服务子系统"的建设,强化了 IT 运营支撑能力,保障了实验、实训系统及相关设备的稳定运行。通过引入呼叫中心相关技术,对外统一了信息化运维服务入口;按照业务导向原则系统梳理了运维服务目录,定义了清晰的职责分工;按照技能划分了运维工程师池,区分了多线支持梯队;固化了服务台人员,制订了服务台值班机制,确保出现各种问题和故障时,能够快速有效地应对。

四、 成果的推广应用效果

通过层层推进,以及多方合作,使信息技术在实验实训资源建设中的作用得到了较大的发挥,具体应用效果体现在以下几个方面:

(1) 不断丰富了教学资源。建立了"面向应用"的专业教学资源库,构建了一个"能用""好用""够用"的宁波市纺织服装特色资源库,为宁波纺织服装产业转型升级提供科技信息服务,日均访问量 7 000 多次,总访问量已经突破 1 200 万次。同时,学院数字化学习中心共有注册用户 29 091 人,日均点击次数 20 030 次,总访问量 3 491 万人次。在浙江省数字化校园人人通空间里,总点击量 97 854 次,总资源量 3 285 个,排名第一。

(2) 显著提高了教学效果。传统的纺织服装专业实践教学方式需要投入大量的设备、场地,耗工耗料,虚拟仿真实验利用计算机完成材料设计开发过程构想,可以实现虚拟制造,节省了大量人力、财力和时间。在实际的纺织服装设计开发中,往往只有平面的设计图,单一的材料,学生的创新设计能力不能充分发挥。虚拟仿真技术的引入,可以让学生突破现实条件限制,更大程度发挥创意。虚拟仿真实验通过数字化技术的应用,拉近教学与产业实际的距离。通过虚拟制造,不但使学生对一线纺织服装生产有更为清晰的认识,而且增强创业创新意识。3 年来,共有 16 个专业 12 638 名学生完成了 52 门课程的虚拟实验实训项目学习,实现了人才培养在实验实训领域的突破。共有 232 名学生获得"卓越技师"证书,其中 201 位学生获高级职业证书,在各级各类专业技能竞赛中获奖 502 项,其中,国家级三等奖及以上奖项 101 项。2014—2015 学年学生参加学科技能竞赛 158 项,获奖 183 人次,其中教育部和行业协会一等奖 22 项、二等奖 31 项、三等奖 31 项、省级一等奖 13 项。

(3) 全面提升了教师信息化水平。信息化实践教学作为教学的一种现代化教学形式,推动了教师教学经验的提升。信息化实践教学在教师专业化成长中发挥着多层次、多方位、多角度的引领作用。在信息技术提供的网络平台下,帮助教师及时、快速地共享网络的教育信息和教育资源,并且通过对教育知识的积累和管理,不断总结教育经验,逐渐形成自己的教育风格。纺织学院季荣老师开设了"手机课堂",全程用手机授课,提高了学生学习效果,得到多家国家级媒体的宣传报道。一批教师信息化大赛屡屡获奖,三年以来,学院教师共获得教育部信息化教学大赛一等奖 1 项、二等奖 3 项、三等奖 9 项。第十五届全国多媒体课件大赛中浙江省高职共获得一等奖 9 项、二等奖 27 项、三等奖 9 项,其中我校获得一等奖 4 项、二等奖 10 项、三等奖 4 项。

基于校企双主体办学体制下现代纺织专业群人才培养模式研究与实践

盐城工业职业技术学院、江苏悦达纺织集团有限公司、江苏悦达家纺有限公司广东职业技术学院

完成人及简介

姓　名	性别	所在单位	党政职务	专业技术职称
王前文	女	盐城工业职业技术学院	纺织服装学院纺织系主任/ 纺织专业带头人	副教授
王成军	男	江苏悦达家纺有限公司	江苏悦达家纺有限公司副总经理	工程师
刘　华	男	盐城工业职业技术学院	江苏悦达家纺有限公司副总经理	教　授
张圣忠	男	盐城工业职业技术学院	现代纺织技术专业企业带头人	教授/研究员级高工
秦　晓	女	盐城工业职业技术学院	纺织服装学院副院长	副教授
徐　帅	男	盐城工业职业技术学院	新型纺织机电技术专业带头人	讲　师
周　彬	男	盐城工业职业技术学院	纺织品检验与贸易专业带头人	讲　师
赵　磊	男	盐城工业职业技术学院	无	讲　师
陈贵翠	女	盐城工业职业技术学院	无	讲　师
戴　俊	男	江苏悦达纺织集团有限公司	总经理	研究员级高级工程师

一、成果简介及主要解决的教学问题

（一）成果简介

现代纺织专业群自 2012 年被江苏省教育厅列为高职院校重点专业建设项目以来,始终注重专业群内涵与专业特色的建设,依托悦达纺织产业园,联合江苏悦达纺织集团成立悦达纺织学院,牵头成立盐城市纺织职教联盟,实施校企双主体办学模式,形成了以现代纺织技术专业为龙头,其他专业各具特色的持续发展局面,在培养目标、课程建设、教材建设、实验实训平台建设、教学团队、校企合作等教育教学改革方面取得了显著成果。学生综合职业技能国内领先,四次蝉联全国高职高专院校学生纺织面料检测技能大赛团体一等奖,二次纺织面料设计实物组团体一等奖;师资队伍省内一流,建成了融"人生导师、专业教师和技能工程师"于一体的"三师型"队伍,形成省级教学与科技创新"双优"团队,拥有教授 8 人,专任教师双师率 100%;校企合作科研成果国内同类院校领先,论文发表数量位列全国同类院校首位,省产学研前瞻项目和省自然科学基金面上项目,数量居全省同类院校前位。各类省市级科技项目达 48 项,授权专利 45 件,SCI 等源期刊收录论文 16 篇;教育教学改革国内领先,我校被评为全国纺织行业人才培养示范单位,4 项成果获得中国纺织工业联合会、江苏省教育厅教学成果一等奖。建成 5 部规划教材,其中 2 部教材分别获 2014 年、2015 年省重点教材建设立项,15 门优质专业课程;实训基地建设国内领先,与江苏悦达纺织集团建成了全流程共享型中央财政支持的国家级纺织服装实训基地、江苏省纺织实训中心和现代纺织机电技术实训中心,与江苏南纬悦达纤维科技有限公司建成了江苏省生态纺织和生态染化料研发中心。为沿海地区纺织行业企业解决产业转移、加快升级转型培养了高素质技术技能型人才,在服务社会、服务行业企业、服务地方经济方面做出了突出的贡献。

（二）成果主要解决的教学问题

（1）牵头成立盐城市纺织职教联盟，校企共建"双主体"悦达纺织学院，实现"政行企校"通力合作，产学研教融合、资源共建共享、优势互补、共生发展。

（2）构建和实施"岗位引领、学做合一"工学结合人才培养模式，重构"一平台、多方向"项目化菜单式的现代纺织专业群课程体系，增强毕业生岗位适应能力，促进学生全面可持续发展。

（3）发挥校企双主体的资源优势，双方共同制定对接工作岗位的课程标准、开发课程，编写项目化特色教材和员工培训讲义，建成优质教学及培训资源库。

（4）实施"四项工程"和"三项驱动"，提高教师教学和社会服务能力，实现教师增值。

（5）按照"训、鉴、研、创"要求，校企共建共享校内外实验实训平台。

（6）实施"赛、证、课"融合改革和学生素质系统化培养方案，共构全方位育人体系，实现学生增值。

二、解决教学问题的方法

（1）依托悦达纺织产业园，校企双主体共建悦达纺织学院。遵循专业链与产业链"双链对接"，创新并实践了学院与悦达纺织产业园合作的"校园合作"模式，共建了悦达纺织学院，实施管理融合，共同管理，同室办公，运营悦达纺织学院；实施产教融合，教学现场放在企业生产现场，企业生产项目搬进学院课堂，开设一体化教学；实施文化融合，融合悦达以人为本的企业文化与学校的求实文化，实现企业文化进课堂，学校文化进车间，校企文化双育人。实现了校企全方位合作育人、合作办学、合作就业、合作发展，培养了一批高素质技术技能型人才。依托专业牵头成立了盐城市纺织职教联盟，发挥了联盟内政府机构及其人员作用，发挥了联盟内校企各自优势，全面合作，实现了资源互补与共享，加快推进了本专业改革和快速发展，进一步推动了盐城市纺织产业的转型升级（图1）。

图1 校企"双主体"创建悦达纺织学院

（2）构建和实施"岗位引领、学做合一"工学结合人才培养模式。以校企共建的悦达纺织学院为保障，构建实施了"岗位引领、学做合一"的工学结合人才培养模式。每年开展纺织群行业企业调研，召开专业建设指导委员会会议论证，联合实践专家提取工艺技术、生产管理和营销贸易岗位群及标准，校企一体、工学交替、双师示教，订单培养，实施双教融合的教学做合一教学模式（图2）。

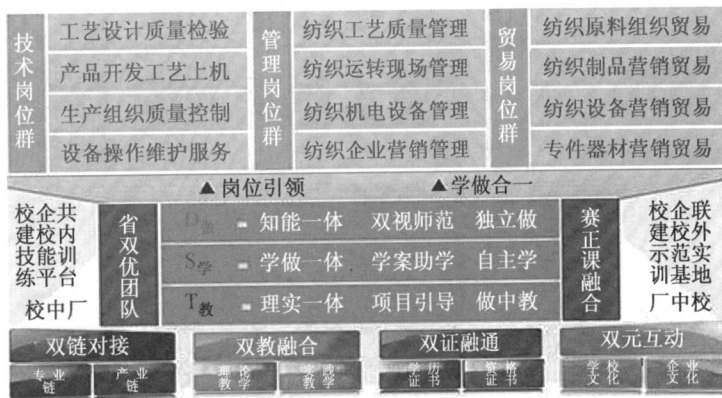

图2 "岗位引领、学做合一"工学结合人才培养模式示意图

（3）重构"一平台、多方向"项目化菜单式现代纺织专业群课程体系。根据专业人才培养模式要求以及专业建设指导委员会指导，开展了纺织企业岗位及能力调查，确定设计上机类、现场生产类、设备维护类技术岗位群

为主,兼顾服务营销类、管理发展类岗位,围绕纺织专业群核心技能,校企合作重构了基于典型职业岗位群关键能力的"一平台、多方向"项目化菜单式的专业群课程体系。以基本素质和技能为平台,根据不同的就业岗位群,设置核心技能课程,基于学生不同职业特质设置菜单式专业拓展课程。校企共同开发"纺织工艺师、质量师"等职业标准,对接相应的学习领域。将"针纺织品检验工"、"纺织面料设计师"、"纺织外贸跟单员"和"纺织设备保全工"等职业标准融入项目化菜单式的专业课程体系,实施"双证融通"(图3)。

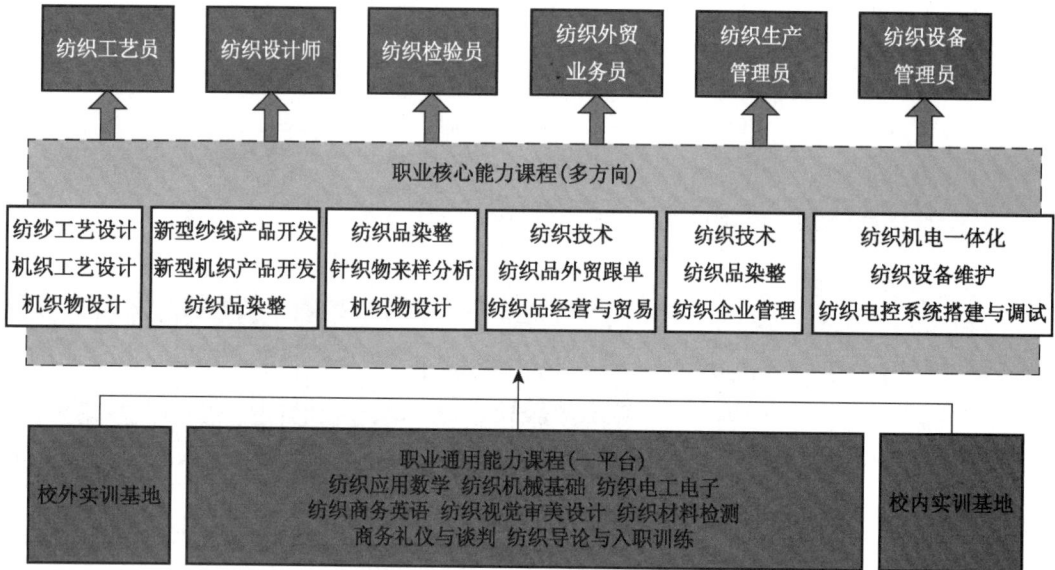

图3 基于典型岗位的"一平台,多方向"的项目化菜单式专业群课程体系

(4) 合作开发优质课程和项目化教材,共建共享立体化教学资源。重点建设专业群核心课程,围绕岗位能力要求,校企合作的课程开发团队制定课程标准、教学内容和建设方案。重构专业平台课,实施工作任务书导学导做的六阶段教学,培养学生生活技能和专业单项技能;再造专业核心课,实施学做案导学导做,双师教学,培养学生专业核心能力;创新专业拓展课,实施项目化教学,培养学生创新创业能力。让学生获得创新创业能力(图4)。

图4 校企合作开发优质课程和项目化教材

依托双主体办学的资源优势,以项目、任务、案例为载体,坚持学做合一,完善了专业教学资源库。收集了行业资源库信息,纺织品检验方面国内外标准和纺织行业信息资源等。坚持专业课程内容与职业标准对接,校

企共建数字化专业教学资源,实现信息化教学资源的广泛共享(图5)。

(5) 落实"四项工程",打造"三师型"省级教学和科技双优团队。

① 实施"名优培养工程",培养专业带头人通过出国交流、访问学者和校企联合项目攻关等多举措并举,落实"名优培养工程",提高了专业带头人的学术水平和职业教育教学改革能力。

② 推进"师能拓展工程",培养双师型教师。通过企业挂职锻炼、访问工程师和国培省培等项目,以"主攻一个方向,联系一家企业,担任一个兼职,主持一个项目,参加一项大赛,开发一项技能"的"六个一"工程为标准,落实"师能拓展工程",产

图5　部分课程的网络课程平台截屏

学研一体,提升团队教学水平,通过聘请、柔性引进企业专家、生产第一线能工巧匠参与教学研究和教学过程,团队合作,同教同研,形成优质稳定的兼职教师队伍。

③ 实施"师德塑造工程",培育"三师型"队伍。以"三育人标兵活动"评比为抓手,人生导师用踏实工作的态度、刻苦钻研的精神、谦逊礼貌待人的品质影响学生,爱岗敬业、无私奉献、为人师表、严谨治学已成为团队的标志,建成融"人生导师、专业教师和技能工程师"于一体的"三师型"队伍。

④ 实施"活力激发工程",实现教师全面增值。通过名师结对、教研教改、校企师徒结对、岗位练兵、产学研结合,提升了教师实践能力和科技能力,实现教师增值,打造一支集省优秀教学团队和省科技创新团队于一体的"双优"团队。

(6) 瞄准"训、鉴、研、创"要求,共建共享校内外实验实训平台。校企双主体共建纺织检测中心、纺织品设计中心、纺织生产中心和技能鉴定与培训中心的校内技能训练平台,建成集技能训练、技能鉴定、项目研发和创新创业功能于一体的校内外实验实训基地(图6)。

图6　校企共建集"训、鉴、研、创"功能的校内实训基地(一)

与悦达纺织合作，增加自动生产设备，改造现有设备，引入企业生产项目，共建"悦达纺织生产中心"。改造剑杆织机生产线和纺纱实训工厂，建设"悦达纺织校中厂实训基地"。引进悦达家纺入驻创业园，校企联合投入设备设施，共建大提花设计工作室和色织设计工作室——"悦达家纺设计中心"，作为悦达家纺校中厂，主要用于产品开发与打样，学生面料分析、产品创新设计能力提高，增强市场意识。与悦达家纺公司合作建成悦达家纺外贸跟单实训室，主要用于培养纺织外贸业务员、跟单员等岗位专业人才。发挥双主体资源优势，建设"技能培训与鉴定中心"。开发纺织企业基层管理能力、纺织新技术、考证项目等培训，既为双证融通提供硬件支撑，也为企业核心竞争力提升服务。围绕盐阜地区特色纺织服装资源，新建纺织服饰展览馆，用于专业教育、课程教学和主题文化教育，实现学生对纺织服装产品的感知体验，加深专业知识理解和对专业的热爱，激发专业学习兴趣，加深专业文化理解(图7)。

图 7　校企共建集"训、鉴、研、创"功能的校内实训基地(二)

为服务学生实施阶段性实习实训项目和就业创业项目，与以悦达纺织集团企业为代表的 36 家企业联建多功能校外实训和就业基地(图8)。

图 8　部分紧密型校外实训基地校企合作图片

(7) 校企共构全方位育人体系,实现学生增值。围绕学生增值,实施课程、职业资格和赛项融合的赛、证、课融合改革,学做合一,学生职业能力优异。通过系里人人赛、校企选拔赛和全国团队赛三级技能大赛保障,技能大赛成绩全国同类院校领先。依托大学生创业园,通过志愿服务、专题讲座、特色活动和创业培训等环节,系统培养学生素质,颁发学生素质拓展证书,人文素质不断提高,创新创业大赛获奖从无到优。实践专本衔接,与盐城工学院合作开展"3+2"专本连读,借力江南大学等省内知名大学多形式提升学生学历(图9、表1)。

图 9　学生参加全国高职高专院校专业技能大赛多次获团体一等奖

表 1　学生创新创业项目立项及大赛获奖情况一览表

序号	项目名称	立项或获奖	主办方
1	省大学生创新实践项目	21项	江苏省教育厅
2	2014年"创青春"江苏省大学生创业大赛	铜奖	教育部、人社部、中国科协
3	盐城市首届科技创业大赛	一等奖	市创新型城市领导小组
4	盐城市青年大学生创业创意项目	二等奖	盐城市人社局
5	盐城市大学生创新创意项目	二等奖2项	盐城市人社局
6	第九届"发明杯"全国高职高专创新创业大赛(创业类)	二等奖	中国发明协会、省科技协、国家知识产权局人教部
7	省优秀毕业设计	6项	江苏省教育厅
8	省团队优秀毕业设计	5项	江苏省教育厅
9	全国高校纺织类学术与创意作品大赛	优秀奖	中国纺织服装教育学会
10	江苏省大学生示范创业基地——创业园	16项	盐城工业职业技术学院
11	首届省"互联网+"大学生创新创业大赛	三等奖2项	江苏省教育厅
12	江苏省第十届大学生职业规划大赛	一等奖1项	省大学生职规大赛组委会
13	2016年省高等职业院校英语口语大赛	二等奖1项	江苏省教育厅

三、 成果的创新点

(1)依托悦达纺织产业园,共建"悦达纺织学院",校企双主体全方位合作育人,形成"岗位引领、学做合一"工学结合人才培养模式。依托悦达纺织园,校企共建悦达纺织学院,坚持"管理融合、产教融合、文化融合",牵头成立了盐城市纺织职教联盟,为实施校企双主体办学搭建了良好的合作平台,实现"政行企校"通力合作,产学研教融合、资源共建共享、优势互补、共生发展。校企一体、工学交替、双师示教、订单培养、分类培养,实施双教融合的"教学做合一"的教学模式,形成"岗位引领、学做合一"工学结合人才培养模式。

(2)依据职业岗位分析,重构"一平台、多方向"项目化菜单式的专业群课程体系。依据职业岗位分析,"底层共享、中层分立、高层互选"的原则,重构了基于典型职业岗位群关键能力的"一平台、多方向"项目化菜单式的现代纺织专业群课程体系,体现"共平台、多方向、强技能、菜单式",专业平台课实施工作任务书导学导做的六阶段教学,培养学生的生活技能和专业单项技能;专业核心课"学、做、案"导学导做,双师教学,培养专业核心能力;专业拓展课实施项目化教学,培养学生创新创业能力。课程内容融合职业标准,考核体系融合多方评价。

(3)落实"四项工程","教产研一体化"打造"三师型"省级教学和科技双优团队。充分发挥校企双主体的产学研教合作优势,通过实施"名优培养工程",培养专业带头人;推进"师能拓展工程",培养双师型教师;实施"师德塑造工程",培育"三师型"队伍;实施"活力激发工程",实现教师全面增值。实施以教学为核心的"产学研一体化"的科研模式,打造一支集省优秀教学团队和省科技创新团队一体的双优团队,增强了核心竞争力,提高了团队教师的教学和社会服务能力。

(4)按照"训、鉴、研、创"要求,校企共建共享校内外实验实训平台。校企双主体共建纺织检测中心、纺织品设计中心、纺织生产中心和技能鉴定与培训中心的校内技能训练平台,建成集技能训练、技能鉴定、项目研发和创新创业功能一体的校内外实验实训基地。

(5)校企共同实施"赛、证、课"融合改革,实施学生素质系统化培养方案,共构全方位育人体系,实现学生增值。围绕职业核心能力,实施课程、职业资格和赛项融合的"赛、证、课"融合改革,"以赛促学、以赛促教、赛学一体",学生职业能力优异,技能大赛成绩全国同类院校领先。制定和实施学生素质系统化培养方案,依托省级大学生创业园,通过志愿服务、专题讲座、特色活动和创业培训等环节,系统培养学生素质,提升了学生的综合素养和就业竞争力,实现学生增值。

四、 成果的推广应用效果

(1)与江苏悦达纺织集团合作办学创建"悦达纺织学院"并在现代纺织专业群开展"双主体"育人,通过实施"岗位引领、学做合一"人才培养模式及基于典型职业岗位群关键能力的"一平台、多方向"项目化菜单式的现代纺织专业群课程体系,得到了行业、企业的普遍认可。在江苏教育、中国高职高专教育网、中国纺织教育学会、盐阜大众报等多家媒体网站进行了报道。通过建设,现代纺织专业群已成为江苏省重点建设专业,其中现代纺织技术专业已成为江苏省示范高职院校重点建设专业、江苏省特色专业、江苏省品牌工程建设专业,纺织品检验与贸易专业为中央财政支持提升专业服务产业能力项目建设专业,校企"双主体"深度合作人才培养模式已在全院进行了推广和示范。本专业群教师近3年开展各级各类的教育教学改革项目达46项,获中纺联教学成果奖10项,江苏省高等学校优秀教学成果奖4项。2014年荣获"全国纺织行业人才培养示范单位"称号,2015年荣获"全国纺织行业人才建设先进单位"称号。

媒体报道相关链接:

①中国教育报报道:创新发展天地宽——盐城工业职业技术学院示范校建设纪实

http://paper.jyb.cn/zgjyb/html/2016-01/08/content_447986.htm? div = - 1

②盐阜大众报报道:建设特色鲜明的示范性高职学院

http://paper.ycnews.cn/yfdzb/html/2016-04/07/content_260072.htm? div = - 1

③盐阜大众报报道:打造四大平台提升服务能力——盐城工业职业技术学院推进示范校建设纪实(社会服务篇)

http://paper.ycnews.cn/yfdzb/html/2016-01/27/content_250661.htm? div = - 1

④ 盐阜大众报报道:在产教融合中打造特色品牌——盐城工业职业技术学院推进示范校建设纪实(专业建设篇)

http://paper.ycnews.cn/yfdzb/html/2016-01/20/content_249686.htm？div=-1

⑤ 盐城工业职业技术学院报道:盐城市六大职业教育联盟成立暨盐城市纺织职业教育联盟第一次理事大会召开

http://www.yctei.cn/html/xueyuanxw/1601.html

⑥ 中国现代职业教育网报道:盐城工业职业技术学院切实提高职教人才培养质量

http://www.mve.edu.cn/html/2015/yxdt_0519/26593.html

⑦ 江苏教育报道:盐城纺织职业技术学院创新人才培养模式

http://www.ec.js.edu.cn/art/2013/5/16/art_4344_119994.html

⑧ 中国纺织服装教育学会报道:盐城工业职业技术学院引领区域高职教育促发展

http://www.ctes.cn/Item/5686.aspx

⑨ 中国纺织服装教育学会报道:盐城工业职业技术学院牵手行业协会服务地方经济

http://www.ctes.cn/Item/5643.aspx

⑩ 中国高职高专教育网报道:盐城工业职业技术学院创新教学管理模式

http://61.164.87.131/web/articleview.aspx？id=20140418133556444＆cata_id=N049

⑪ 江苏省重点专业:http://www.ec.js.edu.cn/art/2012/8/14/art_4627_89502.html

⑫ 江苏省品牌专业:http://www.ec.js.edu.cn/art/2015/6/1/art_4266_173306.html

(2) 依托"双主体"办学成立的"悦达纺织学院",创新校企合作新模式,为盐城及长三角地区培养了大批企业急需的工艺设计、产品检测、外贸跟单等岗位技术技能型人才。现代纺织专业群学生双证获取率为100％,已连续3年毕业生年终就业率99.5％以上,稳居全省同类院校前列,就业岗位质量全面提升,涌现了一批就业创业典型。

(3) 赛证课融合,学生职业能力国内领先。通过"以赛促学、以赛促教、赛学一体",围绕职业核心能力,课程与职业资格融合,赛项与职业资格对接,实现学生考证率100％,高级工考核通过率99.8％,专业能力增值明显。通过专业群学生人人赛、校企选拔赛和全国团队赛三级技能大赛保障,全国技能大赛成绩全国同类院校领先,带动了全校各专业技能大赛成绩提高。本专业群学生参加全国高职高专院校纺织专业技能大赛获得4次团体一等奖,并获多项个人奖和2个技能标兵。南通大学、盐城工学院、常州纺织服装职业技术学院、浙江纺织服装职业技术学院和山东轻工职业学院等近20家兄弟院校来我校交流学习(表2)。

大赛获奖1:第三届全国纺织面料检测技能大赛(团体一等奖)

http://www.ctes.cn/Item.aspx？id=5492

大赛获奖2:第四届全国高职高专院校纺织面料检测学生技能大赛(团体一等奖)

http://www.ctes.cn/Item.aspx？id=5930

大赛获奖3:第五届全国纺织面料设计大赛(团体一等奖)

http://www.ctes.cn/Item.aspx？id=5494

大赛获奖4:第六届全国纺织面料设计大赛(团体二等奖)

http://www.ctes.cn/Item.aspx？id=5775

大赛获奖5:第七届全国纺织面料设计大赛(团体二等奖)

http://www.ctes.cn/Item.aspx？id=5925

大赛获奖6:第四届全国外贸跟单(纺织)大赛(团体三等奖)

http://www.ctes.cn/Item.aspx？id=5784

大赛获奖7:第五届全国外贸跟单(纺织)大赛(团体一等奖)

http://www.ctes.cn/Item.aspx？id=5938

凤凰江苏网全面报道:盐城工业职业技术学院纺织服装专业技能培养屡创佳绩

http://js.ifeng.com/yc/news/detail_2015_11/18/4569382_0.shtml

表2 学生参加全国高职高专院校专业技能大赛获奖情况

时间	大赛名称	团体获奖	个人奖项
2012.11	第三届全国纺织面料检测技能大赛	团体一等奖	一等奖1人,二等奖3人,三等奖1人
2015.10	第四届全国纺织面料检测技能大赛	团体一等奖	一等奖2人,二等奖1人,三等奖2人
2012.10	第五届全国纺织面料设计大赛	团体一等奖	一等奖1人,二等奖3人,三等奖1人
2014.10	第六届全国纺织面料设计大赛	团体二等奖	一等奖2人,二等奖2人,三等奖1人
2015.10	第七届全国纺织面料设计大赛	团体二等奖	一等奖3人,二等奖2人,三等奖4人
2014.11	第四届全国外贸跟单(纺织)大赛	团体二等奖	二等奖2人,三等奖2人
2015.11	第五届全国外贸跟单(纺织)大赛	团体一等奖	一等奖2人,二等奖1人,三等奖2人

(4)发挥校企双主体的资源优势,双方共同制定对接工作岗位的课程标准、开发课程和编写项目化特色教材,不断深化教育教学改革,建成优质教学及培训资源库。建成15门工学结合优质专业核心课程,9部工学结合教材,其中2部省重点教材立项,院级精品资源共享课程3门,网络平台课程及其教学资源库9门,获省课程设计和微课竞赛奖6项,院级各类教学竞赛奖29项,开展全国纺织服装信息化教学课题研究8项。

(5)依托双主体办学成立的悦达纺织学院平台,深入推进校企合作、产教融合,通过项目驱动、人才拉动、平台带动,在开展项目研究、技术咨询、技术攻关与成果推广、员工培训等工作方面,取得显著成效。建设期内,校企联合申报省市级科技项目47项,获盐城市科技进步奖一、二等奖各1项,累计为企业创造经济效益1 500多万元,科技收入317万元;线上线下为100多家地方企业开展技术咨询和技术攻关,其中省科技厅各类科技项目21项,中纺联科技计划项目29项,新产品开发56项,教师在省级以上刊物发表论文357篇,其中核心期刊发表论文超过百篇,授权发明专利6件,实用新型专利39件,团队教师研制的发明专利设备参加上海国际纺机展,2015年获批江苏省高校优秀科技创新团队。成功举办"盐城纺织产业科技成果交易洽谈会",协议转让国内知名纺织类院校52项科技成果,累计开展社会培训和技能鉴定7 013人,对提高行业企业竞争力,促进产业升级,加快企业发展作出了巨大的贡献。

基于职业特质的"技能菜单式"分类分层培养模式的研究与实践

盐城工业职业技术学院

完成人及简介

姓　名	性别	所在单位	党政职务	专业技术职称
张荣华	女	盐城工业职业技术学院	学校党委书记	教　授
赵　磊	男	盐城工业职业技术学院	无	讲　师
陈贵翠	女	盐城工业职业技术学院	无	讲　师
常鹤岭	男	盐城工业职业技术学院	无	讲　师
刘　华	男	盐城工业职业技术学院	现代纺织技术品牌专业带头人	教　授

一、成果简介及主要解决的教学问题

为提高高职培养高素质技术技能型高端国际化人才的质量,适应江苏特别是苏北地区产业升级转移对不同层次人才的需要,以盐城工业职业技术学院现代纺织技术专业及纺织品检验与贸易专业为例(现列出现代纺织技术专业的相关建设),根据学生的职业特质进行分类分层,形成一套完整的可供学生自主学习的"技能菜单",并形成良好的产业升级转移背景下"技能菜单"式分类分层培养实施机制,采取"主辅导师制"＋"翻转式"学习相结合的方法进行教学。

(1) 根据学生的职业特质,对纺织类专业学生进行分类分层。对纺织类学生按照他们的职业特质以及个人的职业规划进行分类分层,打破传统的根据学生成绩不同进行分班教学的模式(图 1),根据纺织类专业学生的职业特质——职业兴趣(技术、销售、管理)、职业能力(交际沟通、组织能力)和职业性格(内向、外向)将学生分为实际型、社会型和学术型三类,不进行明显的分班教学。以纺织 1311 班为例,学生大一入学后,知识结构全面的现代纺织技术专业教学团队通过前期的市场调研,结合纺织类专业学生的职业兴趣、职业能力和职业性格建立一份完整的职业特质问卷,根据统计结果将学生分为实际型、社会型和学术型三类。

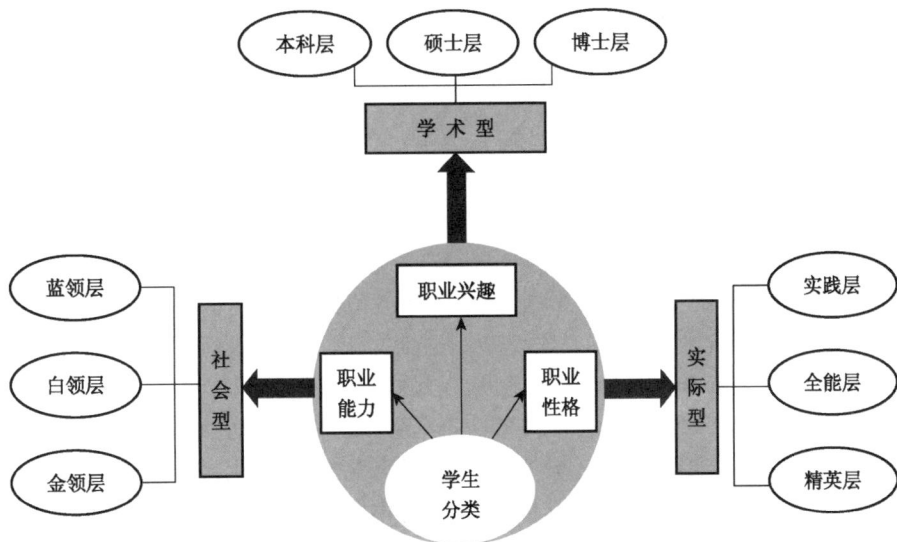

图1　根据学生的职业特质进行分类分层

（2）构建"技能菜单式"自主学习菜单。所谓"菜单"，是餐厅将自己提供的具有各种不同口味的食品、饮料按一定的程式组合排列于专门的纸上，就餐者根据菜单上提供的菜名在用餐时自行点菜、选择饮料，自由地与他人在一起或是独自一人用餐，很显然自由选择菜单可以调动用餐者在用餐时的主观能动性，模拟这样的做法，根据学生的职业性质提供一套完备的、详细的"技能菜单""餐具"及优美的"用餐环境"，"技能菜单"包括"素质必备菜单"和"专业技能菜单"，"素质必备菜单"主要对接职业礼仪、创业指导、心理教育、企业文化、人文交际等人文素质课程，"专业技能菜单"对应纺织材料检测、工艺设计、设备维护、企业管理等职业核心课程，"素质菜单"和"专业技能菜单"借助"餐具"及原料——课程标准、任务书、数字化学习平台、一体化教材、多媒体课件、辅助动画等，而且学生可选择"用餐环境"，如专业实训室、专业实验室、仿真模拟室、校外实训基地等，按照自己的职业特质进行相应类别对应层次的自主学习。

（3）实施"主－辅导师制"＋"翻转式"相结合的教学模式。现代纺织技术专业教学团队教授5名，副教授7名，讲师11名，整个团队具有多年丰富的教学经验和较强的教育教学改革能力，为江苏省优秀教学团队，教学团队中的14名教师分成3个类别：实际型导师、社会型导师和学术型导师，纺织1311班共有23名同学，按照统计结果实际型同学10人，社会型同学6人，学术型同学7人，学生根据自己的职业特质从职业特质专长教师库里面选定自己的"主导师"，"主导师"相当于学生的人生导师，从入学开始负责同学们的学习、生活和以及今后就业指导等，"主老师"根据学生的职业特质帮助学生建立自己的职业人生规划和专业领域的研究方向，"辅导师"为纺织实训工厂的兼职师傅和辅导员，兼职师傅主要负责提高学生的实践动手操作技能，辅导员主要负责的评奖评优、党员发展以及学生会等社团活动，"主导师"和"辅导师"共同引导学生进行"素质菜单"和"专业技能菜单"的学习，这种"主－辅导师制"＋"翻转式"相结合的教学模式确保了分类分层培养模式的培养效果，完全符合了学生的职业特质，充分调动了学生的自主学习兴趣。

（4）以"技能菜单"为抓手，促进学生参与各级各类技能或创新大赛。基于职业特质的"技能菜单"可以在用餐时调动用餐者的主观能动性，而由其自主选择、自己动手，在既定的范围之内安排用菜肴就餐，"素质技能餐"和"专业技能餐"借助"餐具"及原料——课程标准、任务书、数字化学习平台、一体化教材、多媒体课件、辅助动画等，将这些教学材料上传到数字化学习平台，学生进行自主学习，完成课程的学习任务，而且学生可选择"用餐环境"，如晚自习对专业实训室、专业实验室、仿真模拟室等的开放，按照自己的职业特质进行相应类别对应层次的自主学习，激发学生参加各级各类比赛并取得好成绩，如全国纺织面料检测技能大赛、全国纺织面料设计大赛、全国纺织品外贸跟单大赛，以及各级各类创新创业大赛、院级、省级优秀毕业论文等。

（5）教师积极融入分类分层培养，助推教学成果显成效。分类分层的培养明确了教师的主、辅导师身份，在"技能菜单"的培养模式下有助于专业教师对学生技能的培养，引导学生踊跃参与到全国纺织类相关的技能大赛，在进两年的大赛中教师指导成绩突出，如我校有多名老师获得全国纺织面料检测技能大赛优秀指导教师奖、全国纺织面料设计大赛优秀指导教师奖、全国纺织品外贸跟单大赛优秀指导教师。

二、解决教学问题的方法

（1）形成"职业特质"为特点的分类分层培养方案。对我院2013级、2014级及2015级现代纺织技术专业与纺织品检验与贸易专业，根据学生自身的的职业能力、兴趣、潜质和未来发展方向，并以"尊重差异、个性发展"为本，尊重学生自主选择，结合自身的职业生涯规划，使学生个性特长得到充分发挥，知识、能力、个性的弱点得以弥补，在分类方法、模块课程技能套餐、分类分层管理方式、教学体系、培养进程安排上均建立明确的实施方案。

（2）构建明确的"技能菜单式"自主学习菜单。"技能菜单"包括"素质必备菜单"和"专业技能菜单"，素质必备菜单主要对接"职业礼仪"、"创业指导"、"心理教育"、"企业文化"、"人文交际"和"纺织企业管理"等人文素质课程，专业技能餐对应"纺织材料检测"、"纺纱工艺设计与质量控制"、"新型纱线产品开发"、"织造工艺设计与质量控制"、"新型机织产品开发"、"纺纱设备维护"和"机织设备维护"等职业核心课程，"素质菜单"和"专业技能菜单"借助"餐具"及原料——课程标准、任务书、数字化学习平台、一体化教材、多媒体课件、辅助动画等，而且学生可选择"用餐环境"，如专业实训室、专业实验室、仿真模拟室、校外实训基地等，按照自己的职业特质进行相应类别对应层次的自主学习。

(3) 组建一支合理的主、辅导师及专兼职教师团队。为适应"技能菜单式"的分类分层教学,组建一支综合素质全面的教师团队,包括实践型教师、研发型教师、企业引进型教师及企业兼职教师,实践型教师以高级工程师为主,作为实际型的人生导师;研发型教师一般应为硕士以上学历,作为学术型的人生导师;企业引进型教师具有优异的企业实践经验,可为社会型的人生导师;企业兼职教师及辅导员作为学生人生辅导师,每年学校均会给教师增加企业实践经历和学历提升的机会,使得教师团队知识面更全面,结构更加合理。通过教师团队共同根据学生的职业性质提供一套完备的、详细的"技能菜单""餐具"及优美的"用餐环境","主老师"根据学生的职业特质帮助学生建立自己的职业人生规划和专业领域的研究方向,"辅导师"为纺织实训工厂的兼职师傅和辅导员,兼职师傅主要负责提高学生的实践动手操作技能,辅导员主要负责的评奖评优、党员发展以及学生会等社团活动,"主导师"和"辅导师"共同引导学生进行"素质菜单"和"专业技能菜单"的学习。

(4) 提供优质的"硬、软、环"资源为学生自主学习创造条件。纺织系负责人才培养方案改革和落实任务,根据任务内容落实到各个教研室相关人员,结合实际制定好实施方案,统筹系部,我院自 2012 年 8 月确立为省级示范高职院建设单位以来,大力推进实训、实验教学改革,建成江苏省纺织实训中心、国家纺织服装实训基地和省级生态纺织工程技术中心,装备目前国内最新型的纺织设备,形成"全真式"的实训教学平台,建有 30 多个一体化专业实训室和实验室,其中依靠江苏悦达纺织集团、江苏悦达家纺有限公司双主题办学建立的工作室、实验室近 10 多个,如悦达家纺色织工作室、悦达家纺外贸跟单实训室、悦达家纺大提花工作室等,拥有江苏省唯一的一所全国纺织行业特有工种技能鉴定站,将这些专业实训室和实验室通过晚自习全程开发,有专业、兼职教师进行辅导,同时学生积极申报各类社团,如建立学生负责人制的花(花式)艺坊(纺)、织彩社、曲艺苑等专业社团等举措为学生自主学习创造有利的条件。

(5) 形成灵活多面的分类分层培养模式考核方式。为进一步贯彻落实《中共中央国务院关于深化教育体制改革,全面推进素质教育的决定》精神,结合学院自身实际,纺织服装学院在本院 2014 年以来所有在籍学生中开展"大学生素质菜单系统化培养"工作,推行大学生素质菜单证书及学分制度。学生的每门专业课程根据学生的职业特质由"主导师＋辅导师"进行考核,分别对不同专业技能菜单的考核结合所给的成绩共同评价,修完技能菜单和素质菜单的全部课程学分后方可颁发毕业证书和素质合格证书,与此同时,构建以团支书为组长的班级素质菜单培养小组,开展丰富多彩的系列活动,帮助大家真正成长为"乐分享、会创造,乐动手、会生活"的社会人。

三、 成果的创新点

(1) 基于职业特质创新分类分层法。对我院现代纺织技术、纺织品检验与贸易专业的纺织类学生,以其职业特质为主,辅以个人的职业生涯规划进行分类分层,这种分类分层教学打破传统的根据学生成绩不同进行分班教学的模式,根据纺织类专业学生的职业特质——职业兴趣(技术、销售、管理)、职业能力(交际沟通、组织能力)和职业性格(内向、外向)将学生分为实际型、社会型和学术型三类,不进行明显的分班教学,这种分类分层完全符合了学生的职业特质,充分调动了学生的自主学习兴趣,使现代纺织技术专业与纺织品检验与贸易专业的人才培养质量更上一个台阶。

(2) 形成以"技能菜单"为中心的自主学习套餐产业转型升级背景下,可供学生自主学习的"技能菜单",依托区域行业企业特色,共同对不同专业、不同职业特质的学生提供一套完备的、详细的"技能菜单""餐具"及优美的"用餐环境",这样优化了专业培养体系,简化了课程内容,学生掌握了技能菜单中的技能任务考核合格后就可以获得相应的技能证书,这样可以保证学生在就业时实现与企业的无缝对接。

(3) 采取"主辅导师制"与"翻转式"相结合的教学模式。"技能菜单式"分类分层培养模式,不依赖于传统的课堂教学,学生在课外可以自主规划学习知识内容、学习节奏、风格和呈现的方式,借助"餐具"在虚拟与现实的环境中与其他的同学讨论,完成工作任务,自主选取时间、环境,在实施中去学习所需要的专业技能与素质培养知识,导师也能有更多的时间与每个人交流,这种"翻转式"学习的目标利于培养不同层次的学生,将实际型的学生逐步培养分层为实践层、全能层和精英层,社会型学生逐步分层为蓝领层(助理)、白领层(部门经理)和金领层(总经理),学术型的学生逐步以高层次学历为目标车,这种"主－辅导师制"＋"翻转式"相结合的教学模式确保了分类分层的培养效果,调动学生自主学习的兴趣。

四、成果的推广应用效果

（1）我校在 2012 年开始启动了分类分层培养方案，摸索分类分层教学模式，经过 1 年多的探索运用，于 2013 年正式启动"基于职业特质的技能菜单式分类分册培养模式"，经过近 3 年的实践研究，申报的项目"基于生源多样化的纺织类专业'自助餐式'分类分层培养机制的研究与实践""校企协同创新高职大学生职业'技能培养菜单'的开发和培养路径的研究"均获得 2014 年院级重点和一般课题立项并结题，申报的项目"产业升级转移背景下高职'技能菜单'式分类分层培养机制的研究与实践"获得省级教改重点课题的立项，申报的项目"基于纺织产业转型升级及生源层次多样化双重背景下的个性化创新培养机制的研究与实践"获得"纺织之光"中国纺织工业联合会职业教育教学改革立项项目，可见这种实施方案得到了教育教学专家的一致认可。

（2）连续在 2013 级、2014 级及 2015 级现代纺织技术专业及纺织品检验与贸易专业的学生中广泛实施基于职业特质的分类分层培养模式，在激发学生学习自主权及提高学生的专业技能上有明显的成效，特别是在 2013 届（实施基于职业特质的分类分层培养模式 2 年后）学生基本能按照之前的类别层次方向发展，比较突出的成绩：纺织 1311 班的优秀学生在各项技能大赛均有获奖，使得学校整体的综合成绩名列所有纺织类高职院之首；我校第三次蝉联全国纺织面料检测技能大赛团体一等奖；我校首次获得全国纺织品外贸跟单大赛团体一等奖；我校获得全国纺织面料设计技能大赛团体二等奖（总分排名第二）。

（3）在苏北高职采用"技能菜单"式分层分类精细化、多元化、立体化型人才培养机制，可充分尊重学生的个性化发展，据学生的职业特质进行不同层次的培养，2013 级的现代纺织技术专业的李闪闪、邹丽丽等同学认为在入学时根据她们的职业特质及结合自己的职业生涯规划给确立了职业目标定位，使他们有了明确的目标方向，始终朝向正确的职业道路发展，让他们少走职业弯路。而江苏悦达纺织集团、江苏悦达家纺集团也一直认为在生源质量比较差的情况下，2013 级现代纺织技术、纺织品检验与贸易专业的学生在技能掌握、专业知识、职业人文素质等综合能力上相对上一届学生有一定的提升，提高地方的产业结构层次与水平，培养技术技能型高端国际化的人才，服务区域地方经济。我院纺织服装学院也在 2015 年被评为"全国纺织行业人才建设先进单位"和"全国纺织行业人才培养示范单位"。

基于创新创业视角下应用型会计人才
培养研究与实践

武汉纺织大学

完成人及简介

姓　名	性别	所在单位	党政职务	专业技术职称
曾洁琼	女	武汉纺织大学	会计学系主任	教授/注册会计师
刘书兰	女	武汉纺织大学	会计学院副院长	教　授
王珍义	女	武汉纺织大学	会计学院副院长	教授/注册会计师
徐雪霞	女	武汉纺织大学	无	副教授
蔡艳芳	女	武汉纺织大学	无	副教授

一、 成果简介及主要解决的教学问题

（一）成果简介

本成果以社会调查为出发点,将创新创业理念融入会计专业人才培养空间,以社会对应用型会计人才需要为立脚点,从会计人才培养的内在规律和要求出发,依托 3 个省级和 6 个校级教学改革项目。经过多年的改革与探索,积极响应国家"大众创业、万众创新"的战略要求和"互联网＋"时代的需要,在总结前人的研究成果出发,提出了应用型会计人才培养的新思路——"一二三四"思路,构建了将"应用型"和"创新创业"相糅合的会计人才培养模式,完善了会计专业应用型人才教学的质量管理体系,形成了会计专业应用型人才教学的长效机制,从而建立起具有现实意义的适合于应用型且具有创新创业理念的会计专业人才培养的新体系。

（二）主要解决的教学问题

一是更明确定位了我校应用型会计人才培养目标。"应用型＋创新创业"会计人才的培养目标就是培养既有良好的职业素质及熟练的业务技能,又要具备创新思维和创业能力。坚持以提高人才培养质量为根本,以创新人才培养机制和完善保障条件为关键,以优化课程体系和改革人才培养模式为重点,以课堂教学、实验教学和实习教学改革为基础,以课外创新创业实践、专业实践、社会实践和学生团体活动为拓展,将创新创业教育贯穿于人才培养活动的全过程,培养富有创新意识、创新精神、创新能力和实践能力的应用型专门人才。

二是理顺了应用型会计人才培养体系。融业务培养与创新创业教育为一体、融知识传授与能力培养为一体、融教学与科研生产为一体的"三个融合"人才培养体系。

三是完善了应用型会计人才育人体系。充分利用学校和社会两大办学资源,构建了应用型会计人才"一个中心目标、二个抓手、三个融合和四个结合"的"一二三四"育人模式,打造了应用型会计人才教学立体交叉的新范式,使教学全方位、多渠道、多形式展开和梯级化推进,充分实现应用型会计人才"应用型＋创新创业"育人目的。

四是优化了应用型会计人才培养方式。在培养方式上,统筹规划了理论与实践、课堂讲授理论与实务操作训练之间的关系,加大动手能力训练的范围,引导学生深入社会,了解企业会计工作的现状。在社会实践中提高学生发现问题、分析问题和解决问题的能力。

五是改革了传统的教学模式和考评模式。要切实改变课堂教学模式,充分依托现代教育技术手段,以教育

信息化倒逼课堂教学方法改革,积极倡导小班授课研讨式、复合式、微课、翻转课堂等现代教学方法改革,培养学生自主学习能力、独立思考能力以及创新的意识与精神。改变"以考试成绩论英雄"的做法,全面客观地评价学生综合素质。增加对学生习题、实验和设计的考察,倡导情景练习。学生最后得到的成绩包括课堂表现、习题、论文、实验、口试成绩和笔试成绩等的综合量化成绩。

二、 解决教学问题的方法

(1) 品格与能力并重,强化"四大"教学理念。本成果树立大实践教学观,践行"重品格、牢基础、强实践、能创新"四大教学理念,在重视基础性文化素养和专业综合素质的培养与拓展的基础上,坚持大学期间创新创业教育不断线的基本原则,强调通过强化创新创业教育,培养和提高学生的动手能力、思维能力和创新能力三种应用能力,积极引导学生全面发展。

(2) 校内与校外联合,建立校内外协同育人机制。积极引进校外优质资源,建立校企、校地、校所协同育人新机制,助推高校学生创新创业教育。实施"科教结合协同育人行动计划""卓越工程师教育培养计划"等。

(3) 集中与自主结合,规范两种实践教学形式。本成果规范统一实践和自主实践两种基本形式,通过统一实践,确保实现实践教学课程化和实践教学质量,通过自主实践,充分发挥学生的个性与创造性,使实践教学实现多样化、经常化、全程化。同时,通过加强实践教学的组织建设和制度建设,不断完善会计专业实践教学的管理体系和长效机制。

(4) 统一与灵活结合,深化学分制管理制度改革。大学生开展创新创业离不开灵活的教学安排和教学管理。实施的学分制改革集中体现在如下几个方面:压缩教学计划总学分,为学生自主学习腾出时间和空间;增加选修课学分,为学生自主学习提供更多选择;继续强化弹性学制,增加学生学习主动权;推进按学分收费改革,增强学生自主选择性。

三、 成果的创新点

(1) 应用型会计人才教学思路的创新。提出"四二三一"教学思路:树立四大理念——重品格、牢基础、强实践、会创业;开辟两条途径——校内校外协同育人机制,走出去,请进来;培养三种能力——动手能力、思维能力和创新能力,坚持一个原则——大学期间创新创业教育不断线。该思路提升了大学教学的学理层次,拓展了大学教学的内涵。

(2) 应用型会计人才育人模式的创新。充分利用学校和社会两大办学资源,构建了应用型会计人才"一个中心目标、二个抓手、三个融合和四个结合"的"一二三四"育人模式,打造了应用型会计人才教学立体交叉的新范式,使教学全方位、多渠道、多形式展开和梯级化推进,充分实现应用型会计人才"应用型 + 创新创业"育人目的。

(3) 应用型会计人才教学管理的创新。完善教学管理体系:按照目标管理和过程管理的要求,完善教学管理的内容和方式;按照"分类指导,分区管理"的原则,健全教学的管理组织。改变课堂教学模式,充分依托现代教育技术手段,以教育信息化倒逼课堂教学方法改革,积极倡导小班授课研讨式、复合式、翻转课堂等现代教学方法改革。

(4) 应用型会计人才教学机制的创新。形成"课内课外相衔接、教育实践一体化"的"广谱式"教育教学长效机制:坚持两个结合——理论研究与实践创新相结合、会计业务实践与经营管理实践相结合。重视两个教育——创业教育不能脱离专业教育的根基,将创业教育全面"嵌入"专业教育,实施深层次创业教育,确保人才培养教学质量。

四、 成果的推广应用效果

(一) 应用效果

(1) 培养了学生的责任心与职业道德,学生具有强烈的社会责任感和使命感,涌现了一批高素质的优秀大学生。

(2) 锤炼了学生的创新品质与业务技能,学生的专业实习和社会实践成效显著,并在各种学科竞赛中获奖。

①优秀毕业论文奖。2010年获省优秀论文奖:2010罗佳敏(会计2006级)《智力资本对企业绩效的影响研究》,丁冰洁(会计2006级)《上市公司股权集中度与公司绩效——基于中国上市公司的经验数据》;2011年省级优秀学士学位论文:万兆君(2007级)《食品饮料企业社会责任与财务绩效——基于中国上市公司的经验数据》;石梦瑶(2009级)《我国食品企业社会责任与财务绩效的实证研究》(2013年省级优秀学士学位论文);肖丽明(2010级)《我国上市公司内部控制审计费用影响因素的实证分析》(2014年省级优秀学士学位论文);2015年省级优秀学士学位论文:袁宗志(2011级)《基于因子分析法的纺织服装企业绩效评价研究》,贺秋桐《高管团体异质性与企业技术创新——基于中部六省IT企业的实证分析》;优秀论文奖:苏丽(研究生2009级)《中小高新技术企业政治关联与技术创新:以外部融资为中介效应》(2010知行论坛一等奖年);陈璐(研究生2009级)《金融安排、外源融资与自主创新——基于中部六省的面板数据分析》(2011年知行论坛二等奖)。②学科竞赛奖。艳燕、夏盼、邹小秀、钟元同学个人获得湖北省会计信息化知识技能竞赛决赛二等奖、团体优胜奖,学院获得特别组织奖。刘曦、李莲、余晗、魏茜同学获得全国大学生管理沙盘模拟大赛省级二等奖。在第五届"用友杯"全国大学生信息化技能大赛中31名选手获得由工业和信息化部人才交流中心颁发的"全国信息化工程师ERP应用资格证书"。我院2009级会计专科派出周琼、花子晴、李敏、涂丹、晏茜5名同学进入复赛,高水平地发挥了专业知识和操作技能,荣获团体二等奖。"学创杯"2014全国大学生创业综合模拟大赛区域赛张思嘉、袁荃等获得二等奖。大学生创新创业训练项目每年递增。2012级学生刘云飞、徐超群、黎魏姗、李彦君、孙锦程科研论文《P2P网络借贷融资成本的影响因素研究》获湖北省大学生优秀科研成果奖三等奖。张思嘉和徐彤同学的《武汉市中小高新企业技术创新的金融支持研究》获得湖北省2015年挑战杯三等奖。

(3) 提高了学生的综合素质和独立处事能力,毕业生深受用人单位欢迎。近年来会计专业的就业率明显提高,用人单位反映良好。根据统计2014年和2015年财会专业毕业生初次就业率分别达到89.7%和92.6%,比2013年提高十个百分点以上。通过对17家用人单位的调查反馈,绝大部分表示很满意和比较满意。湖北天河服装进出口(集团)公司对我校财会专业毕业生的评价是:上手快、动手能力强、能吃苦、忠诚企业。

(二) 推广价值(社会影响)

通过多年的研究与实践,取得了明显的成效,受到学生、同行、媒体的好评。

(1) 校内推广应用。一是强化了各专业学生的素质教育,激发了学生的创新创业热情。学院适时建立了SMT"学生、学生管理者及教师"以及校内和校外协同的育人模式,建立了教师联系学生班级制,开展了多种形式培养学生的综合素质与能力。二是激发了教师改革教学手段与方法。该系统工程改变了课堂教学模式,充分依托现代教育技术手段,以教育信息化倒逼课堂教学方法改革,积极倡导小班授课研讨式、复合式、微课、翻转课堂等现代教学方法改革,培养了学生自主学习能力、独立思考能力以及创新的意识与精神。形成了"让学生成长、让老师快乐、让社会满意"的和谐校园氛围。三是激发教师教学研究的兴趣,引起了教研的新高潮。该系统工程研究与实践引领了更多教师参与教学研究活动,近年来,我院申报的教学研究项目逐年递增,教学研究论文篇数增加、质量提高。2015年我院教学研究项目大幅度增加。

(2) 校外推广应用。成果获得专家较好的评价,具有很好的辐射和示范作用。团队老师指导的学生论文及科研项目分别获得2015年湖北省大学生挑战杯三等奖和2016年大学生优秀成果奖三等奖等。

(三) 成果多次获得教改立项和教学成果奖

先后获得部省等各种教改立项11项次;在《财会通讯》《财会月刊》等杂志上发表研究论文30多篇;出版专业理论和教材5部;成果分阶段分项获得过不同级别的奖项,2012年荣获武汉纺织大学教学研究成果奖一等奖、中国纺织工业协会教学研究成果奖二等奖,2013获得湖北省会计学院重大会计研究课题成果鉴定二等奖。

服装与服饰设计专业"可持续设计"思维训练的教学实践与研究

常州纺织服装职业技术学院

完成人及简介

姓　名	性别	所在单位	党政职务	专业技术职称
王淑华	女	常州纺织服装职业技术学院	服装设计教研室副主任	讲师/工艺美术师
庄立新	男	常州纺织服装职业技术学院	服装设计教研室主任	副教授/工程师
季凤芹	女	常州纺织服装职业技术学院	无	讲　师
李　蔚	女	常州纺织服装职业技术学院	实训中心主任	讲　师
张晶暄	女	常州纺织服装职业技术学院	无	讲　师

一、 成果简介及主要解决的教学问题

服装"可持续设计"源于可持续发展的理念,是设计界对人类发展与环境问题之间关系的深刻思考以及不断寻求变革的实践历程。要求服装设计必须从保护环境出发,通过设计创造一种无污染和有利于人类社会可持续发展的生态环境,使人类与环境和谐共存。服装产品可持续设计注重风格简化、面料生态化、功能多元化及材料的循环再利用。本成果着重于在教学、训练过程引导学生学会循环利用身边一切可用的服饰材料,不仅解决材料来源问题,并让学生学会面辅料的可持续使用的方法,理解设计和环保的关系,达到"可持续设计"的思维训练效果,培养未来设计师的"绿色设计"核心素养,从根源上平衡设计与生态环境的关系。"可持续设计"作为服装与服饰设计专业的核心教学思想之一,在成果实施阶段,以专业带头人和骨干教师为主导,以科研项目、校企合作、大学生创新训练项目和大赛为载体,以专业课堂教学为渠道,以深化教改为手段,以政策机制为保障,以培养学生创新实践能力和理解能力、保证生态教学与绿色教学为目标,将可持续发展理念与教学团队建设、专业核心课程建设、教学改革紧密联合、四位一体、相辅相成。通过深入持久的实践和探索,总结了一系列"可持续设计"的思维训练体系,使教学团队和核心课程建设不断迈上新台阶,在质量工程和人才培养等方面取得了显著成果和综合效应,并得到广泛好评和推广应用。

二、 解决教学问题的方法

"可持续设计"让周围所有闲置的、被忽视的材料都用起来,发挥其价值属性。在服装与服饰设计专业核心课程中,通过教学实践与研究,总结了5种"可持续设计"思维训练的内容与方法,其一,旧衣改造的四种方法:①结构改造设计方法在"童装设计"与"女装设计"课程中应用;②"大改小设计"方法在"童装设计"与"女装设计"课程中应用;③面料肌理改造设计方法在"服装面料设计"课程中应用;④针织与梭织拼接、梭织与皮革拼接设计在"针织服装设计"课程中应用;其二,搜集企业库存的面辅料做设计,用旧面料做新的设计。另外,5种方法综合应用在"服装设计大赛""毕业设计"和大学生创新训练中(图1)。

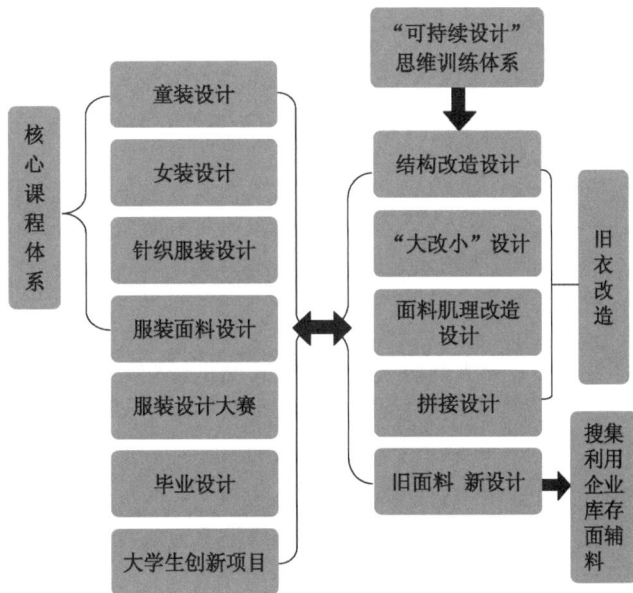

图1 "可持续设计"

三、 成果的创新点

(1) 多位一体、统筹联建将服装设计教学理念创新、教学团队、教学改革、师生大赛、学生创新创业等有机结合,统筹建设,作为一个系统工程整体推进,最大限度发挥综合效应。

(2) "可持续设计"首次作为核心教学思想之一在设计课程中推广应用,服装与服饰设计专业利用废旧成衣作品的循环利用再设计和搜集库存面料做设计,引导学生用"结构改造设计"、"大改小设计"、"肌理设计"、"拼接设计"和"旧面料,新设计"五种思维训练方法进行绿色设计实践,推广到师生大赛、校企合作、大学生创新训练项目和毕业设计中,并逐步形成通用的训练思维体系,供高校设计类专业师生借鉴使用并受益。

(3) 理念先导,实践检验。理论实践一体化的"可持续设计"设计理念培养了学生循环利用材料的能力,并增强了绿色设计的意识,通过多次实践设计、总结和提炼,反过来丰富理论教学,具有实用性、指导性和推广价值,达到理论与实践一体化。

四、 成果的推广应用效果

(一)应用到专业核心课程教学

(1) 2014年5月在"童装设计"课程中应用"结构改造设计"和"大改小设计"两种"可持续性"思维训练方法,指导服设123A班学生进行旧衣改造,设计了28套童装,分为"甜蜜公主系"、"民族小潮妞"和"沙滩小精灵"三个主题,于2014年5月30日在校园内展出,获得了较高关注度,在中国常州网上报道。

(2) 2015年4月在"童装设计"课程中应用"结构改造设计"、"大改小设计"和"拼接设计"3种"可持续性"思维训练方法,指导服设143C班学生进行旧衣改造,设计了21套童装,于2015年4月21日在服装系展厅前展出,展览期间有系部领导、专业教师、本专业学生参观和参与评分。

(3) 2015年9月在"女装设计"课程中应用"拼接设计"和"旧面料,新设计"的"可持续性"思维训练方法,指导服设143A班学生进行女装改造设计,又大量运用了江苏伊思达纺织有限公司提供的库存段染针织面料,全班共产出26套针织女裙,于2015年9月18日在服装系展厅展出,有系部领导、企业领导、专业教师、本专业学生参观和参与评分,其中有8套作品由江苏伊思达纺织有限公司组织,参与了2015年10月的上海国际面辅料展览;此次教学活动获得2015年度首轮教研主题活动优秀案例评选二等奖。

(4) 2016年3月在"服装面料设计"课程中应用"面料肌理改造"、"拼接设计"和"旧面料,新设计"的"可持续性"思维训练方法,指导服设153A班学生将废弃旧衣拆散重组、改造设计,再运用常熟大发经编织造有限公司提供的经编面料进行设计,全班共制作了33套女装,将于2016年3月25日在服装系展厅展出,部分样衣2016年9月于上海国际面辅料展中展出。

(二)应用到学生大赛

(1) 2012年全国职业院校技能大赛"达利丝绸杯"服装设计赛项中指导学生应用"面料肌理改造"训练方法,设计并制作了3套服装,参赛获一等奖。

(2) 2013年全国职业院校技能大赛"达利联发杯"服装设计赛项中指导学生应用"面料肌理改造"训练方法,设计并制作了3套服装,参赛获一等奖。

(3) 2016年江苏省高等职业院校技能大赛服装设计与工艺赛项中指导学生应用"面料肌理改造"和"拼接设计"训练方法,参赛获铜奖。

(4) 2013年江苏省高等职业院校技能大赛服装设计项目比赛中,指导学生应用"面料肌理改造"训练方法,参赛获二等奖。

(5) 2015年第二届"达利杯"中国老年服装设计大赛中指导学生应用"旧针织与梭织相拼接"思维训练方法,设计了一系列3套女装,在此次大赛中荣获铜奖。

(6) 2015年7月指导学生用"旧梭织与皮革相拼接"的思维训练方法,设计并制作了一系列5套皮装,参加第十八届"真皮标志杯"中国国际皮革、裘皮服装设计大赛,获优秀奖。

(7) 2013年指导学生应用"梭织与皮革相拼接"的思维训练方法,设计并制作了一系列7套皮装,参加第八届全国信息技术应用水平大赛"国教华腾杯"服装创意设计团体大赛,获全国二等奖。

(三)应用到大学生创新项目

(1) 2015年应用思维训练体系的方法指导学生参加常州纺织服装职业技术学院创新训练项目"废旧牛仔服装二次设计探索实践",已验收通过。

(2) 2015年应用思维训练体系指导学生参加大学生实践创新训练计划项目"基于微信平台的营销模式探索与实践——以'创意再造服饰品'网销为例",已验收通过。

(3) 2011年应用思维训练体系的方法指导学生参加江苏省大学生实践创新训练计划"中国元素在现代服装品牌产品开发中的设计实践"已验收通过,获"优秀"等级。

(四)应用到教师参赛

2015年12月成果完成人应用"旧与新拼接设计"思维训练方法,参加首届"广德精准杯"中国立体裁剪创意大赛,获得银奖。

(五)应用到优秀毕业设计

从2012年至2016年历年指导学生毕业设计,都综合应用了"结构改造设计"、"大改小设计"、"肌理设计"和"拼接设计"四种思维训练方法,与企业进行各种合作。

(1) 2013年成果第二完成人应用"大改小"及"拼接设计"思维训练方法,参加江苏省普通高校专科优秀毕业设计评选,作品女内衣系列"尚凤"获得三等奖。

(2) 2015年4月成果第三完成人应用"结构改造设计"及"拼接设计"和"采用企业库存面料"思维训练方法,指导学生参加江苏省普通高校本专科优秀毕业设计评选,作品"仲夏情怀"获三等奖。

(3) 2010年12月成果第四完成人应用"废旧面料肌理改造设计"和"采用企业库存面料"思维训练方法,指导学生参加江苏省普通高校本专科优秀毕业设计评选,作品"水之动,墨之韵"获三等奖。

高职院校"双主体"人才培养模式的研究与探索

山东科技职业学院

完成人及简介

姓 名	性别	所在单位	党政职务	专业技术职称
董传民	男	山东科技职业学院	高职教育研究与教师发展中心主任	副教授
栗少萍	女	山东科技职业学院	教学中心教学改革科科长	副教授
李爱香	女	山东科技职业学院	科研与校企合作中心副主任	副教授
胡兴珠	男	山东科技职业学院	无	讲 师
朱 坤	男	山东科技职业学院	教学中心综合管理科科长	讲 师
葛永勃	男	山东科技职业学院	高职教育研究与教师发展中心副主任	讲 师
杨慧慧	女	山东科技职业学院	无	讲 师

一、 成果简介及主要解决的教学问题

成果在山东省 2012 年高校教学改革重点项目"高职院校'双主体'人才培养模式的研究与实践"基础上,于同年 10 月启动实施,2015 年 2 月通过教育厅鉴定。历经 3 年改革与实践检验,形成系统性成果,对创新培养模式、提升育人质量产生了重大成效。针对制约高职"校企双主体"育人的现实困境,借鉴德国"双元制"大学经验,提出了双主体人才培养模式内涵、建设核心要素及构建思路,开发了双主体人才培养方案。成果形成了科学遴选或学院建设"教育型"企业作为合作主体的标准及机制,试点了联合招工与招生;基于岗位要求及学生职业发展定位培养目标,共同设计人才培养整体架构和过程,按"校企双元、学工交替"进行模块化教学组织,开发并实施职场化课程及企业实战教学项目;以人才培养与学生为关注焦点,兼顾校、企、生三方利益与发展诉求,构建基于产业发展要求的人才培养评价体系;创新"校内教育型企业"建设与运行机制等。成果在学院成功实践,21 个专业 1 万余名学生受益,成为学院培养模式转型的重要理论支撑与实践成果,形成了一批典型案例,助推学院入选教育部及山东省首批现代学徒制试点单位,对于现代学徒制试点深化有重要参考作用;成果多次在国培与省培项目中重点推介。

二、 解决教学问题的方法

(1) 界定了"校企双主体"育人模式基本内涵,解决了理念不清、核心要素模糊等问题。借鉴德国"双元制"大学,提出校、企是高职人才培养两个平等主体,要发挥双方优势,共同设计好培养目标与培养过程,按照学院教学、企业实战交替进行的原则,有侧重地实施工学结合课程与生产性实训项目,培养"适应市场需求的、全面发展"的职业化人才。

(2) 研制双主体合作企业遴选或建设标准,解决了因标准缺失致使后续合作难以为继的问题。高职院校须遴选或建设能够满足培养目标达成、生产技术及组织方式行业领先,认同职业教育理念且拥有课程、实训项目、师资等资源的"教育型"企业进行合作。

(3) 对双主体育人模式进行系统设计,解决了理论与实践脱节、校企融合不畅等问题。基于岗位要求及学

生职业发展定位培养目标,共同设计人才培养整体架构和过程;对按"校企双元、学工交替"进行模块化教学组织,开发并实施职场化课程及企业实战教学项目;完善组织与机制保障,创新教学管理与运行机制,构建基于产业发展要求的人才培养评价体系。

(4) 创新双师型教师培养机制,建设教育型企业,有效解决师资与校内实践教学等难题。创新专任教师"教学、科研、生产实践"三项能力提升机制,强化兼职教师教学能力提升培训,打造双师型教师队伍;按照既育人才又出产品原则,建设"校内教育型企业",服务于人才培养。

三、 成果的创新点

(1) 界定"校企双主体"育人内涵,推进了工学结合模式理论发展。借鉴德国"双元制"大学成功经验,剖析了我国高职双主体育人存在问题,对"订单式培养"、"双主体育人"和"现代学徒制"进行了比较研究,提出了双主体人才培养的模式内涵、建设核心要素及构建思路,开发了双主体人才培养方案。

(2) 实施"校企双元、学工交替"模块化组织教学,创新了"双主体"模式。按照校企"互相支持、双向介入、优势互补、资源互用、互惠双赢、共同发展"理念,基于企业岗位要求及学生职业发展定位人才培养目标,校企合作共同系统设计人才培养整体架构和过程,按"校企双元、学工交替"进行模块化组织,重点开发并实施职场化课程与企业实战教学项目。

(3) 探索了多种双主体人才培养模式,对国家现代学徒制试点具有重要参考意义。基于学院探索实践,创新了"校内教育型企业"建设与运行机制,形成了基于"校内生产性实训基地"、"龙头企业"和"特色企业联盟"等不同形式培养模式案例。

(4) 创新并形成了较完善的评价反馈、持续改进工作机制。以人才培养与学生为关注焦点,统筹兼顾学校、企业、学生三方利益与发展诉求,构建了系统的管理与运行机制、评价指标体系及过程监控办法。

四、 成果的推广应用效果

(一) 应用情况

在21个专业成功实践,学院近半数学生直接受益。85%学生在双主体企业实现初次就业,而一年后稳定率高达80%以上。成为学院培养模式转型的重要理论支撑与实践成果,提升了学院专业内涵建设与校企合作水平。在山东省高等教育评估研究所颁发的《2014年山东省普通高校招生专业填报指导手册》中,我院8个专业大类、44个专业被予以重点推介,占我院开设专业总数的91%。双主体育人促进了学院校企合作校本教材开发与职场化课程建设。提升了学院教学内容改革与教学模式创新,21个专业校企合作开发校本教材180本、实施职场化课程120门次,极大地带动了学院教材改革与课程创新。多项问卷表明,学生、企业教师及专任教师对双主体育人评价较高。问卷表明,学生对双主体教学人才培养的认同感十分赞同者占31%,比较赞同占69%;企业教师对于学生在双主体教学阶段的表现评价,52%的学生为优秀,48%为良好。

(二) 推广应用情况

形成了多个双主体人才培养模式典型案例,各专业创新实践了各具专业特色的人才培养模式,多个模式创新项目成功入选教育部人才培养模式典型案例或获奖,多所省内外高职院校进行了借鉴与应用探索。多次在全国及区域会议或培训项目中进行典型交流。课题组多次在国培项目与省培项目上介绍双主体育人及职场化课改经验,得到同类院校广泛关注。助推学院入选教育部及山东省首批现代学徒制试点单位。校企双主体育人是现代学徒制试点的核心内容,对于推进学院试点与深化,为同类院校提供经验借鉴具有重要意义。

"四轮驱动六对接"纺织院校人才培养模式的创新与实践

常州纺织服装职业技术学院

完成人及简介

姓 名	性别	所在单位	党政职务	专业技术职称
张 耘	女	常州纺织服装职业技术学院	无	教 授
丁 馨	女	常州纺织服装职业技术学院	系办主任	讲 师
刘友全	男	常州纺织服装职业技术学院	无	讲 师
史蓉贞	女	常州纺织服装职业技术学院	无	讲 师

一、成果简介及主要解决的教学问题

(一) 成果简介

"四轮驱动六对接"纺织院校人才培养模式是常州纺织服装职业技术学院应对江苏省纺织服装行业转型升级以及人的可持续发展对技术技能型人才培养的客观要求,在做实"产学"合作的基础上,不断做大地方高职"政"的优势,做强高职院校"研"的功能,积极搭建地方政府、行业企业、高职院校、科研院所"四轮驱动"人才培养平台,并依托平台充分体现培养目标与企业需求对接、教学模式与岗位需求对接、课程体系与工作过程对接、学历证书与职业资格证书对接、专业教师与能工巧匠对接、职业教育与终身学习对接的"六对接",创新实现人才培养机制、课程体系、师资团队、实践基地、教学资源和社会服务六个关键要素的全面优化,共同推进人才培养平台良性运行和可持续发展。

在实践探索的基础上,本成果的教学团队通过与纺织服装行业领军企业深度合作,依托承担多项省级教学改革和质量工程项目,不断强化基于纺织服装行业背景下的商务英语专业建设的精品意识,提升协同育人质量,有效拓展人才培养的宽度与深度,推动人才培养观念与模式转型升级。相继完成了14项省、市级课题研究,出版2本专著,发表40余篇研究论文;2011年获得省特色专业称号,2012年以本专业为引领的"现代服务业"为省重点建设专业群,一批相关教学成果、课程、教材、实践基地入选省级项目。成果具有系统性、示范性、多样性、实践性的显著特点,为高职院校系统设计与创新人才培养模式提供了范式借鉴。

(二) 主要解决的教学问题

(1) 人才培养和企业无缝对接纺织院校学生培养质量的好坏取决于学生能否达到企业的职业岗位能力需求,能否提高企业的生产效益,这是纺织院校获得企业认可的关键。

(2) 课程标准和企业工作任务无缝对接我们所教的和企业所需要的是否一致,如何去改变培养标准和实际岗位能力的差距,以解决纺织服装学院技术技能型人才培养的"短板"问题。

(3) 专兼职教师队伍的建设如何在繁重教学工作中提高教师专业水平,如何在企业生产中让兼职教师在实践指导中融入教学培养要求。

(4) 教学和实习的平稳过渡如何实现政、行、企、校深度合作,共育人才的平台,使学生在进入企业就迅速适应,达到所期望的教学效果。

二、 解决教学问题的方法

(1) 面向产业链发展需求,凝练特色专业人才培养模式。立足区域经济及纺织服装行业对人才层次的递进需求,依据"适应产业结构,立足区域经济,瞄准岗位需求,强化技能培养"的思路,搭建深化政、产、学、研"四轮驱动"合作的有效载体和平台,围绕"通英语、懂纺织、善管理、会操作、精技能"的人才培养目标,夯实"动态调整、国际资源、信息支撑、实战锤炼"为核心的专业人才创新培养模式,充分体现培养目标与企业需求对接、教学模式与岗位需求对接、课程体系与工作过程对接、学历证书与职业资格证书对接、专业教师与能工巧匠对接、职业教育与终身学习对接的"六对接",努力搭建人人成才的"立交桥",实现学生"欧美名校升学,海外名企就业,沪宁杭外企,本土民企国际部"职业多元化的发展梦想,毕业"就业有优势、创业有基础、发展有空间",培养具有区域纺织服装特色的"下得去、用得上、留得住、出业绩"的优秀高端技能型人才,最终使学校、企业、家长、学生四方受益。

(2) 优质课程体系逐步完善,优化全程、立体育人的机制。紧扣区域经济发展方式转变,在纺织服装行业和企业专家的参与指导下,坚定不移地走"精品课程,品牌专业"之路。按照"夯实基础,拓宽专业口径,提高选修课的比例,增强实践,注重延伸和综合交叉"的原则,面向岗位群及工作过程,设计出岗位能力知识、基础技能知识拓展、职业素质教育拓展、岗位能力拓展、岗位能力提升、专业能力提升等6大课程模块,构建了基于纺织行业标准的开放式、模块化课程体系,把课程划分为职业基础课程、职业技能基础课程和职业技能课程,形成"教、学、做、证、赛一体化""讲、学、练、评、训"贯穿于项目模块化引导基于工作过程导向的教学模式,从软任务变成硬指标,全员育人、全程育人和全方位育人,分层次建立"系、校、省、国家"四级精品课程群,以"制度增效"为机制,实行课程负责人岗位责任制,建立了"集体备课制度"、"教学研讨例会制度"、"论文奖励制度"和"学术诚信制度"等一系列规则制度,充分赋予学生选择权,打破院系壁垒,开放课程平台,将课程教学改革与社会职业资格证书制度接轨,实现"课证融合",学生在毕业时获得毕业证书、职业资格证书和工作经历证书等三个证书,增加了学生实践能力培养的强度,扩展了学生个性化发展的维度,提高了学生就业的适应度。

(3) 搭建背景交叉型师资梯队,打造高绩效教学团队。坚持"引聘名师、培养骨干、校企捆绑、专兼结合"的原则,采取"引、派、送、培、聘、赛、研、带"和专任教师与纺织服装企业技术人员"互兼互聘、双向交流"等措施,不断完善引才、留才、用才的良好工作机制,着力营造事业留人、待遇留人、感情留人、制度留人的工作环境,用好现有人才,培养关键人才,引进急需人才,储备未来人才,从而达到"双轨并进,横向融合""双师"队伍培养的"省时高效",通过师资培养的"五个结合"——"国内培养和海外培训"相结合、"学历进修与企业挂职"相结合、"专业定向与轮岗教学"相结合、"拜师结对与综合培训"相结合、"科学研究与技术服务"相结合,形成专业建设"双带头人"制度、课程建设"双骨干教师"制度。在青年教师中培育了教坛新秀,在中级职称教师中培育了优秀教师,在高级职称教师中培育了教授/教学名师,打造了一支具有国际化视野、多种能力兼备的以"专业带头人+骨干教师+外籍教师+行业专家"为主体的,能满足对外贸易服务、现代服务业人才培养需求的背景交叉型高绩效教学团队。

(4) 搭建实战锤炼型教学体系,提升人才的实践创新能力。"政、产、学、研"四轮驱动,围绕人才培养从专业论证、方案制定、教学环节、课程开发、实验实训等多个环节进行深度合作。通过"学生即员工、教师即经理、座位即岗位、学业即就业"等方式,引入了"知行合一、四维六化双主体互动式"实战应用型教学模式,即在创新人才培养中构建"课内教学活动、课外创新活动、校内文化活动和校外实践活动"4个课程平台的四维一体与互动,实现"六化"即"教学设计情境化、情境创设主题化、主题实现项目化、项目实施责任化、责任落实成果化、成果评价民主化"下的双主体互动式教学体系,使学生获得专业技能、职业素质和行业知识的同时,还获得熟练技能和国家相关部门认可的职业证书。近年先后与15家纺织服装企业签订了实习实训基地协议书,通过校企就业基地与教学实践基地一体化合作、校企合作专业联合培养、校企合作科研和创新项目等多种形式,建立交互式多导师机制,对参与实践环节的学生进行多导师、跨界联合指导,建立起了理论实践紧密结合、校内校外交互配合的指导机制。毕业设计由纺织行业校外专家和校内教师共同评价给分,逐步实现教学实践与学生就业的"零对接"。

(5) 搭建校企共建信息平台,实现特色教学资源共享。紧扣自身专业特色,以创新多维度人才培养模式为指导,以实践教学和科学研究为载体,汇聚"政、产、学、研"各个领域的教学与科研资源,扩大特色专业致力于区域纺织服装经济服务的深度和广度,积极主动联盟区域现代企业,建立了"合作办学、合作育人、合作就业、合作发展、人才共享、设备共享、技术共享、成果共享"的实践教学合作机制,通过企业捐赠、校企共建、政府投入、学院自筹等途径,按照"引企入校、专业进企、双向嵌入"的模式,加快校内外实训基地硬件条件改善和软件环境的升级改造的步伐,引进国内外成熟的专业教学资源,参照国家资源库建设标准,开发专业开放式教学网站,重点打造专业教学精品资源库,并以此为基础组织各类在线学习活动,使得数字化资源建设更具针对性,形成服务师生、服务企业的长效机制。

(6) 加强社会培训功能,提高区域内品牌影响力。依托全国国际商务英语、剑桥商务英语等考点,每年为全省乃至全国培训中、高级商务英语口试考官,吸引更多考生参加职业英语能力和商务英语证书考试。利用江苏省各类工种的鉴定点,承接江苏省人力资源和社会保障厅的技能鉴定,每年鉴定200人次以上。通过校内外实训基地等平台,为周边地区纺织服装企业、贸易公司员工和区域内大学生进行商务、语言和礼仪等培训千人次,到账资金20万元以上。牵手国际高端商务公司,实职担任外商商务助理,接受美国资深商务专家系列培训,全程参与2015全球清洁汽车峰会、常州市经贸洽谈会等涉外商务活动,将本专业建设为区域企业共建共享服务平台、职业教育辐射服务平台。除了传统面向西方的国际化育人,响应国家一带一路建设规划,增加亚非拉研究,对接国际交流学院非洲留学生,牵手常州制造业名企常发集团,共同培养农机装备走进一带一路的海外经营商务人才,实现师生交流互访20人次以上,促进常州地区产业升级转型,为常州区域纺织经济的发展做出积极贡献。

三、 成果的创新点

(1) 人才培养模式富有特色。依据"适应产业结构,立足区域经济,瞄准岗位需求,强化技能培养"的思路,通过"嫁接互补优势","政、产、学、研"四轮驱动夯实"通英语、懂纺织、善管理、会操作、精技能"的人才培养目标,充分体现"六对接",通过人人成才的"立交桥",向与国际接轨的方向迈进,力求实现人才培养与企业需求的"无缝衔接"。

(2) 实战锤炼平台精心打造。按照"夯实基础,拓宽专业口径,提高选修课的比例,增强实践,注重延伸和综合交叉"的原则,形成"教、学、做、证、赛一体化""讲、学、练、评、训"贯穿于项目模块化引导基于工作导向的教学过程,引入了"知行合一、四维六化双主体互动式"实战应用型教学模式,建立了交互式多导师机制进行跨界联合指导,实现了教学实践与学生就业的"零对接"。

(3) 校企融合机制高效拓展。按照"引企入校、专业进企、双向嵌入"的模式,建立了"合作办学、合作育人、合作就业、合作发展、人才共享、设备共享、技术共享、成果共享"的校企融合并行双赢机制,通过师资培养的"五个结合",打造了一支背景交叉型高绩效教学团队,形成了政府、行业、企业、学校跨界协同育人的聚合力,实现了人才培养的规格高移,使高职人才培养的职业性和发展性得到有机融合。

四、 成果的推广应用效果

(1) 特色专业建设长足发展。在"政、产、学、研"四轮驱动建设机制推动下,2011年商务英语专业通过验收,以优秀等第成为江苏省特色专业。2009年BEC考点获剑桥大学外语考试部颁发的BEC考试项目"显著发展奖"。2012年4月获全国国际商务英语(CNBEC)优秀考点。2012年以江苏省特色专业商务英语专业为引领,整合电子商务、市场营销、旅游英语、酒店管理等专业的现代服务业成功申报成为省重点建设专业群,该专业群的建设将为高速发展的现代服务业提供强劲的人才保障。2013年重新组建了由"政行企校"组成的"商务英语专业指导委员会",尝试性建成了2家"驻企工作站"。2015年再获学院新一轮校级品牌专业建设项目。

(2) 双师队伍建设卓有成效。围绕纺织行业转型升级新型人才培养模式的实施,教师团队中有3位教授,院级教学名师2名、专业带头人2名、骨干教师9名,拥有博士1名,江苏省333工程高层次人才1名,江苏省青蓝工程优秀骨干教师1名,江苏省高校中青年境外研修学者1名,高级考评员9名;1位获江苏省精彩一课一等奖,4位教师获江苏省政府留学奖学金项目,1位获省高校青年教师授课三等奖,1位获得全国多媒体课件大赛高职组优秀奖,2位教师获首届"外教社杯"江苏省高校外语教师翻译大赛(英译汉组)三等奖;3位教师获得院青年教师授课一、二等奖,2 位教师获得院微型教学三等奖,9 位教师考取了剑桥商务英语高级职业资格证书;6 名青年教师下企业实践锻炼;2014 年商务英语专业教学团队获批校优秀教学团队。

(3) 课程教学资源丰富详实。建设的课程获得了 2 门省级精品课程,4 门院级精品课程,3 门精品资源共享课,1 门双语教学示范课;建有国家"十二五"部委级规划教材 2 部,获得省教育厅精品、重点教材 3 部;获得 1 个省级重点实践教学基地。建设成果为校内学生构建了精品学习资源平台,为学生的第三课堂学习打下基础。

(4) 人才培养质量稳步提高。依托政产学研平台,学生技能水平显著提高。麦可斯近几年社会需要与培养质量年度报告对近几届毕业生的调查显示,商务英语专业就业率分别为 96.6%、96.8%、97.1%,高于全省全院平均水平,实现了高就业和优质就业。近年来,30 余位学生在全省、市级相关英语演讲、写作和口语大赛和竞赛中获得专业组和非专业组的奖项;2012 年、2013 年和 2014 年职业资格证书获取率分别为 88%、85% 和 90%;多位学生以第一作者发表论文;相继 6 项省、校大学生实践创新训练项目通过验收;多名同学获得国家励志奖学金、省三好学生称号和省优秀学生干部称号。

(5) 社会服务影响不断扩大。通过校企互兼、互聘双向交流的培养机制,依托全国国际商务英语、剑桥商务英语等考点,为全省培训商务英语考官,组织考生参加职业英语能力和商务英语证书考试,2012—2014 年,共有一万多名考生在本考点参加了各类考试。为周边地区企业和贸易公司员工进行商务、语言和礼仪等培训千人次,受到行业、企业和当地政府部门的好评。成功承接了多项横向课题,教师独立或第一作者公开发表论文 60 多篇,其中 EI 检索论文 2 篇、ISTP 检索论文 1 篇、中文核心 16 篇。国内多所职业院校借鉴或采纳改革成果,10 多所职业院校来学院学习成果经验,在国内外学术研讨会主题发言多次,举办专业教学改革研讨会 8 次,发挥了专业显著的示范带动作用。

高职艺术设计服装专业协同创新人才培养模式探索与实践

广东文艺职业学院

完成人及简介

姓　名	性别	所在单位	党政职务	专业技术职称
张丹丹	女	广东文艺职业学院	艺术设计系主任	教授/高级服装设计师
陈少炜	男	广东文艺职业学院	服装教研室主任	艺术设计学讲师/工艺美术师
周国屏	男	广东文艺职业学院	无	副教授/高级服装设计师
蔡丹丹	女	广东文艺职业学院	无	讲师/中级服装设计师
罗正文	女	广东文艺职业学院	无	服装设计工艺美术师/二级技师

一、 成果简介及主要解决的教学问题

（一）教育教学成果简介

"高职艺术设计服装专业工作室教学模式探索与实践"是广东文艺职业学院服装专业多年来致力于高职艺术设计工作室教学模式的深度探索所取得的教育教学成果,服装专业构建了以协同创新为核心的工作室教学模式,开展集群式的专业人才培养模式,打造矩阵式的教学团队,积极探索联盟制的校企合作机制。服装专业以工作室为平台,教学始终围绕实践这根主线来进行,通过对接市场、开展与企业的深度合作,将工作室教学模式推广应用,并取得非常大的成功。在教学实践过程中,用大量的项目实践来激发学生的创新思维,培养其自主学习的能力,推动学生职业素养的养成。

在长期的教学实践中,我们意识到对艺术设计教育能够产生质的改变的就是对市场的深度介入,因此通过创立"幸福"品牌,以市场主体的身份积极探索具有特色的校企深度合作之路。广东文艺职业学院服装专业用意十分明确,即以"幸福"品牌为依托,以市场主体的身份参与社会服务,构建学校与市场的无隙链接,让学生在学校就能经历设计活动市场化的整个流程,以培养适应市场和社会需求的具有审美意识和设计技能的复合型人才。通过创立品牌,将服装专业中服装服饰设计、皮具设计、首饰设计三个专业方向的工作室突破了课程、专业的桎梏,协同创新的程度得到加强,同时也是服装专业进行工作室教学模式改革的实践验证。

（二）主要解决的教学问题

(1) 以工作室为平台,实现课程之间、专业之间的协同创新教学改革。

(2) 优化教学结构,加深与行业、企业、其他院校、科研院所等其他创新主体的融合,在资源整合和优化、技术研发与成果转化、人才培养与交流、学术交流与文化传承等方面发挥教育与社会职能。

(3) 启动矩阵式团队的改革与建设,成立服装专业矩阵式教学团队,负责项目教学的运转与管理。

(4) 以"幸福"品牌为切入点,以一种更为积极主动的方式与市场融合,丰富高职艺术设计教育的实践教学,拓展高职艺术设计教育的培养方式与培养途径。

二、 解决教学问题的方法

(1) 打破课程界限、专业界限进行协同教学改革。传统教学模式中课程的教授都属于线性行进的途径,学

生在完成一门课程以后再开始另一门课程,广东文艺职业学院服装专业以协同创新为核心的工作室教学协同则突破了传统线性、链式创新模式,呈现出非线性、多角色、开放性的多元主体互动协同特征,具体教学则体现为不同类型的学习性工作任务。

（2）探索全新的校企合作模式以推进工作室良性运作。在长期的教学实践中,广东文艺职业学院服装专业意识到对艺术设计教育能够产生质的改变的就是对市场的深度介入,即"依托市场,以项目为载体"。由于服装专业在以往的设计项目运作中系部作为独立的市场主体与用户双向选择,通过不断地承接项目,获得社会的认可,使得承接到的项目达到较大的量的规模和质的水平,因此,在客观条件上能够保证实践性教学成为艺术设计教育的主体部分。

（3）教学结构的优化。广东文艺职业学院服装专业的工作室教学模式是一个完整的系统,贯穿在学生从进校到毕业后就业的全过程。广东文艺职业学院服装专业的做法是在人才培养目标的约束下,优化课程结构,把基础课程和专业课程相结合,使基础课更加适合专业课,专业课更加适合社会需求。在专业课中,通过工作室平台,引进企业项目,在教师的主导下,通过师生互动,因材施教,培养学生的创意、创新、创业、就业能力。

（4）矩阵式教学团队的改革与建设。开展集群式的专业人才培养模式,打造矩阵式的教学团队,积极探索联盟制的校企合作机制。在现有教学架构下,对接岗位群,成立服装专业矩阵式教学团队,负责工作室项目教学的运转与管理。每个教学团队可以承接若干子项目,包括相应类别的校企合作项目、学院创新强校工程、横向课题等。

三、成果的创新点

该成果构建以协同艺术设计系各专业创新为核心的工作室教学模式,深化高职艺术设计教育的探索,即以工作室为平台,实现课程之间、教研室各专业之间的协同教学改革,优化教学结构,加深与行业、企业、其他院校、科研院所等其他创新主体的融合,在资源整合和优化、技术研发与成果转化、人才培养与交流、学术交流与文化传承等方面发挥教育与社会职能。同时以"幸福"品牌为切入点,以一种更为积极主动的方式与市场融合,丰富高职艺术设计教育的实践教学,拓展高职艺术设计教育的培养方式与培养途径（图1）。

（1）建立以协同创新为核心的工作室教学模式。

① 打破课程界限、专业界限进行协同教学改革。

② 探索全新的校企合作模式以推进工作室良性运作。

③ 深化教学改革以促进教学结构的优化。

（2）在协同创新为核心的工作室模式下,通过创立"幸福"品牌,以品牌运作为平台,丰富高职艺术设计教育的实践教学,拓展高职艺术设计教育的培养方式与培养途径。

（3）以工作室教学为平台,承担高职院校文化传承与创新以及服务区域经济的职责。

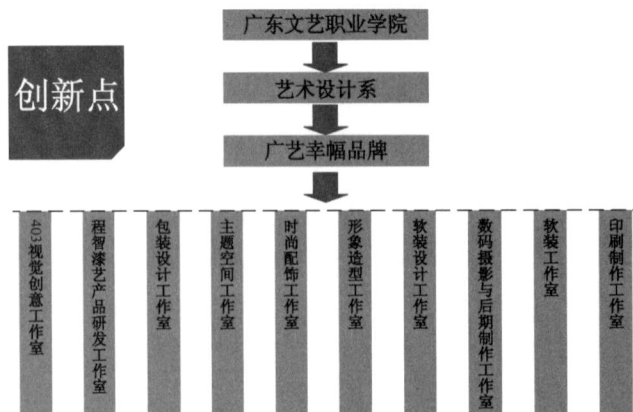

图1 工作室教学模式

以《高等职业教育创新发展行动计划(2015—2018)》等文件精神为指引,着力使专业的动态调整为常态,开展集群式的专业人才培养模式,我们这些年积极打造矩阵式的教学团队,不断探索联盟制的校企合作机制。协同创新团队成为学院发展核心竞争力建设的关键,调配资源从组织全局视角建立与组织战略相适应的各级项目管理框架并管理实施项目,建立基于组织级项目管理视角的协同创新矩阵式团队。

矩阵式横向组织表现形式多样,包括项目组(课题组)、创新平台、专家工作室等。根据项目所需的知识,组建多元的团队,以项目促进学习,并取得了丰硕的成果(图2)。

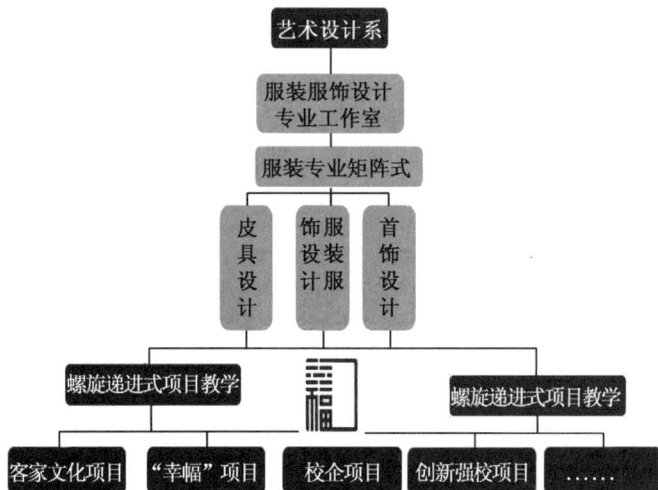

图2 矩阵式团队

具体实施是在服装专业设定3个项目管理办公室。

① 服装文化传承创新项目管理办公室,负责非遗传承与创新的刺绣与植物扎染项目、客家文化项目等。

② 服装品牌推广项目管理办公室,负责企业品牌推广活动、学院视觉形象设计项目等。

③ 服装专业建设项目管理办公室,负责课程建设、实习实训基地建设、中国(广东)大学生时装周展演、比赛等常规教学以外的项目建设,例如系"十三五"规划项目、人才培养方案制定(修订)项目、教研课题申报项目等。

通过矩阵式教学团队的建设,在培养服装专业人才方面有很大的突破:①有利于项目教学的系统化。②有利于"三业"(产业、专业、就业)联动。③有利于"项目"与"教学"的融合。④有利于复合型人才的培养。⑤有利于团队精神的培养。⑥有利于调动教师积极性(图3)。

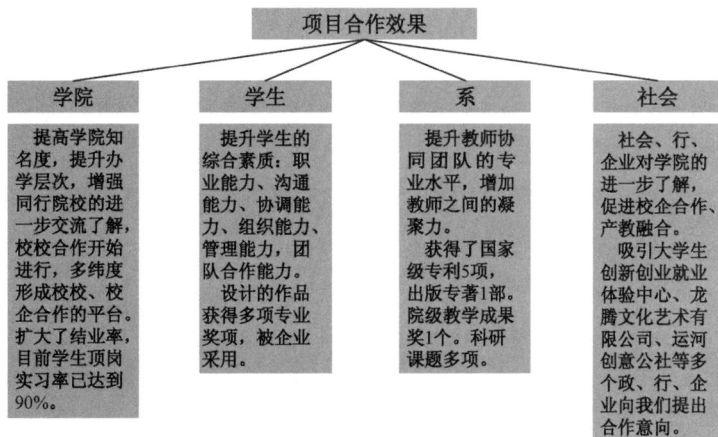

图3 合作效果

四、 成果的推广应用效果

(1) 在教学科研方面。①"服饰图案设计"课程被评为院级精品课。②出版专著《知行合———高职艺术设计专业工作室教学模式探索与实践》,张丹丹、郭肖蕾著,中国轻工业出版社出版。③出版教材《服饰图案设计与实训》,张丹丹主编,南京大学出版社出版。④完成省级课题4个,院级课题2个。(a)院级课题"高职艺术设计专业'项目工作室'人才培养模式初探",完成时间为 2010 年 3 月 1 日,课题完成人张丹丹;(b)湖南省哲学社会科学规划基金办公室课题"论传统服饰图案的研究与运用",完成时间为 2010 年 6 月,课题完成人张丹丹;(c)广东省教育厅课题"高职设计教育与岭南文化的互动研究",完成时间为 2010 年 7 月,课题完成人张丹丹;(d)广东省教育厅课题"2010 年广东高校精品课程培育课程——包装创意与制作",完成时间为 2011 年 7 月,课题完成人张丹丹;(e)广东省教育厅课题"高职艺术设计专业工作室化实践教学模式改革初探——以'服饰图案设计'课程为例",完成时间为 2013 年 5 月,课题完成人张丹丹;(f)院级课题"建设以创意品牌为载体、协同创新为核心的工作室教学推广模式",完成时间为 2014 年 6 月,课题完成人张丹丹(图 4)。

图 4　出版专著

(2) 通过创立"幸福"品牌,以市场主体的身份积极探索具有广艺特色的校企深度合作之路。2014 年 6 月 6 日,全国第一个高职艺术院校文化创意自主品牌"幸福"发布会在广东文艺职业学院艺术设计系举行。来自设计界、教育界、传媒界和工商界的人士齐聚一堂,共同见证"幸福"的诞生。它彰显了职业教育的深刻内涵与发展方向,团队将进一步挖掘自身资源优势,致力于升华创意教育,推进产学研实践探索,面向社会,面向市场,走教学与实践相结合、艺术与生活相结合的发展新路,同时也是服装专业进行工作室教学模式改革的实践验证。在近几年的教学实践中,与数十家服装企业(广州赛艺植绒有限公司、舍衣生活美学体验馆、伊伽创作广州设计公司、深圳古焉服饰有限公司、广州名美服饰有限公司、深圳瑞红首饰有限公司、广州金泽服饰工艺烫图厂和广州昭祥首饰有限公司等)、人物形象设计机构(苏豪路易士·嘉玛形象设计机构等)签订校企合作协议,保持着良好的合作关系。"幸福"品牌贯彻学院提出的"传承岭南文化,服务区域经济"的宗旨,协同行业、企业、科研机构、其他高校以及政府等创新主体,以品牌运作为平台,丰富高职艺术设计教育的实践教学,拓展高职艺术设计教育的培养方式与培养途径,其推广应用成果显著(图 5)。

图 5　创立品牌

(3) 与广东省服饰文化促进会时尚生活方式创新研究院暨舍衣企业形象策划有限公司展开深度校企合作，共建校外实训基地"广艺——舍衣实训基地"。由"舍衣"公司资深形象策划师骆雪老师担任"服装搭配"课程的企业教师，参与课程教学，已有2013级和2014级两届服饰班学生在骆雪老师的带领下，在"广艺——舍衣实训基地"进行实战搭配学习与实训，取得显著的课程效果。课程自开设以来，与"舍衣"互动密切，真正实现了课程的校企合作，打破了原先校个实训基地发展缓滞，校企合作停留在单一、短期项目的状态，开创了校企共营、共赢的新局面，使社会各方资源直接参与人才培养模式改革，实现专业与产业的对接、课程与岗位的对接、人才培养与社会需求的对接(图6)。

图6　共建校外实训基地

(4) 与广州赛艺植绒印花有限公司的项目课程合作成果显著。从2015年5月始，与广州赛艺植绒印花有限公司进行项目课程导入，工作室以"项目"为主线串联和组织，让学生参与项目的全过程，从而真正实现教学过程的实践性、开放性和职业性，促进专业与产业对接、课程内容与职业标准对接、教学过程与工作过程对接。该教育教学成果于2016年3月19日在广州国际轻纺城中庭举行了一场激动人心的校企合作成果展(图7)。

图7　校企合作

(5) 在服装专业推行以协同创新为核心的工作室教学模式以来，服装专业通过自身的专业和文化优势，理顺了教育与市场、教育与企业、行业的关系，由此实现了高职艺术设计教育、科研与社会服务一体化的功能。本专业在服装时尚行业协会的各类专业活动取得一定的成绩。①连续5年参加由广东省服装服饰行业协会、广东省服装设计师协会合作举办的每年一度的中国(广东)大学生时装周——广东文艺职业学院专场服装表演，其中，张志康同学的服装设计作品《绘景》获2013中国(广东)大学生时装周广东大学生优秀服装设计大赛专科组全场唯一金奖。②参加广州国际轻纺城与广东省服装设计师协会合作举办的每年一度的指定面料大赛。③2011年11月于澳门参加第十五届亚洲太平洋国际发型化妆大赛，2014年11月于泰国参加第十八届亚洲太平洋国际发型化妆大赛等(图8)。

图8　取得的成绩

　　(6) 2015 年 9 月服装专业邀请法国品牌 EKOKO 设计总监陈薇伊女士来临我院为艺术设计系服装专业 2013 级毕业生进行"时装推广与品牌创造"的讲座,促进学生对围绕真实品牌市场进行产品开发的了解。使学生与现代服装市场近距离接触,为将来毕业后能适应服装行业市场。在 2015 年 9 月 26 日至 10 月 26 日,我院服装专业 2014 级 10 位同学参与 ECHOCHEN 中国国际时装周 CHINA FASHION WEEK 2015 品牌发布会配饰设计。本次品牌发布会效果显著,得到各界人士的赞赏与认同,我院指导老师受陈薇伊女士邀请到北京现场考察指导(图9)。

图 9　与法国品牌 EKOKO 的合作

基于技术逻辑课程体系建设的应用型服装专业人才培养模式改革与实践

江西服装学院

完成人及简介

姓　名	性别	所在单位	党政职务	专业技术职称
朱秋月	女	江西服装学院	教务处处长	副教授
曹　莉	男	江西服装学院	教务处副处长	副教授
唐新强	男	江西服装学院	质评中心副主任	副教授
张　宁	女	江西服装学院	教务处副处长	副教授
马智勇	女	江西服装学院	质评中心副主任	副教授

一、成果简介及主要解决的教学问题

成果已有研究基础和形成背景：

"基于技术逻辑课程体系建设的应用型服装专业人才培养模式改革与实践"是成果申报团队围绕"人才培养方案制定"而开展的重大教学改革项目。该课题在前期积累了大量研究基础和阶段性成果。我校自 2008 年教育部开展"教学质量工程"项目以来，一直围绕人才培养模式改革开展了系列有关专业和课程建设的研究。2008—2010 年对我校的优势专业建设情况进行总结，申报获批了"服装艺术设计"、"服装表演"、"鞋类设计与工艺"和"服装市场营销"四个省级特色专业；2009—2014 年间，围绕课程建设承担了江西省教育厅"服装色彩教学项目设计研究""服装设计专业'教学团队'建设与研究"等教改课题，共有 9 门课程"服装材料"、"服装立体裁剪"、"服装生产管理"、"服装效果图"和"服装工业制版与推板"等获省级精品课程，并出版了 20 余本教材。其中 2012 年针对职业技能证书考试立项"应用型高校技能证书考试与课程资源整合"课题，2014 年结题并获良好等级；2014 年基于校企合作、产教融合申报了 13 家获批了中纺联合会授予的人才培养基地；2014 年进一步立足转型发展，立项"本科高校转型发展背景下应用型人才培养模式的研究——基于江西服装学院学院教学改革和发展的探索"、"新建民办本科院校服饰图案课程教学改革与实践研究"、"服装校外教学基地建设研究"和"服装专业课程改革探索"等课题研究，并形成了一定的研究成果。在此基础上对学校办学特色经过凝练总结，荣获批中国纺织服装教育教学成果奖一等奖、二等奖、三等奖数项，特别是 2015 年我校成为"江西省首批转型发展试点高校"，我校 2011 级毕业生学生首获服装设计大赛"新人奖"桂冠，是对我校前期教育教学改革的和人才培养模式探索的肯定。经过系列研究与实践以及近几年的建设和总结，前期大量的市场调研，通过对行业企业和对企业岗位(群)的需求分析，对企业建议的需求课程进行研讨，对照岗位需要能力模块，对新方案进行改造革命，着重加大实践课的比例，服装设计相关专业实践课时比例达 50% 以上。经过项目团队近年多的不断探索和实践，反复论证修订，较圆满地完成了基于技术逻辑思维的模块化课程体系建设及服装专业应用型人才培养模式改革任务，取得了较明显的改革成果，并以系列教学教改论文、新版人才培养方案、改革方案实施计划、相关配套制度和应用型人才培养成果等体现。

本成果主要解决的教学问题：

(1) 解决了专业能力对应岗位群的吻合度。通过人才培养方案反复论证，通过对行业市场调研，基于技术逻辑思维从应用终点梳理关键能力，传授专业岗位核心完整性，如服装专业梳理出"设计能力模块、制版能力模块、工艺创新模块、社交能力",根据模块引入"课程地图",使人才培养课程体系更加符合应用型人才要求,更加吻合企业岗位群能力需求。

(2) 强化了人才培养定位的支撑度。通过围绕岗位要求和职业发展需求的分析,通过对学生学情的分析,专业前景的分析,产业趋势的分析,对人才强化专业学习过程与岗位工作过程的直接联系,对人才培养目标进行深度剖析及整合,围绕培养学生在"知行合一"上做文章、下功夫,重点突出特色鲜明的应用型学科专业,突出人才培养目标定位的针对性。

(3) 课程体系建设卓有成果。重新设置看课程模块,整合教学内容、教学方法和手段;特别是结合最新的MOOCS、微课等新的授课形式,引导老师建设精品课程,拍摄微课,对知识点进行进一步诠释,建立了突出职业能力培养的课程标准,我校目前本、专科精品课程有9门,与华夏大地联合,由我校师资完成的视频课程有9门、校级精品课程20门、微视频课程18门。

(4) 人才培养模式改革凸显成效。在试点改革过程中,方案加大了学生参与企业实习及锻炼的比重,确保了优质单位订单培养工作的延续性,学生能力得到了企业和行业认可,该试点班就业对口率达90%以上,试点专业学生在各类大赛获奖比例超过80%,如在威丝曼针织设计大赛中,该班学生一举在众多设计师参与的大赛中摘得金奖。学生参与企业项目,承接实际订单任务也占相当比例,均达50%以上。

(5) 产教融合协同育人实现常态。基于服装行业转型升级需要,我校立足地方,融入行业,走向市场,走向产业集群地,主动对接政府、行业企业协会,建立综合实践教学基地,作为校外教学、研发、创新创业的基地,"江服石狮综合基地"和"江服共青城教学基地"将逐步打造成为政府参与、植根产业的我校服务行业、服务江西服装产业的产品研发基地和应用技能型人才教学基地。

(6) 教学团队建设显现成效。为了配合改革的推进,对教师的发展和综合能力提出要求,使教师"抱团"发展,进行课程组合,进行新老传帮带,进行校企人员共同上课,实行特聘产业教授,实行"特殊教师低职高聘直通车",实行教师分类管理,有计划安排专业教师到企业顶岗实践,积极引进能工巧匠,不断提高专业教学团队整体水平,打造了多样化教师团队,师资队伍建设有成效。专业教师中"双师素质"教师已达70%以上。

二、 解决教学问题的方法

本项目通过"设计一个方案、构建两个平台、创新三个模式、加强四个建设"来创新和推进人才培养模式的教学改革(图1)。

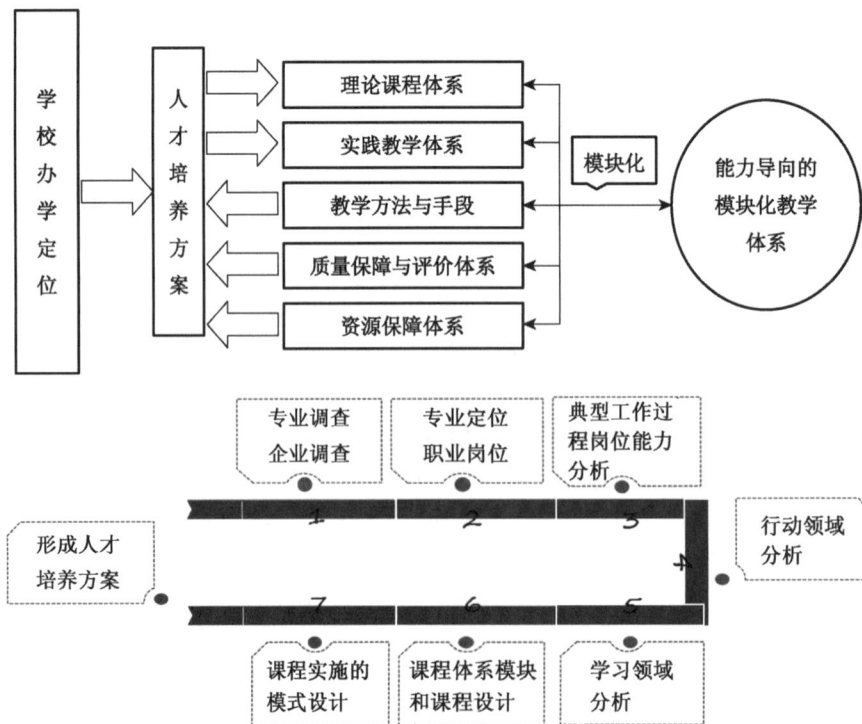

图1 人才培养方案

(1) 设计一个方案。"基于技术逻辑课程体系建设的应用型服装专业人才培养模式改革与实践"最重要的路径即是:设计制定了一个应用型人才培养的新方案。新方案在确立专业人才培养目标的基础上,根据市场要求,更加明确了相关专业的职业岗位(岗位群)所需人才在知识、能力、素质等方面的要求和质量标准,并由此组建了实现培养目标和标准的课程模块、教学流程和考核方法。

(2) 构建两大平台。通过对创新创业能力的加强,改革人才培养方案的模块构成,学校还专门成立了"创业学院",专门负责该项工作的开展。通过校内外实训、实习基地机制体制的改革构建了两大平台"双百工程"(校内百余工作室,校外百余家企业)保障实践教学的实施落地。

(3) 创新三个模式培养方案,在人才培养模式上提出并深化了三个创新。

① 创新深化"校企合作、校府合作"的办学模式,进一步拓宽校企合作、共同培养人才的力度。特别是依托行业产业资源,借力地方政府资源,拓展学校校外实践基地,使校内教学延伸到校外和市场中心,把课堂搬到产业集群地。

② 创新深化"工学结合"的育人模式,进一步加强实践教学,认真组织和落实好校内教学、校内生产性实训和校外专业实习、校外企业的顶岗实习等实践教学环节,使学生真正通过"工学结合"模式找差距,补短板。

③ 创新"课程标准",引入行业企业质量标准。结合企业对课程的需求,引入职业资格标准,引入企业核心技术标准,修订完善后做为专业核心课程教学标准,进而修订完善专业人才培养规格标准,使课程内容更好的对接企业需求,使学生更能学之所用。特别是在"设计、制版、工艺"课程整合上做到互通互用。

(4) 加强四项建设,为实现人才培养模式的模块化课程改革,培养应用型人才,教学改革的目标,提出了加强四项建设保证措施。

① 加强顶层设计。找准我校转型发展的着力点、突破口,进一步明确"服务产业和行业,应用技术型"办学定位,围绕服装产业结构调整方向和战略性新兴产业、现代服装行业的发展,依托地方产业基地的规划定位,重点发展对口应用型学科专业群,对应产业链设专业,对应岗位能力设课程,对应职业标准设内容,加强以能力培养为主线的应用技术型人才培养体系。

② 加强师资队伍建设。重点是提升教师"双师双能型素质"。坚持培养与引进(外聘)相结合,以培养为主的方针,坚持鼓励教师队伍的多元化,提供政策保障教师队伍的多样化发展,使师资队伍成为教学改革的践行者和主力军。

③ 加强课程建设。重点是明确课程标准,引入企业标准,积极引导与企业合作共同开发课程,根据企业对岗位的需求调整教学内容。

④ 加强实践基地建设。能力导向模块下的应用型服装设计人才培养模式改革中的一个重要路径即是通过实践教学环节实现学生应用能力的提升的强化。积极构建了校内实验实训教学基地和校外实践教学基地,使校内外的实践教学平台互相呼应,基本满足了学生学习的需求。

三、 成果的创新点

本项目主要通过"一建立＋五创新"实现了此成果服务教育教学改革和发展的突破。

(1) 第一次建立"技术逻辑课程体系"引领教学改革。"技术逻辑"最根本的要求是以技术职业岗位需求为价值取向。在这种以技术逻辑为理论基础的理念引导下,学校从专业设置、课程内容、行业核心知识、能力需求都从技术岗位(群)对人才需求和满足地方经济需要为出发点,改变了以往"学科逻辑"和"知识输入"的理念,更符合应用技术型大学发展的内在要求。

(2) 设计体系创新——固化产业资源嵌入人才培养方案。紧扣应用技术型人才培养目标,以专业群建设为基础,以特色专业和核心课程建设为龙头,建构"产学结合、工学交替"的应用技术型人才培养模式。在培养方案修订过程中,让企业全程参与,与企业、行业建立紧密的、实质性的联合培养机制。我校将产教融合、校企合作作为学校章程的重要内容,探索建立行业企业全方位参与学校管理、专业建设、课程设置和人才培养的新型内部治理结构。目前学校正拟定行业企业进入校理事会、教学指导委员会的相关制度,校理事会制度、特聘教授聘任办法、教学指导委员会管理办法等,正在遴选行业企业特聘人员进入学校各个治理层,提高应用型院校治理能力,使行业企业人员进入到教学过程的各个环节。目前我校已先后聘请了 70 余位社会各界和行业企业人员来校担任特聘教授(图 2)。

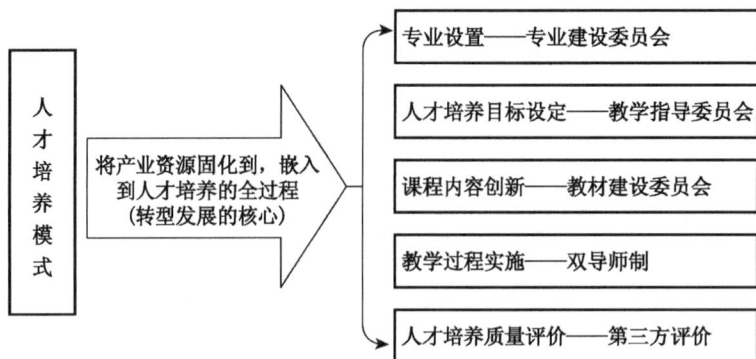

图 2　人才培养模式

(3) 课程模块化体系创新——课程设置以阶段性能力目标为导向。基于技术逻辑思维,构建以能力培养为核心的课程体系,推进课程内容与职业标准紧密对接。积极构建模块化的课程体系,打破课程之间的界限,将教学内容进行优化整合,由相关联的能力要素对应的知识点及知识应用组成模块,构成整个模块化课程体系。加强核心课程教学资源库建设,有效发挥核心课程的带动辐射作用。在方案修订时,坚持"围绕核心能力设模块",就是以学生职业能力培养为核心,重构课程体系,充分体现职业领域对专门人才的知识与能力要求,以实际应用为导向,以满足职业需求为目标,构建"模块化"的应用型课程体系,加大实践教学比重,使其达 40％以上。服装类的主干课程有 5 门获省级精品资源共享课程。

(4) 教学内容创新——课程内容以"阶段性能力目标"为切入点。学生的培养通过模块化课程体系的构建,对学生应获取和达到的能力,按照每个阶段进行细化,"阶段性能力目标"为切入点,根据服装行业/企业技术领域和职业岗位(群)的任职要求,企业行业对技术的标准,参照相关的职业资格标准,改革了课程体系、教学内容、教学方法和手段;加强了教材建设,建立了突出职业能力培养的课程标准,与行业企业共同开了发紧密结合生产实际的课程教材,突出了对学生职业能力的培养。以"技能课程""能力课程"为中心来构建课程,把重点放在职业能力训练上。以企业职业标准为依据,以岗位技能要求为核心,将职业岗位所需的关键能力融入专业教学体系。

(5) 培养平台创新——应用能力训练以校府合作综合基地为平台。通过校内外实训、实习基地机制体制的改革构建了两大平台"双百工程"保障实践教学的实施落地。一是校内平台。校内构建了一个以工学结合为切入点、增强学生职业技能的校内生产性实训的百余个工作室制的"三大中心"(服装创意设计中心、服装陈列展示中心、服装工程技术中心);二是校外平台。校外构建了以"两大校府合作"的综合实践教学基地"石狮基地和共青基地"为主的百余家校外企业参与的负责学生认知实习、专业实习等的实践教学基地,其中有 13 家最高行业协会授予的校企合作基地,使企业在分享学校资源优势的同时,增强参与学校的改革与发展,开展校企合作、共同培养人才的积极性。

(6) 教学团队创新——特聘行业企业人员为"产业教授"参与教学。在应用型人才培养模式的践行过程中,产教融合,企业真正参与教学是重要媒介。通过该项目实施,我校出台《江西服装学院关于产业特聘教授管理办法》相关文件,通过聘请业界名师,校内设立"版型总监"、"设计总监"、"营销总监"和"创意总监"等特聘岗位,使他们能为学校教学带来企业信息,传递企业需求,校企合作过程中,实现学校与企业双边人才的交流互动。校企之间人才的新组合和交流与沟通,这种互补双赢效应将促使学校、企业有更大的继续合作的积极性。通过组建由企业专家、工程技术人员参加的专业建设委员会,教学主要环节吸收用人单位参与教学质量评价,逐步完善了学校和社会共同参与的教学质量保障体系。

四、 成果的推广应用效果

本项目成果主要在以下几个方面得到了广泛的应用。

(1) 人才培养方案得到进一步完善。在前期大量调研的基础上,坚持进行"能力导向"的模块化服装设计专业人才培养方案改革,学校进行了 2015 年人才培养方案的修订,反复研讨论证,在前期基础上,设立"课程地图",引导方案设计以能力模块划分,对接行业企业岗位能力需求,通过改革的实施,人才培养方案从总体设计到最后出台,逐步得到完善。到 2015 年 9 月入校新生,人手一本新版人才培养方案,使全校师生均感受到到方案设计带来的变化,使学校的教学纲领性文件得以贯彻实施。

(2)校企校府合作建设有了新突破。我校把校企深度融合,产教融合项目落地实施作为人才培养改革过程中的一个重要目标。目前已建立了石狮校企合作基地,此外,学校还与江西南昌市青山湖政府、江西赣州市南康区政府、江苏常熟市政府开展了各种形式的合作,为当地服装产业转型升级提供技术支持和人才智力支持的同时,搭建了稳定的校外实践平台。同时,各分院及所属的南方服饰研究中心、华服研究院、制服研发制作中心等机构,加强同企业产学研合作,承接了南昌新华瑞制衣有限公司、广东汕头汝斯芬、百伦世家、揭阳普宁金狮等多家企业的设计外包,学校成为了这些企业的"设计部",不仅取得了较好的成绩,更重要的是社会效益明显。

(3)学生能力得到进一步提升锻炼。我校一直重视学生动手能力和应用能力的培养,学生的能力在大赛和企业得到认可。江西服装学院学生在全国服装设计、表演等大赛上屡获大奖。毕业的学生由于实践能力强、综合素质高,成为"抢手货",毕业生就业连年走俏、供不应求。学生通过针对性培养,各类比赛获佳绩,逐步得到了行业和业界认可。在 2015 年第 20 届中国时装设计"新人奖"大赛中,我校 2011 级本科学生郑建文以新人奖十佳第一名的成绩获得王中之王桂冠。学生到企业上手快、动手强,受到了企业的热捧。近年来,虽然受到金融危机的影响,大学生就业成为各高校的难题,但我校的毕业生却供不应求,各媒体均对此热烈报道,《人民日报》、《新华内参》、《半月谈》和中国教育电视台等权威媒体对我校毕业生火爆就业的现象均有报道,学校连年被省教育厅授予"全省高校毕业生就业先进单位"。

(4)学校办学特色得到进一步彰显。通过模块化的课程体系构建,对服装设计专业人才培养方案进行试点改革,校企合作、订单培养,使学校办学直接面向市场,学校就可以根据企业和市场的需要准确定位,学校的专业设置、教学计划、课程设置、教材编写、教学方法等都围绕学生的职业能力做文章,促进学校人才培养模式改革不断深化,不断提升学校人才培养的质量,提升了学校的办学声誉。2015 年 10 月同中国服装协会合作,成功举办了第三届中国十佳版师大赛。2015 年 11 月,成功承办了由中国纺织教育协会举办并在学校召开的常务理事会全国高校来校学习参观,对我校办学模式和办学特色给予了赞誉。教育部高职高专纺织服装教指委、中国纺织服装教育学会高职高专服装专业教指委全体会议先后在我校召开,与会的同行专家考察了我校的办学情况后,对我校人才培养模式和办学特色的创新给予了高度的赞扬。

(5)教学资源得到了院校的共享。通过该改革项目的建设整合了教学资源,建立了校内服装实训基地,设立了服装设计、服装工程等 10 个实验实训中心,形成的实践教学资源和师资团队等在兄弟院校中发挥了资源的共享。近几年来,我校一直承接了江西师范大学科技学院、江西工业职业技术学院等十几所本专科院校服装设计与工程专业的实践教学环节,目前为止已连续承接千余人次;作为我省服装类师资培训基地,每年承接全省职业院校服装类专业教师的专业业务和专业技能的培训;连续承办了江西省高校师生服装设计大赛、江西省首届青山湖杯服装设计大赛、江西省中职学校服装技能大赛等工作,本项目的教学资源已在院校中得到了共享。

(6)培养人才得到了企业的热捧。通过本项目所制定的人才培养方案的实施和不断完善,所培养的学生专业技能水平得到了较大的增强,学生到企业上手快、动手强,受到了企业的热捧。近年来,受到金融危机的影响,大学生就业成为各高校的难题,但我校的毕业生却供不应求,学生就业由预聘到抢聘的火爆场面,在业界引起很大的反响,各媒体对此热烈报道。

以市场需求为导向的"纺织材料检测"课程项目教学内容改革及其"教学做"一体化实践

盐城工业职业技术学院、盐城市纤维检验所

完成人及简介

姓 名	性别	所在单位	党政职务	专业技术职称
姚桂香	女	盐城工业职业技术学院	无	副教授
赵 磊	男	盐城工业职业技术学院	无	讲 师
位 丽	女	盐城工业职业技术学院	无	讲 师
陈贵翠	女	盐城工业职业技术学院	无	讲 师
张圣忠	男	盐城工业职业技术学院	现代纺织技术专业企业带头人	研究员级高工/教授
王前文	女	盐城工业职业技术学院	纺织系主任	副教授
闵庭元	男	盐城市纤维检验所	副所长	高级工程师
薛 华	女	盐城市纤维检验所	棉花质量检验室主任	中级工程师

一、 成果简介及主要解决的教学问题

"纺织材料检测"是我校纺织服装学院现代纺织技术(或纺织品检验与贸易专业)的专业基础核心课程。多年来,课程组致力于打造精品课程,依托纺织品检测行业、企业(质量管理部门),在教学模式、教学内容、教学手段、师资队伍、教学材料、校企合作等方面取得了一些成效。

(1) 全面整合"纺织材料检测"项目化教学内容。"纺织材料检测"在以往教学中主要以讲解纺织材料基础知识为主,实践操作只占总体的30%左右,加之校内设备有限,学生的实际动手能力很差,在毕业生情况调研中企业普遍反映学校学生实际操作能力欠佳,经过两年多周期改革后的"纺织材料检测"是在以往"纺织材料基础"教学的基础上进行完善的,教学内容在原有的基础上,增加了纺织品定性定量分析、生态纺织品的检测及纺织材料采购实践这三个实用性项目内容,共计90课时,项目化教学内容的设置能满足市场对人才知识水平的需求,课改后学生在学会从事本专业工作的知识和技能后,既能掌握基础知识和基本技能,又具备了一定的分析问题和解决问题能力,最终达到培养高技能专门人才的目的,以满足纺织业对产品健康性能检测的要求。

(2) 深入推进"教学做"一体化,灵活运用多种信息化教学手段。教学效果的好坏直接关系到教育的成败,关系到人才是否适应市场需求,长期以来,高职院校教学一贯采用"老师—讲解+学生—练习"的教学模式,这种模式最大弊端就是忽视了学生的主体性,忽视了学生创新能力和实践能力的培养。近年来,虽然提倡"教、学、做"一体化的模式,但在实际应用中仍是变相的"教—学"模式,即老师示范讲解和学生模仿操作,学生的动手能力得到提高,而创造力得不到改善,学生间的团队意识不强,综合能力不太理想。"纺织材料检测"是一门集理论与实践的综合性基础课程,要求学生掌握基础理论,熟练掌握实际操作,同时要求学生对检测结果进行修约计算,并对结果进行分析,对产品质量提供数据的同时对产生的质量问题提出分析意见,以利于产品质量的提高。它需要检测人员具备实际操作能力,数据处理能力、综合分析能力以及团队协调能力等多方面的素

质,所以在纺织材料检测教学中,我们结合企业生产以及各商业检测部门实际检测工作,灵活运用多种教学手段(微课教学、网络在线自主学习平台、微信平台)进行教学,注重学生的综合能力培养,让学生参与到实际检测工作中去,激发学生的学习兴趣,提高学习主动性,大大地提高了教学效果。

(3) 积极开展校企合作,共同开发"纺织材料检测"一体化教学资料。与盐城市纤维检验所共同合作开发了具有高职特色的"纺织材料检测"项目化资料:"纺织材料检测——单元设计"、"纺织材料检测——多媒体课件"、"纺织材料检测——任务书"和"纺织材料检测——检测报告"等,突出学生职业能力的培养,综合素质的提高。

(4) 以技能大赛为导向,促进学生参与大学生创新及纺织面料检测大赛。"纺织材料检测"这门课程的教学直接影响了我校学生参加全国纺织面料检测大赛的成绩,因此在课程的项目化教学内容改革中,不但以技能大赛的比赛要求贯穿在教学过程中,还增添了纺织品生态性能的检测,这也与技能大赛中技能考核的内容相吻合,为学生进行针对性的训练与提高打下了坚实的基础。

(5) 教师积极参与大赛指导,助推教学与科研成果双丰收。"纺织材料检测"课程的建设,有助于教师积极参与到全国纺织面料检测技能大赛的指导当中去,在每次的大赛中教师成绩突出,我校已经连续4届均有4名老师获得优秀指导教师奖;教师积极申报"纺织材料检测"课程各级各类成果,同时也有利于教师从教学的过程中提炼相关课题的研究,课程组老师对现有的纺织材料检测仪器的不足点进行改造,并积极申报专利及发表相关科研论文。

二、 解决教学问题的方法

(1) 构建了基于市场导向的项目课程实施体系。以目前市场上需求的纺织品检测项目为导向,优化并根据纺织品各个项目检测过程设计教学任务,按"任务导入、市场调研、讨论和决策、检测项目实施、检测指标分析、结果评价"的过程,设计单元教学过程,通过市场调研,在原有的课程项目体系上,增加"纺织品生态性能检测"和"常用纺织材料采购实践"两个项目内容,学生在完成项目教学任务之后,形成了产品质量第一的职业意识和职业素质,突出了理论与实践、职业技能与职业情感的融合,并在任务实施过程中提高学生的创新能力。

(2) 完善了系列化课程项目教学资料。与盐城纤维检验所合作开发了适合市场人才需求的系列化"纺织材料检测"课程项目教学材料,包括:供学生认识各纺织材料的图片或实物资源库,供学生进行实训的纤维检测实训室、纱线检测实训室、织物检测实训室、纤维鉴别实训室、生态纺织品检测实训室、校外实训基地如盐城市纤维检验所,课程标准、多媒体课件,自编教材、任务书、检测报告、搜集的各种检测标准等,不但培养了学生的实践能力和综合素质,还有利于学生创新能力的培养。

(3) 组建了一支结构合理的教学团队。"纺织材料检测"教学团队始终按照专职与兼职结合,内培与外引结合的原则,将课程建设的师资队伍建设放在首位,采取一系列政策(如省培或者国培项目)和措施(教师听课与评课)提升师资教学水平。目前,课程教学团队拥硕士学位职称教师占专任教师比例达75%,企业兼职教师占比例达25%,高级职称比例达50%,硕士学历比例达到50%,形成了一支素质优良、结构合理、专兼结合的师资队伍。

(4) 灵活设计与运用多种教学方法,巧妙开发重难点突破的解决方法。"纺织材料检测"教学过程中模拟企业产品质量检测过程,充分利用我院的纺织检测中心和江苏省生态纺织研发中心的纺织材料检测设备,结合各自的优势实行专兼职教师共同授课,运用项目化教学法、情景教学法、现场教学法、现场示范法、多媒体演示法、小组讨论法等方法相融合,实施教师引导、学生主导的角色,从而实现"做中学,做中教,学做一体",提高学生"纺织材料检测"课程的学习兴趣及其课堂教学效果。在重难点突破问题上,通过每周固定时间进行理论知识的重难点专场辅导或面对面辅导,采用传帮教的方法即高年级学生(特别是全国纺织面料检测技能大赛获奖的)指导低年级学生技能训练,晚自习开放检测实训室(让学生多动手),同时老师利用课余时间现场指导解决操作技能的重难点。

(5) 形成了以"多样化"与"多元化"为特色的课程建设与评价方式。依托地方行业企业、检测公司,结合市场检测人才的需求,让江苏悦达纺织有限公司、盐城市纤维检验所全程参与本课程的建设,如:参与制定培养计划和课程标准,参与教学材料建设,参与校内外课程教学,参与青年教师的双师素质培养,参与校企合作的教科研项目等。在课程评价方式上,采取"师生共同参与""专兼职教师共同参与"的双重评价方式,以平时表现与最终评价相结合的方式对学生进行本课程的学习评价。

三、 成果的创新点

(1) 全力推进"教、学、做一体化",形成"七步法"的教学方法。主要依托江苏省生态纺织研发中心和纺织品检测中心,依靠全国领先的纺织材料检测实训仪器,结合市场检测产品的需求,全面推进教学做一体化,在每个项目任务实施过程中采取"七步法"的教学方法,即集资(对引进的企业产品所需要检测项目进行岗位分析)、定案(对检测项目尽心具体分析,制订详细的检测方案)、准备(对检测试样进行预处理、实训场所与检测仪器的调试)、解标(详细阅读检测标准、步骤及注意事项)、互导(由教师示范检测步骤及要点,学生再进行相互的指导)、师导(教师巡回指导发现问题并纠正)、结案(学生对项目任务进行自我总结,教师针对检测技能重难点总结强调)。

(2) 充分利用我院的"两个中心",培养学生的纺织材料检测职业技能。依托我院的纺织品检测实训中心及江苏省生态纺织研发中心,引进市场纺织品检测项目作为教学载体,实行企业纺织产品检测项目真题真做,同时将这两个中心作为学生的检测技能提高平台与师生共同参与企业新产品开发的研究平台,根据纺织产品检测过程中的典型工作任务,模拟检测企业或检测公司的教学情境,根据检测相关岗位的核心能力,设计教学任务,将纺织品检测职业技能考核纳入"纺织材料检测"课程教学中,学生在学完本课程后,可以提升纤维性能检测、纱线性能检测、织物性能检测及纺织品生态性能检测的综合能力,培养了学生纺织品检测的职业能力。

(3) 以"六个注意点"为切入点,综合评价学生课程学习成果。"纺织材料检测"课程考核根据"六个注意",即注意激励性、自主性、综合性、实践性、全程性、开放性原则,从挖掘每个学生潜能,展现每个学生优势,培养每个学生职业素质,提升每个学生学习能力出发,结合本课程的特点,构建多元化主体、多维化评价内容和多样化评价方式的评价体系,教学效果的评价采取平时每个项目学习中平时的学生表现即过程评价(包括出勤、作业、提问等)、学生小组互评及对应的技能考核评价相结合的方式,并采取最后抽查的方式,从知识、技能、态度三个方面综合评价学生的职业能力。

(4) 以"两微+一平"的方式辅助课程教学。利用课余时间将课程中各个教学任务进行录像、剪辑,着重示范操作各个细节,并将理论知识贯穿在技能操作中,使理论和实践有机地结合起来。同时以学生可能出现的不规范操作造成的错误结果进行讲解,使学生清楚了解规范操作的重要性,最后要求学生完成检测报告。利用校园网将课堂教学与互联网有机融合,将微课以QQ的形式发送到学生群,使学生在课后可随时用手机观看微课视频中老师的操作技巧,研究操作难点,并利用课余时间反复训练,以熟练掌握检测技能,对检测中遇到问题可以电话或QQ的形式与老师进行沟通,以提高学习效果;利用学生手中的手机以及学院数字化无限网络覆盖系统这一有利条件,教师可以通过微信方式将课程资源传递给学生,学生则可以根据自己的实际需求进行个性化的自我学习,并可随时与老师沟通学习情况,老师可利用微信进行答疑与学习学习情况测试,了解学生对理论知识及操作技能的掌握情况;专门建立了数字化自主学习平台,老师可将所有教学资源发布在"纺织材料检测"自主学习平台上,学生课余时间可随时上网查看教学过程所用的所有学习资料,同时可在线完成作业,老师可根据每位学生的实际情况进行网上指导和答疑,真正解决兼职老师不能长期到场上课的问题。

四、 成果的推广应用效果

(1) "纺织材料检测"课程在本专业最早实施"教学做一体化"的教学模式和进行检测任务过程系统化的教学改革,项目实施范围广、内涵深,对其他专业课程(纺纱、织造等相关课程)的建设起到推动和引导作用,目前,在现代纺织技术专业人才培养方案中,构建了以市场需求为导向的的项目化课程体系。出版纺织材料检测自编参考教材《纺织材料基础》《纺织检测技术》(由学林出版社出版),目前,"纺织材料检测"课程学习平台与校企合编的校本讲义等参考教材共同应用于现代纺织技术专业的"纺织材料检测"课程教学,并积极实施教学做一体化教学模式改革,本成果已经在2012级、2013级、2014级现代纺织技术专业教学中全面实施与应用,学生的知识、能力、技能、素质有了显著提高,为后继课程"纺纱工艺设计与质量控制""机织工艺设计与质量控制"等专业课的学习打下坚实的基础,毕业班学生做纺织材料检测研究课题的学生越来越多,毕业生在检测企业或公司的质量得到了社会的认可。

(2) 课程组老师已先后在《棉纺织技术》、《上海纺织科技》和《纺织导报》等国内外公开学术核心刊物上发表纺织材料检测仪器、纺织品服用性能等相关的教学、科研论文近40余篇,其中核心论文近20篇;课程改革效果在纺织服装学院其他专业课程中起到很好的推广和应用,而本课程教学做一体化的教学模式及七步法的教学方法受到纺织检测行业的高度认可,近3年为江苏悦达纺织集团有限公司、南纬悦达纤维科技有限公司等企业员工进行纺织材料检测相关的培训达150人,为江苏东华纺织有限公司、中恒集团、悦达家纺有限公司提供科研服务10余项;同时本课程的教学改革与应用实践受到了江阴职业技术学院、常州纺织服装职业技术学院、江苏工程职业技术学院等高职院校的高度赞扬,同时我校"3+2"专本联合培养学校盐城工学院、南通大学等本科院校也前来来我院交流学习经验,对本课程的建设成果予以肯定。

"自我引导教育"在纺织品设计专业面料设计类课程改革中的实践与研究

盐城工业职业技术学院

完成人及简介

姓　名	性别	所在单位	党政职务	专业技术职称
王慧玲	男	盐城工业职业技术学院	教研室主任	讲　师
周　彬	男	盐城工业职业技术学院	教研室主任	讲　师
黄素平	女	盐城工业职业技术学院	无	副教授
郁　兰	女	盐城工业职业技术学院	教研室主任	副教授
刘　艳	女	盐城工业职业技术学院	无	讲　师
徐　帅	男	盐城工业职业技术学院	教研室主任	讲　师
陈　燕	女	盐城工业职业技术学院	无	讲　师

一、 成果简介及主要解决的教学问题

(一) 成果简介

"基于'自我引导教育技术'的'机织物设计'课程改革实践与研究"获准为江苏省现代教育技术研究重点课题,立项为院级重点教改课题,相关成果立项为江苏省教改课题,已结题。出版了两本"十二五"规划教材,1本立项为"十二五"江苏省高等学校重点教材,发表相关教改论文4篇,获得全国优秀职教文章奖,纺织服装教育论文三等奖。编撰"自我引导教育"理念的特色学案1本、教学任务书1本,制作课程网站2个,建设微信课程平台2个。形成专利成果2件,立项江苏省大学生创新项目1项。团队教师精心制作的视频以及教学经验获得省内外多个奖项,相关视频参加由教育部纺织服装职业教育教学指导委员会举办的"纺织品设计"2014信息化实践课程建设,已顺利结题。接受过"自我引导教育"的学生,具有较强的创新能力,在近三届的全国高职高专学生面料设计大赛中,我们的学生获得团体一等奖1次、团体二等奖2次。

(二) 主要解决的教学问题

"机织物设计""大提花织物设计与CAD"等面料设计类课程是实现纺织品设计专业人才培养目标不可缺少的课程,"自我引导教育"在课程教改过程中的良好运行需要解决的问题如下:

(1) 探索出适合高职教育学生自主学习能力培养的教学模式。

(2) 形成课程体系的建立与课程内容的构建模式。

(3) 建立综合考察学生职业能力的课程评价体系。

二、 解决教学问题的方法

在纺织品设计专业的面料设计类课程"机织物设计"与"大提花织物设计与CAD"中有效运用"自我引导教育"模式采取的主要方法如下:

(一) 微信课程平台

通过微信课程平台展示课堂教学的主要内容,如图1所示。学生自主预习,提升学习兴趣,领取课程任务,明确知识技能要点,带着问题有重点地听取老师所讲授的知识点。

图1 "大提花织物设计与CAD"微信课程平台片段

(二)"自我引导教育"理念特色学案

利用"学案"实现学生的自主学习,"学案"是一份引导职业能力训练的提纲,如图2所示。

"学案导学"充分体现了学生主体、教师主导的教学原则,可增强学生自主学习的意识。

(三)"自我引导教育"理念任务书

学生在任务实施的过程中,需要完成任务书,如图3所示,任务书的目的是指引学生明确完成某项任务需要分解的步骤,避免陷入无从下手的困境。

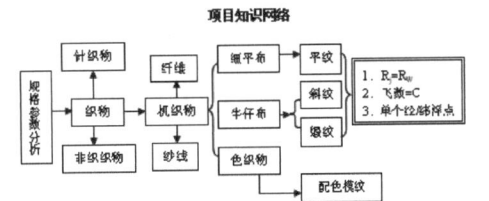

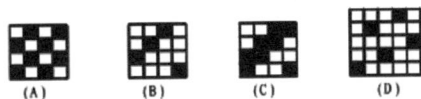

3．平布与府绸

府绸与平布的区别是府绸的经密是纬密的 2 倍，产生横条。府绸采用细经粗纬时,横向凸条更明显。

4．织物中的色纱排列与织物组织

专题二：机织物分析训练

1．织物特点是织物分析的基础。如色织物的经纬色纱数的多少可帮助判断经纬向。一般以经纱色纱数多。

2．仪器及工具操作一定要安全，手工操作一定要细心，数据记录一定要诚实。

3．分析结果要遵循理论规律，对不符合规律的要深入考虑，确保按真实情况记录分析结果。如分析的织物具有明显的府绸效应，经纬密等参数都相符，但组织却为二上二下方平，亦有可能。实际确有用方平作为府绸织物的组织的。

错误指引

1．某织物的组织图应该为下左图，但小明分析出的组织图是下右图，小明出错的原因可能是正反面判断错误。

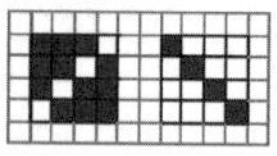

分析：比较两组织图发现，右图为左图的反面组织，故可判断为正反面判断出错。

2．某织物的组织图应该为下左图，但小明分析出的组织图是下右图，小明出错的原因可能是经纬向错误。

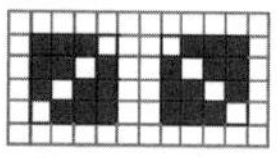

分析：比较两组织图发现，右图为左图旋转 90°而得，故可判断为经纬向判断出错。

图 2 "机织物设计"课程特色学案片段

项目五 提花床品、台布织物设计

任务一 提花床品、台布织物分析

任务书

班级______ 姓名______ 学号______ NO______

组别______ 组长______ 小组成员______

指导老师______ 企业指导老师______ 日期______

项目类别	提花床品、台布织物设计	任务完成学时	4
工作任务	提花床品、台布织物分析	地点	机房
任务内容	1、借助织物分析工具，熟练、正确地分析床品、台布等单层装饰织物；了解床品、台布等单层装饰织物技术规格（经、纬向；经、纬密；经、纬纱粗细；经、纬纱织缩率；织物组织；色纱排列）等并选择机器型号、计算纹针数、通丝数（每把通丝数、通丝把数） 2. 能够按要求填写织物分析报告；		
任务完成要求	1、工作任务完成情况记录表； 2、完成织物分析报告。		
任务分析	1、分析提花床品、台布织物的正、反面； 2、分析提花床品、台布织物的经、纬向； 3、借助织物分析工具，分析提花床品、台布的经、纬密； 4、借助织物分析工具，分析提花床品、台布织物的经、纬纱原料、粗细、经、纬纱织缩率； 5、分析提花床品、台布织物的色纱排列； 6、借助织物分析工具，分析提花床品、台布织物的织物组织； 7、测量织物的花纹大小、花数、幅宽、一花幅宽，计算总经根数和内经根数；并选择机器型号、计算纹针数、通丝数（每把通丝数、通丝把数） 8、填写提花织物分析表格		
任务实施	1．资料学习：观看提花床品、台布的图片及实物，通过图片了解提花床品、台布的设计要素。 2．分组讨论：针对提花床品、台布的图片及实物进行织物分析。 3．学生展示分析结果，教师在学生互评时加以引导并最后指出每组学生的错误和问题所在，进行逐一点评。 4．做好记录，完成工作任务完成情况记录表。		
任务检查	采取个人检查，小组互查，专业教师及企业老师检查相结合。 检查内容：是否查阅相关资料；分析的内容是否全面；任务完成是否全面等。		
考核与评价	依据考核评价方案和评价标准，小组成员互评，小组互评，教师评价，共同讨论，提出问题和建议。		

任务完成过程记录表

班级______ 姓名______ 学号______ 成绩______

组别______ 组长______ 小组成员______

指导老师______ 企业指导老师______ 日期______

工作任务	提花床品、台布织物分析	任务学时	4
任务内容	1、借助织物分析工具，熟练、正确地分析床品、台布等单层装饰织物；了解床品、台布等单层装饰织物技术规格（经、纬向；经、纬密；经、纬纱粗细；经、纬纱织缩率；织物组织；色纱排列）等并选择机器型号、计算纹针数、通丝数（每把通丝数、通丝把数） 2. 能够按要求填写织物分析报告；		
资料收集与学习	（记录查找资料名称、具体内容等）		
实施过程	1．资料学习：观看提花床品、台布的图片及实物，通过图片了解提花床品、台布的设计要素，观察思考织物外观及结构特点。 2、教师告知学生本单元教学内容、能力目标、知识目标和素质目标，讲解装饰织物面料分析方法和技巧，告知学生即将需要完成的项目任务：提花床单、台布等织物的技术规格（经、纬向；经、纬密；经、纬纱粗细；经、纬纱织缩率；织物组织；色纱排列）分析并选择机器型号、计算纹针数、通丝数（每把通丝数、通丝把数）；填写提花织物分析报告： 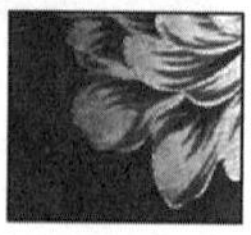 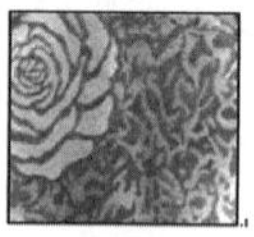 2．分组讨论：针对提花床品、台布的图片及实物进行织物分析。 以小组为单位借助织物分析工具，熟练、正确地分析床品、台布等单层装饰织物；了解床品、台布等单层装饰织物技术规格（经、纬向；经、纬密；经、纬纱粗细；经、纬纱织缩率；织物组织；色纱排列）等，引导学生进行实际操练： 分析步骤： 步骤 1：分析正、反面； 步骤 2：分析经、纬向； 步骤 3：借助织物分析工具，分析经、纬密； 步骤 4：借助织物分析工具，分析经、纬纱粗细、经、纬纱织缩率； 步骤 5：分析色纱排列； 步骤 6：借助织物分析工具，分析织物组织； 步骤 7：测量单层大提花床品、台布织物的花纹大小、花数、幅宽、一花幅宽，计算总经根数和内经根数；并选择机器型号、计算纹针数、通丝数（每把通丝数、通丝把数） 步骤 8：填写织物分析表格		

	原料	纱特	颜色	贴样
色经组合				
色纬组合				

贴样处

若组织图循环过大，可在分析表后附表。

3. 学生展示分析结果，教师在学生互评时加以引导并最后指出每组学生的错误和问题所在，进行逐一点评。

4. 做好记录，完成工作任务完成情况记录表。

检查情况	（记录并分析完成任务过程中遇到的问题，分主观和客观问题）
问题分析	
学习反馈	

图 3 “大提花织物设计与 CAD”任务书

（四）基于岗位群的课程体系开发模式

按照纺织品设计专业服务的企业岗位群的工作任务设定教学项目，依托学院创业园给予无偿使用的悦达家纺有限公司共建的家纺设计中心，成立产品设计工作室，激发兴趣，调动主动性，实现“自我引导式教育”。

（五）自我引导教育理念的评价体系

引入过程评价，根据学生在完成任务过程中的表现给予一定的分值。“自我引导教育”评价体系包括三方面的评价，即教师评价、组间同学互评、兼职教师评价。

三、成果的创新点

（1）基于自我引导教育理念的课程建设。课程团队成员根据“自我引导教育”的理念编撰特色教材，新教材打破了旧教材的框架，按照项目化教学的理念，以某一款具体织物品种的分析与设计过程为主线，将理论知识贯穿到具体任务的实施过程中，教材中采用学生易于读懂的语言，配合直观的图片，方便学生自我学习。编制特色学案，提供给学生自学使用，学生利用学案可以进行课前预习，使学生课前明确本堂课的任务目标，课中分组讨论，在任务实施的过程中自主学习，课后进行拓展提高。在课程的建设过程中，为了帮助学生攻破知识难点，团队教师拍摄了多段微课视频，配合微信课程平台与课程网站进行辅助教学，帮助学生实现“自我引导教育”。

（2）特色评价体系的建立。学生最终学习效果的评价来源于三个方面的反馈，包括学生的自反馈式评价，教师与企业相关技术人员的反馈评价，即校企共同评价，最终的评价结论会反馈给学生本人，用以对最初的设计方案进行修订与完善。

四、成果的推广应用效果

“自我引导教育”理念近几年在纺织服装学院纺织品设计专业面料设计类课程“机织物设计”与“大提花织物设计与 CAD”课程上推广应用，取得了显著的教学效果，目前已逐渐推广至其他专业的核心课程。孵化出一批高水平的省级教改与教研成果。在校内研究的基础上，不断总结提高，孵化出一批较高水平的研究课题和研究成果,省级资助项目4个,其中1项重点,院级项目2个,其中1项重点。课程建设过程中,团队教师精心制作的视频以及教学经验获得了全国大赛三等奖1项、优秀奖1项,江苏省赛二等奖2项、三等奖1项,院级比赛一等奖3项、三等奖2项。在近三届的全国高职高专学生面料设计大赛中,我们的学生多次获得个人一、二、三等奖,1次团体一等奖,2次团体二等奖,毕业生对学校的认可度高。学生对教学工作及教学效果满意,评价好。问卷调查显示,91%的毕业生对试点专业课程的教学工作表示满意。用人单位对学校的满意度为96%。现在由于教师、学生社会服务能力的提高,校企合作愈发深入,每年都有多项校企合作项目开展。该成果将有更广阔的的推广前景,对于促进高职院校学生的自我引导教育,提升学生的动手能力与学习积极性,发挥高职教育对高素质的应用技术型人才培养优势定会起到重要推动作用。

纺纱设备拆装与维护课程改革实践

陕西工业职业技术学院

完成人及简介

姓　名	性别	所在单位	党政职务	专业技术职称
王显方	女	陕西工业职业技术学院	无	副教授
杨小侠	男	陕西工业职业技术学院	无	副教授
姚海伟	男	陕西工业职业技术学院	实训中心主任	副教授
赵　伟	女	陕西工业职业技术学院	无	讲　师

一、成果简介及主要解决的教学问题

（一）成果简介

"纺纱设备拆装与维护"是陕西工业职业技术学院 2013 年教学质量提升计划实训教材建设和网络课程建设中的两个子项目,现已经经过结题验收合格。本成果通过对纺纱设备安装与维护课程的改革,建立了以工作过程为导向的课程体系,以项目教学法为切入点,采用理实一体化教学方法,提高了学生的综合素质和技能。

（1）建立了一套完整的课程体系和考核标准。

（2）2014 年在中国纺织出版社联合出版了《细纱机安装与维修》(附盘)生产技术类图书 1 本,该书 2015 年被中国纺织联合会评为 2014 年度中国纺织联合会优秀出版物二等奖。

（3）建设了院级"纺纱设备拆装与维护"网络课程资源库 1 项。

（4）摄制了长达 80 分钟的 FA506"细纱机安装与维护"教学视频片,该影片 2015 年获得全国纺织服装职业教育教学指导委员举办的信息化实践课程资源建设评选"合格"并奖励 2 000 元。

（二）主要解决的教学问题

① 构建基于工作过程为导向的课程体系和考核标准。首先通过企业调研确定纺纱设备拆装职业领域工作任务,其次参照国家职业标准对工作任务进行分析,归纳总结出学生所需的特定能力、行业通用能力和职业核心能力,最后构建以能力为本的课程体系,确定以知识、技能和素质框架下学习领域,构建基于工作过程系统化的课程体系,制定相应的课程标准和考核标准。

② 编写项目化教材。根据工作过程任务的课程体系,编写以项目教学法教材,该教材摒弃传统学科的章节,采用学习情景、七步教学法组编。教材任务明确,项目突出,考核明确,充分体现了学生在学习过程中的自主性、互动性和协作性。经过多年的使用,教师普遍反映该教材具有较强的指导性、适应性和灵活性。给学生留有记忆和思考的空间,学生普遍反映具有较强的实用性。老师教得轻松、学生学得愉快、学习效率明显提高。

③ 创建网络课程资源库。为了满足远程教学和教学资源库的建设,创建了"细纱机拆装与维修"网络课程,满足了教师、行业人员和学生上网查阅和下载的教学资源及掌握最新相关的行业动态的需要,另外,也为学生开辟了一个新的学习途径,加强了学生与学生、学生与行业人员的交流与互动。通过电子邮件、QQ、MSN 等网络工具,使师生之间可以随时随地进行意见、建议的交换,建立畅通的信息交换渠道,使学生的学习不受时空的限制。

二、解决教学问题的方法

（1）对企业和毕业生走访调查,形成调研报告,针对调研结果,形成课程体系改革方案和评价标准。社会调研对象为西北一棉、西北二棉和陕棉八厂等省内知名纺织企业。社会调研人员有王显方、潘红玮、雷利照等纺织专业教师。社会调研内容有当前企业对纺织设备维修需求情况、从业人员所需要的的职业能力,构建以能力为本的课程体系。

(2) 教材建设是课改的关键,在编写教材时,按照"六步法"(资讯—计划—决策—实施—检查—评价)的过程来组织实施,将细纱机平装过程设计为若干个实训情境,每个情境中建立由任务描述→决策计划→任务实施→检查→评价→引导问题→记录的课程体系,通过学生书面学习→观看演示教学片→教师师范→学生实际操作→学生自检、互检→教师检查、抽查→质量评定→教学总结等具体环节,使学生达到能独立完成和实施整个工作任务的技能水平。

(3) 在资源库和网络课程资源库建设中,摄制了长达80分钟的FA506细纱机安装与维修的电教片,制作了大量的PPT资源,设立了课程负责、教学团队、课程定位、课程标准、课程内容(学习情景8项)、作业与考试(与7个教学情景相配套作业及综合复习题,2套在线测试题)技能大赛(5项)、课程PPT(12项)、电教片(2项)、说课PPT(1项)、交流互动、在线答疑、友情连接(主要由参考教材、参考网站、国内外主要期刊组成)、班级空间和排行榜等栏目。

三、 成果的创新点

(1) 将细纱机平装过程分为6个实训情景,每个情景按照"七步法"编写了1本实训教材。

(2) 摄制了长达80分钟的1部FA506细纱机安装与维修的电教片。

(3) 建设"纺纱设备拆装与维护"网络课程资源库1项。

四、 成果的推广应用效果

(一) 建设成效

根据课题组全体成员多年的生产和教学经验,经过长达3年的课程改革建设中取得了一定的成效,制定了基于工作过程的课程体系和课程标准以及相关的考核标准,编写了实训校本教材1本,正式出版教材1本,完成FA506细纱机安装与维护电教片一部,建设网络课程一项。通过对纺纱设备拆装与维护课程教学模式、方法和考核评价方式的改革和实践表明,使学生对专业课的学习有了新的认识,激发了学生的学习热情,变被动学习为主动学习。实践教学中学生的团队合作精神和组织协调能力得到了加强和提高,创新能力得到了提升,自2012年以来用90%的纺织专业学生通过了国家劳动保障部门颁发的纺织设备维修中级工证书,其中50%的学生获得了高级工证书,学生积极参加学院组织的纺织设备维修技能大赛,并在陕西省职工组纺织设备维修大赛中取得了好的成绩,得到了社会普遍赞同,就业率也稳步上升。

(二) 应用推广

本课程在设计时,依据校企合作,基于工作过程系统化来设计课程,依托校内纺织设备拆装实训基地,建立真实的生产实际环境,采用与企业相同的检查和考核标准,缩短了与企业之间的差距,使学生尽快由学生向职业人转化,使学生在校期间就能完成企业的各项工作任务,一毕业就能马上胜任本职工作。

基于"互联网＋"背景下纺织类专业核心课程混合式教学模式的研究与实践

山东科技职业学院

完成人及简介

姓　名	性别	所在单位	党政职务	专业技术职称
肖海慧	女	常州纺织服装职业技术学院	机电工程系主任	副教授
廖定安	男	常州纺织服装职业技术学院	服装教研室主任	讲　师
闵建虎	男	常州纺织服装职业技术学院	无	讲　师
谢细全	男	常州纺织服装职业技术学院	无	讲　师
包　轶	男	常州纺织服装职业技术学院	无	实验师

一、 成果简介及主要解决的教学问题

(一)成果简介

随着我国居民消费水平的不断提高及消费观念的改变,纺织工业布局不断迎来调整、竞争和贸易格局多元化。智能制造已成为全球制造业发展趋势,未来也将成为"互联网＋"纺织服装行业重要的创新驱动力。智能制造的终极目标是要实现智慧制造,不仅是立足个性需求的快速反应、个性化定制、准交 & 快交系统,而且还是立足于以互联网技术嵌入产业的系统集成。因此,常州纺织服装职业技术学院软件技术专业借鉴国内外先进的经验,开展"互联网＋纺织服装"行动,推进纺织服装智能制造、结构优化、市场开拓、品牌发展、创新提升,着力推动智能化制造,提升装备水平,建设数字化生产示范线;在人才培养过程中以"互联网＋纺织服装"为背景,突出创新教育内容的全面性、创新教育课程的系统性、创新教育氛围的广泛性和创新教育的可持续性为基本原则,针对行业特点,研究开发适合纺织服装行业的软件和辅助系统;充分利用大数据、物联网、电商平台等各种新兴工具与手段,扩展线上线下各类渠道,建立以"创新教育融课堂,整合资源建平台,实施项目为依托,持续发展创机制"为主要特征,以课程建设为核心、平台内容为载体、项目实施为提升、组织机制为保障,构建纺织类高职院校软件技术专业创新教育人才培养体系,着力培养具有创新精神、创业意识和创新能力的技术技能型专门人才。

(二)主要解决的教学问题

(1)如何进一步深入"工业化和信息化融合"为途径,以纺织服装智能制造为终极目标,分析纺织服装类信息化人才定位和就业面向,系统改革课程体系,推进创新教育融入课程,构建基于"互联网＋纺织服装"软件技术与信息服务专业的课程体系。

(2)如何在"互联网＋纺织服装"背景下,加快推进优质资源开发和共享,优化整合各类资源,整合专业信息化服务与建设已有成果,以真实项目为实施载体,开辟创新教育实践空间,加强数字化资源开发,扩大优质资源覆盖面。

(3)如何加强"互联网＋纺织服装－双师型"教师队伍的建设,加快提高教师的互联网信息技术应用能力,转变教育教学方式,重点提升创新能力,优化创新教育师资机构。

(4)如何持续发展多方位创新能力、协同创新能力,提升创新教育保障措施,建立长效的"互联网＋纺织服

装"创新提升的质量保障体系。

二、解决教学问题的方法

（1）系统改革课程体系，推进创新教育融入课程。常州纺织服装职业技术学院软件技术专业以"互联网＋纺织服装"为背景，以纺织服装智能制造为终极目标，分析纺织服装类信息化人才定位和就业面向，系统改革课程体系，推进创新教育融入课程，构建基于"互联网＋纺织服装"软件技术与信息服务专业的课程体系。关注学生的可持续发展，搭建以一条主线（创新能力培养）、两个载体（创新教育、创新活动）、三项能力（职业能力、就业能力、创业能力）、四个结合（理论与实践相结合、创新与技能相结合、学校与企业相结合、就业与创业相结合）为特点的纺织类高职院校软件技术专业创新教育人才培养模式。首先，我校软件技术专业在现有专业人才培养方案中融入"互联网＋"、纺织类课程和创新教育的理念，在专业建设和课程改革的基础上，转变培养思想，更新教育观念，深化人才培养模式，不仅培养学生的纺织类和信息类专业知识和实践技能，更以提升学生的社会责任感、创新精神、创新意识和创新能力为核心，不断提高人才培养质量；同时，可以开设与专业紧密结合的 SYB 创业培训、网络营销课程等创新类课程，搭建全方位的创新教育平台，给学生全面基于纺织服装系统的创新教育供给。其次，除了人才培养方案中的实践教学环节外，还可以在校内外开辟创新实践第二课堂，学生可以通过参加第二课堂的实践活动学到知识、掌握技能、获得学分。例如，学生可以参与国家级、省市级举办的各类"挑战杯"大学生创新·创业·创意比赛，以及各级各类专业人士的创新创业讲座和论坛，通过一系列活动加强学生创新创业意识。另一方面，学生也可以积极参与到教师的科研创新活动，进行创新发明专利的研发、参加大学生创新实践训练计划项目等方式提高技能、发明专利等，这些都属于创新教育实践的范畴。再者，在专业课程体系上，专门针对新时期纺织服装行业信息化服务专业技术创新人才培养需求与实践教学中存在的问题，通过深入研究创新教育教学内涵，完善专业技术创新教学环节，完善过程化创新教学质量保障机制，构建培养学生专业技术技能、实践动手能力与创新创业素养的课程体系。

（2）优化整合各类资源，推进创新教育建立平台结合工学结合人才培养模式改革的需要，以"多功能、开放式、共享型平台"建设为重点。从理论教学入手，优化人才培养创新方案，在课程体系中加入创新理念，围绕专业技能和创新思路培养学生的职业能力和创新能力。在学校层面上，开展多层次、多系列的创新活动，营造浓厚的校园创新氛围，教师和学生广泛加入到创新教育活动中，全方位推进创新型人才的培养体系。从实践技能入手，学校相关实验实训室，针对学生全天开放，将学生引进实验室进行项目的开发。由专业教师和学生组成大师工作室，实验实训室开设一些应用性强的小课题实验和综合性实训项目，鼓励学生参与教师的科研项目，也可以由学生自选实验项目，完成创新任务。从师资培养入手，建立多个以教师科研项目为团队的学生兴趣小组，营造以高带低，以社团引领专业的专业学习氛围。建立完善的带教机制，让高年级的同学带低年级，引导学生走进社团，开展项目的研究。

（3）真实项目实施载体，开辟创新教育实践空间在"互联网＋"大背景下，积极开辟各种信息渠道，搭建各种实践信息平台，建立虚拟现实系统，让学生从课堂教学中走出来，开展真实的实践项目为目标，在实践中运用知识、发现问题，再次学习，通过从课堂到实践、再到课堂的循环过程，逐步提高创新能力，强化创新意识，进而提高学生的适应性与竞争力。让学生参与到企业真实项目中，一部分学生与教师共同参与企业项目开发，由企业向校方提出开发任务，教师带领学生与客户企业洽谈业务需求，提出解决方案，在企业的真实情景下完成整个项目的生命周期；另一部分学生参与到专业老师的科研项目作中，从需求分析开始，创新项目研究，引导学生完成整个创新项目的研发。

（4）重点提升创新能力，优化创新教育师资机构高职院校在实施创新人才培养方案中，优化师资队伍结构、完善师资培养模式、健全师资考核机制是高职院校人才培养创新发展的关键。高职院校按照"中国制造 2025"、"互联网＋"、"一带一路"和"精准扶贫"等国家战略，对师资的供给提出创新需求，提高人才供给的针对性。按照"内培外引"的模式，内培，充分发挥高职院校国家级、省级实训基地的建设优势，与行业、企业联合共同对专业教师进行创新能力培养，将企业发展过程中的新技术、新工艺融入到教学改革中，提高教师"双师"素质和创新能力的同时提高人才培养质量。外引，通过提高教师待遇，配套科研启动经费、提供住房安家费用、解决家属工作和子女入学教育等系列问题，建立健全的引进教师的创新环境和科研保障机制。这种"内培外引"的模式极大提高了师资队伍的创新技术能力,打造了师资队伍的"双师"特色,保证了高职院校创新教育教学改革的顺利实施。

(5) 持续发展创新机制,提升创新教育保障措施完善的组织机构是创新教育各项工作顺利开展并得到落实的关键和保障。高职院校应根据自己的特点和工作要求,建立创新教育机构形成质量保障体系。加强和完善高职院校相关创新教育的各项规章制度,保障各项创新工作的良好运行。同时,提供足够的经费,使高职院校各个专业创新创业教育工作顺利开展。

三、 成果的创新点

(1) 创新创效教育融入课程,构建全新人才培养方案。在现有人才培养方案的各个环节和各类课程体系中融入纺织智能、互联网内容和创新创效教育理念,在专业教育的基础上,转变教育思想,更新教育观念,深化人才培养模式和教育教学改革,不仅培养学生的专业知识和技能,更以提升学生的社会责任感、创新精神、创业意识和创业能力为核心,形成了以一条主线(创新能力培养)、两个载体(创新训练、创新活动)、三项能力(岗位适应能力、岗位迁移能力、软件技术综合应用能力)、四个结合(理论与实践相结合、创新教育与技能训练相结合、校内外结合、课内外结合)为特点的创新型人才培养模式。

(2) 深入分析实践教学的内涵,构建了渐进性阶梯式实践课程体系以纺织服装智能制造为终极目标,分析纺织服装类信息化人才定位和就业面向,规划实施以"实验→课程实训→工程实践→企业实习"为主线的实践教学环节,构建了"软件编程能力→系统开发能力→工程应用能力→创新创业能力"的能力训练体系,突出实践教学、工程实训、创新能力、素质教育有机融合,创建了注重工程实践、创新创业训练的渐进性阶梯式实践课程体系。

四、 成果的推广应用效果

(1) 构建基于"互联网＋"的纺织类高职院校软件技术业课程体系既是高职院校主动服务区域经济的表现,同时也是其形成自身办学优势、实现可持续发展的必然选择。依据区域产业结构的发展趋势,设置专业课程体系,有利于专业的长期可持续发展,同时也必将提高学生的就业能力,从而促进高职教育良性持续发展。

(2) 常州纺织服装职业技术学院软件技术专业综合改革中,多个相关专业借鉴和实施,学生创新能力提升显著。在周边地区高校同类型专业多次进行成果交流,对多所学校的实践教学改革产生了一定的影响,提供了较好的借鉴作用。

(3) 在业界,也得到常州真知信息科技有限公司、常州赛峰网络咨询有限公司和上市公司江苏富深协通等多个 IT 类科技企业,以及常州梵维进出口贸易公司、常州广纺纺织品有限公司、常州三邦纺织贸易公司、湖塘纺织科技发展中心等纺织类企业的广泛认可。综上所述,本成果理论和实践性强,可以有效提高纺织类高职院校软件技术人才培养质量,具有推广意义,为兄弟院校教学改革和实践提供了借鉴与参考作用。

"三平台三进三出"多方参与阶段式
教学模式优化与构建

广东职业技术学院

完成人及简介

姓　名	性别	所在单位	党政职务	专业技术职称
何丽清	女	广东职业技术学院	染整教研室主任	副教授
刘宏喜	男	广东职业技术学院	轻化工程系主任	教授/高级工程师
文水平	男	广东职业技术学院	轻化工程系副主任	副教授
刘旭峰	男	广东职业技术学院	环化教研室主任	副教授
蔡　祥	男	广东职业技术学院	无	教　授
李伟勇	男	广东职业技术学院	无	副教授
薛桂萍	男	广东职业技术学院	无	工程师
邹龙辉	男	佛山南方印染股份有限公司	党委办公室主任	工程师

一、 成果简介及主要解决的教学问题

　　作为培养纺织服装行业的职业技术高端技能人才的摇篮,我们对以前的人才培养模式进行了优化,结合染整技术在纺织产业转型升级中的重要地位,以新型染整技术专业为基础建立了"三平台"人才培养模式,构建了学生从"在校学习和实践→在纺织印染企业实践→在纺织印染企业实践→单位就业"的培养途径,学校与产业链企业协同搭建工学结合平台并引导学生走上成才高速路。2011年起以染整技术专业为基础进行"三平台三进三出阶段式"人才培养模式理论研究和实践,成果在2011—2015年染整技术专业应用,有4届学生参加,每年级有3个染整技术专业班级,还有溢达班、名州班参加了短期实践。应用的纺织印染企业是国内规模最大印染企业之一——南方印染股份有限公司、广东溢达纺织有限公司以及三水佳利达纺织有限公司、三水名州纺织有限公司、中山市时进纺织助剂有限公司、广州白云新生纺织有限公司等。通过实践,提升了专业建设整体水平,提高了人才培养质量,改善了学生不愿到纺织印染企业就业状况,纺织印染企业获得了急需的人才,实现了多方共赢。毕业生在纺织印染企业的就业率提高10%,总体就业率100%,荣获获学校就业先进集体,部分学生已成为知名企业的研发人员。提高了专业建设整体水平。建立了专业标准、4门校级精品和优质课程;建立了1个中央财政支持实训基地(三年建设资金700万)和1个校企合作实训室,本院染整技术专业由何丽清副教授作为项目主持人于2015年月成功申报为广东省级特色专业(三年建设资金500万);专业带头人刘宏喜晋升为教授并任广东省纺织协会纺织印染环保行业委员会秘书长,2位专业教师晋升为教授,1位专业教师蔡祥成为广东省"千百十工程"省级培养对象,并成功申报了多项国家自然科学基金项目和省市级重大课题,以及发表多篇有影响力的SCI论文,聘请了9名兼职教师,2名教师深入企业实践半年以上;承担了13项教科研课题(其中省级以上4项),校企协同科研与技术服务经费近30万元;发表与本成果相关论文6篇。

二、 解决教学问题的方法

　　结合高职学生认知规律,推行"三进三出"阶段式教学模式。

尽管进入高职院校的生源主体基本通过了高考，但经过层层筛选，故接受高职教育的对象相对具有一定的特殊性，其有自身的认知特点，实践操作中的感性认识强于理论学习中的理性认识，所以高职教育需突出"工学结合"的实践教学环节。本专业结合三平台推行"三进三出"阶段式教学。即"一进一出"指学生进校学习2个学期后走出校门，进行感悟性认识实习。组织学生到染整或相关企业参观调研，撰写调研报告，初步选定专业方向；"二进二出"指学生走出校门，进入企业，

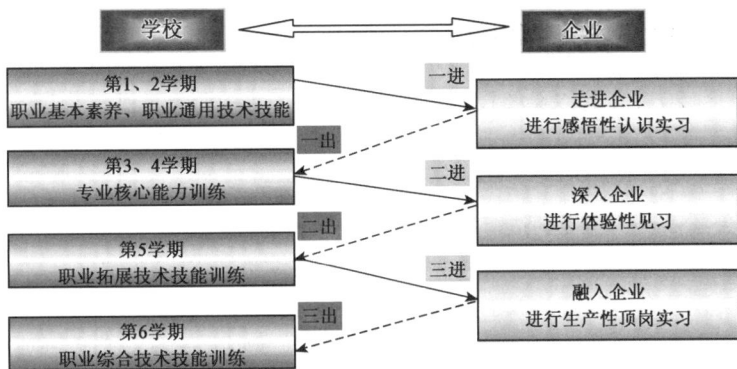

图1 "三进三出"阶段式教学模式

进行体验式见习。组织学生到染整企业进行现场教学，聘请企业技术骨干讲解和指导现场操作训练，加快学生的适岗速度；"三进三出"指学生走出校门，融入市场，进行生产性顶岗实习。学院组织学生利用最后一学期到企业参加"岗前特训"和"顶班上岗"（图1）。

三、成果的创新点

明确人才培养目标，构建基于"三平台"的人才培养新模式。

国家要求具有"劳动力密集型"明显烙印的纺织印染服装业进行产业升级和技术改造。在联动效应的影响下，作为培养广东纺织服装行业的职业技术技能人才的摇篮，我们对以前的人才培养模式进行了重新优化，在明确染整技术专业人才培养目标的前提下，构建基于"三平台"的人才培养模式（图2）。

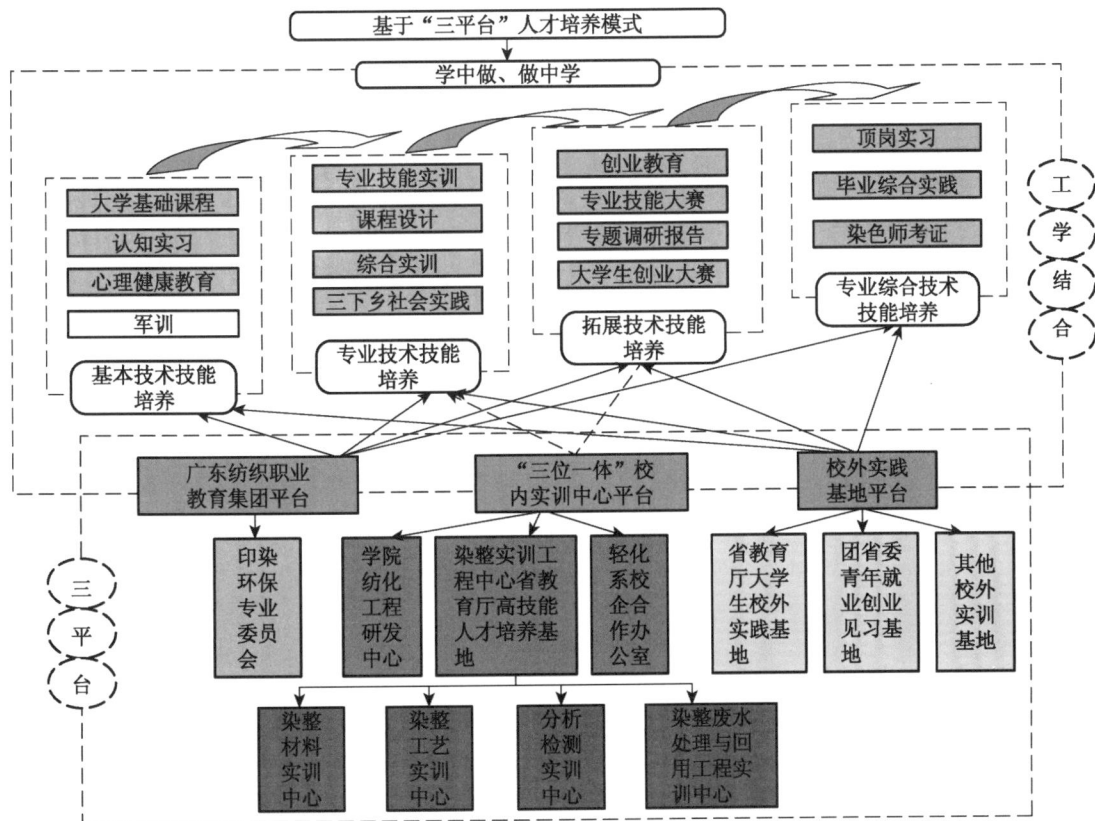

图2 基于"三平台"人才培养模式

四、成果的推广应用效果

2011 年起以染整技术专业为基础进行"三平台三进三出"阶段式人才培养模式理论研究和实践,成果在 2011—2015 年染整专业应用,有 4 届学生参加,每年级有 3 个染整技术专业班级,还有溢达班、名州班参加了短期实践。应用的纺织印染企业是国内规模最大印染企业之一——南方印染股份有限公司、广东溢达纺织有限公司以及三水佳利达纺织有限公司、三水名州纺织有限公司、中山市时进纺织助剂有限公司、广州白云新生纺织有限公司等。通过实践,提升了专业建设整体水平,提高了人才培养质量,纺织印染企业获得了急需的人才,实现了多方共赢。以往学生不愿在纺织印染企业就业的状况得到改善,提高了人才培养质量。毕业生在纺织印染企业的就业率提高 10%,总体就业率 100%,荣获获学校就业先进集体,部分学生已成为知名企业的研发人员。

提高了专业建设整体水平。建立了专业标准、4 门校级精品和优质课程;建立了 1 个中央财政支持实训基地(3 年建设资金 700 万)和 1 个校企合作实训室,本院染整技术专业由何丽清副教授作为项目主持人于 2015 年月成功申报为广东省级特色专业(3 年建设资金 500 万);专业带头人刘宏喜晋升为教授并任广东省纺织协会纺织印染环保行业委员会秘书长,2 位专业教师晋升为教授,1 位专业教师蔡祥成为广东省"千百十工程"省级培养对象,并成功申报了多项国家自然科学基金项目和省市级重大课题,以及发表多篇有影响力的 SCI 论文,聘请了 9 名兼职教师,2 名教师深入企业实践半年以上;承担了 13 项教科研课题(其中省级以上 4 项),校企协同科研与技术服务经费近 30 万元;发表与本成果相关论文 6 篇。

纺织服装专业学生公共英语教学改革的探索——学习动机激发策略的研究与实践

常州纺织服装职业技术学院

完成人及简介

姓　名	性别	所在单位	党政职务	专业技术职称
王志敏	男	常州纺织服装职业技术学院	研究所所长	教　授
邱　黎	女	常州纺织服装职业技术学院	无	副教授
伍转华	男	常州纺织服装职业技术学院	无	讲　师
陈剑勇	男	常州纺织服装职业技术学院	教研室副主任	讲　师
徐学敏	女	常州纺织服装职业技术学院	无	讲　师

一、成果简介及主要解决的教学问题

（一）成果简介

公共英语是纺织服装专业学生涉及人数最多、涉及面最广、影响力最深的重要课程。本成果以中国教育学会外语专业委员会"十二五"规划课题"自主学习能力在英语语言学习过程中的审思与重构"、江苏省职业教育教学改革研究课题"高职学生学习观念的转变与学习策略培养研究"等项目为依托，围绕学习动机激发策略的研究与应用，通过3年多的潜心探索与实践，构建了以教师为主导，学生为主体的新型教学模式，促进了学生个性的发展和综合素质的全面提高。学生在英语等学科竞赛共获得省级以上奖励51项，团队主要完成人获教学获成果13项，主持省以上教改课题8项，主要完成人2013年入选江苏省委省第四期"333高层次人才培养工程对象"，2014年7月获江苏省政府留学奖学金课题资助项目（主持人），促进了专业课程建设和教师的专业发展。

理论方面有较大的突破。成果总结的代表作专著《外语学习动机激发策略的理论与实证研究》2014年11月成功入选"学术之光"文库，并由光明日报出版社正式出版；2015年11月该专著获江苏省第十二届高等教育科学研究优秀成果奖二等奖；该专著在博士学位论文的基础上进行纵向深入研究，研究突破已往局限，从教师和学生双重视角展开调查，探究影响教师动机策略运用的因素。专著弥补了动机激发策略的这一研究领域的不足，完善和开拓动机激发策略的研究领域和理论体系。2014年完成博士学位论文《大学英语教师激发学生学习动机策略的有效性研究》，并入选《中国博士学位论文全文数据库》（CDFD），博士学位论文在国内公示的3个月内获得了国内研究者较高的关注度，WEB下载量在上海外国语大学2014年度上半年授予的24篇博士学位论文中位居第三；论文《外语阅读动机的比较研究》获常州市人民政府第十二届哲学社会科学优秀成果三等奖；《英语学习动机激发策略的研究与实践》（系列论文）2014年10月获常州市人民政府第十三届哲学社会科学优秀成果三等奖；2014年12月在南京大学外语学刊《外国语文研究》发表了《外语教师激发学习动机策略的有效性研究》。研究系列成果形成一个科学系统的理论教学实践体系。成果在动机激发策略的相关理论和范式方面，均有较大的突破，30余次被学界引用或评介。

实践应用方面有较大的创新。尊重学生的个性与特点，正确实施因势利导的动机激发策略。关注学生内部不同水平群体，实施分层次激励模式，针对纺织服装专业学生高中低水平学生不同的心理特征和学习水平，进行"因势利导"的激励；对高水平学生采用"小综合、大容量、高密度、促能力"的激发策略原则；对中水平学生采用"重概念、慢变化、多练习、强激励"的激发策略原则;对低水平学生采取"低起步、补台阶、多鼓励"的激发策略原则;分层次地实施动机激发策略,体现教学内容的梯度性,教学程度的针对性。至于无法实施分层次背景教学的班级,在纺织服装专业学生中实施隐性分层递进教学模式。针对纺织服装专业学生的个性与特点,依托项目化教学模式、多媒体网络辅助教学环境技术和学习评价方式,真正有效地激发学生的内在和外部学习动机。使内在动机激发策略和外在动机激发策略平衡兼顾,发挥合力,最大限度地调动学生的学习积极性。对激励学生学习、从源头上改善教学效果具有非常现实的意义和价值。

(二)主要解决的教学问题

(1)解决了英语教学课时数与教学目标不足的矛盾。注重发挥学生学习的积极性,注重培养学生的自主学习能力。

(2)弥补了传统教学模式中满堂灌输的缺陷,构建以教师为主导、学生为主体的新型教学模式。

(3)尊重学生的需求和个性特点,促进了学生个性的发展和综合素质的全面提高。

二、 解决教学问题的方法

(1)学习目标激励。在教学过程中的目标激励应遵循以下策略:①设立的目标应该是"英语知识与技能"、"过程与方法"和"情感态度与价值观"三位一体的教学目标。②设立的目标难度要适当,必须符合学生"最近发展区"的基本要求,不能过高也不能过低。一个难度适中的目标能够激发学生强烈的学习动机,激发持久的学习积极性,激励学生为实现该目标而不懈努力。③设立的目标应具有层次性和阶段性。目标具有层次性使目标指向不同水平的学生,从而对班级中的所有学生都能起到激励作用。④目标设立后,教师必须为这些目标的实现创造条件,引导和帮助学生去实现这个目标。在教师的密切关注下,通过教师的指导和帮助,学生达成目标,取得成功,获得成就感,从而增强和激发其后继学习的信心和动力。

(2)学习情境激励。通过创设学习情境,优化学习者学习的外部条件,激发学习者强烈的学习需要和兴趣,以满足学生的个体心理与群体心理。作为教育活动的设计者,需要深入理解和把握影响学习者学习动机的心理因素,善用动机设计策略激励学习者的学习。

(3)精心设计教学内容,改进教学方法。教学中打破以往按照语言知识和语言技能来组织教学的方式,按照典型工作任务中需要的典型英语知识和技能来组织教学内容,通过创设典型的工作情境,把学生分成小组,有效地激发学生的外语学习动机。

(4)创设情境教学,提高学生的学习兴趣。离接触学生,面对面的单独交流利于增进师生之间的感情,使学生对所学知识产生积极的情感体验,更主动参与各种学习任务和活动,使他们有机会通过 Pair-work(两人合作)、Team-work(小组合作)和 Class-presentation(成果汇报)等方式完成语言实践任务,调动了学生的学习积极性。

(5)依托多媒体网络辅助教学环境技术,激发学生的学习兴趣。教师充分利用多媒体信息呈现的多维性和交互性的优势,使学生通过互联网获取大量的语言信息;贯彻人本主义教育观,采取启发、讨论及师生共同探究等教学手段带动学生积极参与课堂学习。教师不断地在语言教学中给学生新的刺激,满足他们的求知欲。以师生互动、生生互动的形式促进课堂语言实践,将语言知识的获取与语言技能的培养相结合,最大限度地激发学生的学习兴趣。

三、 成果的创新点

(1)突破传统教式。尊重学生的需求和个性特点,激发学生兴趣、求知欲,上进心,找出学生的亮点和进步点,充分发挥学生学习的积极性,变"要我学"为"我要学"。

(2)构建激励机制,进行"因势利导"的激励。对高水平学生采用"小综合、大容量、高密度、促能力"的激发策略原则;对中水平学生采用"重概念、慢变化、多练习、强激励"的激发策略原则;对低水平学生采取"低起步、补台阶、多鼓励"的激发策略原则。有效地实施动机激发策略,体现教学内容的梯度性,教学程度的针对性。使内在动机激发策略和外在动机激发策略平衡兼顾,发挥合力,最大限度地调动学生的学习积极性。对激励学生学习、从源头上改善教学效果具有非常现实的意义和价值。

(3) 拓展研究领域,完善研究视角。成果弥补动机激发策略这一研究领域的不足,完善和开拓了动机激发策略的研究领域和理论体系,具有一定的理论前沿性。并从教育语言学、心理语言学等多重视角来审视激发策略在外语学习过程中的影响和作用。

四、 成果的推广应用效果

(1) 数据检效。近3年来我校纺织服装专业学生在江苏省英语应用能力考试和全国职场英语的通过率每年递增,呈逐年上升趋势,通过率在省高职院校中位居前列。学生51人次在各级各类省级英语竞赛获得大奖,我院纺织服装专业毕业生就业率连续多年位居全省前列。

(2) 研究成果多次获奖并被广泛引用。项目团队教师在在核心期刊和省级期刊公开发表英语学习动机激发策略的论文,引起国内同行的广泛关注。专著《外语学习动机激发策略的理论与实证研究》成功入选"学术之光"文库,并由光明日报出版社出版;2015年11月该学术专著获江苏省第十二届高等教育科学研究优秀成果奖二等奖;在南京大学外语学刊《外国语文研究》发表了《外语教师激发学习动机策略的有效性研究》。系列成果形成一个较为系统化的理论教学实践体系,成果在动机激发策略的相关理论和范式方面有较大的突破,30余次被学界引用或评介。

(3) 省内外辐射。根据项目规定,本成果在中国教育学会外语专业委员会网站(http:∥www.eltchina.org)上展示和共享,起到了省技课题所要求的辐射和示范作用。主要完成人2014年完成了博士学位论文《大学英语教师激发学生学习动机策略的有效性研究》,并入选《中国博士学位论文全文数据库》(CDFD),博士学位论文在国内公示的3个月内获得了国内研究者较高的关注度,WEB下载量在上海外国语大学2014年度上半年授予的24篇博士学位论文中位居第三,在国内学界产生较大的影响。

(4) 成果促进专业、课程建设,成效显著。成果为江苏省"十二五"重点专业群、江苏省级特色专业和江苏省级精品课程等项目申报的亮点和特色。团队主要完成人主持完成省级以上教改课题8项。

"民族印染技艺"品牌课程建设

广西纺织工业学校

完成人及简介

姓　名	性别	所在单位	党政职务	专业技术职称
刘仁礼	男	广西纺织工业学校	无	高级讲师
郭葆青	女	广西纺织工业学校	染化系副主任	高级工程师
潘荫缝	男	广西纺织工业学校	无	高级讲师
梁雄娟	女	广西纺织工业学校	无	高级讲师
甘　敏	女	广西纺织工业学校	无	实验师
伍活辉	男	南宁锦硕辉工艺品有限责任公司	经理	工程师

一、 成果简介及主要解决的教学问题

（一）成果简介

来源于由刘仁礼主持的2013年度广西中等职业教育教学改革一级立项项目"'民族印染技艺'品牌课程建设"(桂教职成〔2013〕44号,2013年5月立项,2015年11月结题)的研究成果。

(1) 打造了具有广西民族特色的品牌课程。编写了项目教学、任务驱动、工学结合的课程标准;编写了融入广西民族特色元素的一体化校本教材;制定了有利于开展行动导向教学的全套教案、教学设计、课件及课程教学评价方案;建成了网上课程教学资源库。

(2) 建成了融民族印染特色与信息化教学手段于一体的"民族印染技艺实训室"。

(3) 打造了一支专兼结合,既熟练掌握民族印染技艺,又具备娴的行动导向教学法,同时又具有与市场接轨的"产学研"能力的"三师型"教队。

(4) 实施"项目教学、任务驱动、学做一体"的行动导向教学法,学生制作的民族印染技能作品参加全国职业教育技能作品比赛多次获奖,社会认可度高。

(5) 团队教师先后在《品牌》《广西教育》《轻纺工业与技术》等期刊上发表相关论文10余篇;多篇论文参加全国职业教育教学优秀论文评比获奖;系统地阐述《民族印染技艺》课程建设新观点、新举措和新成果。

（二）主要解决的教学问题

(1) 解决了"民族印染技艺"课程资源单一、零散和特色不明显的问题。

(2) 解决了"民族印染技艺"的课程定位问题。

(3) 解决了原来教学没有专门的民族印染实训场地的问题。

(4) 解决民族印染技艺与广西民族文化有机融合、实训技能与生产技能相融合的问题。

(5) 探索了团队教师由"双师型"转变为"三师型"的途径和方法。

二、 解决教学问题的方法

(1) 组建项目建设团队,经过充分调研和研讨,制定了定位准确、设计思路清晰、课程内容融入广西少数民族元素的课程标准;编写了"民族印染技艺"校本教材,制定了有利于开展行动导向教学的全套教案、教学设计、课件及课程教学评价方案;建成了包含课堂实录、操作演示微课等动态资源的网上课程教学资源库,实现了师

生、企业及社会共享。解决了"民族印染技艺"课程资源单一、零散不系统和特色不明显的问题。不仅解决"教什么""怎么教"的问题,而且紧紧围绕应用型人才培养目标,重点解决让学生"学什么"、"怎么学"、实现"能力和素质"和"技能与文化"多重提升。

(2) 把"民族印染技艺"作为染整技术专业拓展课程,连续在染整技术专业 2013 级、2014 级、2015 级开展教学,解决了"民族印染技艺"的课程定位问题,改变了原来只把扎染和蜡染等民族印染技艺作为染整技术专业染色课程的兴趣教学的状况。

(3) 校企业共建,建成了融民族印染特色与现代信息化教学手段合为一体的"民族印染工艺实训室",为课程教学创设教学情境,提供丰富的教学、实训条件和资源。同时,也建成了具有标志性设备的数码印制实训室和名师工作室,与民族印染技艺实训室配套使用,将现代的数码技术与传统的扎染蜡染结合运用,制作更多富有创意的民族元素服饰产品,达到传承创新民族印染技艺的目的。

(4) 课程采用"项目引领、任务驱动,学做一体"的行动导向教学法,既注重培养学生的专业学习兴趣,提高学生的民族印染技艺,又注重培养学生传承和保护民族印染技艺的意识及审美意识,解决了民族印染技艺与广西民族文化有机融合、实训技能与生产技能相融合的问题。

(5) 校企深度融合融合,实现生产性实训与生产订单生产融合,学生练就的技能与实际生产接轨。实现教师的教学能力与产品研发能力双提升,将团队教师由"双师型"转变为"三师型"教师。

三、 成果的创新点

(1) 首次在区内外开发和建设具有浓厚民族特色的"民族印染技艺"课程,不仅开发和建设了融入绣球、铜鼓、花山壁画等具有浓郁的广西民族文化特色的"民族印染技艺"课程,建成了配套的民族印染工艺实训室和数码印制实训室,课程建有了全套的文本资料和教学资源包,而且已连续在染整技术专业学生中实施教学。

(2) 将民族印染技艺引入其他专业教学和学生专业社团活动中,社团还把扎染基本技能传授到幼儿园小朋友手中,大受欢迎。民族印染文化的传承不再局限于染整技术专业和中职学校。

(3) "专业内外、课堂内外"教学与活动融入民族元素,开创民族印染技艺传承的新举措。将绣球、花山岩画、铜鼓等广西特有的民族元素融入课程建设中。

(4) 将数码印制技术引入仿扎染、仿蜡染制作,以数码印制技术传承与发展"绿色"民族印染技艺,发展了民族印染技艺。

(5) 校企深度融合,实现生产性实训与生产订单融合,学生练就的技能与实际生产接轨。实现了专业教师的教学能力与研发能力双提升,专业教师由"双师型"转变为"三师型"教师,探索了师资培养的有效途径和有效方法。

四、 成果的推广应用效果

(1) 学生学习动力增强,就业质量明显提高。学生对扎染、蜡染等民族印染技艺的学习兴趣高,从而迁移到染整专业知识和操作技能的学习,学生学习动力增强,促进了学生综合能力的发展,有效提高了人才培养质量,就业质量明显提高。近 3 年来,染整技术专业学生初次就业率达 99.5%,顶岗实习企业满意度超过 95%,双证率达 98% 以上。

(2) 学生技能水平提高,作品参展多次获奖。学生制作的扎染、仿扎染、仿蜡染技能作品多次参加全国职业教育技能作品展,均获得了较好的成绩。2013 年和 2015 年参加中国—东盟职业教育联展,分别获了优秀作品奖、二等奖、三等奖,教师也获得优秀指导奖;2013 年参加全国职业院校学生技能作品展洽会学生技能作品获得三等奖;2015 年参加全国职业院校学生技术技能作品创新成果交流赛获得优秀项目二、三等奖。

(3) 项目组以具有广西民族特色文化元素的"绣球图案扎染制作"为课题,在全校范围内举行了公开课,邀请区内专家作为评委,校内外教师参加了听课和评课,不仅展示了教育教学方法和教学效果,而且也向大家展示了民族印染技艺的文化魅力。

(4) 全国多所院校来校交流和研讨。2013—2015 年课程建设与实施期间,福建三明职业技术学院、江门职业技术学院、成都纺织高等专科学校等区外高职院校专家、教授多次到我校,交流"民族印染技艺"课程建设、课程教学、团队教师培养经验,探讨职业院校传承和发展民族印染技艺与文化的策略和有效途径。

本科高校转型发展背景下基于威客教学模式培养应用技术型人才的研究

江西服装学院

完成人及简介

姓　名	性别	所在单位	党政职务	专业技术职称
徐照兴	男	江西服装学院	服装商贸分院党总支委员	副教授
杨水华	男	江西服装学院	服装商贸分院教师支部书记	副教授
杨志文	男	江西服装学院	无	高校教授
赵德福	男	江西服装学院	无	副教授

一、成果简介及主要解决的教学问题

近年来,许多地方本科高校都在紧紧抓住国家产业转型升级、深化教育领域综合改革、区域战略发展等重要机遇,强力推进学校转型发展,定位为应用型高校,以培养应用技术型人才为目标。本教学团队从事高等职业教育都为 10 多年,一直致力于应用技术型人才培养模式、教学内容、教学方式方法的改革研究,至今研究并完成 6 项相关的江西省高等学校教学改革研究课题。近些年本教学团队更加注重于人才的培养规格和质量,经大量走访调研企业后,尝试把威客教学模式应用于网页设计类课程的教学,经实践证明,威客教学模式有利于培养应用技术型人才,效果显著。取得的主要成果及主要解决的教学问题如下:

(1) 明确确立了把"需要工作的人"变成"工作需要的人",让学校的"及格"真正等于企业的"合格"的教育思想观念,解决了教师培养应用技术型人才的思想观念。

(2) 提出并实证了威客教学模式是一种值得推广的"产教融合"模式,是一种培养应用技术型人才的有效途径。拓宽并深化了"产教融合"模式,威客平台是开放式企业实践基地,通过威客任务可以随时在校内就可以进行实践实训,有效地解决了实习实践难安排、管理难度大的问题。而且不同的课程在不同的阶段可以合理选择威客任务进行实践实训,方便学生掌握课程相应技能。此外,竞标成功还能获得一定的报酬,从一定程度上解决了学生生活费用问题。

对以上观点进行实证研究等总结后在核心期刊、学报上等刊物上发表学术论文 8 篇。其中,在中文核心《实验技术与管理》2015 年 5 月第 5 期发表了"基于威客教学模式培养应用技术型人才的研究"一文;在 CSCD 来源刊《工程研究——跨学科视野中的工程》2015 年第 3 期发表了"本科高校转型发展背景下基于威客平台的教学模式"一文;在《新余学院学报》2015 年第 5 期发表了"实施威客教学模式培养应用技术型人才的关键问题及对策研究"一文。

(3) 开发设计了一套立体化的助教助学(CAI＆CAL)网络版课件。通过该课件促使教师教学以"项目教学为中心、工学结合",方便学生课余时间随时自主探究,大大提高了教与学的效率与效果。该课件 2014 年获江西服装学院首届"优秀多媒体课件大赛"一等奖,该课件已取得计算机软件著作权登记证书。

(4) 公开出版了系列教材 2 本。该系列教材均以实际项目的完成过程为体系编写,打破传统教材的知识体系结构,促使教师按实践项目的开发过程去教学,淡化理论的讲解,将"显性"的知识灌输变为"隐性"的能力培养,使学生能更快的掌握相应技能。

基于以上成果,课题组成员获批江西服装学院校级精品课程 2 门。

二、 解决教学问题的方法

(1) 给出了实施威客教学模式培养应用技术型人才的关键问题及对策。

完善教学管理配套制度,保障威客教学模式的顺畅进行。威客模式的教学是一种项目任务承接与解决过程,要求教师一个周期内须带领学生完成一定数量的竞标,并给予配套奖励;学生的竞标达到一定条件允许免考,同时还给予其他方面的荣誉;保障实训场所网络畅通等。

改进教学方式,变接受性学习为自主探究合作学习。将教师和学生组建成项目团队,教学过程为项目经理带领项目团队承接并协作完成项目任务的过程。课后由小组负责人担任项目经理,组织项目团队去承接并完成项目。

不断激励奖赏,调动并保持每位学生学习的兴趣和参与的积极性。首先,设定奖赏机制。虽然竞标成功本身能获得一定报酬,但为了持续激励学生积极性,还制定了诸如免考、加分、竞标公示、口头表扬等奖励机制,并且分个人和团队的奖励。其次,课后布置或推荐合适的威客任务。其原则是:包含新知识点不能过多,任务涉及的尚未学过的知识点较多或任务难度较大的问题教师宜给出解决方案或提示。目的就是让学生通过自己的努力能够完成任务,以激发兴趣。

重构教学内容,变教学实践过程为生产实践过程。威客任务是企业或个人的真实需求,往往包含的知识技巧是具有跨越性的,所以要以完成任务所需的知识技巧进行重构教学内容。特别是行业企业常用技能技巧要给予突出强调。多元评价考核,包括客户或威客网站的评价、教师平时的考核、期末的考核、学生团队之间的互评等。总的原则是变末端考核为过程考核,变封闭考核为开放考核,变学校考核为学校客户共同考核,要突出过程及应用能力考核。

提升教师素养能力,打造师德高尚、技术精湛的威客教学团队。首先提升教学组织能力、教学艺术水平,其次提升知识技能水平、项目实战经验。最后提升师德修养。一方面通过举办相应专题讲座培训,举办"师德师风先进个人""最佳爱岗敬业"教师评选活动等,组织教师到企业顶岗实践;另一方面外聘有实战经验的企业骨干加入教学团队。

(2) 利用威客网站、借助云平台、自制网络课件,辅助教育教学。

首先,主要利用 K68、猪八戒、一品等威客网中发布的个人或企业的真实需求为教学载体,做到"真题真做真用",同时通过威客网站学习借鉴其他威客的作品,从而积累创意灵感。其次,借助 360、百度等云平台,及时发布教师的课件、视频、作业等教学素材资源,方便学生自主探究。最后,课题组研发了一套立体化的助教助学(CAI＆CAL)网络版课件。该课件以"项目为中心、工学结合"为指导思想,融入了"学教并重"的教学设计理论方法,体现"自主、探究、合作"的教与学方式,提供实际项目全程设计的教学视频。

三、 成果的创新点

(1) 提出并实证了威客教学模式是一种值得推广的"产教融合"模式,是一种培养应用技术型人才的有效途径,拓宽并深化了"产教融合"模式,同时给出了实施威客教学模式培养应用技术型人才的关键问题及对策。

(2) 开发设计了一套立体化的助教助学(CAI＆CAL)网络版课件。课件以"项目为中心、工学结合"为指导思想,集情境创设、启发思考、自主学习、问题探究、信息获取、资源共享、多重交互、协作交流等多种教与学活动为一体。具有"交互性、共享性、非线性、涨落性、协作性和自主性"特点。此外课件界面友好、操作简捷、兼容性能好,管理员可以通过后台对课程信息进行修改、添加、删除等管理工作,可以方便地移植到其他课程的教学上,做到了功能全面,可移植性强。

(3) 出版的 2 本系列教材《Visual Basic 2008 应用程序开发实例精讲》和《HTML＋CSS＋JavaScript 网页制作三合一案例教程》以实际案例贯穿讲授知识技巧,对知识体系进行了重构。

四、 成果的推广应用效果

该教学成果至今主要是应用于我校网页设计类课程。应用情况如下:

(1) 教材《Visual Basic 2008 应用程序开发实例精讲》由电子工业出版社出版,全国发行,在我校已连续使用

6届。教材《HTML＋CSS＋Java Script网页制作三合一案例教程》由上海交通大学出版社出版,全国发行,在我校已连续使用2届,教学使用效果均很好。该2本书在卓越亚马逊、淘书网、当当网、京东商城、蔚蓝网等网上书店均有销售,被南京信息职业技术学院资源网、湖南师范大学图书馆、中南民族大学图书馆、上海交通大学图书馆、北京市公共图书馆等收藏,受益面广。

　　(2) 立体化的助教助学(CAI&CAL)网络版课件在我校已使用3届,促进了教师的教学,方便了学生自主探究,在师生中反响良好,对本校教师、学生、远程相关院校的学生和教师等起到了重要的示范和辐射作用,该课件参加了学校首届多媒体课件大赛,并获得了一等奖。

　　(3) 威客教学模式在我校已连续使用2届,并且通过威客教学模式,共获得19次中标,获得悬赏报酬17 000余元。在2015年江西省大学生科技创新与职业技能竞赛中首次组织实验班15名学生参赛,取得优异成绩,10人获得二等奖,5人获得三等奖。

　　由于威客网站中也都有大量服装设计及相关的威客任务,所以该教学成果不仅在网页设计类课程中具有适用性、推广性,同样适用于纺织服装院校的服装设计类课程。

互联网＋"女装造型表达"
课程教学改革与实践

无锡工艺职业技术学院

完成人及简介

姓　名	性别	所在单位	党政职务	专业技术职称
穆　红	女	无锡工艺职业技术学院	专业带头人	副教授
陈　珊	女	无锡工艺职业技术学院	系主任	副教授
高　岩	女	无锡工艺职业技术学院	无	副教授
严　华	男	无锡工艺职业技术学院	教研室主任	讲　师
张晓旭	女	无锡工艺职业技术学院	无	助　教

一、 成果简介及主要解决的教学问题

（一）成果简介

本项目以国务院关于加快发展现代职业教育的规定（国发〔2014〕19 号）文件精神为指导，以原精品课程建设为基础，结合互联网技术从信息互联、消费互联、生产互联，逐渐到智慧互联转变，从扩大优质教学资源的有效利用，提高学生学习主动性、培养学习能力的思路出发，与服装企业合作，在中国高等教育出版社、东华大学出版社、南京超星公司等部门支持下，共建了基于互联网＋"女装造型表达"课程资源，并且应用于实践教学。

（二）主要解决的教学问题

（1）丰富课程教学形式，增强学生学习兴趣。互联网＋"女装造型表达"课程开发为高职学生提供了更多的优质教育资源共享的机会，也将传统教学中师生教与学关系改变为需求与供给的关系，这对激发学生的学习热情有极大帮助。

（2）满足差别化学习需求，提高学生专业技能。互联网＋"女装造型表达"课程建设，满足了学生业余时间在线学习的需求，使学生不仅掌握女装设计的方法、女装结构与工艺技能，还培养了学生的学习能力，并逐渐形成一种学习习惯。

（3）提升教师的综合能力，锻炼专业教学团队。互联网＋"女装造型表达"教学改革与实践，涉及到课程开发的范式、课程内容安排、教学环节设计、课程的表现形式、课程的视频录像、课程的动画开发及辅助教学资源的开发等。教师团队通过课程建设，不但专业技术能力得到提升，对数字化课程研究也颇有心得，形成了一系列教学成果。

二、 解决教学问题的方法

（一）课程及资源开发理念与思路

本课程打破了以往时装设计课程与制版、工艺课程相分离的模式，从一个更直观更容易被高职学生理解与掌握的角度安排课程。师生模拟真实的女装产品设计为工作任务，通过设计项目的训练，开阔设计思维，增强动手实践能力，从而为学生走向服装设计与服装制版岗位打下良好的基础。

（二）课程标准的制订及依据

以服装产业对人才的需求为依据,深入分析服装行业各岗位的共性与差异性,围绕专业核心岗位的工作领域,结合服装产业链的人才需求,积极与行业企业合作,开展专业调研,通过企业专家访谈会,确定"典型工作任务"。参照职业资格标准,对从事本专业工作可能承担的职业领域的工作任务进行深度分析,通过对工作任务和职业能力的归并、梳理,提出与典型工作任务相对应的专业课程与实训项目。

（三）互联网＋教学资源建设

"女装造型表达"课程运用现代信息技术,以课程信息化带动课程教学现代化,通过课程录像、服装 CAD 讲解、微课、flash 动画、服装制作视频等多样化的资源和不同的呈现方式突出互联网＋课程建设特色。

（四）新形态一体化教材编写

与相关企业合作,近 3 年编写课程配套教材 2 本,其中《服装结构制图与工艺实训》2015 年被中国纺织学会评为"十二五"部委级优秀教材。2016 年主编完成"十二五"职业教育国家级规划教材《服装结构设计与工艺》,此教材经全国职业教育教材审定委员会审定,是与中国高等教育出版社合作的新形态一体化教材。

（五）课程网站建设与 APP 应用

"女装造型表达"课程 2011 年评为无锡市精品课程,经过 3 年的不断建设与完善,2014 年评为无锡市精品资源共享课,并在"超星泛"建立了"女装造型表达"(http：//mooc. chaoxing. com /course /2182495. html)课程网站,学生也可以通过扫描课程 APP,把网络课程随时带在身边。

三、 成果的创新点

（一）互联网技术融入教学全过程,实现了课程内容的富媒体化

充分发挥互联网带来的便利与丰富传播形式,有利于激发学生的学习热情。同时学生通过模拟服装企业生产与实践的真实案例,可以更近距离地了解行业与企业的用人需求,从而确定学习目标。

（二）互动式教学,师生不受区域与时间限制,方便学生学习与复习

课堂教学得以翻转,师生在网上交流增加,同学之间互助性学习发挥了积极作用,对于学生全面掌握专业所需的理论与实践知识,提高专业能力和专业素质具有重要的实践意义。

（三）按照开放共享的原则,彰显课程建设的示范效应与特色

课程建设不仅针对一个学校,也可以实现全网开放,这对同类院校、同类课程的教学,无疑都是极好的资源共享机会,这既有利于降低教育成本、提高教学效率、转变知识传授方式,又有利于发挥课程建设的示范效应。

四、 成果的推广应用效果

(1) 根据课程内容,编写配套的新形态一体化教材。2014 年主编完成纺织服装高等教育"十二五"部委级规划教材《服装结构制图与工艺实训》,此教材 2015 年被中国纺织学会评为"十二五"部委级优秀教材。2016 年主编完成"十二五"职业教育国家级规划教材《服装结构设计与工艺》,此教材经全国职业教育教材审定委员会审定,已正式出版。读者可通过扫描书中二维码观看全书所配的近 60 个相关知识点的动画演示。全书配套的图片、动画、习题等全套教学资源已建在国家教育资源库"智慧职教"(www. cive. com. cn)网站,学生可免费注册,完成在线的学习。

(2) 通过精品课程建立慕课资源,实现网络课程随身带。本课程 2014 年评为无锡市精品资源共享课,并在"超星泛雅"平台建立了"女装造型表达"(http：//mooc. chaoxing. com /course /2182495. html)课程网站。按照数字化课程建设要求,建立完善了与课程相关的课程标准、项目设计方案、课程授课计划、教师上课教案、试题库、实践指导书、多媒体教学课件等教学资源,通过网上资源,让学生及时了解课程信息,进行自主学习和测试,与教师进行交流,提高课程教学效率和教学质量。学生也可以通过扫描课程 APP,把网络课程随时带在身边,最大限度方便了学生的使用。

(3) 培养了一批优秀的学生(大赛获奖、校企合作成果)。近 5 年来,获教育部服装设计大赛二等奖 2 项,高职高专服装技能大赛一等奖 1 项,获江苏省教育厅主办的服装院校户外休闲装设计大赛获金奖和最佳育人奖各 1 项,获江苏省普通高等学校(专科)优秀毕业设计三等奖 2 项,学生获无锡市职业院校服装技能大赛一等奖

5次,卓越技师班的天裁定制工作室获宜兴市第四届职业院校创业大赛二等奖,并入围中国无锡"东方硅谷"大学生创业大赛。两位学生作品入围第23届"真维斯"杯休闲装设计大赛。与江苏苏龙纺织集团开展的产学研合作案例,入围教育部科技发展中心"中国高校产学研合作优秀案例",学生的作品成为了企业产品,校企合作实现双赢。

(4)通过课程建设,锻炼了教师队伍。通过本项目的研究,课题组教师的专业与教学水平快速提高,在校内外比赛中屡屡获奖,其中教师获江苏省十佳设计师1人,省级微课大赛三等奖2人,无锡市职业院校教师技能大赛一等奖3人,校级微课大赛一等奖1人。项目组教师发表专业核心论文16篇,发表教学改革论文11篇。

(5)在第五届全国服装纺织教育教学工作年会上,进行了数字化资源建设交流。2015年11月,在中国职业技术教育学会教学工作委员会举办的第五届全国服装纺织教育教学工作年会上,进行了"服装专业数字化资源建设"的专题报告,得到50多所兄弟院校同行的充分肯定。

职业素养教育融入专业课程改革的
实践探索

杭州职业技术学院

完成人及简介

姓　名	性别	所在单位	党政职务	专业技术职称
安蓉泉	男	杭州职业技术学院	党委书记	教　授
许淑燕	女	杭州职业技术学院	副院长	教　授
江　平	男	杭州职业技术学院	党政办副主任	副教授
徐高峰	男	杭州职业技术学院	教务处副处长	副教授
童国通	男	杭州职业技术学院	专业建设指导处副处长	副教授
赵　帅	女	杭州职业技术学院	党政办文字秘书	无

一、 成果简介及主要解决的教学问题

（一）成果简介

本成果创新提出并有效实践了职业素养融入专业课程教学的333改革。一是提炼"三大素养"，增强了素养教育针对性。成立职业素养教育研究实践中心，把素养内容分为"学生素养、职业素养和公民素养"三个梯度，把职业素养细分为"职业价值观、公共职业素养和专业职业素养"三个层面，找准着力点，分类研究，稳步提升；二是优化"三大载体"，提高了素养教育融合度。在建立职业素养教育实践基地基础上，通过修订人才培养方案、提炼职业素养融入课程具体步骤、固化职业素养融入专业课程教学方法等，实现"教书"与"育人"的融合。三是搭建"三大平台"，提升了素养教育有效性。建立"教学观摩、说课比赛、论坛交流"三大平台，将骨干教师的教学经验及困惑难题，持续3年多在全校交流，提高全体教师对"融入"方法论和规律性的认知，使教师循序渐进地接受和学会职业素养融入专业课程的内容及方法。

（二）主要解决的教学问题

（1）"育人理念"强调技能忽视素养、重视活动轻视课堂，导致技能教育效果好、素养教育效果差的问题。

（2）职业素养教育的结合载体、教学环节和激励方式等尚未形成完整的方法体系问题。

（3）高职院校的教师缺乏进行职业素养教育动力、能力和经验问题。

二、 解决教学问题的方法

（1）优化顶层设计。按照职业教育规律提出"学校顶层为先、二级学院为主、全体教师为重、学生素养为本"的总体思路。

（2）重视理论研究。用3年时间，组织学校专业教师和公共课教师，围绕职业素养教育的观念认知、基本内容、教学方法、人才培养方案、体制机制建设等开展调研分析和课题研究，编辑出版"素养教育系列丛书"，为推进职业素养教育提供智力支持和理论准备。

（3）聚焦课堂教学。在相关职能部门指导下，发挥二级学院主体作用，将职业素养教育融入人才培养方案

全过程,重视将企业规范、师傅帮带、市场体验等高职教育特色运用到专业课堂和实践教学改革中,引导全体教师在课程优化、项目设计、教学环节、方法探索上主动教改。

(4)典型示范引领。组织优秀教师开展职业素养教育融入专业教学改革成功经验介绍,由研究实践小组成员为全校教师讲解职业素养教育内容和方法,组织全体专业负责人和骨干教师率先课改探索、开设公开课、开展说课比赛等,有效解决了高职院校教师缺乏进行职业素养教育的动力和经验问题。

(5)固化流程推广。在三年调查研究、实践摸索、多层交流、总结完善的基础上,概括性提出"课堂问候、活跃氛围、课程渗透、项目编组、合作分工、随堂笔记、组长汇报、组员补充、学生提问、教师点评、实训着装、作业批改、严控时间"13个教学点要求,推出《职业素养融入专业课程方法指南》(40条),推广了职业素养教育融入专业课程的教学实践。

三、 成果的创新点

(1)职业素养梯度培育的理念和实践创新。对职业素养教育从教育内容、行为载体和实施主体等方面进行了"梯度"式提炼、解析和设计,分地布局,分担职责,分类研究,分步提升,使育人过程由此及彼、循序渐进,实现入脑入心。

(2)职业素养融入专业课程教学方法创新。将职业素养融入专业课程教学的步骤概括为课程设计、课堂实施、教学考核"三大环节"。提出了"课堂问候、活跃氛围、课程渗透、项目编组、合作分工、随堂笔记、组长汇报、组员补充、学生提问、教师点评、实训着装、作业批改、严控时间"等工作路径并固化成《方法指南》,提高了职业素养教育融入的实践效应。

(3)专业教师素养教育能力培养途径创新。以数量和课时占比近80%的专业教师作为重点,通过走进企业调研、广泛征集案例、开展专项研究、观摩典型经验、扩大说课范围、论坛解析困惑等多种途径,加强职业素养教育的校本培训,提高了全体专业教师职业素养教育能力。

(4)文化育人"落地生根"校本路径创新。把职业素养融入专业课程,紧扣职业院校特点,满足企业人才需求,加强专业教师队伍建设,强化课堂环节"融入",使素养教育和技能教学如影随形,扎实服务于学生成长成才。在目前教学成果以"技能型教育成果"为主的今天,有较好的示范效应。

四、 成果的推广应用效果

(1)实现了学生由单纯技能型向"T型人才"的转变。①毕业生获得用人单位广泛好评。学校毕业生因敬业精神好、综合素质高、首岗适应快、多岗迁移和可持续发展能力强,深受社会和用人单位欢迎。2015届毕业生的初次就业率98.56%。省评估院调研数据显示毕业生综合竞争力跻身浙江省高职院校前列。②大学生创新创业能力显著提升。2012年以来,省"挑战杯"创新创业竞赛累计获奖40项(其中特等奖10项),我校被授予"优秀组织奖"的荣誉称号。2016年,学校已累计孵化大学生创业企业117家,其中市高新技术企业8家,2014届毕业生创业率达8.75%。

(2)实现了素养教育主体由教师向"导师"的蝶变。①通过优化校企交叉兼职企业引领帮带机制,构建思政、体育、心理等其他相关课程以及第二课堂的素养引导机制,持续开展素养教育的校本培训,促进了各类别、各层次专业教师综合素质与职业能力提升。②通过面向全体教师公开征集职业素养教育案例,开展职业素养教育研究工作,引导广大专业教师关注学生职业素养,提高职业素养教育的认同度。③通过制订素养教育"教师公约""教师课堂+引导",开展"职业素养教育优秀教师评选""学生喜爱教师评选"等活动,使广大教师在"引导学生""评先评优"的过程中,得到激励、鞭策和自我提升。

(3)实现了课堂教学形态"软硬结合"和"资源重组"。①对课前准备、课堂氛围、课堂设计、课堂合作、实训环节等五大部分40个教学环节进行细化和串联。②强化了长于硬技能的专业教师"软素养"教育的意识和能力,使得"教书"与"育人"一手硬一手软问题得到缓解。③大大扩展了教学形态中各类要素的重组和运用效能,解决了职业院校教学资源多但教师人手少、技能教学强但职业能力弱的突出问题,课堂教学效果明显得到提升。

(4)研究实践成果得到社会各界和媒体的广泛赞誉。①教育部、省、市等各级领导来校视察,并给予了高度评价。②新华社、《中国教育报》和《浙江日报》等多家媒体进行了专题报道。③项目负责人多次受邀在全国高职高专党委书记论坛、教育部职业院校文化素质教育指导委员会年会上介绍工作经验。④出版《文化梯度育人研究》《职业素养教育教程》《职业素养课改方案选》《职业素养案例选》《师德师风案例选》《职业素养教育调研报告选》6 本"素养教育系列丛书"。⑤成为"国家职业院校首批文化素质教育基地",学校职业素养融入专业课程教学的理念和做法被兄弟院校借鉴和应用。

基于"工程中心"构建人才培养体系和社会服务能力的研究与实践

广东职业技术学院

完成人及简介

姓　名	性别	所在单位	党政职务	专业技术职称
张　剑	男	广东职业技术学院	研究所所长	教授/高级工程师
胡　刚	男	广东职业技术学院	院长/党委副书记	教　授
袁劲松	男	广东职业技术学院	无	副教授
张　蕾	女	广东职业技术学院	无	讲　师
欧浩源	男	广东职业技术学院	无	讲　师
李正淳	男	广东职业技术学院	无	讲师/工程师
王昕阳	男	广东职业技术学院	无	讲　师
冯焕霞	男	广东职业技术学院	无	

一、 成果简介及主要解决的教学问题

本研究成果将创新人才的培养置于创新强校政校企合作教育的协同发展中心或工程技术研究开发中心（简称"工程中心"）这一大环境中，用系统论的观点，在"工程中心"环境下构建人才培养体系和社会服务能力共同体，政校企合作教育的"工程中心"是结合现代教育应用的特点和社会服务客观需要，以全新的教育工作路线方法，为我国政校企合作教育的"工程中心"人才培养体系和社会服务能力共同体的研究与实践赋予了新的内涵，为高职教育实现跨越式发展做出了颇有成效的探索。"工程中心"是一种培养适应社会和个人发展需要，提高全面素质人才培养的重要教育模式。它的核心在于利用或整合多种不同的教育环境和教学资源，通过"工程中心"模式培养学生的创新、实践和竞争能力，进而全面提高学生的整体素质社会服务能力。

该课题成果深入提高了现代教育，促进了现代教育人才培养的整体发展，并探索出一条高职院校创新人才的培养教改路径，用"工程中心"带动学科建设的道路。为了贯彻教育部大力发展现代教育事业精神，一方面，我们课题组自2007年起，制定了相关技术研究计划，认真分析研究了社会服务能力，并根据2009年广东省高等学校学科建设和教学质量改革工程专项在原区市基础上组建了省级"数字化纺织服装工程技术开发中心"。另一方面，遵循教育部发布的《关于全面提高高等职业教育教学质量的若干意见》（教高〔2006〕16号）文件有关政策方针以及广大企业人才匮乏的客观需求，以人才培育为切入点，建立了首批广东示范教育工程基地。该成果不仅为高等院校创新性教育人才培养起到推波助澜的作用，而且成为现代教育事业的发展壮大的助推器。为此，2014年获广东省高等学校创新能力提升计划建设项目"数字化纺织服装协同创新发展中心"。

二、 解决教学问题的方法

2007年5月，我院"佛山市禅城区数字化纺织服装工程技术开发中心"获禅城区立项组建；2009年验收优秀升级为"佛山市数字化纺织服装工程技术研究开发中心"；2010年获广东省教育厅学科建设专项"广东高校数字化纺织服装工程技术研究开发中心"；2014年该成果获广东省高等学校创新能力提升计划建设项目"数字化纺

织服装协同创新发展中心";2014年又晋升为广东省省级工程技术开发中心。作为政校企合作教育的有效组织形式与管理模式,6年来,政校企各方互动,互利互惠,紧密合作,实现了真正意义上的政校企合作教育,构建了人才培养体系和社会服务能力共同体。

(一) 依托政府企业学院培养出具有工程背景的高素质教师队伍

为了更好地促进政校企合作教育的"工程中心",创新人才队伍建设模式,提升为地方社会服务的能力,实现具有深厚的职业知识和精湛的职业技能的的工程师资,培养生产、建设、管理、服务第一线的高技能人才。一方面,实施"双百"人才联动教师队伍计划。我校直接从业界聘请实践能力强的资深专业人士作为兼职教师,承担实践教学任务,将行业最新信息、成果、技术引入学校课堂教学,现已逐步形成了一支德才双馨、结构优化、教学科研协同发展的"工程中心"教师队伍。另一方面,加强双师型教学队伍和科研团队建设。为理论教师参加职业技术职务考试提供便利条件,定期选派理论教师到"工程中心"实习基地挂职锻炼,承担一定的项目任务,从事最新项目科研课题研究,以利于在现场实践中提高他们的素质和业务水平,并将最新的业界信息和应用成果纳入课堂讲稿中。通过校企政共同努力,已逐步形成一支适应政校企合作教育的"工程中心"人才培养模式发展需要的高水平师资队伍。

(二) 政校企共建"工程中心"为师生从事教学科研工作创造良好的实践基地

在广东和佛山政府的支持与组织下,依托我院有优势的数字化纺织服装学科专业,成立省级"工程技术开发中心"。中心是集研究、开发、生产和教育为一体的组织形式,以工程研究、技术开发、人才培养、社会服务为目的,实行科研、教育、生产、服务结合的"工程技术开发中心"实体基地。为我院与企业结合找到"接口",也是科技成果产业化的"通道"。为此,政企校各单位实质性地支持我院"工程中心"建设,连续提供基金和捐助设备软件等扶植"工程中心",其投入建设费3 600余万元人民币,并赠送价值1 500余万元人民币的设备软件资料,有力地促进了我院"工程中心"实验室建设。学院相继建成了数字化设计实验室、软件复用实验室、嵌入式实验室、三维人体数据采集研究实验室、物联网工程实训室、衣拿吊挂系统制衣实训室、纺织服装研究中心、RFLD工程技术研究开发中心、数据网络中心、国家服装品牌物联网中心、佛山中纺联纺织品检验认证中心(国家级)、国际人工智能(机器人)人才培养及项目研发基地、计算机科学与技术工程博士后科研基地、三段式教育实训基地、信息技术及应用远程培训(IT&AT)示范教育工程基地(教育部)等15个教学、科研实验室、实训基地中心和新型研发机构(南方数据科学研究院)。其中"物联网工程实验室"达到了国际先进水平,大学生科技孵化器获广东省科技创业服务中心。以"工程中心"作为合作教育的主体,可提升学院自主创新能力,学校在里面积极发挥自身的人才和学科方面的优势,共同为"工程中心"的发展奠定良好的人才培养体系和社会服务能力基础。

(三) 以科学研究促进高水平的学科建设和科研成果产业化

在各级领导的带领和推动下与企业合作更加紧密,建立政府、学校、企业、社会"共享、共建、共管、共赢"的运行机制,我们坚持教学改革和创新,建立了一个重在培养学生创造力的"工程中心"教学体系,建立了技术服务平台、教育支撑中心和开放实验室的三大公共服务体系,取得了较为显著的成果,已成为广东高校的省级"工程中心"。为此,同时提高了师生双方的科学研究能力,先后承担国家863计划、国家自然基金、粤港关键领域重点突破项目、省重大专项资金以及市、区级科研项目110项。已申报73项国家专利、19项国家计算机软件著作权,主持参与5项地方行业、2项国际和国家IGRS标准制定描述规范及数据标准审订工作,并获部省级科研成果奖一等奖1项,二等奖2项,三等奖5项。数十项科研成果已应用在企事业单位生产与管理中,产生了明显的社会和经济效益。

(四) 与创新社会服务能力推行教学内容和课程体系的改革

围绕着人才培养体系和社会服务能力共同体的研究,根据高职院校发展以及技术人才市场需求变化,及时动态调整教学计划、优化课程体系,以新思想、新技术渗入并改革原有的教学内容,有力地促进了人才培养质量的全面提高。

第一,构建与高素质人才培养相适应的社会服务能力课程新体系,切实保证人才培养目标的实现。在对课程进行重新分类的基础上,构建了由通识课、学科基础课、专业课和社会实践教学环节相互衔接的"工程中心"课程体系。按统一标准面向全校所有专业学生开设,学科基础课按学科门类统一开设,专业课分专业精选开设。

第二,结合培养社会服务能力应用型人才的目标,开设与区域经济发展相关联的课程,如广东经济概论、民营经济发展研究等;开设提升学生创新精神和创业能力、强化实践能力的课程,如中小企业创业实务、大学生KAB创业基础、创业学等。

第三,根据本地社会经济发展的实际情况对高职教育的规模、结构等进行科学规划。创建了相应的物网联工程、LED专业,以职业岗位需求为依据设置专业、选择课程和教学内容,以增强其职业性、实践性、开放性,并在此基础上形成人才培养体系和社会服务能力共同体,彰显了办学特色,提高了对当地社会经济发展的服务能力。

例如2013—2015年,成功在广东职业技术学院举办了3次"南方数据杯"泛珠三角大学生IT夏令营。并得到了广东事厅人才服务局、广东省佛山市人力资源和社会保障局、广东省(佛山)软件产业园、佛山国家火炬创新创业园、广东物联天下物联网信息产业园等单位的鼎力支持和关心,同时也收到了泛珠三角地区多所本科院校计算机类专业本科生的广泛关注,吸引了广东、湖南、四川、重庆、贵州等泛珠三角区域11所本科院校550多名本科大学生参加。

(五) 在生产实践中培养具有创新精神和实践能力的社会服务人才

社会服务是职业教育的宗旨。"工程中心"主要从事高科技成果的研究、开发与产业化,生产出高附加值的高科技产品,同时从工程人才培养的角度,对提高我院的人才培养质量起着很大的作用,更可贵是可以培养出拔尖的具备创新精神和实践能力的社会服务人才。我院高级职业技术专门人才培养的教育改革实践,形成了学校积极面向企业、企业热情支持学校、政府大力扶持学校培养人才的互动局面。"工程中心"将教学实践基地的建设作为企业自身建设,投入人力物力,积极主动承担教学实践基地建设和学生实习的任务。在"工程中心"学生能实际上岗操作,使学生创新精神和实践能力得到了较好的培养。这与目前高校校外工程训练实践基地难联系与落实、学生在实践环节中"应付式走过场"而得不到实际锻炼的情况形成鲜明对照。"工程中心"的实质性教学实践,较好地解决面向实际培养和教学实践基地的问题,加快了创新精神和实践能力的人才培养,激发了企业建设实践基地的积极性。同时,"工程中心"作为生产性实训基地,充分利用现有的条件,扩展为社会经济发展服务的功能,已成为企业的技术培训场所,面向企业员工、企业客户、社会劳动力,成为提供职业技能训练、岗位技能鉴定、素质教育、技术教育等的培训场所。如教育部物网联资源库、公共实训基地、公共图书资源中心、科技创业服务平台、教育云计算平台、南开远程教育、职业技能鉴定等对行业、企业及社区开放。仅2014年,"工程中心"6个实训室就有1万多人在公共实训基地参加实训;与佛山市西樵镇共建的高技能人才培训中心,2011年为企业、社会培训各类技能人才3 550人;与佛山科技创业园施实孵企业10家,其中大学生创业企业5家,3家学生创业企业获得广东省(大学生)科技型中小企业技术创新专项资金无偿资助,1家企业获国家科技创新基金及配套奖励30万元;吸纳了300名学生参与创业,带动了3 600余名学生实习与就业,2008年获国家科研兴教示范单位。2012年5月,又与区政府签署政校共建"三资融合"科技园区协议,并申报广东省"三资融合"科技园企业孵化器平台建设项目,为学校进一步提升科技创新能力提供了助力,提升了学校的科技创新和社会服务能力。2014年开始关注前孵化器、创业苗圃等新型创业服务平台的建设发展。通过与企业建立产学研联盟,与国内外高校与研究机构合作,成为装备技术交流与"工程中心"合作平台的广东智能信息技术行业高层次专业人才培养和创新创作基地。同时,为充分发挥软件园小企业创业基地、科技企业孵化器等现有园区和孵化基地的优势,立足广东职业技术学院与广东省(佛山)软件园合作打造佛山大学生创业苗圃,为创业大学生提供孵化场所和高新技术企业服务。2014年,在众创空间实际服务场地面积超3 000平方米,在孵化的项目和团队超10个;涌现出机器人、大数据学生创客的创业服务平台,培育了一批优秀团队和企业,有效带动众包、众扶、众筹、众智的协同发展,成为推动我院大众创业万众创新的重要平台,2015年2月,我院大学生科技孵化器获广东省科技创业服务中心。

三、 成果的创新点

2007年5月,我院"佛山市禅城区数字化纺织服装工程技术开发中心"获禅城区立项组建;2009年验收优秀升级为"佛山市数字化纺织服装工程技术研究开发中心";2010年获广东省教育厅学科建设专项"广东高校数字化纺织服装工程技术研究开发中心";2014年该成果获广东省高等学校创新能力提升计划建设项目"数字化纺织服装协同创新发展中心";2014 年又鹰升为广东省省级工程技术开发中心。作为政校企合作教育的有效组织形式与管理模式,9 年来,政校企各方互动,互利互惠,紧密合作,实现了真正意义上的政校企合作教育,构建了人才培养体系和社会服务能力共同体。

(1) 依托政府企业学院培养出具有工程背景的高素质教师队伍。为了更好地促进政校企合作教育的"工程中心",创新人才队伍建设模式,提升为地方社会服务的能力,实现具有深厚的职业知识和精湛的职业技能的的工程师资,培养生产、建设、管理、服务第一线的高技能人才。一方面,实施"双百"人才联动教师队伍计划。我校直接从业界聘请实践能力强的资深专业人士作为兼职教师,承担实践教学任务,将行业最新信息、成果、技术引人学校课堂教学,现已逐步形成了一支德才双馨、结构优化、教学科研协同发展的"工程中心"教师队伍。另一方面,加强双师型教学队伍和科研团队建设。为理论教师参加职业技术职务考试提供便利条件,定期选派理论教师到"工程中心"实习基地挂职锻炼,承担一定的项目任务,从事最新项目科研课题研究,以利于在现场实践中提高他们的素质和业务水平,并将最新的业界信息和应用成果纳入课堂讲稿中。通过校企政共同努力,已逐步形成一支适应政校企合作教育的"工程中心"人才培养模式发展需要的高水平师资队伍。

(2) 政校企共建"工程中心"为师生从事教学科研工作创造良好的实践基地。在广东和佛山政府的支持与组织下,依托我院有优势的数字化纺织服装学科专业,成立省级"工程技术开发中心"。中心是集研究、开发、生产和教育为一体的组织形式,以工程研究、技术开发、人才培养、社会服务为目的,实行科研、教育、生产、服务结合的"工程技术开发中心"实体基地。为我院与企业结合找到"接口",也是科技成果产业化的"通道"。为此,政企校各单位实质性地支持我院"工程中心"建设,连续提供基金和捐助设备软件等扶植"工程中心",其投入建设费 3 600 余万元人民币,并赠送价值 1 500 余万元人民币的设备软件资料,有力地促进了我院"工程中心"实验室建设。学院相继建成了数字化设计实验室、软件复用实验室、嵌入式实验室、三维人体数据采集研究实验室、物联网工程实训室、衣拿吊挂系统制衣实训室、纺织服装研究中心、RFLD 工程技术研究开发中心、数据网络中心、国家服装品牌物联网中心、佛山中纺联纺织品检验认证中心(国家级)、国际人工智能(机器人)人才培养及项目研发基地、计算机科学与技术工程博士后科研基地、三段式教育实训基地、信息技术及应用远程培训(IT&AT)示范教育工程基地(教育部)等 15 个教学、科研实验室、实训基地中心和新型研发机构(南方数据科学研究院)。其中"物联网工程实验室"达到了国际先进水平,大学生科技孵化器获广东省科技创业服务中心。以"工程中心"作为合作教育的主体,可提升学院自主创新能力,学校在里面积极发挥自身的人才和学科方面的优势,共同为"工程中心"的发展奠定良好的人才培养体系和社会服务能力基础。

(3) 以科学研究促进高水平的学科建设和科研成果产业化。在各级领导的带领和推动下与企业合作更加紧密,建立政府、学校、企业、社会"共享、共建、共管、共赢"的运行机制,我们坚持教学改革和创新,建立了一个重在培养学生创造力的"工程中心"教学体系,建立了技术服务平台、教育支撑中心和开放实验室的三大公共服务体系,取得了较为显著的成果,已成为广东高校的省级"工程中心"。为此,同时提高了师生双方的科学研究能力,先后承担国家 863 计划、国家自然基金、粤港关键领域重点突破项目、省重大专项资金以及市、区级科研项目 110 项。已申报 73 项国家专利、19 项国家计算机软件著作权,主持参与 5 项地方行业、2 项国际和国家 IGRS 标准制定描述规范及数据标准审定工作,并获部省级科研成果奖一等奖 1 项,二等奖 2 项,三等奖 5 项。数十项科研成果已应用在企事业单位生产与管理中,产生了明显的社会和经济效益。

(4) 与创新社会服务能力推行教学内容和课程体系的改革。我们围绕着人才培养体系和社会服务能力共同体的研究,根据高职院校发展以及技术人才市场需求变化,及时动态调整教学计划、优化课程体系,以新思想、新技术渗入并改革原有的教学内容,有力地促进了人才培养质量的全面提高。

第一,构建与高素质人才培养相适应的社会服务能力课程新体系,切实保证人才培养目标的实现。在对课程进行重新分类的基础上,构建了由通识课、学科基础课、专业课和社会实践教学环节相互衔接的"工程中心"课程体系。按统一标准面向全校所有专业学生开设,学科基础课按学科门类统一开设,专业课分专业精选开设。

第二,结合培养社会服务能力应用型人才的目标,开发与区域经济发展相关联的课程,如广东经济概论、民营经济发展研究等;开设提升学生创新精神和创业能力、强化实践能力的课程,如中小企业创业实务、大学生 KAB 创业基础、创业学等。

第三,根据本地社会经济发展的实际情况对高职教育的规模、结构等进行科学规划。创建了相应的物网联工程、LED专业,以职业岗位需求为依据设置专业、选择课程和教学内容,以增强其职业性、实践性、开放性,并在此基础上形成人才培养体系和社会服务能力共同体,彰显了办学特色,提高了对当地社会经济发展的服务能力。

(5) 在生产实践中培养具有创新精神和实践能力的社会服务人才。社会服务是职业教育的宗旨。"工程中心"主要从事高科技成果的研究、开发与产业化,生产出高附加值的高科技产品,同时从工程人才培养的角度,对提高我院的人才培养质量起着很大的作用,更可贵的是可以培养出拔尖的具备创新精神和实践能力的社会服务人才。我院高级职业技术专门人才培养的教育改革实践,形成了学校积极面向企业、企业热情支持学校、政府大力扶持学校培养人才的互动局面。"工程中心"将教学实践基地的建设,作为企业自身建设,投入人力物力,积极主动承担教学实践基地建设和学生实习的任务。在"工程中心"学生能实际上岗操作,使学生创新精神和实践能力得到了较好的培养。这与目前高校校外工程训练实践基地难联系与落实、学生在实践环节中"应付式走过场"而得不到实际锻炼的情况形成鲜明对照。"工程中心"的实质性教学实践,较好地解决面向实际培养和教学实践基地的问题,加快了创新精神和实践能力的人才培养,激发了企业建设实践基地的积极性。同时,"工程中心"作为生产性实训基地,充分利用现有的条件,扩展为社会经济发展服务的功能,已成为企业的技术培训场所,面向企业员工、企业客户、社会劳动力,成为提供职业技能训练、岗位技能鉴定、素质教育、技术教育等的培训场所。如:教育部物网联资源库、公共实训基地、公共图书资源中心、科技创业服务平台、教育云计算平台、南开远程教育、职业技能鉴定等对行业企业及社区开放。仅2014年,"工程中心"6个实训室就有1万多人在公共实训基地参加实训;与佛山市西樵镇共建的高技能人才培训中心,2011年为企业、社会培训各类技能人才3 550人;与佛山科技创业园施实孵企业10家,其中大学生创业企业5家,3家学生创业企业获得广东省(大学生)科技型中小企业技术创新专项资金无偿资助,1家企业获国家科技创新基金及配套奖励30万元;吸纳了300名学生参与创业,带动了3 600余名学生实习与就业,2008年获国家科研兴教示范单位。2012年5月,又与区政府签署政校共建"三资融合"科技园区协议,并申报广东省"三资融合"科技园企业孵化器平台建设项目,为学校进一步提升科技创新能力提供了助力,提升了学校的科技创新和社会服务能力。2013年5月,2014年开始关注前孵化器、创业苗圃等新型创业服务平台的建设发展。通过与企业建立产学研联盟,与国内外高校与研究机构合作,成为装备技术交流与"工程中心"合作平台的广东智能信息技术行业高层次专业人才培养和创新创作基地。同时,为充分发挥软件园小企业创业基地、科技企业孵化器等现有园区和孵化基地的优势,立足广东职业技术学院与广东省(佛山)软件园合作打造佛山大学生创业苗圃,为创业大学生提供孵化场所和高新技术企业服务。2014年,在众创空间实际服务场地面积超3 000平方米,在孵化的项目和团队超10个;涌现出机器人、大数据学生创客的创业服务平台,培育了一批优秀团队和企业,有效带动众包、众扶、众筹、众智的协同发展,成为推动我院大众创业万众创新的重要平台,2015年2月,我院大学生科技孵化器成为广东省科技创业服务中心。

四、 成果的推广应用效果

通过9年来的实践认识到,基于"工程中心"构建人才培养体系和社会服务能力的研究与实践模式意味着要将工作重点转向以能力—应用—需求—教育带动市场,从而促进现代教育的形成和发展。通过政府企业与高校组建的"工程中心",一方面,在一些关键领域合作创新、联合攻关,合作研发具有自主知识产权的先进的核心技术和工艺,为行业的技术水平与核心竞争力服务。另一方面,"工程中心"已成为广东省各行业高层次专业人才的培养基地,为广东省经济建设输送一批高级专业人才,同时为社会企业培养一批急需的地方化、行业化和基层化高技能应用型人才。

2007年初"工程中心"建设时,我院与佛山市禅城区政府就双方开展产学研合作教育进行了商讨,经过充分的酝酿和准备后,提出了进行政校企合作教育的"工程中心"人才培养模式试点,并有佛山市禅城区科学技术局科技立项。

"工程中心"人才培养模式,每年从学生中选拔,按照个人报名、择优录取的原则,由"工程中心"组织专人进行面试、复试确定人员名单报学校审批,系部备案,选拔出一批品学兼优的学生进入"工程中心"实验室。以培养学生自主学习能力、开发实践能力、团队协作能力为目标，采取全程导学制，按照"师徒式"培养方式，由导师针对每位学生或团队的情况，采取个性化培养方案，设计、安排、布置、实施每一阶段学习任务及项目开发任务，综合课堂教学、学生自主学习、企业实习与项目实战管理相结合，主修专业和科研相结合的培养模式，课程教学以项目研育方式交互进行。在教学内容和课程体系方面，"工程中心"人才培养计划体现精英教育的理念，强化学生基础知识，重点突出学生实践创新能力。第一学年，以专业基础课学习为主，按学科大类进行宽口径培养，强调对现代科技前沿的了解和人文素质教育。并在导师指导下，根据自己的专长和兴趣进行个性化科研训练。第二学年，按照《攻读本科生资格工作实施办法》择优推荐攻读本科生学位学生，并集中强化本科资格考试课程。第三学年，导师引导学生了解各学科发展的最新动态和选择合适的科研课题，制定技能型培养计划。对获得攻读本科生学位资格的学生，在第四学年修读本科规定课程的同时，可在导师指导下提前修读研究生课程，所学课程成绩报合作办学学校研究生院备案，予攻读硕士学位研究生。2007年9月，首批从2007级新生中优选出12名学生，进入"工程中心"学习生活，进行为期3年产学研合作教育人才培养的工程生产科研实践。第一批12名试点生，他们中有11名学生的毕业设计得了优秀，目前已有383名学生。"工程中心"人才培养模式试点必须结合科技重大课题进行，选择了广东省科技厅重大专项资金"服务业信息关键技术研究及应用示范"项目、国家863计划子课题公共服务体系架构设计及应用服务关键技术研究与开发》项目、企业博士后研究课题"数字家庭多媒体适配器生产技术改造与产业化"项目。将12名学生分配以这三大课题人，派专职指导教师，并以任务书的方式向学生下达正式任务，让其参加具体的研究全过程，使学生从中得到一个工程技术人员的全面的真实的锻炼。

"互联网＋"背景下基于校企合作长效机制的制鞋专业实践教学模式的创新与实践

武汉纺织大学高职学院

完成人及简介

姓　名	性别	所在单位	党政职务	专业技术职称
陈　婷	男	武汉纺织大学高职学院	无	讲　师
陶　辉	女	武汉纺织大学	服装学院教学副院长	教　授
周启红	男	武汉东湖学院	党委书记、校长	教　授
万蓬勃	男	陕西科技大学	资源与环境学院服装设计与工程系主任	副教授
李世宗	男	武汉纺织大学高职学院	院长	教　授
潘文星	女	武汉纺织大学高职学院	教学副院长	讲　师

一、成果简介及主要解决的教学问题

（一）成果简介

国家政策层面提出"大力推行工学结合、校企合作的培养模式"以后,各高职院校普遍结合自身优势开展了形式多样、层次各异的校企合作办学,进行了诸多卓有成效的实践探索,遗憾的是其中依然可以看到存在合作深度不够、合作模式不稳固、人才输送衔接不上等问题。主要原因有以下几个方面:一是校企之间尚未建立有效的信息共享平台,二是校企合作缺乏长效的组织管理机制的保障,三是校企双方对于人才培养的内在要求融合度不够。针对这些问题,成果系统科学地整合了国家职业标准、技术标准与企业职业岗位任职要求,具化于综合实践项目与任务、方式与方法的二维度系统中,运用"互联网＋"带来的教学模式的革新技术,构建以"由专到综,由仿到真,专综协同,仿真互通"为内涵特征的校企深度互融的综合实践人才培养教学模式(图1),从而促进学生系统解决问题及组织实施的能力的提升,弥补高职人才培养输送环节的断裂层。通过寻求校企双方的利益共同点,形成稳定、规范且符合人才培养规律的校企合作长效机制。

（二）主要解决的教学问题

(1) 远离行业区域办学如何有效实现深度校企融合。利用互联网＋概念体系下教学技术手段的介入,打破时空的限制,与企业共建虚拟仿真实训基地,根据企业职业岗位任职要求设计项目化教学内容,便于企业全程参与培养过程,确保校企在人才培养目标上保持高度一致。

(2) 解决校企合作人才培养的持续健康发展问题。寻找企业、学生、学校三方利益结合点,通过三方之间的相互作用而形成稳定、规范、高层次的校企合作长效机制,推动校企合作健康可持续发展,缩短人才培养的周期和社会成本。

(3) 解决人才输送过程中的断层问题。从行业经济及企业发展对人才的需求出发,形成课程专项实践、课程综合实践、毕业综合实践为基本组成的实践教学体系,通过校企深度融合,找准岗位需求与培养目标的对接点,逐步提高高职学生在就业或创业过程中对应的职业岗位任职能力,适应市场及社会的需求。

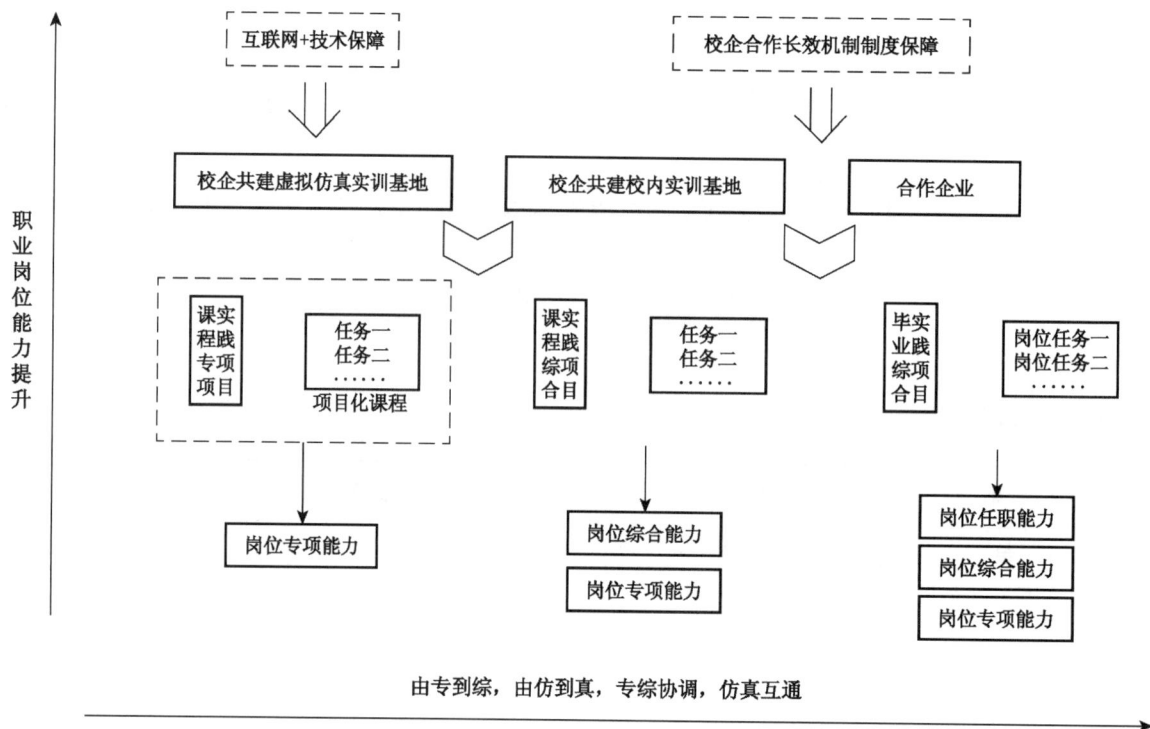

图1 "互联网＋"背景下基于校企合作长效机制的实践教学模式的基本架构

二、 解决教学问题的方法

(一) 基于四个学科

基于传播学、教育学、职业学与系统科学,研究高职学生的心理特点与学习习惯,结合动态变化中的产业结构及企业的组织运行方式、产业流程及其岗位工作项目与任务的逻辑体系框架,系统设计制鞋专业实践课程的创新模式。

(二) 明确两个需求

系统调研并把握行业发展与区域产业转型对人才的需求,校企合作长效机制下的校企双方的需求。

(三) 优化两个路径

10 多年来,成果完成单位注重成果在校内长期实践中的总结提升,同时也注重成果在国际国内交流合作中的成熟发展。

本成果的研究采用调研法、教学试验法、行动研究法、理论综合法、模式研究法等多种研究方法,以教学试验法为主,其他方法为辅助进行研究。

三、 成果的创新点

(1) 开拓性地研究如何突破地理位置的劣势,打破时空的限制实现校企深度互融。通过引入互联网＋新型技术,校企共建虚拟仿真实训基地,为远离行业区域办学,实现校企深度合作办学探索出一条可行有效的路径。

(2) 以校企合作长效机制为保障的实践教学模式创新。基于企业、学生、学校三方利益最大化的战略需求,以校企合作长效机制为保障,将国家职业标准、技术标准与企业职业岗位任职要求,具化于综合实践项目与任务、方式与方法的二维度系统中,开创以校企深度互融为目标的综合实践教学模式,提高了人才培养的质量和效率。

四、 成果的推广应用效果

(1) 人才培养成效显著。学院开展校企合作至今共培养学生 330 名,就业率 100％,大部分学生在企业成长为部门技术骨干和业务骨干。

(2) 产生了广泛社会影响。先后有《湖北日报》等数十家主流报刊媒体竞相报道,2008年8月,《中国纺织报》发表专题文章,赞扬这一人才培养模式充分实现了学生发展需要、学校发展需要、社会发展需要的"三统一"。2011年7月,《纺织服装周刊》发表文章,认为我院"量身定做"培养高技能人才,为校企合作培养人才提供了良好范例。

(3) 国内外学术与经验交流频繁。2010年7月,项目成员周启红在全国本科院校高职教育协作会第十次学术年会上作了题为《校企合作,工学结合,四方联动,提高质量》的主题报告,数十家院校来我院参观学习。如2010年11月,广东纺织职业技术学院院长胡刚一行到我院考察,共同探讨校企合作培养高技能人才办学模式。2013年5月,武汉职业技术学院纺织服装学院副院长全建业一行到我院就高等职业教育校企合作成效进行交流与探讨。项目成员陶辉曾多次受邀到美国、瑞典、澳大利亚、香港、北京等地参加国际学术会议并在大会宣读论文。

(4) 成果辐射面广。2012年10月,校内开办首个"小师傅,大徒弟"服装卓越班,将实践教学体系的研究成果应用于相关专业,并取得良好的教学效果。多家企业来我院进行该成果的学习与探讨,并积极开展校企合作。如2011年6月,广东东莞都市丽人实业有限公司与我院签订合作办学协议,开设了国内首个"精英店长班"。2015年12月,莱特妮丝集团与我院合作共建"纺大·莱特妮丝设计工坊"。

(5) 研究项目立项与教学研究成果。项目负责人陈婷,2012年,教研项目"高职鞋类设计与工艺专业实践教学的改革与创新"获得校级立项,并顺利结题;2014年,教研项目"高职制鞋专业实践课程'项目化'教学实施策略研究"获得校级立项,并顺利结题。2015年,项目"信息化条件下基于深度学习的制鞋专业教学方式的变革研究"获得"纺织之光"中国纺织工业联合会职业教育教学改革立项。论文《高职鞋类设计与工艺专业项目化教学改革的探讨——以武汉纺织大学高职院鞋类设计与工艺专业为例》CPCI检索(2011.04),《高职制鞋专业工艺课程评价改革研究》CPCI检索(2011.10),《高职院校制鞋工艺课程教学改革初探——以武汉纺织大学高职院鞋艺专业为例》发表于核心期刊《中国皮革》(2012.02),《新型网络环境下自主探究与合作学习模式的实践——以制鞋工艺学课程为例》CPCI检索。

"学徒＋创业"人才培养实践教学体系改革与探索——以成都纺专服装学院为例

成都纺织高等专科学校

完成人及简介

姓 名	性别	所在单位	党政职务	专业技术职称
胡 毅	女	成都纺织高等专科学校	专业负责人	讲 师
吴 杰	男	成都纺织高等专科学校	无	讲 师
阳 川	女	成都纺织高等专科学校	服装学院院长	教 授
刘晓影	女	成都纺织高等专科学校	无	讲 师
沈 妮	女	成都纺织高等专科学校	无	助 教
李晓岩	女	成都纺织高等专科学校	教研室主任专业负责人	副教授
李 维	女	成都纺织高等专科学校	服装实训中心指导老师	初 级
刘治君	男	成都纺织高等专科学校	无	讲 师

一、 成果简介及主要解决的教学问题

人才培养是高等学校的根本任务,结合当前高等学校教育改革的重要内容是创新创业人才培养实践教学体系改革与实践。本次成果以"工作室"为载体,以"学徒＋创业"为人才培养实践教学体系,以创新创业人才培养为切入点,推进服装专业实践教学改革。

主要解决的教学问题:①以强化校企深度合作为主旨,创新校企合作体制机制,建立"工作室"化的实训基地,校企共同建课、共同教学,融合了校企合作关系,解决了校企长期脱节的问题。②以企业项目作为课程教学内容,人才培养过程通过"工作室"嵌入社会服务项目,构建了项目化实践教学体系,用真实工作内容强化学生技能培养,解决了学生就业竞争力不强的问题。③以企业项目促进企业实践专家进入课程实践教学环节,同时,促进校内教师"双师"职业能力提高,解决了校企共建课程不深入的问题。④以企业项目促进学生提升职业技能,促进学生拓展创新创业思路,深化创新创业人才培养实践教学体系改革。

二、 解决教学问题的方法

(1) 整合实践教学体系,强化服装设计、研发、生产、营销一体化的课程体系以"工作室"为平台,建立校企合作,将真实项目引入实践教学课程。通过课程体系改革实现学生在第一课堂完成职业技能的统一实训,在第二课程完成课外兴趣组、课外创业的分散性实训。

(2) 开设"工作室"实训实践基地,在校内建设前店后工坊的一体化"工作室"群,"前店"即门店形式,以营销类项目主的工作室,"后工坊"即满足设计、研发、生产实训项目的工作室。

(3) 用真实工作内容强化学生技能与职业素质培养,实现教、学、做、行有机结合的应用型教学新模式。通过"工作室"承接了多项企业项目,并将其项目融入相关课程教学中,进行工学结合、任务驱动的课程开发与实施,创新教学方法与手段,变教师主体为学生主体。

(4) 构建"课堂与岗位、教师与师傅、学生与学徒、作品与产品"四合一的校企合作模式。依托工作室订单项

目和工作室聘用的教师资源,以"师傅＋学徒"的第一课堂教学模式将实践专家引入课程实践教学环节,学生完成实训作品即为订单产品。

(5) 培养学生创业素质,增强学生创新创业能力和信心以"学徒＋创业"的第二课堂教学模式,开放工作室资源,为学生在课外实训提供项目平台和1对1"师傅＋学徒"资源,促进学生提升职业技能、拓展创新创业思路,深化创新创业人才培养实践教学体系改革。

三、 成果的创新点

(1) 创新课程体系构建。以深化校企合作为导向,整合实践教学体系,强化服装设计、研发、生产、营销一体化的课程体系,系统化地设计综合实训类课程,全面提升学生的职业素质和实践能力。

(2) 创新校企合作模式。校企深度合作、双师紧密合作,构建"工作室"实训实践基地,搭建起学校教学环境与企业实战环境的桥梁,完成"课堂与岗位、教师与师傅、学生与学徒、作品与产品"四合一的校企合作模式。

(3) 创新教学方式。通过校企共建"工作室"和教学团队,构建企业项目化教学内容、教学方案,实现教、学、做、行有机结合的应用型教学新模式。

(4) 创新创业人才培养孵化平台。结合"工作室"的双课堂教学模式,进行企业项目教学和创新创业实践教育的双重教学,培养学生创业素质,增强学生创新创业能力和信心。

四、 成果的推广应用效果

(1)"学徒＋创业"的工作室模式已在2014级、2015级服装设计专业、鞋类设计与工艺专业得以实施。期间,省教工委、省文化厅非遗处等各方专家对服装学院"学徒＋创业"的工作室模式人才培养实践教学进行指导,并对"学徒＋创业"的工作室模式的操作方法给予了肯定。

(2) 以"工作室"为平台,引入真实项目,实施实践教学课程,并产生一定社会服务收益。"工作室"模式实践以后,为服装专业"服装生产实习"、"服装产品开发"、"市场营销"和"电子商务"课程、鞋类设计与工艺专业"皮具设计与制作"、"鞋靴与皮具产品开发"和"服饰配件设计与制作"等课程提供真实项目,进行实践教学,通过实践课程教学已为工作室完成了总产值约30万金额的社会服务项目。

(3) "学徒＋创业"人才培养实践教学体系孵化出一批典型的学生创新创业项目。包括"悠艺阁"皮具原创品牌、O2M线上线下互动营销的创新创业项目,以及现代学徒式手工匠人培训的创业项目。

(4) 2016年,继"服装学院时尚管理公司"、"'革艺居'皮具设计工作室"和"衣诚工作室"后,雷迪波尔服装服饰有限公司又与学院共建了"雷迪波尔微商城"工作室。以服装产品为平台,结合了设计师创业、跨境电商等各类商业业态的工作室平台。

(5) 2016年,成都红谷皮具有限公司到"革艺居"皮具设计工作室考察后,与工作室达成了战略合作意向,建设红谷皮具实训基地,有意将红谷皮具高端线皮雕产品的外包加工项目交由工作室。与JEEVES成都奢侈品护理公司达成人才培养共识,通过工作室开设皮具保养与护理的创新创业课程,不断向JEEVES成都奢侈品护理公司输送高级皮具产品护理人才,满足企业岗位需求。不仅如此,成都雷迪波尔服饰有限公司也表达了合作意向,希望旗下皮具产品研发部能与工作室共同合作完成皮具产品研发、生产。

(6) "革艺居"皮具设计工作室承接了学校国际交流课程"手工皮凉鞋定制",正在筹建开展现代"师傅＋学徒"式手工匠人培训的创业项目,通过工作室技术师傅培训有兴趣的人士(包括在校学生、社会人士等)进行精工手工皮具制作,培训师傅由工作室教师、企业兼职教师和学生技师共同组成。

"教学做一体"纺织类实训教学的创新与实践

陕西工业职业技术学院

完成人及简介

姓　名	性别	所在单位	党政职务	专业技术职称
严　瑛	女	陕西工业职业技术学院	专业带头人	教　授
康　强	男	陕西工业职业技术学院	纪委书记	教　授
王化冰	男	陕西工业职业技术学院	教学办主任	副教授

一、 成果简介及主要解决的教学问题

（一）成果简介

近年来，经过政府、学院、社会共同投入，陕西工业职业技术学院纺织专业实训设施、设备建设初具规模，硬件条件有了很大的改善，实训教学资源建设取得了突破性的进展：校内建成 18 个多功能实训室。其中，新建 10 个实训室（生产性实训室 5 个），改造升级 8 个实训室（生产性实训室 4 个），使纺织设计检测染整等 4 个实训室达到国内同类院校先进水平。校外，陕西工院纺织学院与全国几大企业合作共建了一批实训基地，如咸阳华润集团、陕西八方纺织有限公司、陕西风轮纺织有限公司、江阴福汇集团、宁波雅戈尔日中纺织有限公司、江苏阳光集团等。2011 年主持的"高职院校教育教学资源共享及运行机制研究"（项目编号 11J34）获陕西省教育厅立项课题（课题经费 0.5 万元），2012 年"基于生产性实训项目的校企结合模式探索"（项目编号 JY12-09），2014 年院级课程改革（项目编号 14KCGG-070），院级课题正式立项。研究小组经过调研探讨，以培养高职纺织类学生综合实践技能为出发点，项目组开展了教学资源库建设、开放式实践教学体系研究，探索了"教、学、做一体化""教、赛、证三结合"、产学研相融合的"产学一体"实训基地运行机制。

成果一：按照"教学、培训、科研、生产"功能运行，创建以企业生产项目、学生创新作品、职业技能证书、各类技能大赛、科学实验项目为载体的、项目引领的"教、学、做"一体化资源共享模式。

成果二：探索"产学一体"的实训基地运行机制。建立健全教学管理与生产管理协调机制。实训基地面向学生，面向企业。既要完成教学任务，又要积极走向市场，实行"教学实训"与"生产服务"双线运行。

成果三：改革实训教学体系。以能力培养为主线，建立模块化的实践教学体系。按照产品工艺流程组织实训教学，形成行之有效的工学结合的教育模式。

（二）主要解决的教学问题

主要解决了纺织类实训教学内容与形式转变的问题，明确了实训基地的内涵和功能，有效地解决了实训基地建设中师资、教材（项目）、学生技能培养等问题，在工学结合培养高质量、高技能人才，产学结合创新实训基地运行机制等方面进行了大量实践，积累了宝贵的经验。

二、 解决教学问题的方法

（1）"教、学、做"一体化。通过将相关知识点分解到实际项目中，讲练结合、学做合一，使学生在项目实践中掌握相关知识点，培养技术应用能力。企业兼职教师以工程实践性课题作为项目教学的主要内容，在真实的企业环境让学生"学中干、干中学"，以课题训练促进学生技术应用能力提升，以企业的考核评价作为学生实践教学学分。

（2）"教、赛、证"三结合。通过将认证考核标准与教学内容相衔接，完善课程教学的评价标准，促进职业技能提高。积极参与省级和国家级能力技能竞赛（纺织性能检测大赛、纺织产品设计大赛、染整拼色打样大赛

等），通过竞赛项目快速提升学生应用技能，以竞赛促教学方法改革和教学内容的更新。近年来我院教师指导的学生参加"全国纺织服装类高职高专院校学生纺织面料检测大赛"和"全国纺织服装类高职高专院校学生纺织面料设计大赛"共获得4个金奖，2个铜奖、6个三等奖和4个优秀奖。在"全国高职高专院校染整专业学生技能大赛"我院学生获得1个金奖，2个铜奖、6个三等奖和6个优秀奖（图1），得到了与会专家和兄弟院校的好评。通过在实训中心的学习，学生的专业知识和技能得到普遍提高，98%以上纺织专业学生取得了纺织纤维检验工、织物结构与性能分析工、纺织操作工、染整拼色打样工等专业职业证书，得到了用人企业的一致好评，图2是学生获得的职业证书。

图1 学生获奖

由于教学与职业认证结合，学生的获证率较教改前大大提高，学生获证率对比如图3所示。

（3）提升师资团队的整体素质。注重师资的合理配置与培训，以机制与制度鼓励教师读研进修提升自身素质，积极进行教科研项目研究，提高教师的教学和科研水平，创建优秀教学团队。经过3年多建设，教学团队取得了不俗的成绩，有1名教师获硕士学位，有1名教师评为优秀教师、有1名教师为职业教育先进个人（表1）。

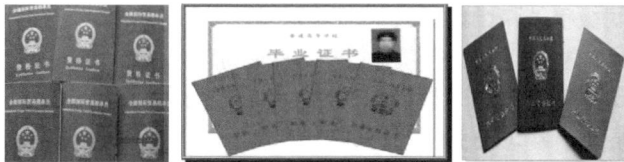

图2 学生获资格书

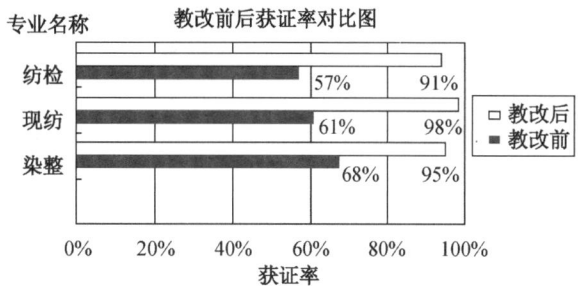

图3 教改前后学生获证率对比

表1 人员组成

姓 名	学 历	年龄	职 称	备 注
严 瑛	硕 士	47	教授	2012年优秀教师 2011、2013、2014年度优秀 2015年中国纺织行业人才表彰奖
康 强	硕 士	45	教授	职教先进个人 2015年度优秀
王化冰	硕 士	44	副教授	2012、2014年度优秀

（4）形成规范的实训教材，开发一系列培训项目，同时提升硬件水平。兼顾各项取证的教学内容，编写了一系列富有特色的教材、讲义和指导书。组织有周边高职学院教师参加的编写组，编写出纺织检测染整类3个专业的实训教材，开发、引进8个培训项目，引进中央财政支持建设实训室1项。进行国际职业资格认证，与国际接轨。课题组成员主编教材3本，发表论文数篇（表2）。

表2 本项目主持人和主要参加人员近3年教育教学改革的主要成果

姓 名	出版社或刊物名称	书或文章名称	发表日期	级别
严 瑛	中国纺织出版社	机织物与设计实训教程	2010年8月	"十一五"规划教材（统编）
严 瑛	东华大学出版社	纺织材料性能检测实训教程	2013年6月	"十二五"规划教材（统编）
康 强	东华大学出版社	服装材料性能检验	2012年2月	统编
严 瑛	《中国职业技术教育》	纺织专业基于工作过程的课程构建与实施研究	2011年21期	核心
康 强	《职教论坛》	校企合作共建共享性实训基地的措施研究	2012年第15期	中文核心

（续 表）

姓　名	出版社或刊物名称	书或文章名称	发表日期	级别
严　瑛	《纺织科技进展》	实训基地教学资源共享管理模式及运行机制	2012 年 11 期	省级
严　瑛	《纺织报告》	微课在纺材教学中应用	2015 年 1 期	省级
王化冰	《纺织教育》	高职院校纺织专业开展社会服务的模式探讨	2012 年第 2 期	省级
康　强	《中国职业技术教育》	应用项目教学法培养学生职业核心能力的探索	2011 年第 6 期	中文核心
王化冰	《现代科学仪器》	引进"6S"先进模式　规范高职实训室管理	2012 年第 6 期	核心
严　瑛	《纺织教育》	纺织专业人才培养模式的探讨	2011 年第 6 期	省级

本项目主持人和主要参加人员近几年教改课题研究方面的成果如下：

① 完成了省级重点实验室实训建设项目——现代纺织专业重点实验室。

② 完成了陕西省教育厅民生八大项目主持实训建设项目——纺织检测实训室。

③ 完成陕西省教育厅教学改革研究项目——高职纺织专业课程体系改革的研究与实践获得中国纺织工业协会教学成果三等奖，省教育厅二等奖。

④ 完成了陕西省教育厅民生八大项目实训建设项目——针织实训室。

⑤ 学院教学改革研究项目——"纺织材料与检验"院级精品课程。

⑥ 主持参加全国高职第一届设计、检测大赛，第三届染整拼色大赛等获优秀指导教师称号。

（5）构建相对独立的模块、开放式实践教学体系。构建一个与理论教学体系相对平行、相对独立的实践教学体系，是保证高职教学质量的关键，也是高职教育的特色所在。根据专业培养目标，按专业大类将实训的内容分为基本技能、专业技能、综合应用和创新能力训练 3 个大的模块，然后根据这些模块的要求，确定实训的课程，并制定每门实训课程的实训教学大纲，再根据课程或专业的要求，将每门课程的实训内容分成若干个可独立进行的实训项目。

在项目设计方面，3 个层次要各有侧重。基本技能训练强调规范，注重实践能力、严谨的工作作风和科学的工作方法的训练。综合应用和创新能力的训练项目要求有一项成果（如一个设计、一件作品、一个产品、一篇论文等），突出学生综合应用和创新能力的培养。

（6）建设学生职业素质的训导中心。实训基地虽然不是真正意义上的企业，但应当培养学生的综合职业素质。实训中心在组织运行过程中要十分注意营造良好的企业文化氛围，培养学生的职业技能、职业道德、质量意识、安全意识、协作精神，以及发现、分析、解决问题的能力。

（7）教学资源库建设。根据实训课程改革和发展的需要，不断修订和完善各门实训课程的课程标准、教学计划，完善教材的功能，建成纺织工艺素材库，加强实践教学的内涵建设。初步建成专业工艺素材库及行业信息资源库。①纺纱、织造的各种文本、图片、学生实习实训录像、企业工作现场录像新工艺、新技术的文本、图片。②完成纺织专业的主干实训课程的图片、录像、文本等资源库建设。③有新材料的文本、图片。④编写和开发各门课程的教材、讲义、电子课件、教学案例及试题库等。

（8）教学方法与手段的改革。依据纺织教学的能力培养体系，实践教学学时占教学计划总学时比重超过50%。通过基本教学专用周、项目教学、企业实践形成三级递进的实践教学体系，发挥校内外实习基地作用，大力推进学生企业实践，培养学生的综合应用能力（图4）。

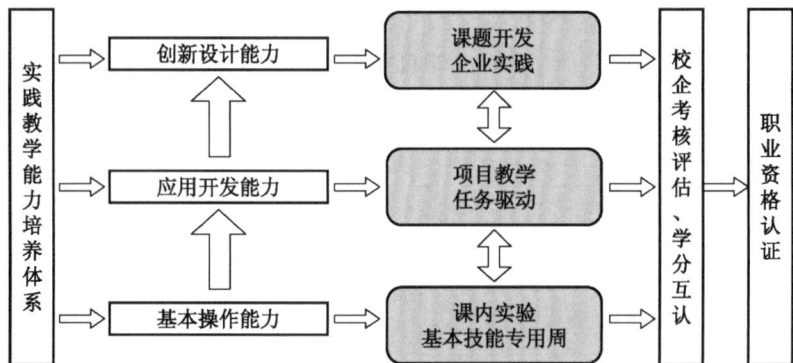

图 4　实践教学培养体系

利用网络化教学资源,积极开展网络教学。探索网络化的教学设计,培养学生学习的自我管理和控制能力。利用网络教学平台,使学生学习的时间、地域得到极大改变,主动学习意识增强。教师可以根据学生的学习状况进行个性化学习与辅导,使教学过程管理更加科学化,突出能力考核。不断探索和研究考试机制,把考核的重心放在学生综合应用能力上,逐步建立健全考核标准,使考核具有科学性。实践考核以企业过程考核学分互认、资格认证与课程考试学分替代,充分调动学生学习的积极性。

三、 成果的创新点

(1) 重构课程体系基于任务驱动模式组织教学,设计新颖,内容丰富,与企业实践紧密结合,且采用多种多样的教学手段和方式,适合职业教育的要求结合高职教育特点。

(2) 建立了数字化的网络教学平台——内容丰富的纺织特色专业链教学资源共享平台(图5)。

(3) 构建相对独立的模块、开放式实践教学体系,拓展产学研项目。

① 完成了陕西省教育厅课题——高职院校纺织专业实训基地建设的探讨。

② 完成了陕西省教育厅课题——高等教育高职院校教学资源共享及运行模式的研究。

③ 主持省级优秀教学团队教学改革研究项目——现代纺织专业教学团队建设。

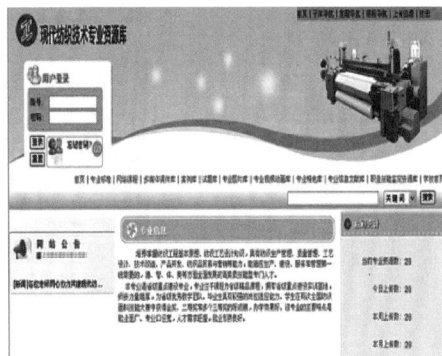

图 5　资源共享平台

④ 主持陕西工业职业技术学院院内立项校企合作机制体制研究与实践。

⑤ 完成了教育部全国重点课题"职业学校就业调查分析研究"子课题。

⑥ 完成了教育厅教改重点课题信息环境下——高职院校教学管理流程再造研究与实践。

⑦ 完成了雅戈尔日中纺织印染有限公司横向课题——雅戈尔与西部地区校企合作机制体制研究。

⑧ 完成了中国高等职业技术教育研究会"十二五"规划课题——校企合作共享实训基地建设实践探索。

⑨ 完成了企业横向科研项目——氨纶弹力丝力学性能测试仪器参数的确定。

⑩ 完成了校级课题——水溶性平行纺柔体纱的工艺开发与应用研究。

(4) 创新"产学一体"的实训教学机制。实现"教学实训"与"生产服务"双线运行。首创以教学为核心的"教产研"一体化运行机制,实现了教学、生产、科研相互渗透、相互促进、相互融合,充分发挥教产研合作的综合优势,形成了较强的核心竞争力。几年来,我们项目组的老师主动为企业服务,依托实训基地,帮助企业解决生产、工艺技术难题,协助企业开发新产品,按照企业需要开发培训项目多项,我们与企业联合申报科技攻关项目4 项。得到了地方纺织企业的高度评价和赞赏,有效地促进了校企的深度合作。

四、 成果的推广应用效果

(1) 学生职业核心技能不断增强,社会反响好。经过几年的实践,在全国技能大赛获得多项奖励。参加"全国纺织服装类高职高专院校学生纺织面料检测大赛"和"全国纺织服装类高职高专院校学生纺织面料设计大赛"共获得4 个金奖、2 个铜奖、6 个三等级和4 个优秀奖。"在全国高职高专院校染整专业学生技能大赛"我院学生获得1 个金奖、2 个铜奖、6 个三等级和6 个优秀奖,受到了与会专家和兄弟院校的好评,有力地显示了我校纺织实训教学资源共享的成果。毕业生就业对口率高,深受好评(图6)。

(2) 项目组的老师主动为企业服务,依托实训基地,帮助企业解决生产、工艺技术难题,协助企业开发新产品,按照企业需要开发培训项目多项,与企业联合申报科技攻关项目3 项,得到了地方纺织企业的高度评价和赞赏。2011 年9 月至11 月为金盾纺织有限公司培训员工20 名,2013 年7 月利用暑假为雅戈尔有限公司200 名员工开展技术培训10 天,2014 年8 月在天津天纺集团深入企业生产实践,指导顶岗实习,开展"教学做一体化"现场教学试点。

(3) 在陕西服装工程学院应用推广情况(图 7)。

(4) 在陕西能源职业技术学院应用推广情况。

图 6　大赛获奖

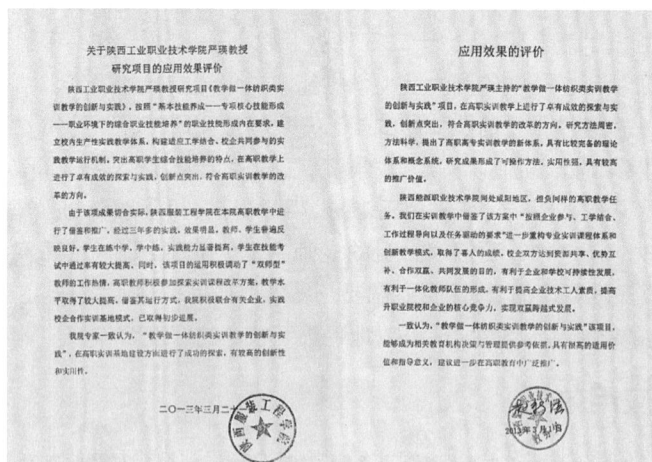

图 7　推广情况

师徒带教制融合产学研赛，推进课程
平台建设和发展

常州纺织服装职业技术学院

完成人及简介

姓　名	性别	所在单位	党政职务	专业技术职称
陆旭明	女	常州纺织服装职业技术学院	无	副教授/高级工程师
夏建春	男	常州纺织服装职业技术学院	无	讲　师
缪建华	男	常州纺织服装职业技术学院	无	实验师/工程师
杨　华	男	常州纺织服装职业技术学院	无	实验师/工程师

一、成果简介及主要解决的教学问题

（一）成果简介

作为带教老师，陆旭明具有企业和教学的双师素质，在企业从事电气产品设计与开发 13 年，在学校从事教育工作 16 年，有着丰富的理论与实践经验，作为常州纺织服装职业技术学院教学名师、中国电子学会高级会员、全国职业技能大赛光伏发电系统赛项裁判，参与过纺织行业国家科技支撑项目，主持国家精品课程（第一主讲），主持省级"十二五"重点规划教材，获得多项省级优秀指导教师等荣誉，主持多项横向课题，进行纺织行业的相关课题研究，在核心及省级期刊上发表专业与教学论文 19 篇，主持 2 个发明专利、4 个实用新型专利、1 个软件著作权。

自 2007 年以来在师徒带教制下，陆旭明带教夏建春、缪建华、杨华 3 位青年教师，带领他们进行教学研究与实践、科研攻关、大赛的指导等活动，从培养新教师教学规范到深入理解教学规律，从院内课题研究走向纺织等企业的横向合作，从校企合作认识纺织行业对人才的需求，从大赛的指导参与到对学生核心竞争力能力培养的认识，最终进行课程平台的建设与改革，从单一的教材建设、实验室建设、资源库建设走向立体化课程资源建设，将教材、实验室、课程资源等建设进行整合与融合。在单片机应用技术、可编程控制器技术、电子产品设计与制作等课程方面进行改革与建设，收到良好效果。

（二）主要解决的教学问题

解决了培养新教师专业的宽度和深度。作为培养高技能创新人才的教师首先要具体对先进技术的应用和掌控能力，教师本人要经历过相应的学习、实践、应用和磨练才能掌握好技术，而通过产学研赛等活动能较好地锻炼教师这方面的能力，实践证明经过这样产学研赛锻炼的教师才具有课程教学的广度和深度，才能可持续性地对课程进行建设和发展，培养出市场需求要求的高素质技能人才。

解决了理实一体化教学平台的整合与融合度。理实一体化的项目课程教学要求教师既懂理论又能实践操作，在"做中学、做中教"培养学生的能力，一般教师实践能力比较欠缺，实验室人员通常不深入参与教学，因此造成教学过程中理论教学和实践指导脱节，加之编写教材的教师对实验室资源不甚了解，教材建设与实验室资源不匹配造成实验室资源浪费。经历过产学研赛等活动教师则不同，他会站在全局角度合理配置教学和实践的资源，以项目化教学为引领，以够用为前提合理利用资源，将教材建设和实验室建设整合和高度融合。

解决了培养学生核心能力和市场需求的关联度。在师徒带教制下，经过长期的科研与大赛，教师对纺织行业的发展情况以及市场对人才需求越来越清晰，在课程与课程的衔接中能准确把握，在课程的教学中能抓住重点和难点进行学生核心职业能力的培养,同时通过与纺织等企业多元化的合作,校企共同对人才培养计划进行讨论和修改,真正落实人才培养方案符合纺织行业需求。

二、 解决教学问题的方法

课程平台建设基本要素是师资、教材、实验室、项目化实施模块、课程资源库。本成果抓住了课程平台建设的要素,并对各要素进行准确的定位、落实,协调好各要素的发展,随着新技术、新工艺、新媒体、新手段的变化,对课程平台进行可持续性的建设与改革。

(一) 师资

师资是教学中第一要素,新教师由于缺乏对教育教学的研究,对纺织行业职业教育培养目标不够了解,因此,不能完全胜任职业教育工作,需要有人指导,加之新教师实践经历少,需要时间磨练。师徒带教制使得新教师面临上述问题时能得到及时、细致的指导,如果带教教师理论、实践能力越强,对新教师辐射和指导效果就越强。在本教学成果中,带教教师为学院的教学名师,有丰富的纺织等行业实践经验和教育教学经验,能为新教师做好示范、辐射和指导作用。

(二) 教材

职业教育注重理论与实践的有机结合,因此学生选用的理实一体化的项目化教材尤为重要,它决定培养学生的质量。本教学成果通过长期的产学研校企合作,在充分了解纺织等行业领域对人才能力和素养要求的基础上,结合多年产学研赛的经验,从纺织等行业选取能培养学生基础应用能力、调试设计能力的典型任务作为教学内容,从仿真设计到实践调试应用,从简单任务实施到复杂任务实施进行项目化教材编写。教材编写由浅入深,以学生为本,将理论的知识点分解到各个任务中,教材编写注重难点分散、重点突出,项目化教学任务选取接近生活、富有实用性和趣味性。

本教学成果中,单片机应用技术教材的汇集了常州地方纺织企业家和课程组教师、深圳欧鹏机器人有限公司、广州风标电子有限公司相关人员的集体智慧,从校本教材到正式出版再到修订成省"十二五"重点教材,经过反复试用和修改,历时近 6 年。用同样的方法编写国家级"十二五"规划教材《可编程控制器技术》、校本教材《电子产品设计与制作》等。

(三) 实验室

实验室作为开展项目化教学环境同样是不能忽视的,本教学成果在实验室的建设方面更多考虑如何提升实验室资源的利用效率。高职院校普遍存在场地紧张现象,将实验室建成综合实验室很有必要,同时针对不同课程,配备给学生进行理实一体化的实践平台和操作模块,而有些仪器、电脑、课桌等不需要重复投资。本教学成果建设中,将单片机项目化课程教学、单片机实训、电子产品设计与制作实践场所整合为一个单片机综合实训室,节省了实验室经费的投入,同时使用效果良好。

(四) 项目化实施模块

配合单片机应用技术开展理实一体化的项目教学,自主开发了和教材项目化教学相应的实施模块 40 套,结合纺织行业常用的温度、速度、张力等检测模块,在学生通过仿真软件初步完成设计的基础上,采用项目化实施模块进行实际的调试和设计,使得理实一体化的项目教学"做中学""做中教"得以真正落实到位。

(五) 课程资源库

为了配合理实一体化项目化教学,光凭课上的教学与实践不能完全满足每个学生的需求,资源库的开发是课堂学习的补充与丰富,资源库为学生提供学习的资料和帮助,针对学生学习过程中碰到的难点、重点、各模块应用背景、应用知识、软硬件调试中出现的各种问题做重要的补充。本教学成果资源库建设从方便学生自主学习的角度来考虑,力求使得学生学习课程时无死角,能够全方位服务学生。课程平台的建设将课程软件(师资和教材)、硬件(实验室平台和模块)、资源库平台三者有机结合和整合,将课程教学效果发挥到最大化,使学生理论与实践结合、课内与课外结合、线上与线下结合,更好地培养纺织行业所需的技能型人才,并缩短与企业需求的差距。课程的建设是没有止境的,教师的不断自我发展和可持续的学习才能保证课程平台的建设不断更新和发展,除了产学研赛外,教师需要参加教育部的各项培训,在教学理念和教学方法上不断完善和创新。

三、 成果的创新点

(1) 教学与科研互动,推进智能化制造业进程。伴随着"工控系统安装与调试"国家精品课程的建设、国家级"十二五"规划教材《可编程控制器及网络控制技术》、省"十二五"重点教材《C51单片机技术应用与实践》的建设,教师将专业技术不断应用到科研中,又通过相应的科研项目完善了教学的内涵。参加国家科技支撑计划项目"碳纤维多轴向经编机及技术研发",主持课题"高速分纱整经机控制系统"、"机器视觉断纱检测"、"智能一体化火焰检测装置"、"PT100温度传感器动态特性曲线测试平台"和"商务饮水机、工业用水处理检测技术"等。通过教师教学与科研的互动,教师们将智能检测、智能控制技术、网络控制技术,不断引入纺织等行业,对纺织等行业设备进行智能化改造,客观上推进了纺织等行业智能化的发展。

(2) 赛教结合,促进学生职业核心能力培养。一方面先进技术的应用起到推动纺织等行业智能化进程,另一方面领头羊企业的先进技术不能及时应用与推广,而通过大赛这座桥梁能有效解决好这个问题。大赛强调产业结构升级和高新技术发展同步,教师通过指导大赛将企业的先进的技术应用融入到职业教育中,加强了新技术、新设备在教学中的应用,促进学生新知识和新技能的应用。教师结合学科优势,指导学生进行各种比赛,通过参与比赛了解当前先进技术的应用情况,调整自身的知识结构,更新知识储备,促进了学生核心能力的培养。

(3) 丰富多彩的科技苑是培养学生兴趣的摇篮。兴趣是学生最好的老师,机电系科技苑从大一新生入学就开展吸收新成员,老成员带新成员,从趣味性制作出发,到富有挑战的智能车、智能飞行器的制作,既丰富学生的业余生活又锻炼了他们的专业能力,同时又培养了一批大赛的苗子,使得大赛学生有一定的储备量,获得优秀的大赛选手获得专转本等更好的发展机会,从正面引导学生对专业技术学习和研究的兴趣。

四、 成果的推广应用效果

(1) 带教情况。通过师徒带教指导新教师进行相关的产学研赛活动,新教师呈现好的发展势头,其中夏建春老师成为电气自动化负责人、院"智能检测技术"科研团队负责人,缪建华老师成为实验室骨干教师,杨华老师负责机电系科技苑工作。3位教师先后获得国家挑战杯一等奖指导老师、国家职业技能大赛一、二等奖、省赛一等奖指导老师,与纺织行业等企业合作课题"高速分纱整经机控制系统"、"机器视觉断纱检测"、"地基沉降检测系统"和"自动印章机控制系统",获得多项实用新型专利,参编国家"十二五"规划教材《可编程控制器及网络控制技术》,自编"电子产品设计与制作"项目化教材,主持国家资源库"自动生成线控制系统"建设。通过师徒带教制,青年教师教科研成绩显著,能担当专业和课程的建设和改革。

(2) 课程平台使用效果。单片机应用技术课程平台建设以来,"基于ARM及蓝牙技术的触控电动滑板"国家挑战杯一等奖、全国电子大赛二等奖作品、江苏省信息化"单片机设计开发"二等奖、江苏省"电子产品设计与制作"三等奖等作品在该课程平台进行指导和实践完成。课程资源网站为机电系电类学生以及科技苑学生的业余学习与制作提供了便利,其中部分资源库涵盖机械工业出版社网站,将会对兄弟院校起到辐射和师范推动作用,同时国家职业教育工业机器人专业教学资源库子项目"自动化生产线安装与调试"将对全国高校的教学与大赛起到师范和引领作用,对培养纺织行业设备维护和保养从业人员起到积极的指导作用。

(3) 学生企业的调查报告和薪资情况。通过下企业的调研和学生薪资数据的采集分析,学生受企业欢迎程度和工资待遇逐年提高。麦克斯第三方报告数据也表明,学生在企业的胜任率和满意度逐年上升。

中职服装专业数字信息化教学平台的构建

广西纺织工业学校、深圳格林兄弟科技有限公司

完成人及简介

姓　名	性别	所在单位	党政职务	专业技术职称
汪　薇	女	广西纺织工业学校	无	高级讲师
朱华平	男	广西纺织工业学校	服装系主任	高级讲师
于　虹	女	广西纺织工业学校	信息系主任	高级讲师
马宇丽	女	广西纺织工业学校	教务科副科长	高级讲师
李　雯	女	广西纺织工业学校	无	讲　师
韦雪婷	女	广西纺织工业学校	无	助理讲师

一、 成果简介及主要解决的教学问题

(一) 成果简介

服装数字信息化实践教学平台的建设分为硬件和软件两部分,硬件部分是指服装数字实训室,软件部分是对数字仿真教学系统、网络教学资源库、信息化教学软件三块综合运用的总称。经过 4 年的建设实践,取得了丰硕的成果。

(1) 推动服装专业"同基分向,产训融合"人才培养模式的实施,优化了教学模式。我校服装专业群积极推进信息技术在教育教学中的广泛应用,通过平台的建设,服装专业设计、制版、工艺、销售四个方向所有课程数字信息化教学全部都得以实现,教学模式不断优化,教学手段日趋丰富,教学方法不断改变,信息资源全方位服务于教学,课堂教学效率大大提高,我校服装专业信息化软件和硬件建设位居广西中职学校同类专业的前列。

(2) 教师教学理念与时俱进。服装专业教师通过各种数字信息化软件和设备的培训,教学理念不断更新,熟练掌握了各种最新的专业信息化教学软件及数字化设备的使用,与企业合作开发制作多个教学仿真课件。项目实施 4 年来,信息化教学水平逐年提升,项目组 2 名成员在全区、全国信息化教学大赛中获得一、二等奖。

(3) 服务区域产业经济成效显著。运用功能强大的自主学习教学平台,为地方监狱干警、社会人员进行培训和技能鉴定 400 人次,获得了一定的经济效益,造福一方经济,服务一方社会,为广西的监狱企业转型,服务于区域产业经济做出了较大的贡献。

(4) 教师教研成果丰硕,教研能力大大增强。4 年建设期间,项目团队中成员著写国家级职业教育"十二五"规划出版的服装专业教材 3 本,专著 1 部;公开发表相关论文 8 篇,在省级和国家级论文评选中获得 4 个奖项,教学成果 3 项,这些有力推动了教学改革与专业建设工作。

(5) 学生参加全区、全国技能竞赛竞赛成绩斐然。借助数字信息化教学平台,学生的整体技术水平得到大幅度提升。我校学生在全国职业院校技能竞赛中职组服装设计与制作赛项中,服装设计与立体造型项目在2014 年、2015 年连续两年获得全国一等奖,服装 CAD 与样衣制作项目获得二等奖,成为广西第一所获得该项目一等奖的中职学校。

(二) 主要解决的教学问题

(1) 服装数字信息化教学平台构建了一个轻松高效的实践教学环境,同步摄放系统使设计、立裁、工艺、手工、销售、陈列教学可以脱离传统的师傅带徒弟的模式,满足任何角落的同学都能同步清晰的看到老师操作的

每个步骤,不遗漏掉任何细节,也可供课后多次观摩学习,让学生学得更轻松,也解决了专业教师很多常规教学手段无法解决的问题。

(2) 全日制学生及社会培训学员可以在校内外随时在网络教学资源库查阅大量的优质服装资源素材。教师运用服装模板仿真教学系统实现了服装产品研发一体化教学模式,把抽象的内容直观化,极大地改变现有的教学方法,丰富现有的教学手段,学生整体的专业技能水平得到较大的提升。

(3) 数字信息化教学平台实现服装设计、制版、工艺、销售四个方向融汇贯通,更好地提高教师教学信息化水平,充分发挥的主观能动性和教科研潜力,教师们专心研究相应专业领域的前沿内容,不断深化和丰富实验教学内容,做到真正的理实一体,为学生面对新技术、新发展打下坚实基础。

二、 解决教学问题的方法

(1) 在服装设计、立裁、手工、制版、工艺实训室安装一体化同步摄放系统和学生服务端触屏式系统。在教师操作区域的上方安装多个部配备一个球形智能定位高清摄像头,摄像头把教师示范操作的全过程中进行摄像并同步刻录。同步摄放教学系统改变了过去那种学生蜂拥围着教师观看示范操作的传统教学方法,使某些繁琐的问题简单化和直观化,易于学生接受,同时也优化了课堂教学过程,提高了课堂教学效率,也为专业教师提供课件教学、同步视频教学两种教学方式,大大减少了教师不必要的重复工作量。

(2) 与深圳一家科技公司合作开发服装工艺模板仿真教学课件 5 个,共建服装教学资源库 1 个,主要开发了 10 门课程资源库(PPT、文档、视频)、习题库、设备资源库、面料库、辅料库、服装设计图库服装工艺库、服装史库、民服装资源库、服装视频库、企业技术资料、应用软件库、服装标准库、服装电子图书、服装文库等 13 个库。

(3) 在服装设计、立裁、手工、制版、工艺实训室安装服装模板仿真教学系统,该系统具备服装产品设计、工业样板、缝制工艺、工艺模板、时尚空间五大技术模块一体化教学功能,100 多个服装专业多媒体动画课件,涵盖款式设计与绘制、工业样板制作、样衣缝制、工艺模板设计应用等技能操作案例。

(4) 进行多批次数字信息化软件使用的师资培训,具体有富怡 CAD 软件、服装色彩搭配教学软件、绣花软件、款式设计软件、工艺单软件、服装色彩搭配教学软件、服装陈列软件、服装订单跟单管理软件培训。通过培训,专业教师掌握了最新的技术和各种设备及软件的使用,教学理念不断更新,数字信息化教学经验不断丰富,参与教科研热情和研究能力逐渐提高。

三、 成果的创新点

(1) 教学过程简单明了,生动直观数字化信息化服装实训室的建设符合中职服装专业各种实践教学的要求,主要购置电脑缝纫设备、熨烫设备、裁剪设备,安装同步摄放系统、服装企业仿真教学系统、3D 立体裁剪设模拟系统、3D 制版系统、3D 试衣系统、服装陈列仿真教学系统、服装模板仿真教学系统等,空间合理布局,所有设备的配备具备生产能力、教学能力和与培训能力。

(2) 模拟仿真教学身临其境,形象感知服装模板仿真教学系统的运用,使学生对服装的工艺流程、制作要领、缝纫设备有了更全面地认识,熟练而直观地掌握专业技能,激发学生的学习兴趣。服装销售课程利用手机智能移动终端学习服饰品网络销售和形象设计,利用仿真教学系统的时尚试衣间和 3D 试衣魔幻镜学习服饰的款式、色彩搭配,学生们从中体会了"学中做,做中学"的乐趣。

(3) 课程资源得到有效整合,大大增加课堂信息容量网络教学资源库将服装设计、工艺、立裁、手工制作、毕业设计等课程资源进行有效整合,学生能从教学资源库中找到自己需要的音频、视频、文档、图片、动画、课件、实物培养中职生获取信息、加工、分析、创新、利用、交流的能力,充分调动学生的学习积极性,拓宽了课堂信息传递的通道,提高了单位时间内传递信息的容量,从而提高学生学习效率。

四、 成果的推广应用效果

该项目在研究实施期间,时逢服装设计与工艺专业成为我校国家中等职业教育改革示范学校重点建设的专业。经过长达 4 年的精心设计与建设,数字信息化教学平台的应用日趋完善规范,项目成果得到了全面的推广应用,取得了一定的经济效益和社会效益。

(一)全区示范、辐射、引领作用成效突出

2014年,在服装数字信息化仿真实训室举办2次关于"中职服装专业数字信息化仿真实践教学"方面的全区示范公开课,项目组成员为全区服装专业教师、广西职教专家、广西中职名师工程学员上示范课,另外,项目组成员到2所全区中等职业技术学校进行"服装专业数字信息化仿真实践教学"进行培训讲座,利用服装仿真教学课件上示范公开课,使广西中职服装专业共享课改成果。2年来,区内高职院校服装专业50余人次到校参观、交流和学习我校服装数字信息化教学平台的建设经验。

(二)对外培训及技能鉴定项目口碑良好

数字信息化教学平台综合教学、技能培训鉴定、科研和服务于一体,运用数字实训室,大力开发对外培训及技能鉴定项目,满足服装企业员工不断培训和学习的需求。为广西华盛集团培训狱警培训举办了4期培训班,为了能使培训工作紧贴服装企业实际需求,利用仿真教学软件开展模拟教学,创设仿真的实训环境,在这种模拟仿真的教学环境下能了解服装企业各种真实的生产场景、生产模式、生产流程以及生产设备等方面的内容,按照工厂的流水线要求,模拟仿真进行流水工序编排,改变过去那种半成品流通不畅,每天产量不高的状况。

(三)配套教材改革紧贴行业、产业需要

为了配合课程改革的需要,适应数字信息化实训教学环境、充分合理地运用教学资源库,发挥网络信息化教学的优越性,经过4年的的建设实践,项目团队中成员著写国家级职业教育"十二五"规划的出版服装专业教材3本、校本教材6本,这些教材在广西德保、百色、梧州等地3所中职学校中使用,受到较高的评价。

(四)学生就业能力和职业发展能力显著提高

基于数字信息化实践教学平台的信息化教学使服装款式设计、结构设计、立体裁剪、销售陈列、制作工艺、生产管理等各门专业课程得到交叉运用,提高综合素质,培养了学生的综合运用能力、沟通能力和受挫能力,扭转学生学习3年专业后到企业再适应再学习的局面;2012级、2013级学生的岗位就业率始终保持在99%以上,就业质量上比两年前得以明显提提升,90%的毕业都能在省内外大型知名的服装企业从事对口的技术工作,迅速成为企业一线骨干、中层管理者,有的走上创业之路。

(5)打造了一个创新能力强的教学团队。该项目经过4年的建设,培养了一支"一专多能"年轻教师队伍,他们洞悉服装行业的发展,信息化教学水平较高,有较强的产品洽谈、研发、生产及销售能力。在我校校企合作的"绣织纺"服装工作室里面施展了各自的才华和能力,做出了可喜的业绩,得到了社会各界以及全区各地中职学校专业同行的好评。

第三部分 · 三等奖

服装色彩搭配仿真软件的研发

大连市轻工业学校、大连华普威科技有限公司、汇众数字技术公司

完成人及简介

姓　名	性别	所在单位	党政职务	专业技术职称
孙文平	男	大连市轻工业学校	校长	教授级高级讲师
田秋实	女	大连市轻工业学校	无	高级讲师/高级服装设计师

一、 成果简介及主要解决的教学问题

（一）成果简介

高互动性模拟软件"服装色彩搭配仿真软件"由4大模块组成,本项目在设计时,采用与实际生产接轨的教学模式,按照企业的实际工作任务、工作过程和工作情境来进行编写,形成了围绕工作过程的新型项目体系,为学生提供了足不出户体验完整工作过程的学习机会。强调"情境"学习,寓教于乐,在兴趣之中,步入课程的主题,充分体现以学生为中心,注重"交互学习",注重学生的"能力本位",提高学生的综合能力。

（二）主要解决的教学问题

① 传统教学中,服装色彩搭配实训采用学生手绘效果图或成衣制作的形式进行。学生手绘一幅彩色效果至少需要4课时,制作一套服装至少需要一周时间,周期长,成本高,难以在短时间内进行上万种色彩的搭配训练,教学质量差,而采用仿真教学能够弥补这一缺陷。

② 传统教学中使用的Photoshop、Coreldraw等软件虽功能强大,但专业性不强,教学性差。

二、 解决教学问题的方法

（1）学生在使用这款软件的时候,可以随意的保存项目、保存图片、读取项目、前进及回退等功能,可以随意选择男女模型及使用相关的服装模型及调整模型色彩等。该模拟仿真软件通过反复模拟训练,达到掌握实际操作的要领,节约训练时间与成本。

（2）本软件服装专业化强,针对中等职业学校教学开发,采用项目教学的模式,打破传统教学框架,将原色彩构成30课时与服装色彩设计20课时的教学内容整合起来,把服装色彩搭配相关知识点归纳整理成18个循序渐进的项目,符合教学规律,框架合理,功能实用,尤其是仿真针软件突出职业技能实训,情境性、过程性、交互性好,体现寓教于乐,填补了国内相关教学软件的空白。

三、 成果的创新点

（1）仿真教学与传统教学互补。本软件的开发不是为了完全代替传统教学手段,而是仿真教学手段与传统教学手段互补。对技能实训点深入剖析,找到实训现场化与教学需要的结合点。例如,服装色彩搭配实训在传统教学中采用图片和实物教学,成本高,效果不理想,采用"服装色彩搭配"模拟仿真软件很好地填补了这个空白,软件利用三维建模交互配色,可以实现数万种色彩搭配,节约了成本,提高了教学质量。

（2）突出关键实训点。本软件的开发不是大而全地照搬整个课程体系,而是通过调研分析专业培养目标和岗位核心技能,抓住关键实训点中适合用仿真技术实现的内容开发成仿真软件,性价比较高。例如,"服装色彩搭配"模拟仿真软件定位在服装陈列师、营销员岗位的色彩搭配实训点上。

（3）教学设计以学生为主体。软件的教学设计突出学生的主体作用,交互流程的设计体现了学生学习的科

学规律,以游戏进级的形式,寓教于乐,提高了学生的学习兴趣。流程的安排符合中职学生的心理特点,突出职业技能实训情境性、过程性、交互性。界面美观、颜色搭配得当,反馈、帮助信息完善,符合服装专业艺术性、技术性、时尚性的特点。

四、 成果的推广应用效果

本软件制作完成后在校内与辽宁省内 7 所中职学校进行了试用与推广,学生使用后的反应是学习的积极性显著提高,提高了学习效率。教师试用后的评价是抓住了服装专业需要使用多媒体解决的内容,与传统教学互补。本软件是以中等职业学校服装设计与工艺专业的学生为使用对象而研制的。其内容针对中等职业学校学生的认知规律和特点,为学生提供一个三维与二维结合的、高交互的、可提供实时信息反馈和操作指导的、虚拟的仿真模拟操作平台。填补了国内相关教学软件的空白,其功能满足了中等职业学校服装设计与工艺专业学生技能实训的需求,因此在中职学校有很广阔的应用前景,同时也可以供高职院校相关专业以及企业技能培训的需求(服装陈列师、服装样板师、样板工、质检员等)。

基于"企业学院"的室内设计专业人才培养模式探索与实践

盐城工业职业技术学院

完成人及简介

姓　名	性别	所在单位	党政职务	专业技术职称
李　明	男	盐城工业职业技术学院	艺术设计学院副院长	讲　师
苟晓梅	女	盐城工业职业技术学院	服装系主任	讲　师
姜为青	男	盐城工业职业技术学院	艺术设计学院院长	副教授
张　伟	女	盐城工业职业技术学院	教务科副科长	副教授
方美清	男	盐城工业职业技术学院	教学秘书	助　教
倪　勇	男	盐城工业职业技术学院	环艺系主任	副教授
郭文萍	女	盐城工业职业技术学院	环艺教研室主任	讲　师

一、成果简介及主要解决的教学问题

（一）成果简介

"室内设计技术"专业是我院办学历史悠久、专业特色鲜明、社会服务成效显著的专业之一，是我院江苏省高职高专院校重点建设专业群——"创意设计专业群"核心专业。2012年10月，我院与中国建筑装饰协会常务理事单位阔达建筑装饰工程有限公司进行校企合作，实施室内设计专业人才培养模式的改革与探索，经过3年多的深度融合，双方于2015年底正式挂牌成立了新的企业学院"阔达艺术学院"，实行校企双主体办学，成立董事会，实施共建共管。企业学院的成立创新了办学体制，在课程建设、实验实训条件建设、师资队伍建设、教学资源建设等方面取得了显著的成效，对人才培养起到了积极的促进作用，实现了校企双赢。

实施过程中，按照企业项目运行流程进行单项核心技能的系统培训；引入阔达装修标准，按行业规范实施教学；构建校企教学团队，按企业模式优化教学。先后获得省教育厅（"双主体、四融合"高职人才培养机制的研究与实践）和中国纺织工业联合会（高职院校"双元互动"项目教学团队的建设与研究）教学成果奖2项。专业建设中，出版了7部省部级规划教材，12部校企合作项目化教材；在2014年和2015年全国两届职业院校"建筑装饰综合技能"竞赛中分获施工图绘制二等奖和特等奖（全国仅三家院校获特等奖）；2015年获江苏省级优秀毕业设计团队；2015年首次送报的两件学生作品分获高职高专教育建筑设计类优秀毕业设计二等奖和三等奖；指导学生在第五届"中国营造"——2015全国环境艺术设计双年展（高职高专组）中获铜奖两项（金奖空缺，银奖仅设置2项）；2016年在江苏省高等职业院校"园林景观设计"技能大赛中获得二等奖；2015年室内设计技术专业被确定为校级品牌专业，并被推荐为省级品牌专业进行了申报。团队成员入选"省青蓝工程中青年学术带头人"1人，近3年来公开发表论文62篇，其中核心期刊6篇、EI论文1篇，申报外观专利28项，横向课题25项。为企业培养输送了大量室内设计人才，在服务社会、服务行业、服务地方经济方面作出了突出的贡献。

（二）主要解决的教学问题

明确了室内设计专业人才培养的定位。培养出受企业欢迎的"精绘图、识材料、会施工、懂管理"的建筑装饰行业一线急需的技术技能型人才；系统化地构建出专业技能培养菜单，增强技术技能人才培养的针对性和适应性;通过资源共享共用,有效解决和整合了实验实训场地问题;通过企业学院董事会协调,有效解决校内校外、专职兼职教师的衔接问题;通过共商制定教学材料,有效解决了课程资源建设问题;推行了教师"三个一"工程,对接企业,有效提升了教师教科研能力,推动产教融合,实现了校企合作的双赢。

二、 解决教学问题的方法

(1) 明确了室内设计专业人才培养定位。在与企业深度融合过程中,充分结合企业对于人才的需求状况,逐步明确和形成了我院室内设计专业人才培养定位——培养出受企业欢迎的"精绘图、识材料、会施工、懂管理"的建筑装饰行业一线急需的技术技能型人才。

(2) 系统化地构建出专业技能培养菜单。以企业施工标准、项目工作流程、企业岗位需求、职业资格证书获取、职业升迁等内容和要求系统化地构建和列出专业技能培养菜单,使学生能够全面充分认识所学专业,掌握相关知识技能,并熟练运用专业核心技能,增强技术技能人才培养的针对性和适应性。将阔达装修标准融入课程,做到知识内容与市场前沿接轨;按照企业项目运行流程逐一分解技能菜单,系统实施单项核心技能的培训,完成"业务洽谈—实地测量—方案制作—材料市场调研—施工现场指导—项目验收"一系列的项目运行流程;对照室内设计师、绘图员、软装设计师、项目经理等企业岗位设置和技能要求,实现与岗位的无缝对接。

(3) 通过资源共享有效解决实验实训场地。将学校的教学场地、教学设施、实训场地、实训设施和企业的生产场地、生产设施、培训场地、培训设施等进行校企资源有效共享,互为共用,使这些资源可以同时服务于学校与企业,学生与员工,最大程度上为学生实验实习、项目化教学和顶岗实习等实践性环节提供场所。

(4) 通过企业学院董事会协调有效解决师资问题。校外企业兼职教师和技术人员往往因为公司事务不能及时有效开展课堂教学,教学质量无法得到充分保障。通过"阔达艺术学院"董事会的提前安排和布置,能够集中力量确保人员到位,以保障师资团队的构建,促进校内校外、专职兼职教师的有效协同。

(5) 通过共商制定教学材料有效解决课程资源建设问题。"阔达艺术学院"教学团队共同探讨和制定人才培养方案,将企业行业标准、职业资格标准等融入课程标准,共同制定和使用授课计划、教案、PPT、视频文件、考核试题等教学资源,共同确定考核方法并确定考核结果。

(6) 推行教师"三个一"工程促进产教融合。校内教师全面推行"三个一"工程,即一名教师联系一家企业,一名教师对接一位设计师,一名教师完成一项课题。通过"阔达艺术学院"平台,教师能够更加直接和深入对接公司,与公司设计师和业务骨干进行结对。通过锻炼和提升,教师的理论与实践能力有效提高,职业素养不断加强,并能够为企业提供设计服务,已完成横向课题25项,到账经费40余万元,有效促进了产教融合,实现了校企双赢。

三、 成果的创新点

(1) 理念创新。共建企业学院,实施校企深度融合育人模式。我院在近年的育人实践和探索过程中逐步构建了高职院校与大型企业合作办学的新模式——"企业学院"模式,在办学理念、办学模式和人才培养等方面予以了创新。经过近三年的合作,我校艺术设计学院与中国建筑装饰协会常务理事单位阔达建筑装饰工程有限公司正式签约,成立新的企业学院——"阔达艺术学院",实行校企双主体办学,成立董事会,实施共建共管,达到校企深度融合,共同开展室内设计技术专业人才的培养。

(2) 方式创新。融入企业标准,开发实施技能培养菜单。将阔达公司的设计标准、工地标准、检验标准、服务标准及117项家装标准工序进行分解,结合岗位需求和项目工作流程,开发构建室内设计专业学生技能培养菜单,探索技能菜单式教学,教师按该技能菜单各项内容,对学生分别进行单向和综合技能训练,以期培养出受企业欢迎的"精绘图、识材料、会施工、懂管理"的行业一线急需人才,实现校企无缝对接。

(3) 机制创新。建立章程制度,保障资源共享校企双赢。建立了《阔达艺术学院章程》及管理办法等文件制度,确立了软件与硬件的共享互用机制,推行教师"三个一"工程,为企业提供设计服务,促进产教融合,实现校企双赢。

四、 成果的推广应用效果

(1) 学生受益。人才培养质量提高,育人成果显著。在"企业学院"人才培养模式的探索与实施中,学生是最大的受益者。通过制定技能菜单,学生对于专业技能和工作岗位有了更加清晰地认知,学习由被动接受变为主动掌握。2012 年与阔达公司合作以来,已对 2011—2015 级 5 个年级的学生进行了不同程度的创新培养,虽然近年来生源质量和层次发生了变化,但是学生取得的成绩却愈加丰硕。在 2014 和 2015 年全国两届职业院校"建筑装饰综合技能"竞赛中分获施工图绘制二等奖和特等奖;2015 年获江苏省级优秀毕业设计团队;2015 年获高职高专教育建筑设计类优秀毕业设计二等奖和三等奖各 1 项;在第五届"中国营造"——2015 全国环境艺术设计双年展(高职高专组)中获铜奖 2 项;2016 年在江苏省高等职业院校"园林景观设计"技能大赛中获得二等奖;近年来学生年终就业率始终保持在 99.5%以上,双证书获取率 100%,培养的学生深受企业好评,一些学生已成为阔达、金螳螂、红蚂蚁、浙江亚厦、东易日盛等装饰公司的骨干。还有部分年轻学生自己开创了公司,如 2014 届毕业生尚前途,开办了盐城廷尚装饰工程有限公司,其 Sketchup 软件绘图技能在盐城家装领域可谓首屈一指。

(2) 教师成长。产教深度融合,产学研成果突出。近 3 年来,广大教师积极参与到教学改革中来,在阔达艺术学院的平台下,深度进行产教融合,不断提高教科研水平,先后主持和完成了江苏省职业教育教学改革项目"校企合作人才培养模式下高职环境设计专业技能课程"1＋X"有效模式研究"、江苏省教育科学"十二五"规划项目"基于校企合作的高职艺术设计类专业基础课与专业课对接模式研究"、省"十二五"规划课题"高职院艺术类专业双工作室制教学模式的研究"、江苏省高校哲学社会科学研究基金项目"海盐文化语境下软装饰在现代室内设计中的创新研究"、省现代教育技术课题"基于 app 开发的苏北高职院学生异地顶岗实习信息化管理平台的建设与应用研究"等省级课题。成员入选"省青蓝工程中青年学术带头人"1 人,近 3 年来公开发表论文 62 篇,其中核心期刊 6 篇、EI 论文 1 篇,申报外观专利 28 项,横向课题 25 项。主编及参编《建筑材料与检测》(一版及二版)《建筑结构》《色彩》《3DsMax 三维项目制作教程》《3DsMax 中级技能实训教程》《基础图案》等省部级"十二五"规划教材 7 本,自编《工程图速成》《住宅精装修设计》《装饰材料与施工工艺》等校企合作教材 12 本。

(3) 企业获益。吸收优质人才,提升社会影响力。已先后为阔达公司输送 23 名优质毕业生,一些 2014 届、2015 届毕业学生已快速成长为公司骨干;依托阔达艺术学院平台,先后为公司员工进行室内设计技能培训百余人次;为企业开展技术服务,完成横向课题 25 项;企业参与学院专业教学指导委会工作及盐城市职教联盟活动,公司在盐城知名度和影响力不断提升。

(4) 示范辐射。模式示范引领,院校相互交流。阔达艺术学院模式在校内起到了良好的示范带头作用,其他二级学院也陆续成立了企业学院,探索人才培养模式的改革。学院新建的环境艺术设计中心和阔达装饰材料一体化实训中心成为对外展示和交流的窗口。盐城工学院、盐城师范学院、江苏农林职业技术学院、扬州工业职业技术学院、苏州工艺美术职业技术学院、洪泽中等专业学校等不同层次的院校前来交流学习。经验模式在 2015 年全国职业院校高职高专教育土建类专业教学指导委员会会议上做了交流发言。

(5) 社会评价。媒体相继报道,社会反响强烈。中国高校之窗对我院与阔达签约成立阔达艺术学院进行了报道;《盐阜大众报》以《在产教融合中打造特色品牌》《搭建三大载体谋求四方共赢》等内容对我院企业学院模式进行了报道;《光明日报》以《三大载体推进职教新发展》为题对学院合作办学新机制的探索与追求进行了报道,人民网和新华网予以了转载;江苏教育、《盐阜大众报》、光明网、新民网、搜狐、网易等众多媒体对我院构建"技能＋"菜单模式进行了报道,在社会上引起巨大反响。

技能竞赛与创新人才培养模式融合互联，
实现动画专业生校企三方共赢

常州纺织服装职业技术学院

完成人及简介

姓 名	性别	所在单位	党政职务	专业技术职称
苏 昊	男	常州纺织服装职业技术学院	无	讲 师
陈 捷	男	常州纺织服装职业技术学院	无	讲 师
沈 建	男	常州纺织服装职业技术学院	无	讲 师
沈 洋	男	常州纺织服装职业技术学院	无	助 教
项建华	女	常州纺织服装职业技术学院 / 常州科教城现代工业中心	大型区域共享 实训中心主任	教 授

一、 成果简介及主要解决的教学问题

(一) 成果简介

本项目依托央财数字影视动漫实训基地、常州国家动画无纸化公共技术服务平台等建设项目,从影视动画专业教学改革入手,寓赛于教,赛教融合,将技能竞赛与创新人才培养机制实现五方位融合互联,不断扩大师生的参赛受益面,提高了学生的综合技能与职业素养,提升了就业竞争力。企业获得了各层次人才,推进了校企深度合作,彰显了办学美誉度。

(二) 主要解决的教学问题

赛、教、学难以互融互联,部分竞赛项目与专业人才培养目标无法衔接,教学内容落后产业需求;竞赛受益面窄,教育资源利用率低;师生的梯队建设存在脱节,缺乏长效机制,教师技能水平跟不上行业发展;校企合作,校企共育,浮于表面;生校企在整个闭合环节中无法实现共赢。

二、 解决教学问题的方法

竞赛与人才培养机制实现五个融合互联。

(1) 竞赛项目与人才培养职业岗位融合互联。影视动画专业将人才培养体系中的职业岗位与竞赛项目对应岗位对接,根据自身课程体系分解竞赛项目,在人才培养体系中融合竞赛规格要求,如动画制作竞赛项目的基础部分依据的职业等级标准为高级动画绘制员,通过融入职业标准的人才培训体系的实施,实现了课证岗对接,使学生对技能竞赛应付自如。通过竞赛项目与专业人才培养岗位融合互联,提高了高职人才培养层次,提升了学生参赛获奖率与获奖等级,也有效提高了学生的职业技能。

(2) 竞赛内容与人才培养内容融合互联。将竞赛内容融入人才培养方案,重构课程体系,推进教学内容改革,拓宽师生受益面,提高了专业教师的技能,为技能竞赛奠定了技能储备和人才储备,加强了竞赛梯队建设,确保了竞赛常态化。

(3) 竞赛组织与人才培养过程融合互联。建立科学的集训和选拔体系,实现了技能大赛工作的常态化,形成了全体师生参加的长效机制。联合深度合作的相关企业,建立生校企参赛的奖励机制,形成生校企参赛多元利益驱动机制。在教学组织中,依托国家级精品课程"无纸动画",将技能竞赛贯穿于整个人才培养全过程。结

合东区国家级动漫人才培养基地,开设第一课堂与第二课堂,实施小班化教学;以赛促进实训基地建设,提高师生的技能水平。

(4) 竞赛考核与人才培养项目化教学考核融合互联。将技能竞赛考核项目模块化、考核内容综合化、考核方式过程化、评价主体多元化等考核评价要素进行改造与嫁接,移植于专业课程的项目化教学,校企共育共评,构建了校企人才共育组织机制,实现了竞赛考核与人才培养的项目化教学考核融合互联。在"动画创作"课程中,设置了分镜制作、角色设定、动画制作、后期合成 4 个部分。将技能大赛的要求融入其中,整个教学过程由专业教师、实训教师、企业技术人员组成的教学团队进行分组指导,并采用过程考核的方式,根据学生完成作品的情况,设计图稿情况,以及最终特效综合评分,设置 PPT 公开答辩等环节,生校企三方共同实施过程考评。

(5) 竞赛项目所体现的职业性与学生职业素养的养成融合互联。将技能大赛的职业要素与高职学生职业素养养成融合,并贯穿于人才培养的全过程,选取并改造竞赛项目作为教学项目,从而实现大赛的职业性与教学过程中学生职业素养养成的融合,提升学生的实力。

三、成果的创新点

(1) 寓赛于教,融合互联,综合效益最大化。通过技能竞赛与创新人才培养模式五方融合互联的实践,基于顶层设计实施寓赛于教的人才培养模式改革,建立了生校企参赛多元利益驱动机制,将其有机结合,通盘考虑,统筹建设,系统推进,最大限度的发挥综合效益。

(2) 依托项目,注重推广,受益面积最大化。本成果依托技能大赛培训、《无纸动画》国家级精品课程建设,配合苏州智杰多媒体有限公司,常州雷奥文化传媒有限公司,常州优易工业设计有限公司等单位开展校企合作。项目带动,起点较高,受益面广。同时,整个工作与师资队伍建设和青年教师培养相结合,使得本成果的受益面积(包括学生,教师和单位)最大化。

(3) 理念先行,实践检验,理论实践一体化。本成果吸收职业教育"能力本位"的培养理念,在理论上与技能大赛集训的实践相结合,提炼,又反过来指导教学改革。既有科学依据和理论意义,又有实践检验,具有指导性,实用性,可操作性和推广价值。

四、成果的推广应用效果

本成果具有较好的前期研究实践基础和较高的起点,依托国家级精品课程"无纸动画",国家级动漫实训平台,电影项目"我是哪吒"以及相关教改项目。成果得到了广泛应用,取得显著效果。

(一) 技能大赛硕果累累

2014 年获得江苏省技能大赛高职组动画制作赛项第一,2014 年获得全国技能大赛高职组动画制作赛项第一,2015 年获得江苏省技能大赛高职组动画制作赛项第一,2015 年江苏省大学生计算机设计大赛数字媒体设计组专业组高职高专组一等奖,2016 年获得江苏省技能大赛高职组动画制作赛项第一。

项目组教师作为江苏省中职技能大动画制作赛项专家组成员,自 2009 年至 2015 年辅导江苏省代表队参加技能大赛,均获得全国第一。

(二) 精品课程的辐射示范作用不断加强

"无纸动画"作为影视动画专业的国家精品课程,首先向技能大赛的培训辐射推广,已见成效,对强化学生的动画基础和技能训练,提高学生的动画素养和能力起到了显著作用。根据精品课程的相关知识点,影视动画专业出版了《原动画设计与制作》《三维动画技术项目教程——Maya》等教材。其中《原动画设计与制作》《三维动画技术项目教程——Maya》被评为教育部"十二五"职业教育国家规划教材。一批教师从中受益,尤其是年轻教师,教学基本功和教学效果明显增强,最终使更多的学生受益。通过技能大赛的培训放大了精品课程的作用,对大面积提高我校影视动画专业人才培养质量、就业率和就业质量发挥了支撑作用。用人单位普遍反映我校影视动画专业学生功底扎实,应用能力强,适应快,后劲足。

(三) 技能大赛结合生产性实训,社会影响力大

依托常州国家动画产业基地动画产业集聚区的优势,"校、企、政"共同合作搭建公共技术服务平台,将技能大赛的培训教学与企业生产相结合,把企业的各类项目按"项目嵌入式""订单式"引入课程教学中。影视动画

专业与多个企业合作形成创新联合同盟,校企双方以项目为载体,共同合作开展教学培训。师生完成了常州旅游局的订单式项目,地方宣传动画短片《篦箕巷》《天宁寺》《舣舟亭》等,参与制作的厦门大拇哥动画有限公司的500分钟的Flash《加油宝贝》,获得了国家广电总局的2009年度第二批优秀国产动画片,参与制作的苏州智杰多媒体有限公司电影《我是哪吒》于2014年立项,2016年暑期档登录全国院线。

(四)通过数字媒体技术,推动纺织产业的发展

通过动画数字技术,模拟了纺织产业的生产流程,为纺织产业的人才培养作出了一定的贡献。通过数字技术的计算测试,为长三角地区的纺织机械企业的装备生产服务,提升了纺织机械的自动化水平。用数字媒体技术完成了江苏省科技支撑计划项目"乱整修数字化模拟生成与辅助制作技术",填补了国内外在乱针绣数字化处理技术领域的空白,为乱针绣工艺的保护与传播及市场的开拓提供了有效支持,对非物质文化遗产的数字化保护、传承和产业化推广起到了示范作用。

纺织专业群对接区域产业群人才培养模式的研究
——以江苏省现代纺织技术重点专业群为例

沙洲职业工学院

完成人及简介

姓　名	性别	所在单位	党政职务	专业技术职称
范尧明	男	沙洲职业工学院	教研室主任	副教授
倪春锋	男	沙洲职业工学院	系主任	教　授
陈在铁	男	沙洲职业工学院	教务处长	教　授
于　勤	男	沙洲职业工学院	教研室主任	副教授
徐晓军	女	沙洲职业工学院	教研科长	副研究员
沈　霞	女	沙洲职业工学院	无	讲　师

一、 成果简介及主要解决的教学问题

（一）成果简介

高职院校坚持"以服务为宗旨，以就业为导向"，培养生产和管理的高素质应用型人才。高技能人才不仅要求学生有较好的专业技能，更要求有良好的、全面的职业能力。这就决定了高职院校在提高办学水平和人才培养质量，办出特色，提升专业服务产业能力的过程中，与地方产业群协同共建，相互促进，协调发展。

江苏省现代纺织技术重点专业群建设的研究与实践是基于沙洲职业工学院在建设江苏省特色专业——现代纺织技术专业（以下简称纺织专业）验收通过后，开展的又一省级大型实践研究，本成果探索了高职重点专业群对接区域产业群的建设，建立深度校个合作的人才培养模式。与华芳集团等企业量身定做订单位班，培训"适销"对路的专业人才，提高毕业生的就业竞争力。

张家港作为全国纺织产业基地的，具有纺织产业集群优势，沙洲职业工学院是全国第一所县办大学，基于秉承"根植张家港、融合张家港、服务张家港"的办学特色和"地方办学，服务基层"的办学理念与宗旨，以本地区经济发展为背景，以满足本地区纺织职业岗位、纺织职业能力要求为目标，探索以生产性实训项目为载体的工学结合培养模式，建立企业订单班，教师对接企业，企业技术人员对接学校，兼职授课。改革人才培养方案，以期在课程建设、教材建设、双师队伍建设、教学内容与方法改革方面有新突破，为企业培养高级应用型、技能型人才。形成基于校企深度合作的江苏省现代纺织技术重点专业群建设。

（二）主要解决的教学问题

（1）基于张家港市作为全国纺织产业集群优势，建立 10 多家校企合作校外实训基地，为纺织专业学生提供良好的实习环境。

（2）围绕培养学生职业创新能力与职业技能为核心，确定人才培养模式，构建课程体系。

（3）建立企业订单班，为企业量身定做符合企业要求的专业人才，做到真正意义上的校企共建。

（4）建立生产性校内实训基地，从企业获取半制品加工任务作为校内教学载体，加工完成后再返交企业。生产产品培养了学生的职业能力。项目载体具有典型性、递进性，可从简到难培养学生职业技能的需要。

（5）教师对接企业，为企业提供技术服务，同时在企业得到锻炼，快速培养了校内双师型青年教师。聘请企

业技术人员作为兼职教师,结合生产实际,为学生授课,解决了校内兼职教师缺乏问题。

（6）融合张家港,在"产、学、研"的合作中,教师的学术水平和科研水平明显较高,与企业合作建立苏州市工程技术中心 10 个。

二、 解决教学问题的方法

（1）在校企全面程深度合作中培养学生。沙洲职业工学院秉承"勤奋、求实、开拓、进取"的校训,坚持科学发展观,以服务为宗旨,以就业为导向,以职业能力培养为主线,以职业道德和素质培养为根本,工学结合、创新人才培养模式,立足张家港,为张家港市及长三角地区经济建设和社会发展培养了数以万计"下得去、留得住、用得上、有作为"的生产第一线高级技能型人才,开辟了大学生通向农村、服务基层的道路。形成的"德能并举、知行合一"的办学理念和"根植张家港、融合张家港、服务张家港"的办学特色。张家港是全国纺织产业业的重要基地,江苏省现代纺织技术专业群的建设、有效地与区域内纺织产业群的建设相匹配、聘请产业群内行动家作为现代纺织技术专业指导委员会,指导学院纺织专业人才培养方案的制定与实施,在校企深度合作培养人才方面发挥了重要的优势。

（2）建立企业订单培养班,为企业量身定做合适的工程技术人才。为把校企合作引向深入,使工学结合持久,深入、良性循环,与华芳集团建立了企业订单培养班,为企业定制人才,利用企业资源更趋合理,企业也更"舍得"为订单班学生提供一切方便,企业把这些学生看作自己的准员工。

（3）建立了 10 多家紧密型校企合作基地。建立了华芳集团、东渡集团、广天色织、中孚达纺织、联宏纺织、澳洋集团、普坤毛纺等多家校企合作基地,这些基地是学生校外顶岗实习与就业基地,不仅为学生的学习提供了方便,同时也为教师尤其是青年教师的成长提供了便利,更主要是根据校内教学要求,提供相应工序的校内生产性实训项目。

（4）建立了校内生产性实训项目的实训车间或教师工作室。根据专业群建设方案,结合企业需求,选取适合开展生产性实训的细纱机、织机、剑杆小样织机、小样染色机、针织横机等现有设备组成校内实训车间。由企业提供纱线、织物、染料等原材料,指导教师安排学生分小组进行生产。按照企业的品质和交期要求,在实训过程中,分别完成一定量加工任务,以交货验收的结果来考核学生的实训成绩。近年来,分别建立了"纺织设备与工艺调试实训车间"、"织物设计与打样实训车间"、"纬编技能训练车间"和"染色与印花设计工作室"等 5 个校内生产性实训场所,实现了教学做一体的典型工序全真实训模式下对学生技能的培养。

（5）建立了苏州市级工程技术中心 10 家,为校企深度合作打开更广阔空间。学院在基于校企合作的基础上,与张家市本地企业建立了 10 家苏州市级工程技术中心,利用校企业双方的资源,在产、学、研的合作引向深入。

（6）建立教师对接企业机制。一个教师对接一个企业,与企业深度合作。在合作的过程中,企业兼职教师等获得免费的校外教学资源,学校老师获得校外锻炼的机会。在此基础上建立教授工作室。

（7）专业群建设与产业群建设协同发展,解决了实习就业、服务与指导的互利关系。

三、 成果的创新点

（1）适应区域产业群的建设,调整专业群人才培养方案。主动适应张家港（苏州地区）纺织产业结构的调整与升级,形成了以现代纺织技术专业为核心,涵盖纺织品检验与贸易、纺织品装饰艺术设计等专业的专业群共建目标。校企深度合作成立专业指导委员会,指导专业群人才培养方案的制订,主动适应行业需求,调整课程体系,秉承以就业为导向,侧重实践能力培养,为地方经济建设服务的思路,实现了由培养生产技能型向服务技能型培养目标的转变。

（2）工学一体、项目化教学与地方产业群的协同共建。工学结合、教学做一体化的教学模式,将原来的课程与实验、实训组合成教学模块,在项目教学中学习技能,使学生做到知行合一。使学生完成对具体项目的分析与训练。这种教学模式使理论知识的学习与实际操作的训练紧密结合,使教学内容更具有针对性,有助于培养学生的实践应用能力。在教学中发挥学生的主体地位,引导学生主动学习,有效调动学生学习积极性,促进学生学习能力发展。如织物分析设计和打样训练与华纺集团合作,通过现场实际操作,起到了显著效果。对毕业综合实践论文环节进行改革,采用周记＋日记＋论文的形式,与以往与工作(就业)岗位脱离的模拟设计,改为与学生就业岗位完全相关的真实产品设计、工艺设计或设备维护总结等多种形式。

(3) 积极开展精品课程、校企合作开发教材的协同共建。"现代纺织技术"专业以与地方产业群联合开发核心课程为重点,积极参与院级、省级精品课程建设。以行业、企业生产一线的实际为内容,围绕经济社会发展和职业岗位能力的要求,从生产实际出发,以专业技能为主线,针对学生今后的工作岗位,编写"现代纺织技术"专业的校企合作教材。根据课程建设与改革的要求,以工作过程为导向设计学习内容,编写"教学做一体"教材,融"教学做"为一体,强化学生能力的培养。

(4) 与地方产业群协同共建,开展订单班培养人才。我院现代纺织厂技术专业与地方产业群中的龙头企业合作开展订单班的培养,有针对性的为企业量身定做方案,培养适用人才,企业为学生提供奖学金,为学校教师提供奖教金,为学生提供实习实训场所,并为学生配备了工厂班主任,培养学生从源头抓起,针对性强,上岗快,校企业双方协同共建,取得了很好的效果。

(5) 积极探索管理制度的创新。"现代纺织技术"专业群人才培养方案中有半年的顶岗实习,为了加强顶岗实习过程管理,制订了顶岗实习教学和学生管理规定。制定毕业综合实习计划,明确学生的实习内容,确定每个学生的 1 名指导教师及 1～3 名实习企业指导教师,负责学生实习的指导工作。实习的过程管理,学校指导教师要根据学生实习的企业、主要从事的工作岗位给学生下达实习任务书,通过电话、E-mail、QQ 和下厂当面指导对学生进行跟踪管理,学生以周记和实习报告记录实习情况。

(6) 积极致力于校企深度合作。教师与企业工程师互聘互兼,教师对接企业,实训室、测试室与企业资源互用共享,校内外实训基地齐抓共建,建立苏州工程技术中心 10 家。在师资培养、课程开发、教材建设、科技攻关等方面共同协作,成果显著。

(7) 校企联合,开展生产性实训。以生产性实训项目为载体,创新开展校内实训基地建设以及教学内容和教学方法的改革,实现学生技能与岗位需求的同步。

(8) 教师对接企业。师资力量雄厚,兼职和专职结合,融合张家港,在"产、学、研"合作过程中,教师的学术水平和科研水平明显较高。

(9) 毕业生特色:学得好、下得去、用得上、留得住。培养符合本地区行业需求的技能型人才,90% 毕业生就业于张家港,体现面向长三角、服务张家港的办学宗旨。毕业生"学得好、下得去、用得上、留得住",服务基层,毕业生就业率高。

四、 成果的推广应用效果

(1) 现代纺织技术专业获江苏省教育厅特色专业后,以重点专业群对接地方产业群建设为特色的"现代纺织技术专业群"被江苏省教育厅立项为江苏省"十二五"高等学校重点专业群。

(2) 近 5 年,学生获江苏省大学生实践创新项目立项 12 项,省优秀毕业设计 6 人获奖,为本校之最。

(3) 依托校企合作企业,建立苏州市工程技术中心 10 个。

(4) 2012 年起,校内生产性实基地被本院其他专业借鉴,参与企业超过 20 家,年参与校内相关生产性实训项目的学生超过 1 600 人次。

(5) 学生在全国面料检测、面料设计大赛中多次荣获二、三等奖。

(6) 以生产性实训项目为依托的校内生产性实训基地已成为张家港市纺织品检验检测员中级工、高级工考核基地。

(7) 建设 16 本省部级规划教材,1 部全国规划教材(主编),1 部全国规划教材(副主编),主编 1 部江苏省重点教材[编号:2014-1-106];1 门课程获苏州市优秀课程;开展的信息化教育比赛,获得省一等奖、全国一等奖。

(8) 依托校企合作单位的对接区域产业群建设的订单班学生在企业实习,就业受到特别欢迎。与企业建设中国纺织服装人才培养基地 2 个。

职业教育与学科教育协调发展的多层次 会计人才培养模式研究与实践

武汉纺织大学高职学院

完成人及简介

姓　名	性别	所在单位	党政职务	专业技术职称
李冬冬	女	武汉纺织大学高职学院	无	讲　师
刘书兰	女	武汉纺织大学高职学院	无	教　授
徐　涛	男	武汉纺织大学	无	副教授
施梅艺兰	女	武汉纺织大学	无	讲　师

一、 成果简介及主要解决的教学问题

（1）本项目是武汉纺织大学教研课题"高职院校会计专业人才培养模式研究"（2015年）、武汉纺织对学高等教育改革与研究"论我校会计类公选课与会计通识教育建设"（2014年）、武汉纺织大学地大学生创业创新训练项目"渐进式退休下我国养老理财模式研究"（2015年）以及"分阶段实践教学法在会计专业教学中的应用"、"会计人员职业能力框架构建及培养研究"、"基于会计职业判断能力培养的创新教考模式研究"、"基于创业教育视角下会计专业实践性教学模式研究"、"以能力为导向的中英高等教育人才培养模式的差异化研究"和"交互式"实践教学及其质量保障体系研究与实践及"卓越会计人才实践能力培养模式及优化研究"等项目理论研究与实践的成果总结。

（2）本项目基于"一专多能"的理念,根据会计学的专业特点,采取学科教育＋职业教育模式,着眼于提高地方高职院校会计专业学生的综合素质、动手能力和就业能力,满足经济社会发展对多层次会计人才的需求。初步解决了地方高职院校高素质、基础兼应用型会计人才培养的定位和服务面向问题。

（3）在深入分析中国经济发展现状及会计行业现状及经济社会对会计人才的多样化需求基础上,突出了教学内容的基础性及实用性,打造了"1(会计)＋3(Office/Wps＋报税＋ERP)"的基础使用型教学内容模块。提出了以"会计＋Office/Wps＋ERP"为核心教学内容的"会计从业资格"层次和以"会计＋报税＋ERP"为核心教学内容的"助理会计师"层次的人才培养体系,初步解决了传统会计专业知识传授内容相对单一的问题。

（4）校内与校外结合,实现赛事常态化。本项目坚持校内与校外相结合,充分利用学校和社会两大办学资源,以主要长期合作的企业为稳定的教学实习基地,为实施会计专业实践教学提供有力保障。通过定期举办会计手工模拟大赛、全国大学生会计信息化技能大赛事,解决学生动手能力欠缺的问题。

二、 解决教学问题的方法

（1）本项目突出教学内容的基础兼应用性,打造"会计＋(Office/Wps＋报税＋ERP)"的基础兼应用型教学内容模块,以适应经济社会对会计人才的多样化需求。

（2）根据学生对知识掌握的程度和职业教育的要求,分别开设了"会计从业资格"与"助理会计师"两个方向。会计执业资格方向侧重于实际动手能力的和文字处理能力,助理会计师方向侧重会计核算业务、报税、财务软件的运用。

（3）以"会计＋Office/Wps＋ERP"为核心教学内容的会计从业资格方向,引入会计证考试内容,采用"学科

教育＋职业教育"相统一的模式。整合校内外优势资源,校内优势师资担任试点班核心课程的教学,校外知名培训机构进行考前集训,侧重于培养学生对会计的专业基础知识和专业动手能力,使学生初步具备运用 Office/Wps、金蝶 K/3(或用友)等财务软件进行基本的会计记录计量能力。

(4) 以"会计＋ERP＋报税"为核心教学内容的"助理会计师"层次的人才培养体系。在采用"学科教育＋职业教育"基础上融入税务会计、财务管理与财务分析方面的专业课程模块,使其在具备基本会计核算能力基础上独自处理简单报税问题,拓展学生综合运用财务分析知识和财务管理知识解决财务等问题的能力,为不同层次的会计专业毕业生中长期职业规划打好基础。

(5) 本成果坚持校内与校外相结合,充分利用学校和社会两大办学资源,以课堂理论知识学习为基础平台,手工基础会计实习为训练平台,以会计实习软件为强化平台,以主要长期合作的企业为稳定的教学实习基地,为实施会计专业实践教学提供有力保障。通过设立校内的会计核算手工大赛、会计信息技能大赛,逐步实现了校内相关赛事的常态化,以激发学生参与金融分析的兴趣,实现"以赛代练、以赛促学"的目的,提升学生动手能力和分析问题、解决问题的能力。

三、 成果的创新点

(1) 本项目结合现阶段及未来我国经济发展对会计人才的需求特点,在财务会计外包日渐兴起的趋势下,提出了职业院校会计人才培养的目标是基础兼应用型。

(2) 突出"一专多能"的理念和突出教学内容的基础性和实用性,全力打造"1(会计)＋3(Office/Wps＋报税＋ERP)"的复合教学内容模块。根据学生的层次和特点,分方向培养。专业基础知识较强的学生侧重于以"会计＋ERP＋报税"为核心的助理会计师方向,引入助理会计师考试内容,采用"学科教育＋职业教育"相统一的模式。另一部分学生侧重于以"会计＋Office/Wps＋ERP"为核心的会计从业资格方向。目的是使学生能适应经济社会对多层次会计人才的需要。

(3) 坚持校内、校外结合,实现了校内相关学科赛事常态化,在一定程度上解决了传统会计专业人才动手能力欠缺,与经济社会发展脱节的问题。

四、 成果的推广应用效果

(1) 校内推广价值。引发了多种教学手段与方法运用。"税务会计""中级财务会计"分阶段考试法、财经法规模块教学法、ERP 实验室教学互动法、专业基础知识培训、会计手工模拟情景教学法等分别实施与运用,起到较好的教学效果。学院适时地组织教师进行教学课件制作、教学讲义设计、课堂教学演示等教学比赛活动,形成了"让学生成长、让老师快乐、让社会满意"的和谐校园氛围。

(2) 应用效果。夯实了学生的会计专业基础知识,使其能够学以致用,促进理论结合实际。提升了会计业务所需相关技能的综合运用能力,为进入社会打下基础。

培养了学生的责任意识与专业精神,学生具有强烈的社会责任感和使命感,涌了一批高素质的优秀大学生。发掘了学生的创新意识与业务技能,学生的专业实习和社会实践成效显著,并在各种学科竞赛中获奖,2011 年至今,完成大创项目 10 余项。

以市场化为导向的服装专业校企合作
人才培养模式探索与研究

盐城工业职业技术学院

完成人及简介

姓　　名	性别	所在单位	党政职务	专业技术职称
王林玉	女	盐城工业职业技术学院	纺织服装学院服装系主任	副教授
陈　洁	女	盐城工业职业技术学院	纺织服装学院党总支书记	教　授
李月丽	女	盐城工业职业技术学院	无	讲　师
周荣梅	女	盐城工业职业技术学院	教研室主任	讲　师
瞿国全	男	盐城工业职业技术学院	无	讲　师

一、 成果简介及主要解决的教学问题

(一) 成果简介

近年来,盐城工业职业技术学院服装设计专业建立以学生创新能力和实践能力培养为核心的培养理念,以"宽基础、重应用、精方向"为指导思想,注重学生的可持续、协调发展和个性化需求,在培养模式、培养方法上形成自己的特色和优势。服装设计专业是江苏省特色专业以及江苏省创意设计专业群核心专业,2012年被确定为省示范建设重点专业,本成果为我校服装设计专业近4年来在省级示范重点专业建设过程中逐步完成并得到较好实践与推广的主要成果之一。本专业围绕课程作业作品化、作品产品化、产品精品化、精品市场化在校企合作体制机制建设、课程体系构建、实训基地建设、师资队伍培养等方面积极推进改革,确立鲜明的办学理念和特色,在服装专业人才培养上取得了优秀的成绩,大大提高了学生的就业竞争力,为当地服装行业输送了大量的优秀专业人才。

(二) 主要解决的教学问题

该成果通过不断完善校企合作运行机制,构建"项目引领"课程体系,打造双师教师队伍,建成校内校外实训基地,实践服装设计专业"前店后室、学做融合"的人才培养模式等途径,解决了以下问题。

(1) 解决了高职高专教学环节与企业动态需求相脱节的问题。在教学过程中引入企业产品开发项目,这些项目的实施有利于动态调整专业教学内容和方式。

(2) 解决了服装专业人才培养定位与学生个性化发展相矛盾的问题。该成果构建了基于工作过程的三阶段递进式分类分层课程体系与之相适应。

(3) 解决了校企合作在人才培养工作方面的渠道单一和流于表面的问题。在合作育人、合作研发、合作就业、合作发展等方面进行了创新和实践,进一步拓展了合作渠道和深度。

二、 解决教学问题的方法

(1) 实践"前店后室"的人才培养模式。依托亨威职业装研发中心,承接企业的产品开发项目,与江苏亨威实业集团有限公司、盐城市唯洛伊服饰有限公司、盐城市亚林制衣有限公司、盐城乔老爷服装有限公司等企业合作开发产品投放市场并创造了一定的经济效益。

(2) 完善"校企共建"的合作运行机制。一方面通过校企共建的研发中心,合作开发职业装,实施双主体教学;另一方面,依托与亨威集团共建的生产性实训基地,承接加工订单提升学生实践技能;另外,在校企合作教学的实施过程中,加强教学质量管理,确保人才培养质量。

(3) 构建"项目引领"的专业课程体系。首先,基于就业岗位工作过程开发工学结合课程,并按照能力增长的规律形成了三阶段递进式分类分层的课程体系;其次,进行了核心课程的项目化改革,在项目化课程中开展的校企合作项目培养了学生的创新创业能力。

(4) 打造"专兼结合"的双师教师队伍。通过内培外引,选派教师到国内外院校及培训机构参加学习与培训,有计划地安排教师到企业实践锻炼、参与企业产品研发项目,参加技师考核等提升专任教师的实践能力,在校企合作开发项目过程中聘请多名企业技术骨干作为兼职教师,打造了一支专兼结合的高水平师资队伍。

(5) 建成"产学研训"一体的实训基地。通过开放性工作室开展多种形式的课外专业学习活动,学生技能训练和创新能力得到进一步提高,营造了浓厚的学技术、练技能的氛围。与亨威共建"校中厂"实训基地,通过"引单入校"实现校企无缝对接,形成了生产实训、实习就业、教师锻炼"三位一体"的校外实训基地网络。

三、 成果的创新点

(1) 教学的项目源于市场。依托合作企业的门店,了解消费者需求,选择教学项目,利用校企共建研发中心及校内工作室较为完备的硬件资源,师生积极参与企业的技术服务与产品研发,项目课程教学与企业紧密联系。项目教学的成果以技能大赛的形式展示,学生优秀的设计作品被企业直接采用投入市场。与盐城金瑞、悦达纺织、乔老爷服饰分别合作举办童装设计大赛、员工制服设计大赛以及家居服设计大赛。以赛促练,提高了学生的实践技能并培养了学生的创新能力。

(2) 师生的成果推向市场。校企合作的项目成果分别通过唯洛伊服装定制店、亨威服装展示店、乔家棉依专卖店等场所推向市场,师生作品通过创业园的实体店铺、服装陈列工作室以及服装淘宝店铺推向市场,并获得明显的经济效益,学生创新创业能力得到进一步提高。学生设计的作品用市场来进行检验,实现了课程作业作品化、作品产品化、产品精品化、精品市场化。与企业合作开发16项设计作品进入市场销售,其中,与江苏亨威实业集团有限公司合作开发职业装5项,与盐城唯洛伊服饰有限公司开发女装6项。

四、 成果的推广应用效果

(1) 该项目在服装专业的应用情况。我院1993年开设服装设计专业,是江苏省特色专业以及江苏省创意设计专业群核心专业。2009年服装设计教学团队立项为院级优秀教学团队,2010年获盐城市教育系统"巾帼文明示范岗"荣誉称号。2012年被确定为省示范高职院重点建设专业,自项目建设以来,受益学生为服装专业群服装设计专业、服装工艺技术专业以及纺织品设计的600多名学生。

① 课程建设方面。以能力为核心、以岗位技能为标准建设5门核心课程。形成了"系列女装技术基础"校本教材,相配套的教材被江苏省教育厅立项为精品教材并于2015年以《一体化系列女装:设计·制版·工艺》为书名正式出版。在建设期内,服装设计专业共计完成8本校企合作教材的开发,教师个人教学成果获奖30余项,申报并完成16项教研项目。

② 实训条件建设方面。改扩建新建12个校内实训室,与江苏亨威实业集团有限公司校企共建校内生产性实训基地"亨威服装实训中心",实训中心集教学、基础实训、生产实训、服务社会于一体。学生参加各级各类设计比赛和大学生创新实践训练计划,成果丰硕,3年来共计32项市级以上的技能大赛中获奖,其中2013年江苏省服装设计技能大赛三等奖,2014年全国高职高专服装制版与工艺技能大赛团体二等奖、个人二等奖2项、三等奖2项,2016年江苏省服装技能大赛,二等奖1项,三等奖2项。建设紧密型校外实训基地10家,与东台市苏萌针织时装有限公司和江苏亨威实业集团有限公司建设"厂中校"实训基地2家。

③ 师资队伍建设方面。专任教师主持完成教科研课题30余项,在中文核心期刊发表高质量教科研论文及作品20余篇。有8名教师被企业特聘为技术顾问等职务。目前教师队伍中来自企业的教师2人,100%教师具有高级工证书,15人考取技师证书,其中双师素质比例达到100%。服装设计专业每年定期开展专业调研并召开专业建设指导委员会,近3年共计聘请29位行业企业专家及技术骨干作为兼职教师来充实和优化教师队伍。

④ 校企合作开发产品方面。与企业共同开发并投入生产进入流通环节的新产品共计 16 项,目前为止创造产值 230 余万元,其中与江苏亨威实业集团有限公司合作开发职业装 5 项,与盐城唯洛伊服饰有限公司开发女装 6 项,与盐城亚林制衣有限公司合作开发新产品 1 项,与盐城乔老爷服饰有限公司合作开发家居服 3 项,与盐城金瑞服饰有限公司开发童装 1 项。

(2) 该项目在本校其他专业的应用情况。通过服装设计专业在校企合作运行机制完善、人才培养模式创新、课程体系构建、双师型教学团队以及实验实训基地建设等方面的示范作用,引领带动了纺织品设计、艺术设计、环境景观设计、室内设计等专业在师生作品市场化以及技能大赛组织方面的建设,推动了服装设计专业群的整体发展。2014 年,纺织品设计专业学生参加全国高职高专面料花样设计大赛获得二等奖 1 项、三等奖 3 项,2015 年全国高职高专面料花样设计大赛获得一等奖 1 项、二等奖 2 项、三等奖 1 项。纺织品设计专业与江苏悦达家纺有限公司联合举办"悦达家纺杯"设计创意大赛,部分获奖作品被企业选用。

(3) 该项目对其他院校的辐射作用。依托学院牵头成立的盐城市纺织服装职教联盟,定期组织驻盐中、高职院校以及本科院校召开服装设计专业研讨会,在人才培养方面进行全方位合作,努力实现"中高本"三位衔接与贯通。纺织服装职教联盟服装设计专业研讨会对驻盐中、高职及本科院校的服装设计专业教学指导,起到积极地推动作用。同时,服装设计专业对口支援盐城市高级职业学校,在师资培养、专业与课程建设、联合申报并共同承担科研项目等方面进行了全方位合作;对口支援东台市中等专业学校,与该校服装设计专业签订 3+3 分段培养协议;支援盐城市生物工程高等职业学校,在该校模特队的形体训练、师资培养、节目编排以及模特大赛指导等方面提供支援;支援徐州市睢宁中等职业学校,文艺节目送进校园,对学生综合素质的培养提供帮助。

(4) 该项目在社会服务方面的应用情况。本专业注重对社会和行业开展职业技能培训,充分利用自身优质教育教学资源,开展各种形式的职前职后培训,开展了地方农村劳动力转移培训,增强社会培训和服务能力。与盐城市佳源服饰有限公司开展服装制作工培训班,针对在职员工就服装材料、服装工艺、服装制作、技能实训等方面的知识进行培训;与江苏南纬悦达服装有限公司、盐城金斯雅贝时装有限公司、江苏斑竹服饰有限公司、江苏悦达家纺有限公司、江苏赛那途户外用品有限公司对新录用缝纫工进行入职培训和教育。利用学院"特有工种技能鉴定站"为企业培训人员提供服装定制初级、中级以及高级工的职业技能培训和鉴定等服务。对盐都区秦南街道、新区街道、盐龙街道以及中兴街道的闲散劳动力进行服装制作技能培训,完成职业资格培训与认证 1 080 人次。

多元化招生背景下基于学生个性化特点
分层次培养特色鲜明的染整专业
人才的研究与实践

盐城工业职业技术学院

完成人及简介

姓　名	性别	所在单位	党政职务	专业技术职称
刘德驹	男	盐城工业职业技术学院	院党总支副书记/院长	教　授
金绍娣	女	盐城工业职业技术学院	学生党支部宣传委员	讲　师
顾东雅	女	盐城工业职业技术学院	学生党支部书记	讲　师
李　萍	女	盐城工业职业技术学院	无	副教授
项东升	男	盐城工业职业技术学院	无	副教授
王　岚	女	盐城工业职业技术学院	轻化系教学秘书	讲　师

一、成果简介及主要解决的教学问题

（一）成果简介

高职院校招生方式多样化的改革变化,促进高职教育工作者必须创新人才培养模式。本成果以"宽基础、重应用、精方向"为指导思想,注重学生的可持续、协调发展和个性化需求,在培养模式、培养方法上形成自己的特色和优势,实施分层分类人才培养,构建科学合理的课程体系,产教融合,校企合作,实现学生个体的发展目标。分层分类人才培养,以人为本,极大地促进了学生个性发展;培养了学生个性化品质;满足了不同行业、不同岗位对知识、技能的不同要求,契合社会多样化需求。该成果从解决当前高职教育人才培养面临的生源多样化、学生个性差异化等主要问题为切入点,冲破传统培养方式,以学生个性化发展需求为导向,创新人才培养方式和柔性化教学管理体系,实施分层教学,激发学生学习潜能,调动学生学习自主性,对促进高职教育教学改革有着现实的借鉴意义。

（二）主要解决的教学问题

(1) 立足学生自我发展,培养特色鲜明的染整专业高职人才。

鉴于染整专业生源多样化的现状,以学生个性化发展需求为导向,本着"以生为本"的理念,立足于染整专业学生的成长、成才、成人,着眼于学生的可持续发展、自我发展,探索人才培养模式的多样化、层次化,构建能够适合不同学情、不同生源的特色鲜明染整专业人才培养模式。

(2) 职业生涯发展为目标,构建能力本位的课程体系。

染整专业毕业生的职业成长必须经历从"初入职到职场精英"的几个发展阶段,每个阶段、每个层次都有对应的知识形态。通过追踪学生的岗位迁徙轨迹,关注学生职业生涯可持续发展所应具备的理论学习及岗位迁移能力,设计符合职业成长逻辑规律的课程学习任务,构建专业课程体系,强调专业技能、注重职业核心能力。

(3) 师资队伍建设服务专业建设,专业建设促进师资队伍建设。

人才培养模式创新对教师师资提出更高的要求,以人才培养为根本,以质量建设为核心,以专业建设为主体,以师资队伍建设为保障,培育特色,确立优势,全面提高师资队伍综合素质,努力构建特色鲜明,以应用型专业为主、多专业协调发展的染整专业体系。

(4) 优化实践教学生态环境,促进学生个性化发展。

从创新染整专业人才培养模式出发,探索专业实践教学的改革,以岗位需求为依据,优化实践教学内容,改革实践教学方法,完善实践教学条件,充分发挥网络技术、校企合作优势,构建基于学生个性化发展的"基础训练、技能拓展、创业就业"三层次实践教学共享平台系统。

(5) 打破常规教学管理模式,创新教学管理体系。

随着人才培养创新模式的推广,教学管理者必须转变传统的"刚性"教学管理理念,树立全新的教学管理理念。创新适应创新教学的教学管理体制,以学生和教师的需求为中心,尊重教学规律,充分体现学生的多元化与个性化,引导并强化大学生的自我管理意识,建立与完善创新教学管理制度。

二、 解决教学问题的方法

(1) 构建动态分层次的培养体系,实现学生个性化发展。以本地域人才需求为导向,构建染整专业创新人才个性化培养方案,采用分层次培养的方式。大一以"生源多样化"分层普高班、职高班、自主招生班和中职对接班,大二以"能力"分层基础班、提高班、专业班,大三以"个人发展"分层流动式升学班、技能应用班、创业复合班,形成独特的培养体系,因材施教,促进其个性化发展。

(2) 构建以能力为本位分层次模块化课程体系,培养学生综合职业能力。在课程整合和教学内容调整中,突破原有课程体系的限制,以学生能力为本位,以培养目标和培养规格的贡献度为依据,形成层次性、模块化的课程体系,具体包括"3个层次""4个课程模块",实现实践环节占比超过 35%。3个层次为基础课程、专业支柱课程、专业课程层次,层次间强调递进契合关系;4个课程模块为染整工艺、染整检测、染色打样、染整营销,模块间搭建专业知识框架,形成独特的课程开发、实施、和评价体系,有效地保证了学生综合职业能力和可持续发展能力的培养。

(3) 构建层次分明、优质高效教师师资队伍,推进染整专业内涵建设。加强教师师资队伍建设的投入,为教师细分好主攻的专业研究方向,合理规划教师的职业方向,分类培养出适应新的人才培养目标的师资,更好地适应专业建设发展需求。通过教学关键岗位、教学杰出人才培育计划、核心课程骨干教师出国(境)进修计划、"名师讲坛"、青年教师教学导师制等措施,打造教学核心骨干队伍。创新骨干与名优教师培养机制,建立"名师—名师培养人选—骨干教师—全体教师"的分层次引领与辐射带动的培养梯队,提高教师队伍整体素质,推进染整专业内涵建设。

(4) 构建分层次、多元化实践教学共享平台,培养学生创新创业能力。以校内染整实训基地、产学工厂、创业实战模拟平台为依托,充分发挥网络技术、校企合作优势,有效整合优质资源,打造基础训练、技能拓展、创业就业三层次实践教学平台,构建多元化的教学新模式,有效培养学生实践创新能力、就业创业能力。

(5) 实施染整专业特色体系,建立柔性化教学管理机制。建立既能体现高职教育特征,又具有开放性、灵活性、充满生机与活力的教学管理机制,是实现分层次人才培养模式的保障。近年来,学院逐步建立能够适应不同生源的柔性教学管理模式,不强调选拔和淘汰,而致力于人人"学会",人人成功,实现教育的大众化、实用化。大力开发课程资源,为不同层次学生制定个性化的培养方案,指导学生根据个人发展计划进行开放课程与教师的选择,改变学生管理模式。

三、 成果的创新点

(一)构建基于个性化教育理论的动态分层次培养模式

个性化教育理论认为,传统教育模式是标准划一的,无视学生个体的差异性,制约学生个性和创造性发展。依托生源多元化、学生个性化,构建以学生生涯发展为中心动态分层次人才培养模式。根据入学方式、基础厚薄、个人能力、兴趣爱好和毕业导向来选择不同层次的班级,构建适合自身发展的知识结构和智能结构,激发学习热情,满足学生个性化发展。

(二) 构建"三层四模"染整专业课程体系

分层次培养尊重学生个性差异,强化就业导向,重视创业和升学需求,个性化人才培养方案的核心是层次化的课程体系构建。构建"三层四模"的课程体系,从结构上实现分层次构建,形式上采用模块化编排;从内容上形成系统性整合,总体上体现染整专业特色。新课程体系以明晰的层次结构和多元的模块内容,凭借紧密的知识链形成层次分明、结构合理、强化实践、培养能力的全新格局,增加师生互动,达到教学相长、内涵提升的目的。

(三) 构建分层次、多元化实践教学共享平台

结合高职教育分层次培养人才特点,推进高职实践教学改革与创新,创造创新人才成长环境,提高人才培养质量,依托校内染整实训基地、产学工厂、创业实战模拟平台,充分发挥网络技术、校企合作优势,有效整合优质资源,打造基础训练、技能拓展、创业就业三层次实践教学平台,构建多元化的教学新模式,有效培养学生实践创新能力、就业创业能力。

四、 成果的推广应用效果

(一) 教育教学建设效果显著

(1) 研究课题"染整专业'知行融通'型教材建设的研究与实践"获 2011 年教育部高职高专轻化类专业教学指导委员会教育教学研究成果一等奖;研究课题"轻化类专业工学结合教学效果评价模式研究"获 2011 年教育部高职高专轻化类专业教学指导委员会教育教学研究成果二等奖;研究课题"基于工作过程系统化的'染整应用化学'课程项目化构建与实施"获 2014 年中国纺织工业联合会纺织之光教育教学成果三等奖。

(2) "染整助剂及其应用"成为省级精品课程,同时"染整助剂及其应用""染整应用化学"成为校级精品课程。编写了"十二五"规划教材《纺织品贸易与跟单》,出版了《染整应用化学》(化学工业出版社,2009 年)《分析化学》(华中科技大学出版社,2012 年)等教材,校企共同开发的课程达 3 门、校本教材 3 本。发表相关论文多篇。

(3) 对生态纺织、染化料二个省级工程中心的平台建设提供了强有力支撑。

(4) 对省教育科学规划课题"苏北纺织业校企合作模式与运行机制的研究与实践""高等职业教育与地方经济社会发展适应性研究——以沿海开发战略中的江苏盐城为例"、省职业教育教学改革研究课题"工学结合课程教学评价研究"、省高校哲社研究基金项目"工学结合过程学生在岗管理模式研究"等课题提供了案例分析支持。

(二) 学生的综合职业技能得到增强

(1) 学生参加市劳动局组织的"化学检验工""染色小样工"职业技能鉴定,通过率达到 100%。

(2) 本专业学生参加 2010—2015 年化学检验工、2010—2014 年染色打样工等各类技能大赛成绩优异,共获各类省级以上团体一等奖 2 个,个人一等奖 7 个,二、三等奖 62 人。染整院级重点专业已累计教授学生 928 名,毕业生 668 名,教学效果得到了学生、院督导、校外专家和印染企业一致好评。

(3) 学生的升学率得到提高。2010—2015 年我院学生考入南京大学、南京理工大学、南京师范学院、南京工业大学、东南大学等本科院校继续深造,大大吸引了学生的升学热情。

(4) 学生的创业创新能力得到提升。染整专业共申报立项校级、省级大学生实践创新项目十多项;获得省级优秀毕业设计二等奖 2 项,省级优秀毕业设计三等奖 3 项,省级优秀毕业设计团队 1 项;2013 年盐城市首届大学生创业大赛优秀奖;2015 年江苏省首届"互联网＋"大学生创新创业大赛实践组三等奖。

(5) 实践教学资源及平台建设加强。2007—2015 年建成江苏省生态纺织、染化料 2 个省级工程中心的平台,引进现代先进的生产技术设备;建成有打样实训一、二、三室,前处理实训室、染色实训室、检测实训室、印花实训室和测配色实训室等 8 个校内实训基地,并与盐城市印染有限公司、响水大恒纺织有限公司等 15 家企业签订协议,成为本专业校外实习基地;与北京溢润伟业软件公司合作,建成创业实战模拟平台系统,为染整专业层次化实践教学提供有利条件。

(6) 师资队伍建设得到递进。染整专业教学团队已培育出"333 高层次人才培养工程"第三层次培养对象 1

名,省第七批"六大人才高峰"项目资助对象 1 名,在职培养博士 4 名;建立青年教师教学导师制,实施"一对一"的导师指导制度,培养院级教学名师 2 名,名师培养人选 3 名,青年骨干教师 10 名,指导青年教师参加省级教学比赛,获得江苏省信息化课题教学比赛三等奖、江苏省化学化工学会信息化教学设计一等奖、江苏省微课比赛三等奖;具备"双师型"资格教师达 13 名,占全专业教师的 100%,具备"考评员"资格教师达到 80%。2010—2015 年委派染整专业 5 名骨干教师到中国香港、中国台湾、新加坡知名高等院校学习。

高职艺术设计专业生产性教学为社会服务的探索与实践

常州纺织服装职业技术学院

完成人及简介

姓　名	性别	所在单位	党政职务	专业技术职称
芮雪莹	女	常州纺织服装职业技术学院	无	副教授
许婷芳	女	常州纺织服装职业技术学院	无	教　授
代红阳	女	常州纺织服装职业技术学院	无	助　教
贾彦金	男	常州纺织服装职业技术学院	无	讲　师
顾明智	男	常州纺织服装职业技术学院	创意学院副院长	副教授

一、成果简介及主要解决的教学问题

（一）成果简介

在"常州印刷媒体科技服务体系建设""中央财政支持的国家重点专业视觉传达专业"等项目支持下,科研团队构建集"教学"、"社会服务"、"生产"和"科研"于一体的"印刷媒体科技服务中心",通过企业合作,与江苏南京工农兵纺织集团股份有限公司、常州日报社印刷厂合作,整合学校资源(科教城印刷实训基地),建立"印刷媒体科技服务中心"平台。芮雪莹带领团队以"艺技结合、对接生产"为手段,以发展职业技能、服务于企业、服务社会为宗旨。

(1) 教学。以企业设计项目和大赛作为教学任务,与"江苏南京工农兵纺织集团股份有限公司"、"常州日报社印刷厂"、"常州旅游商品研发中心有限公司""常州阳光食品公司"、"常州大喜来食品有限公司"、"十月印刷有限公司"和"北京兴旅国际传媒有限公司"等企业合作。指导学生在中国设计之星、江苏设计之星、全国广告设计大赛、雀巢咖啡广告大赛、常州利笛杯等大赛上获奖。

(2) 社会服务。为"江苏南京工农兵纺织集团股份有限公司"设计"工农兵"内衣服装盒、"工农兵"纺织品系列包装,常州大喜来食品公司"大喜来"蛋糕食品系列包装,阳光食品公司"手提袋"系列,十月印刷有限公司等企业设计"大连海参"和"盛浩五金件"产品包装。2012 中国俄罗斯旅游年"系列广告、"大旅游"手册、"尚禾谷"月饼包装及"欧洲时尚"台历等一系列产品包装,被企业采用并获得一定经济效益。2013 年"可折叠手提袋"申请并已授权实用新型和外观专利。

(3) 生产。通过引入常州日报社印刷厂入住科教城印刷实训基地,"包装设计"课程的学习以"设计→生产"为中心组织课程内容,以企业生产任务,作为我们的课堂教学任务。

(4) 科研。教师团队发表论文近 10 篇,课题 4 项,申请并授权实用新型 4 项、外观专利 4 项。

（二）主要解决的教学问题

解决高职院校"设计—生产"教学问题,与企业零对接。打破原有的教学从"设计→虚拟课题"不解决学生实践操作的工作化过程,从人才培养方案、课程标准、教学方法、教学评价、实践场地、师资团队等教学方面的要素建设基本途径与方法。

二、 解决教学问题的方法

(1) 以"印刷媒体科技服务中心"为开发平台,以"艺技结合、对接生产"为手段。通过引入常州日报社印刷厂入住科教城印刷实训基地,以企业生产任务,作为我们的课堂教学任务。在课堂上引入"实际生产任务(客户需求)→分解项目(教师指导)→分步设计(学生实践)"实现了印前设计与工艺、包装设计相关课程的"工匠精神"的培养模式。探索有效课堂教学途径,使学生通过企业的实际项目获得"精湛的技艺和严谨的态度,以及专注、坚持的品质和精益求精的情怀"。

(2) 精心设计课程标准,从传统的、单一的模拟性教学方式,转化为艺术与技能相结合的理实一体化教学模式。制定了以包装设计前期外观小稿设计(总成绩 45%)—制版(总成绩 20%)—后期上机印刷(总成绩 35%)为主线及分步考核的课程标准。

(3) 有效课堂教学模式,以企业(如江苏南京工农兵纺织集团股份有限公司"工农兵内衣"系列包装设计、阳光食品公司手提袋系列产品包装)真实的产品设计为需求,以学生为主体,教师为辅助。指导学生理解客户需求,完成产品设计与印刷。从而实现了以客户、学生、教师、企业四位一体的包装设计课程有效课堂教学模式。

(4) 促进学生和教师充分发展,服务社会。学生通过企业项目和大赛与"江苏南京工农兵纺织集团股份有限公司"、"常州日报社印刷厂"、"常州旅游研发有限公司"、"常州大喜来食品公司"、"阳光食品公司"和"十月印刷有限公司"等企业合作,设计了一系列产品包装。多次在中国设计之星、江苏设计之星、全国广告设计大赛、雀巢咖啡广告大赛、常州利笛杯等大赛上获奖。教师主持并完成多项教学课题,发表 10 余篇研究论文。主持并由国家专利局授权,实用新型 4 项、外观专利 4 项,在国家、省、市各项大赛中获得多项大奖。形成理论上的认识成果,改革上的创新经验,强化了"艺技结合、对接生产"教学的规律性和指向性。

三、 成果的创新点

(1) 构建"印刷媒体科技服务中心"平台实现生产性教学。打破以知识传授为主要特征的传统学科课程模式,"包装设计"课程的学习以 "设计—生产"为中心组织课程内容,以发展职业技能、服务社会、服务于企业为宗旨。

(2) 与企业零距离对接,转变培养方式。实现了以客户、学生、教师、企业四位一体的包装设计课程有效课堂教学模式。

(3) 引入企业文化,全面提升学生的人文素质。通过教学中引入企业文化,有效地培养学生的职业精神与团队合作精神,增强学生的实际操作能力,使学生能在学期间平稳过渡到未来的职场。

四、 成果的推广应用效果

(1) 学生通过课堂训练,作品参加各种大赛获奖。包装设计在 2014—2015 年"江苏之星艺术设计大赛"获金奖;2013"中国之星"艺术设计大赛获铜奖、优秀奖;"常州梳篦的包装"获"江苏之星"铜奖;"中国"爱普生"活得色彩创意大赛" 获铜奖;2015 年"国际商业美术设计大赛江苏赛区"分别获金奖、银奖、铜奖;2015 年"第十一届华东设计大赛"获入围奖;2015 年东道杯国际大学生创意大赛优秀奖;2014 年第六届常州利笛杯平面设计大赛铜奖、优秀奖;2013 年包装作品入选第七届中国大学生美术作品年鉴。

(2) 设计成果,被企业采用。通过引入企业项目为南京工农兵内衣有限公司设计"工农兵"内衣服装盒、"工农兵"纺织品系列包装。常州大喜来食品公司、阳光食品公司、十月印刷有限公司等企业设计"大连海参"和"盛浩五金件"产品包装。2012 中国俄罗斯旅游年系列广告、"大旅游"手册,"手提袋"、"尚禾谷"月饼包装及"欧洲时尚"台历等一系列产品包装,被企业采用并获得一定经济效益。2013 年"可折叠手提袋"申请并已授权实用新型和外观专利。

(3) 教师在生产性教学中提高了教学水平,推动课堂教学研究和社会服务意识。完成论文共 10 余篇,课题 4 项、实用新型专利"可折叠的手提袋""T 恤-我爱设计""可折叠的收纳袋""旅游纪念品包装盒""旅游纪念品包装盒""功能棉质拖鞋可抽式"4 项,外观专利 4 项,主编教材 1 部,提高了教学质量。

① 教师主持并完成"常州印刷媒体科技服务体系建设""数字化形势下印刷专业教学改革研究""上海时尚

街餐饮 VI 设计""定山寺标志及形象设计"项目。指导学生包装作品获"江苏之星"艺术设计大赛铜奖;2013 年"江苏省第三届大学生艺术展演活动"优秀指导教师奖。2014 年"第六届全国大学生广告艺术大赛"江苏赛区优秀指导教师奖;2014 第二届高等院校艺术设计大赛论文获三等奖;第七届全国美育成果展评艺术美育个人教学成果二等奖;"国际商业美术设计大赛"中获优秀指导教师;2014 年海报入选 第三届中国非物质文化遗产博览会海报设计大赛;2012 年包装设计作品"常州梳篦"获得"江苏之星"铜奖;2012 年指导学生毕业设计作品获常州利笛杯大赛分别获得金奖、银奖;2012 年指导学生包装设计获全国艺术设计教学指导委员会优秀奖;"校级优秀毕业设计指导教师"等多项的荣誉。发表相关课题论文《高职艺术设计专业项目教学法应用研究》《吉祥图案中的审美思想与现代设计》《高职艺术设计专业包装设计教学新模式探讨》《浅析产品包装中的创新设计》《无彩色在包装设计中的运用》等多篇。其中《"生产性教学"实践与探索》获全国艺术设计教学指导委员会优秀论文二等奖;教材《标志与 VI 设计》被国内众多学校使用或引用,影响广泛。

② 先后有多所高校来我校学习、交流印刷技术等方面的改革举措,常州市政府相关部门也多到我校学习、交流、考察。

"三位一体"分层递进的纺织类应用型
经贸人才培养模式研究与实践

武汉纺织大学高职学院

完成人及简介

姓　名	性别	所在单位	党政职务	专业技术职称
田俊芳	女	武汉纺织大学高职学院	副院长	副教授
黄　辉	男	武汉纺织大学高职学院	无	副教授
谢少安	男	武汉纺织大学高职学院	副院长	教　授
占明珍	女	武汉纺织大学高职学院	无	副教授
俞　红	女	武汉纺织大学高职学院	支部副书记	副教授

一、 成果简介及主要解决的教学问题

（一）成果简介

本成果以培养纺织类应用型经贸人才为中心,以"职业导向、能力本位"为理念,以"创新创业核心能力"为切入点,依托 2 个国家级创新创业项目、3 个省级教研项目及多篇论文,构建"三位一体"分层递进的人才培养模式。即按照职业能力递进的规律,强化"知识、能力、素质"三位一体,进行三层递进教学,实现基础理论向实践技能的递进、职业基础能力向核心能力递进、职业综合能力向岗位创业能力递进。

理论成果包括教材 3 部和教研论文 40 多篇,教研及创新创业项目 19 项。

（二）主要解决的教学问题

(1) 按照产教融合、工学结合的要求,强化"三位一体",将职业素质培养融入课堂,解决"培养模式单一,课程设置雷同"问题。

(2) 以职业能力为主线,确立课程内容的针对性与适应性,解决"学生职业能力不足,校企供需脱节"问题。

(3) 统筹规划理论与实践、课堂讲授与操作训练之间的关系,采取任务驱动、课堂与实践一体化等行动导向的教学模式,解决"重理论轻应用"问题。

(4) 构建立体化的教学资源,优化人才培养方式与手段,解决"人才培养质量不高"问题。

(5) 采取统一考核与独立考核相结合、结果考核与过程考核相结合、刚性考核与柔性考核相结合等"多维评价"的考核方式,解决"成绩考核简单化"问题。

二、 解决教学问题的方法

(1) 确立人才培养定位,制定应用型人才培养规格。组建行业专家与教师构成的项目开发组,进行专业岗位调研;对岗位职责与职业能力要求进行分析;对人才培养关键环节进行科学化、标准性规定;对整个教学过程进行标准化设计;用职业岗位定位人才培养目标;用岗位职业能力描述人才培养规格。

(2) 修订培养计划,构建"三位一体"分层递进人才培养模式。重构基于工作过程的专业课程体系,集专业知识、职业能力和职业素质于一体,使人才培养规格与行业及企业需求一致。强化"四结合"教学模式,即教程与流程结合、评价与标准结合、课堂教学与现场教学结合、传统教学方式与现代教学方式结合。

(3) 重视模块教学,建立"任务驱动、能力提升、分层递进"实践教学体系。建立与外贸岗位相对应的实践教学模块,把岗位知识和能力要素落实到实训课程中。分层次实现与实际工作任务对接,实行实践教学内容"三级"有机结合,即基础单项技能实训与综合技能实训结合、实习基地专项实训与毕业定岗实习结合、专业实践技能培养与岗位资格认证结合。

(4) 组建跨学科"双元双优"教学团队,建立提高教学质量的长效机制。建立教师"请进来,走出去"的双向流动制度,打造以专职教师为主,以企业一线业务员、行业专家兼职教师为辅的高水平师资队伍。

(5) 创新教学方法,改革考评方式。以教师为主导,学生为主体,以问题为基础,以创新为导向,在专业课程教学中开展 STAR 互动式、启发式、讨论式、问题式等教学方法。实行"多维评价"的考核方式。

三、 成果的创新点

(1) 更新人才培养理念,突出"四转变"。更新教学理念,从"知识本位"向"能力本位"转变;创新教学方式,从"单向灌输"向"多维立体"转变;调整课程结构,从重"理论"向重"实践"转变;更新教学内容,从"陈旧老套"向"紧跟科技前沿"转变。

(2) 重视综合素质拓展,实施"五结合"。课堂教学与模拟实训结合;校内模拟实训与校外实习结合;模拟问题与现实问题结合;操作技能训练与分析能力的提高结合;专业技能的培养与综合素质的提高结合。

(3) 深化校企合作,强化"六共同"。校企共同制订培养方案;共同开发课程;共同建设实训基地;共同参与教学;共同考核教学效果;共同进行员工素质培训。

(4) 实行人才的"知识—能力—素养"动态培养。以学生为主体,遵循"综合为主,突出专业"的内涵式培养原则,体现人才创新创业跨界培养新模式。

(5) 塑造"双会"和"新三好"特色应用型人才。"双会":拿起会做、上岗会用;"新三好":企业好员工、社会好公民、家族好成员。

四、 成果的推广应用效果

(一)院内应用及效果

(1) 提高人才培养的质量,促进专业建设。"三位一体"分层递进培养模式通过班级试点、系部试点、全面推广及总结提高,明确了学生创新创业的学分要求,并增设培训中心,教学质量稳步上升。

(2) 课程建设成效显著。"国际贸易实务"、"国际商法"、"创业管理"、"国际市场营销"、"战略管理"和"商务谈判"等课程均为校精品课程。通过课程网站,提供大量教学资源,延续和补充课堂教学与实践教学内容,提高学生自主学习的效率。

(3) 学生综合能力和创新竞争优势明显。"任务驱动、能力提升、分层递进"实践教学内容体系,推动了实践教学改革与发展,制定了实践教学规范,加大了实践教学投入,建立一批实习实训基地,通过岗位模拟实习、顶岗实习及纺织外贸业务工作流程的实习,使学生在校期间就能积累职业技能经验,提前进入职业角色,缩短就业上岗后的适应期。

(4) 教师队伍成长迅速。学院培养了一支具有丰富教学经验和实践经验的"双元双优"教学团队。团队成员中有 3 人是外贸业务员、国际商务单证员、外贸跟单员、POCIB 培训师。围绕"三位一体"分层递进纺织经贸类应用型人才培养模式主编教材 3 部,发表教学研究论文 40 多篇(CPCI 收录 7 篇),教研及创新创业项目 19 项。

(5) 学生受益面广。突出学生的主体地位,激发学生内在学习积极性与主动性,有利于学生的身心健康发展,调动其学习的积极性与创造性,学生的主体地位和作用更为突出,更能提高学生学习兴趣。学生学习积极性增强,到课率与优良率大大提高,毕业生就业率较高,2014 年和 2015 年为分别为 94.3%、95.2%。参与 2013 年国家级大学生创新创业项目的学生中有 3 人开设淘宝网店,现已盈利 2 万元,2 人被中国纺织业领先企业稳健集团聘用。仅 2015 年就有 30 位同学在全国大赛中获奖。

(二)院外推广及效果

(1) "走出去"。先后到省内外高校东华大学、天津工业大学、浙江树人大学、上海外贸大学、武昌理工学院、武汉长江工学院、湖北经济学院法商学院等院校学习交流,介绍经验。

(2)"请进来"。华中科技大学、武汉大学、中南财经政法大学、武汉工程大学邮电与信息工程学院、湖北民族学院科技学院、桂林理工大学博文管理学院、安徽国际贸易职业技术学院等院校分享我院经验,应用效果良好。

(三)社会应用、推广及效果

(1)会议推广。先后 12 次参加全国高校国际贸易学科发展论坛,6 次参加高等教育国际会议并发表应用型国际经贸人才方面主题演讲。与全省 25 所高校 90 余名专家学者,进行了广泛研讨与交流,先后参与关于创新创业课程设计、国际经贸相关资格证书考试的会议达 10 次。

(2)培训推广。团队成员承担了省、市、县的"国际贸易培训班"等讲座 20 多次,为企业员工提供培训 2 000 余人次,成果团队的教学质量得到培训单位的高度赞誉。

"虚实结合、赛证引领"四位一体的 "纺织品外贸跟单"课堂教学实践

盐城工业职业技术学院

完成人及简介

姓 名	性别	所在单位	党政职务	专业技术职称
朱 挺	男	盐城工业职业技术学院	无	讲 师
周 彬	男	盐城工业职业技术学院	纺织服装学院第二党支部书记／ 纺贸专业带头人	讲 师
徐 帅	男	盐城工业职业技术学院	纺织机电技术教研室主任	讲 师
陈春侠	女	盐城工业职业技术学院	无	讲 师
高小亮	男	盐城工业职业技术学院	无	讲 师

一、 成果简介及主要解决的教学问题

（一）成果简介

"虚实结合"中，"虚"是指通过专业的电脑软件模拟，以及自主开发出的全新的互动沙盘的演示，侧重在理论的环节让学生更好的掌握知识；"实"则是通过提取出外贸跟单流程中的关键性的技能环节，设计出适合课程教学的实训项目，"实"侧重于通过学生的动手操作以达到掌握岗位技能的目的。

"赛证引领"中，"赛"指的是参加国内的各类外贸跟单比赛，以比赛为契机，开扩学生的眼界，激发学生的学习动力，同时促使教师更新知识结构，提高业务水平；"证"则是指考证，即鼓励学生在校期间考取各类跟单员、单证员、报关员证书，以"证"为目标来提升学生的学习自主性。

虚实结合、赛证引领"四位一体的教学实践，就是将这四个方面应用到课程教学实践中去，以提高学生的学习兴趣和效率，取得理想的教学效果。

（二）主要解决的教学问题

"纺织品外贸跟单"是一门实践性很强的课，传统的教学方法过分注重抽象理论的讲解，学生缺乏学习兴趣和动力，课堂气氛不活跃，学习效果差。

目前该课程所使用的教材，是通用于外贸跟单行业的，专门针对纺织行业外贸跟单的优秀教材极为匮乏，实训项目也都是大幅落后于行业的发展现状，课程内容与实践严重脱节。

目前，"纺织品外贸跟单"的教师队伍大都没有企业的实践经验，在教学活动中基本上是照本宣科，讲授的内容过于陈旧，甚至错误，教师自身的业务水平有待提高。

二、 解决教学问题的方法

（1）"虚"是指通过专业的电脑软件模拟，以及开发出的全新的仿真互动沙盘的演示，使学生理解领会本课程重要的知识点。此外，学校的实训室安装了跟单模拟软件，学生可以模拟练习一些外贸跟单的技能训练。

（2）"实"则是通过提取出外贸跟单流程中的关键性的技能环节，设计出适合课程教学的实训项目，通过学生的动手操作以达到掌握课程标准中岗位技能的目的。"虚"侧重于理论与理解，"实"则侧重于实践与能力，二者相辅相成，有机融合，变抽象枯燥的理论知识为直观简单有趣的互动，有效地提高了学生的学习效果。

(3)"赛"指的是国内的各类外贸跟单比赛,以比赛为契机,学生有机会与来自全国各地的优秀的本专科选手同台竞技,可以开扩学生的眼界,找出差距,最大限度地发掘学生的学习动力,激发学习热情。同时,教师在指导学生的过程中,也得到了一次很好的学习机会,促使其更新知识结构,改进教学方法,提高业务水平。

(4)"证"则是指考证,即各类跟单员、单证员、报关员证书,对于本专业的学生,在毕业前取得这些证书能在面试就业的过程中增加成功的砝码,在开展课程的同时,鼓励学生参加外贸跟单类证件的考试,学生在切身利益的驱使下,变被动学习为主动,"赛证结合"有效地提高了学生的学习主动性。

三、 成果的创新点

(1)自行设计了全新的教具"纺织品外贸跟单演示沙盘",该沙盘是针对纺织行业而设计,展示的订单流程来自于企业的真实案例,另外配备专业语音播报,并且学生可自行下载手机APP控制软件进行互动学习。另外专门针对沙盘设计了一些学习任务并设计了考核方案。

(2)自行设计多个纺织品外贸跟单课堂实训项目,如面料样品的制作与快递、纺织品成本核算与出口报价、办公用品使用等,极大地改变了课堂教学方式。

(3)开发了课程微信公众平台和专业英语微信公众平台。

(4)重视英语应用能力,尤其是听说能力的培养,开发了专业课程微信学习平台,每天发布学习资料,强化记忆。

(5)积极参加由中国纺织服装教育学会主办的外贸跟单类大赛,以赛促教、以赛促学。

(6)2012年起承办了"全国外贸跟单员考试"考点,也是盐城地区唯一的考点,为纺织品外贸跟单课程"课证融通"的实施提供了平台。

四、 成果的推广应用效果

(1)团队自行设计的"纺织品外贸跟单演示沙盘"具有优良的展示和互动功能,团队另外自行设计了6个实训任务(12课时),学生在"外贸流程"、"信用证操作"和"各参与方功能"等项目上都达到了很好的学习效果。沙盘自投入使用以来,提升了学生的学习兴趣,受到了师生和同行的广泛好评,具有很好的推广价值。

(2)团队与企业合作,为该课程设计并投入使用了一些新型的课堂实训项目,如面料样品的制作与快递、纺织品成本核算与出口报价、办公用品使用等,学生的学习积极性与课堂参与度得以大幅提高,这些实训项目对于其他院校也有很好的推广价值。

(3)团队承接了由中国纺织服装教育学会主办的外贸跟单类大赛,通过大赛培训工作,教师锻炼了自身的业务能力,同时,学生通过大赛激发了学习动力,两次大赛获得的优秀成绩也鼓励更多的学生参与到比赛中去。

校企协同创新"女装技术项目"课程 "项目主题式"教学模式改革与实践

盐城工业职业技术学院,盐城市唯洛伊服饰有限公司

完成人及简介

姓　名	性别	所在单位	党政职务	专业技术职称
陈　洁	女	盐城工业职业技术学院	纺织服装学院党总支书记	教　授
秦　晓	女	盐城工业职业技术学院	纺织服装学院副院长	副教授
周荣梅	女	盐城工业职业技术学院	教师	讲　师
王林玉	女	盐城工业职业技术学院	系部主任	副教授
李月丽	女	盐城工业职业技术学院	教师	讲　师

一、 成果简介及主要解决的教学问题

近几年我国的服装业正经历着由简单的加工仿制向开发创新的巨大转变,企业意识到原创设计对产品生命力的重要性,优秀的服装设计师成为各大服装企业争抢的对象,在此背景下,我院大力推进课程教学改革,校企协同创新,在女装技术课程中实施"项目主题"式教学模式改革,以培养适应市场需求的设计人才。"女装技术项目"是服装设计专业核心课程,也是院级精品课程,经过多年的实践,在课程建设、教学改革等方面都取得了一定的成绩。通过校企合作研发新产品、校企合作设计比赛等"项目主题式"实例操作,使学生具备款式设计、打样、制作"三位一体"的综合能力,优秀设计作品被企业直接采用进入市场销售,培养了学生的创新创业能力。

(1) 确立校企协同创新育人机制。校企紧扣"合作办学、合作育人、合作就业、合作发展"的主线,共同探索了"四共创"校企合作机制。建设"双师型"项目课程教学团队,校企文化融合。

(2) 建设"一体化"项目工作室。为了保障项目课程的顺利实施,校企合作建设校内"一体化项目工作室"、"唯洛伊产品研发中心"和"服装专卖店",校企双方取长补短、资源共享,实行产教结合。

(3) 实施"项目主题式"课程教学改革。以"做项目"为主线组织教学,将企业的品牌设计理念作为设计主题引入课堂教学,对教学全过程实施质量监控。校企双方互相协作、双元互动,最终的设计作品由校企双方共同审核,培养了学生实践动手能力。

(4) 结合"市场化"需求,设计作品商品化。借助一线品牌,把握市场需求,依托校内的研发中心和项目工作室,与多家企业开展校企合作,使培养目标与企业需求融合。课程教学中优秀的设计作品直接被企业采用进入商品销售环节,直接接受市场的检验,校企双赢,育人、创收合一。

二、 解决教学问题的方法

校企合作教育是一种以市场和社会需求为导向的运行机制,是校企双方共同参与人才培养的过程,利用学校和企业两种不同的教育环境和教育资源,校企双方组建项目课程教学团队,结合市场需求,培养适合社会需要的应用型人才。

(1) "工作过程"与"教学过程"相结合。开展基于工作过程系统化的项目课程教学改革,以典型工作任务重

构课程体系,教学过程即是工作过程。完善校企合作运行机制,组建项目课程教学团队,规划教学内容,课程教学中将全班学生划分成若干个研发小组,每个小组团队合作共同完成一个项目,研发小组共同讨论、相互协作完成项目任务。

(2) 学生课程"作品"与企业"产品"相结合。学生课程作业、设计作品与企业产品开发相结合,真正做到工学结合。以"唯洛伊"品牌产品开发为例,以"全方位路线、多元化款式、白领阶层"为品牌核心,学生接受项目任务时,通过市场调研、查阅资料、归纳分析、作品设计、团结协作完成工作任务。教学要求即是生产要求,每组学生设计作品即是一个系列项目的设计开发。

(3) 学生作品以静态展示与动态汇演评审相结合。校企合作进行产品研发、设计作品大赛,通过课程作品的静态展示以及作品的比赛评审,综合考核与评价设计作品的质量,促进学生的技能训练。产品研发过程成为一个人人参与的创造实践活动,在项目实践过程中,理解和把握课程要求的知识和技能,体验创作的艰辛与乐趣,锻炼学生团结协作的能力。

(4) "双元互动"项目评价与考核相结合。通过评价既能检查学生专业知识掌握情况和综合素质的发展情况,又能激发学生的积极性和竞争意识,有利于学生的全面发展。教学过程中校企双方互相协作、双元互动,学生产品开发方案必须通过企业审核后方可进入下一阶段操作,最终的成衣由校企双方共同考核评定成绩,优秀设计作品被企业采用后进入实体店和淘宝店销售。

三、 成果的创新点

(1) "四共创"合作机制。提出了校企协同创新育人机制,共同探索了"四共创"合作机制,在课程改革、社会服务、研发项目等方面展开合作,"双师型"教学团队为"项目主题式"教学实施提供了有力保障。

(2) "项目主题式"教学模式。架设专业教学与行业企业发展之间的桥梁,为师生提供更多源于生产实际的项目和课题,校企双方共同完成教学任务,实施双向考核,校企双方优势互补、资源互用、利益共享。

(3) 设计作品"市场化"。"工作过程"与"教学过程"相结合,学生课程"作品"与企业"市场"相结合,学生课程作品动态展评与创作展览相结合,提高了学生创新设计和艺术创作能力,艺术价值得到社会的承认。

四、 成果的推广应用效果

校企协同创新"项目主题式"主要有三方面特点:一是企业与学校相互协调配合,以企业典型设计项目为主题,校企双方共同完成教学任务,实施双向考核;二是有明确的培养目标,即共同培养社会与市场需要的人才,这是高校与企业双赢的模式之一;三是加强校企合作,教学与生产相结合,校企双方互相渗透、互相支持、优势互补、资源互用、利益共享。"女装技术项目"课程自实施教学改革以来,教学团队成员在专业建设、课程建设、教材建设、工作室建设、产品研发等方面取得了丰硕成果。

(1) 建设校企协同创新机制体制。根据江苏及苏北地区服装产业升级要求,以培养懂设计及工艺的服装设计人才为目标,校企紧扣"合作办学、合作育人、合作就业、合作发展"的主线,共同探索了"四共创"校企合作机制,即在校内共同创建 "服装专卖店",开展对品牌店长的培养和企业员工培训;共同创建"产品研发中心",进行产品设计研发;指导创建"盐语衣坊"民族文化产品品牌,学生创作中融入民间服饰、淮剧、发绣等非物质文化遗产的文化元素,校企研发的设计作品在我院纺织服装展览馆集中展出,在专卖店及网店销售;共同创建就业基地,推动就业质量和水平的提高(图1)。

(2) 形成工作室企业化运行管理机制。在工作室教学过程中模拟了企业的运营模式。首先,在工作室管理细则、奖惩制度等相关规章制度的制订上充分发挥了学生的主人翁意识,体现学生教学主体的地位,由企业导师、专任教师、学生代表共同商讨确定。其次,在工作室女装项目教学中,参照企业的经营结构模式,对施教班级(项目小组)的学生进行具体的分工,把全班学生划分成若干个团队,4~5 人一组,每组选出组长,每组学生团队合作共同完成一个项目,每个项目以 5 套系列作品形式展开,每位学生在项目中承担不同的角色。团队中学生还可按照各自特长选择承担项目过程中的设计、制版、工艺、Photoshop 与 CAD 其中一项的负责人,团队合作、共同讨论、相互协作完成企业合作任务。

图1 产品研发中心服装专卖店自创品牌纺织服装展览馆

(3) 加强"双师型"课程教学团队建设。"项目主题式"育人模式对原有的课程体系和教学内容进行了根本改革,课程内容涉及设计、制版、工艺、网店及实体店销售、摄影、形象设计等多方面知识,需要通过团队共同学习实现优势互补。课程教学团队由课程负责人及富于教学经验的本校专业教师、企业专家、工艺师傅等组成,校内教师都有技师等高级职业资格证书,校企双方互兼互聘,建立有效的激励机制,学校给予项目课程负责人及团队成员物质鼓励、培训学习、职称评审、干部选拔等方面的政策倾斜,激发教师参与教学改革的积极性,营造良好的团队建设氛围。薪酬方面,学校、企业双方共同出资,企业的骨干、一线工作人员到校内工作室兼职任课,企业保留其基本工资,学院给予对应职称的课时津贴。到企业挂职、参与企业设计项目研发的专业教师,学院保留其基本工资和福利,研发项目所得薪酬由企业支付(图2)。

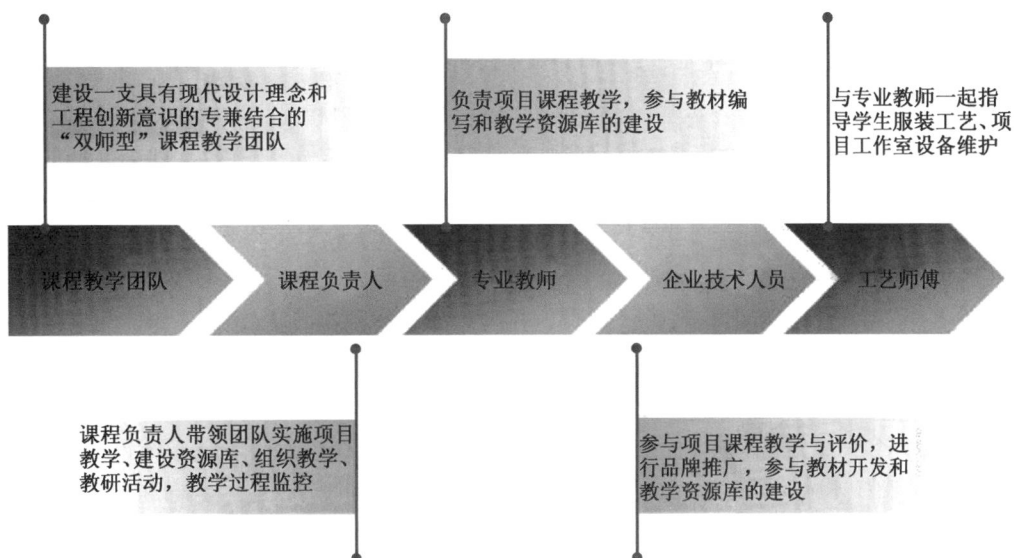

图2 核心课程教学团队建设示意图

(4) 改革课程教学模式及评价体系。项目课程教学评价是对学生学习过程的评价,以学生完成项目任务的情况来评价学生的学习效果。教师对学生在完成整个项目任务中所起的作用和表现作全面客观的把握,实施教师与学生、过程与结果、课内与课外、知识与能力、学校与企业评价的"五结合"评价体系。具体可从学生运用知识能力、协作能力、实践能力、作品质量、学习态度等方面来进行考核,做到定性与定量相结合,给学生一个比较全面的评价。教学过程中校企双方互相协作、双元互动,学生前期的项目开发方案必须通过校企课程教学团队教师审核后方可进入下一阶段操作,教学过程中校企双方密切关注学习小组的方案实施情况,及时总结交流,确保过程的顺利进行,最终的设计作品由校企双方共同考核评定成绩,作品可以采用静态展示或动态作品汇演的方式,优秀的项目课程教学成果可以直接被企业采用,优秀的项目方案设计者也将成为企业重点关注及培养的对象。图 3 为与唯洛伊合作服装"网店"市场化销售教学模式运行示意图。

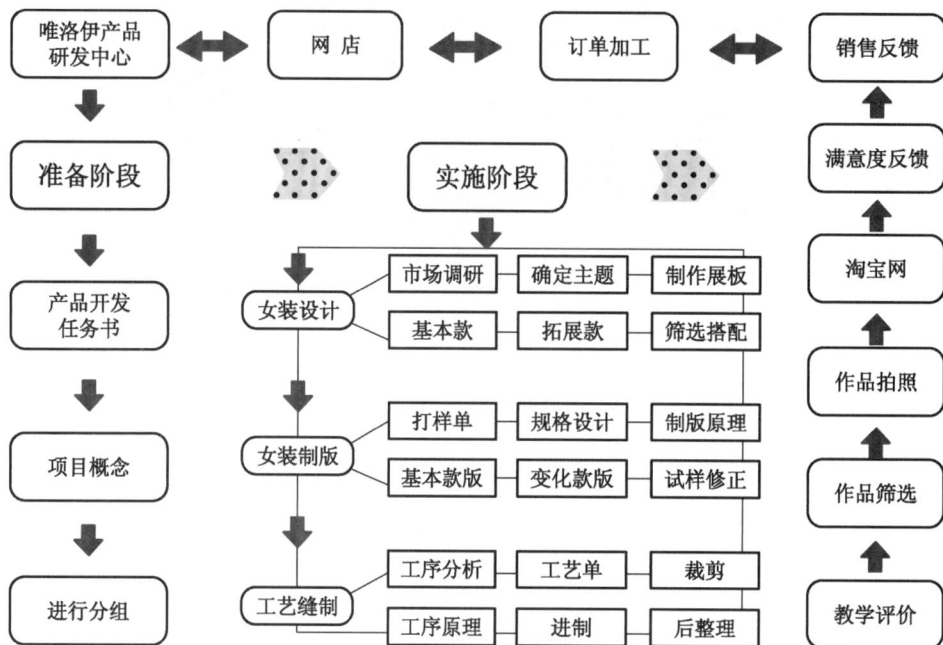

图 3　服装"网店"市场化销售教学模式运行示意图

(5) 结合市场需求,设计作品市场化。在模拟企业工作室的校内真实工作环境中实施教学,教学主题来源于企业真实的项目,根据企业品牌定位开发新产品。企业技术人员参与项目策划方案的审定、指导编写产品开发任务书,对教学过程实施监控及作品验收考核,优秀的原创设计作品被企业直接采用。此种教学模式使学生在校内就能接触到企业的品牌设计与运营,培养了学生的综合运用能力和团队合作精神,合作企业可以直接采用学生设计的原创作品,把学生在项目课程中按成品质量要求完成的作品推向市场,直接接受市场的检验,企业还可以从中选择优秀的学生重点培养成为企业未来的新生力量。这种密切的合作提升了学生的实践动手能力,有利于企业对人才的选拔,同时也能给企业带来一定的经济效益,达到"校企共赢"的目标。

案例一:太空棉连衣裙的开发(合作企业:唯洛伊服饰有限公司)

项目主题:简约、时尚夏季裙装设计,与合作企业开发夏季太空棉连衣裙,以唯洛伊品牌的定位为设计目标,时尚化休闲裙装适合约会、休闲、工作等各种场合穿着的服装,面向 25~35 岁女性的职业休闲装,简洁的款式突出优雅的女人味。为成熟女性带来职业休闲装的新概念,让她们上班和休闲场合都能感觉到自信和美丽,与一些配饰搭配起来会更加增添气质。学生对夏季裙装流行元素进行市场调研,选定服装流行元素,设计系列裙装,专业教师及企业技术人员指导学生样板设计、立体裁剪和样衣制作,红色太空棉连衣裙作品被企业采用进入市场销售,创造经济效益 12 万元。由于服装专业项目课程都是 5~6 周的阶段性课程,为保证正常的教学秩序,项目课程结束后企业技术人员和教师对学生设计作品进行筛选,对设计新颖、制作精良的作品登记挂牌,进行服装拍摄等工作,为加工制作进行专卖店销售及服装上传网店做准备。企业可聘请学生兼职网店的管理,让学生学到更多的除本专业以外的专业知识,如管理知识、会计知识、平面知识、摄影知识、营销知识等,让学生掌握除了服装专业以外的全方面的专业知识,培养了学生的创新创业能力(图4)。

案例二:家居服设计(合作企业:乔老爷服饰有限公司,品牌:乔家棉依)

大赛的主题:健康·环保·时尚,与盐城乔老爷服饰有限公司合作进行家居服设计大赛,大赛共收到设计作品70余件,经过层层选拔,确定9件设计作品获奖。服工1421班李曼等4人获得三等奖、服设1311班张雅馨等3人获得三等奖,服设1311班许芬和服工1421班李菲等人获得一等奖。盐城市乔老爷服装有限公司对这些在家居服设计方面有一定潜力的设计者给予表彰和奖励。获奖的设计作品一方面给乔家棉依品牌提供了不同的设计思路,注入新鲜的血液,另一方面也体现出学生在设计的时候不仅注重时尚创意,而且考虑到了实用性和市场接受度。

图4　服装样板设计指导企业技术人员现场
立体裁剪,演示网店、实体店销售

设计大赛是我院服装设计专业将企业的产品开发项目引入课程的优异成果,将企业项目引进课堂,组织学生到企业实地考察,了解企业文化,并通过调研教会学生如何收集设计素材。回到课堂,再由老师分析讲解收集到的素材如何提炼为设计元素,运用多种教学手法,老师反复指导与修改,学生反复设计然后定稿。通过本次家居服设计大赛,使学生懂得一个企业项目的设计与制作流程,并很好地完成设计任务。

图5　比赛评委设计者与校内外评审专家合影比赛现场网店销售获好评

(6) 实施成效。

应用成效。加强课程教学改革,成效显著,2011—2012年"高职院校'双元互动'项目课程教学团队的建设与研究"立项江苏省高等教育学会"十二五"规划课题并成功结题,课题申报教学成果获院级教学成果一等奖、中国纺织工业联合会优秀教学成果二等奖;2013—2015年"基于'网店'的女装项目课程教学模式改革与实践"立项江苏省教改研究课题并成功结题。院级重点课题"服装设计专业'项目引领、双元互动'创新型办学特色培育的研究与实践"和"基于校企共建共享研发中心的女装项目课程'四合一'教学改革研究"等为成果的研究提供了有力的支撑。建设了课程教学资源库,精品课程网站,完成了课程标准、课程整体设计、习题库、学生作品、多媒体课件、教学互动等建设工作。

成果获奖。通过参加省级各类设计大赛并获奖从而更好的检验教学成果,2013年6月课程的多媒体教学课件"女装技术项目"获省级二类优秀多媒体课件奖;2014年5月多媒体教学课件"女装技术项目"获江苏省教育科学研究院多媒体课件二等奖;2013年设计作品《瑰语》获江苏省教育厅技能大赛三等奖;2013年9月学生设计作品《盐语》获江苏省服装院校设计作品最佳创意奖,《生如夏花》《忆之韵》获优秀奖,团队教师获得"优秀指导教师奖";企业冠名设计大赛学生获奖达20多项;与课程相配套的教材立项江苏省教育厅精品教材,教材《一体化系列女装设计·制版·工艺》,教材已经于2015年9月在中国纺织出版社正式出版。

经济效益。依托校内产品研发中心,与多家企业展开合作交流,与企业共同开发并投入生产进入流通环节的新产品共计16项,创造产值230余万元,其中与江苏亨威实业集团有限公司合作开发职业装5项,与盐城唯洛伊服饰有限公司开发女装6项,与盐城亚林制衣有限公司合作开发新产品1项,与盐城乔老爷服饰有限公司合作开发家居服3项,与盐城金瑞服饰有限公司开发童装1项。

推广辐射。服装设计专业是江苏省特色专业,省示范服装设计重点建设专业、省创意设计专业群核心建设专业,专业的建设推动了课程的教学改革,核心课程的建设成果为专业提供了有力支撑,"项目主题式"改革成果得到校内外专家的充分认可,为同类院校专业建设提供了参考和借鉴。同时我院建设了纺织服装展览馆,展馆中校企合作区域集中展示了近几年师生获奖作品,校企合作研发产品等,先后有江苏建筑职业技术学院、常州纺织服装学院、无锡职业技术学院、江苏工程职业技术学院及众多的合作企业前来参观交流。该教学模式通过实施,毕业生得到了行业、企业的普遍认可也引起了多家媒体的关注,盐城电视台、盐阜大众报、凤凰网等多家媒体对我院的教学改革成果进行了报道,成果对不同类型的专业都能适用,有特色、有创新,极具推广价值。

基于校企深度合作的"纺织检测技术"课程改革研究与实践

盐城工业职业技术学院

完成人及简介

姓　名	性别	所在单位	党政职务	专业技术职称
陈春侠	女	盐城工业职业技术学院	无	讲　师
姜为青	女	盐城工业职业技术学院	二级学院院长	副教授
周　彬	女	盐城工业职业技术学院	教研室主任	讲　师
黄素平	女	盐城工业职业技术学院	无	副教授
朱　挺	女	盐城工业职业技术学院	无	讲　师

一、成果简介及主要解决的教学问题

（一）成果简介

该成果是基于2项院级教改课题及1项中国纺织工业联合会职业教育教学改革项目和江苏省纺织服装信息化课题的基础上取得的，开发了"纺织检测技术"课程中的技能菜单和素质菜单。编写出版了"十二五"规划教材，根据专业培养目标要求，对教学内容与教学模式进行深入研究，找出问题并大胆进行改革与尝试。通过学校和企业平台，创新驱动发展，该成果注重的不单单是学校的教育，而是人的终身教育。提升教育水平，以提高人的素质为发展的优势、动力和源泉。以创新型教育带动人的可持续发展。

（二）主要解决的教学问题

（1）依托校企合作和创业平台，开发"技能菜单"，深化课程内容改革。本课程选择地方企业（也是学校的校企合作企业）"盐城市纤维检验所"与"盐城纬达纺织品检测服务有限公司"来参与进行本门课程的技能菜单的开发与课程内容的改革，根据课程对应的岗位与企业对接选好相应的岗位师傅，与校内课程组老师共同确定专项技术及教学模块。

（2）建立高职院校企互惠网络学习平台，实现教学的优势互补。建立高职院校企互惠网络学习平台，并使其成为发展地方经济的有效途径，实现教学的优势互补。通过和企业员工的交流、学习，使学生了解真实的职业环境，维护了校企双方的办学积极性和可持续发展。充分利用盐城工业职业技术学院近2年来建成的数字化网络平台，借助多媒体资源和先进的网络技术进行网络互动教学。课程内容加以整合作为企业员工和在校生学习的平台，在此基础上再引入企业员工的实际的技能操作，最终实现在校生和企业员工的双赢。

（3）校企共同参与，开发"素质菜单"，强调以人为本，注重学生的个性发展。素质的培养，主要通过良好的社会风尚和育人环境的长期影响与潜移默化。这包括可以通过优良校风和企业文化的熏陶，对校风一代代的传承，优秀教师有效的言传身教，自身对人生价值实现过程不同阶段的体验、感悟、耳濡目染，社团活动的同学交往与相互砥砺。总之，要在实践中锻炼培养。企业员工是一个大团体，学校的学生也是一个庞大的团体，在教师的指导下共同发展，在交流学习中潜移默化地提高了素质。

（4）校企互通，打造"双师型"课程教学团队。课程采用了现代学徒制的培养模式，引进了具有纺织检测行业领域经验丰富的岗位师傅，课程团队自身依托悦达学院和创业平台，通过每学期安排人下企业实践、校企结对帮扶、新老结对等多种形式与盐城纬达纺织品检测服务有限公司和盐城纤维检验所联合培养专任教师,双师比例达90%以上。

二、 解决教学问题的方法

(1) 方法一。本着因材施教和以人为本的理念"分层教学、分类指导"。着眼差异,分类定位,通过考核和适当考虑学生的心理需求定出切合学生实际、适应学生的学习目标。按学生的实际文化基础水平的高低、素质潜力、兴趣特长将学生分类,然后分类指导,分层学习,这一过程的实现一定是先分类,然后根据各类学生的个性和特征选择学习的内容,将知识点再由易到难进行分层来学习。除了按学生的基础来进行分类之外,还可以分别制定切合他们实际的目标,将不同个性和学习兴趣的学生进行分类。将每个学生培养成社会有用的人才是我们改革的目标。

(2) 方法二。转变教育教学思想和观念,校企共建"技能菜单+素质菜单"的人才培养模式。校企共同开发出技能菜单与素质菜单,课程以真实工作岗位为典型工作任务,体现技能渐进培养的原则,课程在一体化教室进行,一体化教室包括授课区、实验区和讨论区,教师按项目工作过程顺序组织原则,为此根据实际的检测过程采用模拟工厂、模拟车间、模拟工艺、模拟实验、模拟的检测机构等作为项目教学的一部分。改进教学手段,给予模拟的条件,提出与本课程有关的任务,分小组,根据所提供的书目、校企互惠网络学习平台,让学生搜集、处理、综合有关信息,进行自主的研究性学习,再让同学完成任务的设计方案。课堂完成,并进行质量考核。

(3) 方法三。研究与运用现代学徒制的培养模式,多种方式重新整合教育资源。目前现代学徒制已经成为国内职业教育界的研究热点,它是近几年提出的全国职业教育改革创新国家试点工作,也就是学校与企业密切协作,在实践教学环节采用师带徒的形式,共同培养具有一定理论知识和较强实践技能的高技能型人才。针对校企合作中企业缺乏合作的热情与积极性,往往出现"校热企冷"的现象,校企合作形式大于内容。而且也存在研究较多而实施过程较少,宏观研究较多而微观研究较少,基于这一情况对"纺织检测技术"实训课程进行现代学徒制的培养模式研究,此课程中校企互惠网络学习平台是激发企业合作的积极性与员工可持发展的平台。

(4) 方法四。校企互惠网络学习平台的构建,达到了"互为人师、交换技能"的目的。高职院校企互惠网络学习平台的构建是发展地方经济的有效途径,从学校的角度来讲,实现了教学的优势互补。学生通过和企业员工的交流,使学生了解真实的职业环境,有利于学生实践能力、动手能力的提高。员工和学生在学习平台上的角色既是学生又是老师。让他们在学习的过程中找到乐趣,同行的交流更加方便。

(5) 方法五。依托本地纺织企业,打造一支优秀的教学团队,创造真实的实践教学环境。通过人才引进、学历提高、进修等途径,成立专职教师与兼职教师相结合的教学团队,目前,团队拥有硕士学位职称教师占专任教师比例达90%,企业兼职教师占比例达40%,形成了一支素质优良、结构合理、专兼结合的师资队伍。任课教师既具有理论教学水平又有较强实践能力,且有企业兼职教师辅助本门课程的教学,兼职教师对纺织品检测有着多年的工作经验,能够更好地指导学生的学习。我院拥有纤维、纱线、织物各类纺织品检测仪器500多台套,为教学的顺利开展提供了坚实保障。

三、 成果的创新点

(1) 创新驱动发展,校企深度合作,教师协助企业开发新产品、新项目,学生积极参加创业大赛及大学生实践创新项目。课题组教师积极协助企业开发新产品,并在校企合作开发项目上取得一定的成绩。2014年与南纬悦达合作开发的蓄光发光复合面料、抗菌保暖炭银膜面料两项新产品并通过了盐城市科技局的鉴定,2015与南纬悦达合作开发的多功能耐老化军用雨衣面料、远红外蓄热保温面料、环保阻燃复合面料3项新产品并通过了盐城市科技局的鉴定,5个项目均申请了专利并授权,产品市场前景好,经济效益可观。学生也积极参加江苏省科技创业大赛和大学生实践创新项目。

(2) 以"赛"促改,以"赛"促教,校企共建"标准化、规范化"的项目任务。树立以标准化、规范化为中心的观念,并以此观念去指导学生分析和和解决纺织品质量标准中的理论和实际问题。在全国面料检测大赛中我们始按照最新的行业标准制定的大纲、题库,指导学生按规范操作,取得了好成绩,事实也证明不按标准来练习的考生注定不会考出好成绩。本课程改革取得较好的效果,主要体现在学生和教师技能方面的提升,如2010年、

2011年、2012年、2015年全国面料检测技能大赛培训指导学生的均获团体一等奖,指导老师获优秀指导教师奖,2011年本人获院级优秀毕业设计指导教师奖,2015年获得院级信息化大赛三等奖。

(3) 构建校企互惠网络学习平台,全面提升学生的技能。教师在教学过程中利用校企互惠网络学习平台构建一种基于网络的双互动教学模式,实现纺织企业生产现场与课堂教学现场的双向传输,促进高职院校对企业的培训和技术服务。而且学校与企业通过校企互惠网络学习平台,不断充实平台的学习资源。

(4) 学材建设与教学资源的整合。长期以来我国纺织生产企业对纺织检测工作积累的实践经验缺乏理性的、系统的、科学的总结,有关资料比较分散,不成体系,同时为了更好地适应全国高等职业技术学校纺织专业的教学需求,也充分考虑了课程建设及纺织专业教学改革的需要,组织了全国纺织类高职高专中长期从事纺织检测技术的专家分模块分项目编写了《纺织检测技术》一书,本书的特色重在应用性,内容涵盖了纺织检测基础知识、原料检测技术、棉纺检测技术、织前准备检测技术、织造检测技术、针织检测技术,内容翔实,图文并茂,逻辑性较强,可读性强。

四、 成果的推广应用效果

(1) 校企共同开出的"技能菜单＋素质菜单"提升了人才培养的质量,促进纺织品检验与贸易专业建设。盐城纤检所闵所长说我系到所里工作的学生无论从动手能力还是从知识储备上都比较好,平时工作能独挡一面,有的现在已经培养为技术骨干。①学生评教。纺织品检测与贸易班的同学毕业后经调研反映在工作岗位能够很好地胜任自己的工作。并且升迁时间不是很长。②全国高职高专面料检测技能大赛,3届比赛都取得优异成绩。

(2) 校企互惠网络学习平台使校企双方受益,达到了双赢的效果。从企业的角度来讲,在企业精神与校园文化的熏陶下,有利于新生代员工综合素质的提高,同时维护了校企双方的办学积极性和可持续发展。新生代员工都是网络高手,所以对于平台的使用不是问题。从学校的角度来讲,实现了教学的优势互补。学生通过和企业员工的交流,使学生了解真实的职业环境,有利于学生实践能力、动手能力的提高,达到了双赢的效果。

(3) 创新体制机制,激发服务动力,社会服务能力明显提升。利用学院的优质资源,为悦达纺织、盐城工学院进行纺织基础知识培训,依托特有工种职业技能鉴定所,为悦达员工、盐城工学院学生,金兰集团员工等企业员工提供职业技能培训及鉴定工作。深化校企合作。与盐城市纤维检验所、南通宏大实验仪器有限公司合作,"纱线线密度及重量不匀率测试装置及方法"作为2012年度高校科研成果产业化推进项目已立项。与南纬悦达合作开发新产品10余项,并通过了盐城市科技局的鉴定及江苏省经济信息委员会的验收。

(4) 产学紧密结合,加强技术创新,教师和学生的收益面广。课题组教师积极协助企业开发新产品,并在校企合作开发项目上取得一定的成绩,开发的产品市场前景好,经济效益可观,实现科研经费到账200多万元。课程组教师结合实践教学实际及现有测试装置的缺陷,开发多项实践检测仪器并申请授权专利(关于纺织检测方面的实用新型授权十余项,发明专利2项),发明专利有实用新型专利:一种快速测试羽绒含量的装置(201520031303.X),一种织物紧度快速检测装置(201520130509.8),一种纱线线密度检测装置(ZL201120075895.7),一种浆纱上浆率测试装置(ZL201120099833.X),一种纺织用浆液相对粘度自动测试装置(ZL201120369409.2),一种桑皮脱胶装置。2010.11—2012.11的3年间,盐城纺院开创了全国高职高专纺织面料检测技能大赛,设定并完善了面料分析的项目及标准规程,从2010年起至今3年来,连续4次获得团体一等奖,学生个人一等奖7名,个人二等奖9名,个人三等奖4名,优秀指导教师12名。2015年参加全国纺织品外贸跟单职业能力大赛获团体一等奖。学生参加国家职业技能鉴定考核踊跃,理论考试及实践操作考试通过率为99％。参加全国技能大赛、东华杯等科技创新活动,多次在国家、省组织的相关大赛中取得优异成绩。

双创视域下高职纺织品设计专业校企合作课程体系改革及优质资源建设

盐城工业职业技术学院、江苏悦达家纺有限公司

完成人及简介

姓　名	性别	所在单位	党政职务	专业技术职称
刘　艳	女	盐城工业职业技术学院	无	讲　师
高小亮	男	盐城工业职业技术学院	无	讲　师
刘　华	男	盐城工业职业技术学院	无	讲　师
郁　兰	女	盐城工业职业技术学院	纺织品设计专业带头人	教　授
王慧玲	女	盐城工业职业技术学院	无	讲　师
马　倩	女	盐城工业职业技术学院	无	讲　师
王洛涛	女	盐城工业职业技术学院	无	助　教
王成军	男	江苏悦达家纺有限公司	无	高级工程师
李爱琴	女	江苏悦达家纺有限公司	无	中级工程师

一、 成果简介及主要解决的教学问题

（一）成果简介

"纺织品设计"专业属于江苏省重点建设专业群的建设专业,多年以来一直注重内涵及专业特色的建设,在培养目标、实践教学、教学团队、课程建设、教材建设、校企合作等教学改革方面取得了显著的成果。2013 年实施"校企合作、订单培养",构建以岗位职业能力为主线,构建"一线四平台"的纺织品设计人才培养模式,以服务学生充分就业为导向,以技术技能型人才培养为目标,通过企业调研与专家研讨,校企合作建立纺织品设计专业课程体系,重点建设专业核心课程网络平台与资源,提高学生的自学能力与专业素质,同时培养学生的创新意识与创业能力。2014 纺织品设计团队建成了 1 门省级重点教材,出版了 4 部规划教材,其中校企合编了 6 部项目化教材。先后获得省教育厅和中国纺织服装教育学会教学成果奖 4 项,学生在全国高职高专纺织面料检测技能大赛、纺织面料设计大赛中获得多项奖项,团队主要成员获得省教育厅"六大人才高峰"1 人及"333"工程第三层次培养对象 1 人,入选"省青蓝工程中青年学术带头人"1 人。近 3 年,公开发表纺织方面教科研论文 150余篇,其中 SCI 论文 8 篇,EI 论文 6 篇,申报发明专利和实用新型 12 项,联合企业承担省级以上科研课题 29 项,其中省科技厅产学研前瞻性联合研究项目 3 项、自然科学面上项目 1 项。为沿海地区企业解决产业转移,加快升级转型培养了技术技能型人才,在服务社会、服务行业、服务地方经济方面做出了突出的贡献。

（二）成果主要解决的教学问题

(1) 以市场为牵引,以产业需求与人才双创需求为导向,实施"一线多级平台"的纺织品设计专业人才培养模式。

(2) 培养技术技能型纺织品设计人才,校企合作,订单培养,构建"一平台,多方向"的纺织品设计项目化课程体系。

(3) 针对课程体系核心课程,搭建校企交互式智能移动终端学习资源平台与优质资源建设。

(4) 为实现校企联合育人,"政、行、企、校"合作,共建共享校企合作新平台。

(5) "以赛促学、以赛促教、赛学一体",实现与职场"无缝对接"。

二、 解决教学问题的方法

(1) 以市场为牵引,以产业需求与人才双创需求为导向,实施"一线多级平台"的纺织品设计专业人才培养模式。以市场为牵引,以产业需求与人才双创需求为导向,实施以职业岗位能力为主线,依托校内实训室和校外实训基地为基础平台,"企业驻校工作室"、"创业导师工作室"及"学生创业工作室"等校内产学结合工作室为创新能力培养提升平台,大学生创业项目入园项目、创业一条街店面为拓展平台,将人才培养与产品设计研发紧密结合,将教学过程与工作过程融于一体,建立了各平台对工作任务或项目实施的规范、监督、反馈与评价机制,实现技术技能型人才培养目标。

(2) 培养技术技能型纺织品设计人才,校企合作,订单培养,构建"一平台,双方向"的纺织品设计项目化课程体系。围绕核心专业技能与创新技能,校企合作重构了基于典型职业岗位的"一平台,双方向"的项目化课程体系,以基本素质和技能为平台,根据不同的就业岗位,设置核心技能课程。校企共同开发"纺织面料设计师""家纺设计师"等职业标准,对接相应的学习领域。将"针纺织品检验工""纺织试验工"等职业标准融入项目化课程体系,实施"双证融通"。

(3) 针对课程体系核心课程,搭建校企交互式移动终端网络学习资源平台与优质资源建设。基于典型岗位工作任务,得出主要工作岗位,针对岗位得出专业核心课程,团队教师始终以教学为核心,依托校企合作平台,搭建校企互惠互利交互式网络学习资源平台,包括课程网站、微信平台,课程资源,校企合作开发教材等。团队教师的教科研项目转换为教学项目 10 余项,从学生实践中、企业生产中挖掘项目 20 余项,发表论文 20 余篇。

(4) 集四方力量,"政、行、企、校"合作,共建共享校企合作新平台。遵循"投入多元,资源共享"的原则,与江苏悦达家纺有限公司等企业合作建成"校中所"(纺织职业技能鉴定站、悦达户外纺织研究所、教师工作室、面料检测工作室、生态纺织研发中心)"校中厂"(悦达家纺研发营销中心)"厂中校"(悦达班)。借助企业生产设施与设备实现教学目标,企业占有"廉价"人力资源,获得智力和技术支持。

(5) "以赛促学、以赛促教、赛学一体",实现与职场"无缝对接"。承办或参与历届全国高职高专纺织品检测技能大赛、全国纺织品设计面料设计大赛等专业大赛,将"职业标准""技能大赛规程"融入项目化课程体系,校企共建职业技能试题库。与悦达家纺有限公司共同举办第一届抱枕设计大赛,学生在"全国高职高专纺织面料检测技能大赛"中连续 4 届蝉联团体一等奖,获得个人奖项多项,学生毕业即就业。除了专业技能大赛之外,鼓励学生参加各类大学生创新创意大赛,获得江苏省教育厅举办"互联网＋"大学生创新创业设计大赛获得三等奖,盐城市大学生创新创意项目获得二等奖。

三、 成果的创新点

(1) 实施了"一线多级平台"人才培养模式。以市场为牵引,以产业需求与人才双创需求为导向,以纺织行业典型岗位群为引领,确定"一线多级平台"人才培养模式,逐层递进,提升学生的综合素质与技能,培养创新意识与能力。

(2) 重构了"一平台、多方向"的项目化课程体系。分析纺织品设计行业职业岗位的典型工作任务,重构了基于典型职业岗位的"一平台,多方向"的项目化课程体系,"共平台、多方向、强技能",融合课程内容和职业标准,在考核体系的构建上,融合学校评价和社会评价。

(3) 打造校企合作新平台,实现校企联合育人。依托多级平台、引入开放的校企合作项目,推进"工学结合"、"双证融通"和"学中做,做中创一体化"。

(4) 完善专业核心课程网络学习资源平台的创建及优质资源的开发。针对专业核心课程,建立校内金智源网络学习平台、中国数字大学城平台及课程微信平台,校企合作开发教材,引入企业真实产品作为课程项目任务,实现网络平台资源共享,深化校企合作。

(5) 积极开展技能竞赛等第二课堂教学活动。以技能大赛为导向,"以赛促学、以赛促教、赛学一体",将职业技能标准融入教学、融入第二课堂,提升了学生的综合素养和就业竞争力。

四、 成果的推广应用效果

（1）"一线多级平台"人才培养模式以"职业岗位关键能力为导向、双证融通、工学结合"的专业课程体系通过实施得到了行业、企业的普遍认可。多家媒体包括江苏教育、盐阜大众报、中国纺织工业联合会网、中国高职高专教育网等进行了报道。

媒体报道相关链接 1：http://news.xinmin.cn/rollnews/2015/08/12/28360771.html

媒体报道相关链接 2：http://www.tnc.com.cn/info/c-001001-d-3549993.html

媒体报道相关链接 3：http://www.jyb.cn/zyjy/zyjyxw/201410/t20141006_600148.html

（2）依托"一平台、多方向的项目课程体系"和新型校企合作平台，为盐城及长三角地区培养了大批企业急需的纺织品设计技能型人才。纺织品设计专业学生双证获取率为 100％，已连续 5 年毕业生年终就业率 99.5％以上，稳居全省同类院校前列。

相关链接：http://yctei.91job.gov.cn/news/view/aid/87383/tag/tzgg

（3）通过技能比赛和创新训练，学生创新创意及实践动手能力得到极大提高，本专业学生在参加的 3 届全国高职高专院校学生纺织面料检测技能大赛和第五届全国高职高专院校学生纺织面料设计技能大赛中均获团体一等奖，并获多项个人奖，在 2015 年江苏省首届"互联网＋"创新创业大赛获三等奖 1 项，盐城市创新创意大赛二等奖。

大赛获奖 1：http://www.ctes.cn/Item/5954.aspx

大赛获奖 2：http://www.ctes.cn/Item/5956.aspx

大赛获奖 3：http://www.ctes.cn/Item/5955.aspx

大赛获奖 4：http://www.ctes.cn/Item/5955.aspx

（4）不断深化教育教学改革，开展了"工学交替、项目引领、任务驱动、线上线下混合学习"等灵活多样的教学方法。完成了 1 部省级精品教材，主编部委级规划教材《大提花织物设计与 CAD》、《机织物分析与设计》和《机织技术》等，主持或参编了 10 多本教材，有近 5 门课程获"十二五"部委级规划教材立项，依托核心课程进行网络平台与优质资源建设，参加各类教学大赛，获得微课、信息化大赛大赛二等奖 3 次、三等奖 3 次。

教师技能大赛获奖：http://www.ec.js.edu.cn/art/2015/9/15/art_4266_180223.html

（5）依托校企合作平台，推进"产学研一体"，积极开展项目研究、技术推广和社会培训工作，取得显著成效。近 3 年与企业联合申报省市级科研项目 10 项，其中省科技厅产学研前瞻项目 3 项，苏北科技专项 5 项，市科技局的工业支撑项目、纺织创新平台等 3 项，横向项目或者联合技术攻关 3 项，累计为社会培训 200 人，对提高行业竞争力，推进产业升级，作出了巨大的贡献。

基于"岗位引领，做学教创"的"新型纱线产品开发与工艺设计"课程系统化开发与应用

盐城工业职业技术学院

完成人及简介

姓 名	性别	所在单位	党政职务	专业技术职称
高小亮	男	盐城工业职业技术学院	无	讲 师
赵菊梅	女	盐城工业职业技术学院	无	讲 师
张圣忠	男	盐城工业职业技术学院	现代纺织技术专业企业带头人	教授/研究员级高工
刘 艳	女	盐城工业职业技术学院	无	讲 师
秦 晓	女	盐城工业职业技术学院	纺织服装学院副院长	副教授
王 可	男	盐城工业职业技术学院	无	讲 师

一、 成果简介及主要解决的教学问题

"新型纱线产品开发与工艺设计"课程是我院现代纺织技术专业立足纺织行业转型升级新形势,携手大中型纺纱企业开发应用的校企合作课程。以培养纱线新产品开发岗位人才为宗旨,在本专业"岗位引领、学做合一"的人才培养模式引导下,进行以"项目"为载体、以"岗位"为引领、以"做中学"为特色的课程资源系统化开发,强调以学生为主体,实施"做中学、学中教",进而实现"做中创",经多年多班级教学实践积累,逐步形成特色鲜明的"岗位引领,做学教创"的课程开发新理念。

本成果以真实校企合作产品项目为载体,学生以产品开发岗位为主导,组建团队。项目作品遵循"成果必展,有展必精"的原则,赋予学生强烈的岗位使命感和成就感,有效解决学习兴趣低迷的教育现状。

课程分设来样定制、流行纱线开发、创新纱线开发三个循序渐进的系统化项目,教师角色从"指导""辅导"向"引导"转变,逐步培养学生自主创新能力,在"做中学、学中教"的基础上实现向"做中创"的完美升华,有效解决学生创新能力培养的难题。

采用课程网站、微信平台等多种信息化手段,开发立体化多媒介助学助做资源,供学生随时随地学习交流。解决多小组教学的一体化课程缺少老师快速指导、课堂组织松散的难题,有效提升课堂效率。

二、 解决教学问题的方法

(1) 课程开发设计"系统化",教学内容"项目化"。课程开发建立在本专业市场调研及行业专家认证基础上,对课程培养核心岗位的具体工作职责和工作任务进行细化和梳理,将其抽象化、概括化,以产品研发员岗位职业发展历程为主线,以"来样定制"、"流行纱线开发"及"创新纱线开发"3个循序渐进的真实产品项目为载体,以工作过程为依据,形成系统化结构任务。学生通过系统性的项目开展逐步获得完整的职业能力和职业素养。

(2) 线上线下"立体化"助学助做资源开发。通过线上课程学习平台、课程网站、课程微信平台等多种媒介,开发微课、视频、图文等碎片资源;通过线下校企合作教学实践,建设导做导学教材、工作任务书、校内外实训基

地等教学软硬资源,形成线上线下"立体化"助学助做资源,学生在课堂内外都可随时随地有效学习。

(3) 学生"主体化"、岗位"主导化"课堂。强调学生在项目实施过程中的"主体"地位,明确教师在教学中的指导、辅导或引导地位,学生以小组形式,构建以产品研发岗位为"主导"的研发团队,在真切的岗位工作需求之下,岗位能力得到有效培养。

(4) 教学方式"综合化",教师授课"团队化"。根据教学内容,适当采用"翻转课堂"及"混合式教学"等多种教学方式。课程团队以专任教师为主体,吸纳企业实践专家,共同参与课程资源建设与授课。

(5) 学习评价"多元化"。注重过程性考核,结合终结性考核,重点关注学生岗位能力及创新能力的提升。成绩评定以教师和学生评价为主体,邀请实践专家、同行参与,形成"多元化"的综合评价。

三、 成果的创新点

(1) 符合纺织行业转型升级新需求,领先高职院"新型纺织产品开发"教育。"中国质造"对纱线产品内涵提出更深远的要求。课程定位新型纱线产品开发人员,顺应纺织行业发展新需求,为加快纺织行业转型升级提供了人才支撑和保障,开拓国内高职层次新型纺织产品开发教育领域。

(2) 以"岗位"为引领,实现"做中学、学中教"基础上的"做中创"。以"产品开发"岗位为主导,从"模仿"到"改进"再到"创新",通过3个系统化项目循序渐进地开展,使得以学生为主体的"做中学、学中教"实现了向"做中创"的升华,克服高职学生创新能力培养难题。

(3) 线上线下立体化助学助做资源,有效提升教学组织与教学效果。学生、往届毕业生或同行精英都可在课堂外通过课程网站、课程微信等媒介随时随地学习交流,学生在课堂内翻阅教学资源也变得更加便捷,有效避免多小组教学的一体化课程缺少老师快速指导、课堂组织松散的难题,有效提升课堂效率。

(4) 以市场需求为导向,以校企合作平台为基础,使课程教学紧密结合市场需要。在课堂教学中,引入企业实际生产案例,让学生设计的产品真正符合市场的需求,根据行业发布的流行趋势进行产品设计与开发,使学生能够准确把握市场规律和流行元素,培养市场和企业需要的实用型人才。

四、 成果的推广应用效果

课程自开发至今,已经在我院现代纺织技术专业棉纺1011、工艺1101、工艺1102、工艺1103、工艺1201、工艺1202、工艺1203、纺织1311、纺织1411、纺织1412等10个班级进行了5轮教学实践,并逐步改革完善。课程教学效果良好,学生满意度及社会评价较高。

(1) 学生学习兴趣提升,组织实践能力增强。通过系统化真实产品项目的开展,小组成员轮流扮演研发主导岗位,依据生产工作过程独立主持产品开发与生产项目,赋予了学生强烈的使命感和责任感,学生组织实践能力得以迅速提升。通过课业作品展示,增强了学生学习课程的自豪感和满足感,有效调动了学生学习兴趣。

(2) 学生就业社会评价高,职业能力与职业素养突出。在针对往届授课班级学生的跟踪调查发现,授课班级学生职业能力与职业素养得到大多数用人单位好评,部分同学在纺织产品开发岗位稳定发展。

(3) 团队教师教学能力提升。教研与科研相长,经多年教学研究积淀,团队教师教学能力显著提升。发表课程相关专业核心期刊论文2篇,相关教学改革论文8篇,申报并立项课程相关省教改课题1项,市厅级教改课题3项,省级科研课题3项,院级相关教科研课题3项,申报发明专利1项、实用新型3项、外观专利2项,省微课教学比赛、省信息化教学大赛分别获得二、三等奖,省优秀毕业论文3篇。获院级各类教学竞赛奖项10项。

(4) 成果资源辐射范围扩大。线上线下立体化助学助做资源的开发受到学生、企业实践专家和同行的好评,资源的建设经验及应用已经在我院纺织服装学院全面推广。特别是课程微信平台的建设、翻转课堂的翻转形式、混合式课堂的开展方式等重要经验已整理论文并发表,成果辐射范围正在扩大。

紧密结合企业标准和生产实际为企业输送准职业人"纺织品染整技术""四化法""三位一体"教学改革

盐城工业职业技术学院、盐城云翔纺织品有限公司

完成人及简介

姓　名	性别	所在单位	党政职务	专业技术职称
位　丽	男	盐城工业职业技术学院	无	讲　师
王曙东	女	盐城工业职业技术学院	无	讲　师
赵　磊	男	盐城工业职业技术学院	无	讲　师
陈春侠	女	盐城工业职业技术学院	无	讲　师
浦　毅	女	盐城工业职业技术学院	无	讲　师

一、成果简介及主要解决的教学问题

"纺织品染整技术"是纺织品检验与贸易方向学生一门专业核心课程,根据教师调研多名从事与纺织品检验与贸易相关专业的学生和多家企业,并经过专家认证的课程。经过教学改革以后,将"纺织品染整技术"课程教学培养目标达到以下要求:

(1) 根据企业需求、企业标准,罗列技能菜单。课程标准根据企业需求、行业标准和生产实际来制定,学校邀请企业一线工作人员、纺织品检测人员、纺织品贸易人员和企业兼职教师、校内教师召开专业指导委员会进行"技能菜单"的探索,共同协商开出技能菜单,列出学生需要掌握的各项技能,学生通过专项考核获得该项技能后,学院给予证明,培养出的学生职业能力能达到相关岗位的工作要求。

(2) 教学内容结合生产实际,讲解具体案例,真正到"教、学、做"一体化。教学内容与企业生产实际相结合,结合染整行业发展趋势和企业生产现状,增加一些比较成熟的生产案例讲解,实现教学内容的可实用性、可操作性。并依托学院的生态纺织品检测中心、染整实训中心(各种色牢度测试仪器、颜色测色测试设备、甲醛测试设备、吸光度测试设备、pH值测试设备、各种染色设备)、纺织品检测中心将引进的企业产品作为教学任务载体,以具体织物染整的生产案例和典型岗位工作的任务来组织教学内容,体现了"教、学、做"一体化,实现染整真题真做。教学组织过程为任务导入、市场调研、讨论和决策、实验设计和实施、产品质量检查、反馈。课程结束后学生成果丰硕,有前处理产品、染色小样、印花小样、自我创新开发的色纱,也有染色布样的废物利用创意展。

(3) 采取先进的教学方式,培养学生的学习及创新能力。教学方式多样性,微课、APP等多元化教学手段相结合,有助增强学生的学习动机,让学习变得更有效率,教学模式有利于培养学生的自主学习能力及创新能力。利用微信公众号搭建微课程平台,学生可以在课前可以预先了解和预习即将要上的课程,在课后如果有没有消化透彻的内容,学生还可以到公众平台查阅资料,继续学习。另外平台上还可以放更多的与该课程有关的课程资源,学生可以有针对性的学习,可以根据自己的爱好、能力等更深入地学习相关内容。

(4) 紧扣工作需要,校企合作开发新教材。校企合作开发了具有高职特色的纺织品染整技术项目化资料:前处理任务书、染色任务书、印花任务书、整理任务书,程课网站及系列项目指导书等,另外学校内聘请了企业兼职教师,不但培养了学生的实践能力、综合素质和理论联系实际的能力,还有利于培养学生的动手操作能力

和解决生产实际问题能力。

(5) 促进学生参与大学生创新、全国纺织面料检测大赛及毕业论文设计。通过本课程的学习,学生积极参与江苏省大学生实践创新训练计划,2010 年王奚和杜印东主持了"栀子染的提取及其在天然纤维织物上的染色及蜡染研究",并在《化纤与纺织技术》上发表了相关的论文"栀子染料染棉针织物的染色工艺研究",2012 年杨娜娜和刘敏红主持了色媒体改性棉/桑皮混纺织物植物染料染色工艺研究。胡锦露的毕业论文《槐米在羊毛上的染色性能研究》和王佳美的毕业论文《栀子在丝绸上的染色性能研究》获 2011 年度院级优秀毕业论文,其中王佳美的毕业论文《栀子在丝绸上的染色性能研究》获 2011 年江苏省普通高校本专科优秀毕业设计三等奖。由于全国纺织面料检测技能大赛上增添了织物生态染色性能的检测,学生学完本课程后更加有利于学生的参赛,在第二届全国面料分析大赛中 2009 级学生冯赛、崔苏林获得一等奖、陈娜娜、严芳获得二等奖,熊小欣获得三等奖。在第三届全国纺织面料检测技能大赛中,2010 级学生刘汉武获得一等奖,马允、刘双、范莹莹获得二等奖,李丽丽获得三等奖。在第四届全国面料分析大赛中 2013 级学生侍晴晴、相长翠获得一等奖,韩伟获得二等奖,徐兰、谭乃荣获得三等奖。

(6) 教师积极投入企业研究项目,发表多篇论文。团队老师已先后参加江苏省科技厅项目"生态染色工艺前瞻性研究"和"天然植物染料色纺牛奶纤维/MODAL 的产品开发"。在国内公开学术刊物发表科研论文 40 余篇,教改论文 10 余篇。位丽老师在第三届、第四届全国高职高专院校纺织面料检测学生技能大赛获得优秀指导老师,陈春侠在第二届全国高职高专院校纺织面料检测学生技能大赛获得优秀指导老师,位丽老师的论文"天然染料大黄在羊毛织物的染色工艺设计"在 2012 年毛纺会议论文中获得二等奖。微课在纺织专业"染整技术"课程一体化教学中应用获现代教育技术应用论文专科组二等奖,赵磊、位丽的绿色深呼吸创业团队 2014 年获得盐城市科技创业大赛创业团队组一等奖。课题组成员赵磊主持全国纺织服装信息化教学研究课题"全媒体时代背景下结合现代化企业标准和'技能菜单'对'纺织品染整技术'进行信息化——四步法教学改革",以及位丽老师基江苏省现代教育技术研究所重点课题"基于现代化企业标准和生产实际案例的'纺织品染整技术''信息依赖式'——四元化教学改革"。

二、 解决教学问题的方法

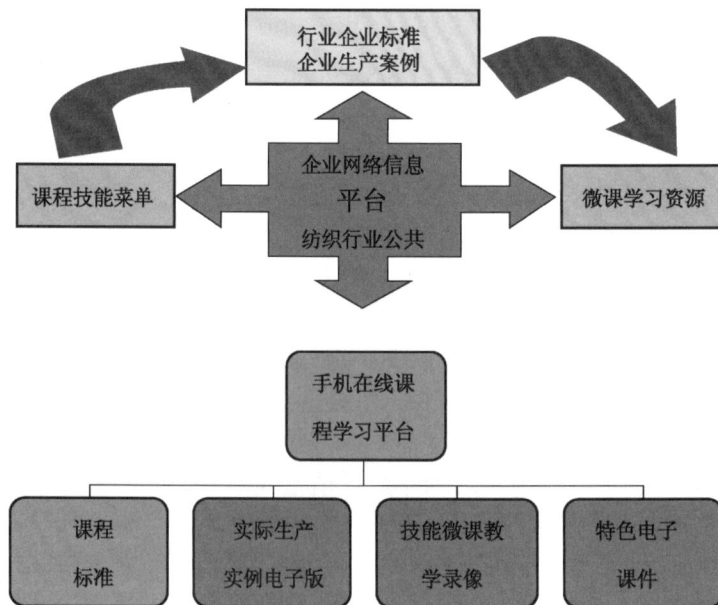

图 1　课程的研究思路

(1) 依靠企业的网络信息和纺织专业的公共平台,开发技能菜单。在企业网络信息平台的基础上,深入学习各个著名染整企业的企业标准和搜集它们的实际生产案例,以及利用中国纱线网、中国纺织网等公共平台,根据企业要求和具体的工作岗位,结合行业标准,企业技术人员和老师共同开出"技能菜单",列出学生需要掌握的各项技能,并最终设计成课程开发技能菜单(图1)。

(2) 依靠企业的网络信息平台,开发生产案例为主的电子教材。依靠企业的现代化网络信息平台,结合企业染整加工的最新产品,优选技术比较成熟的生产案例,汇编成以生产案例为主题的电子教材,使教学内容与时俱进,增加教学内容的可实用性、可操作性。

(3) 依靠先进的信息化教学手段,开发校企共建的微课信息化教学资源。高职教育的目的是培养高端技术应用性人才,因此教学资源的建设必须要和市场企业无缝接轨,依赖信息化的教学方法并结合具体的教学内容,和企业共同开发既适合学生使用又适合企业使用的微课、数字化学习平台,先进的教学方式的融入,能增加学生的学习兴趣,使教学效果变得更有效率,更有利于培养学生的自主学习能力及创新能力。

(4) 依靠先进的 APP 等电子软件科学技术,开通手机在线信息化学习平台。手机、ipad 等电子产品是目前学生最受欢迎的信息交通工具,将"纺织品染整技术"的信息教学资源通过微信平台的方式发送给学生,学生可以在线提前预习、查阅相关资料,极大地提高上课效率,也能有效的调动起学生的学习兴趣。

(5) 建设了一支优秀的教学团队。染整技术教学团队始终按照专职与兼职结合,内培与外引结合的原则,将师资队伍建设放在首位,采取一系列政策和措施提升师资教学水平。目前,团队拥硕士学位职称教师占专任教师比例达 80%,企业兼职教师占比例达 30%,形成了一支素质优良、结构合理、专兼结合的师资队伍。

(6) 设计了灵活多样的教学方法。教学过程中围绕生产企业某一真实品种——棉织物染整生产这一工作任务,充分利用染整实训基地的仪器和设备条件,专、兼职教师在真实的工作情境和氛围下授课,针对不同的教学内容,设计了项目驱动、任务引领、案例分析、研究讨论、技能竞赛等多种教学方法,突出教师主导作用,学生主体地位,实现做中学,做中教,学做一体,提高学生学习兴趣和教学效果。

(7) 保证了教学过程企业的全程参与。依托地方行业企业,有南纬悦达有限公司、响水新金兰纺织有限公司、盐城鼎恒染整有限公司等实力雄厚的大中型企业,全程参与本课程的建设。如:参与制定培养计划和课程标准,参与教学材料建设,参与校内外课程教学,参与青年教师的双师素质培养;参与校企合作的教科研项目等。另外课程组老师长期在企业担任技术顾问,长期参与企业一线产品生产与开发。

三、 成果的创新点

(1) 紧密结合企业行业标准,企业生产实际培养准职业人。所谓"准职业人",就是按照企业对员工的标准要求,初步具备职业人的基本素质,能够适应在企业的发展,即将进入企业的人。依靠企业的网络信息和纺织专业的公共平台,紧密结合企业行业标准,企业生产实际就可以真正实现"三个零距离",即专业设置与用工需求零距离、课程设置与职业活动零距离、教学内容与培养目标零距离,达到培养与就业的统一。

(2) 采取先进的教学方式,培养学生的学习及创新能力。以培养"准职业人"为目标,结合"纺织品染整技术"培养目标,重点先列出相应的"技能菜单",列出学生需要掌握的各项技能。然后,根据学生的"技能菜单"优选一些新的企业生产实际案例,从而实现教学内容的可实用性、可操作性,同时还将校企共建的微课教学资源、视频、PPT 等资源在 APP 技术支撑的条件下采用手机微信平台发布的教学方式融入教学过程中,让学习变得更有效率。

(3) "纺织品染整技术"信息化教学进行四化法改革。目前微课的信息化教学方式是以学校为主,适用对象仅仅是学生,通过学校和企业共同合作开发"纺织品染整技术"课程技能操作微课,既能适应学生的学习也能有利于企业员工的培训,在本门课程的教学中,四化法改革使学生真正掌握地相关知识点。

① 教师教学过程中课前的"导化"过程:就是教师有目的地设计编制供学生学习的资源(微视频、导学案等),引导和帮助学生达成自主学习目标的过程。

② 根据导学案自主学习,通过看视频、查阅生产案例、企业标准、完成工作过程,对学习内容进行"消化"。

③ "合作内化"就是在课堂上汇报讨论、交流分享、工作角色扮演、归纳小结的过程中,学生进一步加深对知识点的认识,合理运用专业知识。在讨论交流过程中,可以根据需要再次查阅生产案例,帮助理解与掌握。教师可以收集学生共性的、有一定难度的问题进行集中探讨或集体讨论,也可以有针对性地对部分学生进行个别化辅导。

④ "多维活化"就是在学习过程中,学生可以从知识、方法、能力多个维度进一步扩展、归纳深化,达到提高

能力目的,可以达到举一反三、融会贯通、活学活用的目的。这是学生对自己的学习进行反思的过程,反思得失,反思异同,尤其反思错误,在反思中领悟规律,掌握方法,体验情感。

(4) 真正实现"教、学、考"的"三位一体"的有机结合机制。①课程考核评定标准全面化,针对,纺织品染整技术评定应该更加注重学生的自学、工作过程表现,生产案例的工作过程、理论知识的掌握成为课程评价的重要标准。②课程考核方式多样化,考核形式可根据课程性质和特点来确定,重点考查学生灵活运用知识的能力和操作技能理论模块以闭卷为主,间或采用案例分析、调查报告等形式;技能模块以过程式考核为主、间或采用实验设计、课程设计、实际创作、动手操作、模拟项目及职业技能鉴定等形式;综合成绩要考虑学生参与学习的过程,使得考核方式多元化。这样就能更全面的考查一个学生的学习成绩。③考查目的实践化。传统的考试方法以评定成绩为主,因此学生的自主学习积极性不高,对知识的运用意识和能力不强。在新的考核方法中,重点考察学生的实际动手和对染整知识的实际运用能力,如颜色特征值、色牢度的等实践化考核,通过灵活变通的考核方法让学生摒弃死记书本知识的思维定式,强化学生对相关知识的掌握和运用能力。

在课程考核中,注重评定标准全面化、考核方式多样化和考查目的实践化,如此"三管齐下"的做法达到"教、学、考"的"三位一体"的有机结合机制。

四、 成果的推广应用效果

在学院较早就实施的"培养目标与企业用人标准结合"教学改革,项目实施范围广、内涵深,对其他课程的建设起到推动和引导作用。目前,在纺织品检验与贸易人才培养方案中,构建了"基于棉织物染整生产过程"的项目化课程体系。如评定染色产品质量时,按照企业标准和习惯,进行以下几个项目的测试"颜色特征值测试"、"摩擦牢度测试"、"耐洗色牢度测试"、"耐汗渍牢度测试"等,使教学内容跟上时代和企业用人标准。出版染整相关教材《纺织导论》《纺织产业生态工程》(由学林出版社出版),建设完成江苏省现代教育技术研究 2011年度课题立项课题"纺织染概论多媒体课件制作与研究"。课题组成员赵磊主持全国纺织服装信息化教学研究课题"全媒体时代背景下结合现代化企业标准和'技能菜单'对'纺织品染整技术'进行信息化——四步法教学改革",以及位丽老师基于江苏省现代教育技术研究所重点课题"基于现代化企业标准和生产实际案例的'纺织品染整技术'信息依赖式—四元化教学改革"。并积极实施教学做一体化教学模式改革,本成果已经在 2012级、2013级、2014级纺织品检验与贸易专业教学中全面实施与应用,学生的知识、能力、素质有了显著提高,每次学评教和教评学结果均在 95 分以上,为后继课程"系列纱线的开发"提供坚实的基础,毕业班学生做色纺纱研究课题的学生越来越多,毕业生质量得到了社会的认可。团队成员已先后在国内公开学术刊物发表科研论文 40 余篇,教改论文 10 余篇。课程改革成果在学院和其他专业课程中得到推广和应用,教学做一体化的教学模式受到纺织行业企业的认可,近 5 年为南纬悦达等企业员工培训、基层干部综合培训人数近 300 人,和企业共同开发省级项目 4 项,为企业提供科研服务 10 余项。江阴职业技术学院、常州纺织服装职业技术学院、南通纺织职业技术学院等高职院校,以及盐城工学院等本科院校等多个同行院校来我系观摩、交流学习经验,对本课程的建设成果予以肯定。

"设计技术积累与转化"引领纺织品
设计项目化教学实践与研究

常州纺织服装职业技术学院

完成人及简介

姓　名	性别	所在单位	党政职务	专业技术职称
孙　宏	女	常州纺织服装职业技术学院	教研室主任	讲　师
张志清	男	常州纺织服装职业技术学院	系主任	讲　师
韩慧敏	女	常州纺织服装职业技术学院	无	高级工程师
朱　红	女	常州纺织服装职业技术学院	无	教　授

一、 成果简介及主要解决的教学问题

（一）成果简介

自 2008 年"纺织品设计"省级精品课程建设立项以来，教学团队深入研究课程改革的方法，以多元智能理论为基础，在"设计技术积累与成果转化"的引导下，制定教学与学生专业能力提升训练导航图；依据纺织面料设计师国家职业资格标准，遵循工作过程系统化原则，构建了基于面料设计师工作过程的课程体系；在建构主义理论引导下组织与实施教学，注重学生创新设计思维和心智培养；运用多维复合教学方法及现代信息化教学手段提升学生学习兴趣；对开放式实践平台、师资团队、资源库建设等也进行了改革，应用效果显著。

（二）主要解决的教学问题

（1）改变传统育人理念，将多元智能理论引入育人过程，使学生通过自身优势创造性地解决问题，实现人人成才。

（2）改变传统课程体系的构建框架，构建基于面料设计师工作过程课程体系，使课程教学内容更有利于学生职业能力的培养。

（3）设计技术积累与专业能力训练导航图，推行 FFS 项目化教学范式，让学生在产品设计、开发创新的学习性工作过程中体验"设计创造价值"。

（4）解决了课程内容的针对性与适应性问题，将纺织文化传承、新材料、新工艺、新技术等引入教学过程，满足专业培养的目标及企业对人才新需求。

（5）多维复合教学手段与现代教育技术有机结合，教学方法注重创新。

二、 解决教学问题的方法

（1）多元智能理论促进人人成才。尊重学习个体的多元性，将多元智能理论引入教学中，使学生通过自身智力优势来完成由易到难的学习项目，从而创造性的解决问题，促进"人人成才"。

（2）"设计技术积累与成果转化"引导专业能力提升。面料设计是一门工程与艺术相结合的技术。技术积累是纺织面料设计师职业发展的重要基石。只有积累了大量的技术资料及经验才能快速创作新品，为转型升级时期企业发展作出贡献。因此，根据面料设计师成长各阶段需要的技术积累，进行专业能力提升积累设计——认知性积累、导向性积累、关联性积累、系统化积累 4 个层次的积累。

（3）注重持续性技术积累的工学结合项目课程体系的构建。参照国家纺织面料设计师职业资格标准，构建

基于面料设计师工作过程为中心的课程体系,关注学生纺织品设计知识和制作技能的形成过程,培养其在面料设计与开发过程中解决实际问题的能力,提高学生对社会发展的适应性,实现了专业与产业职业岗位对接、专业课程内容与职业标准、教学过程与生产过程、学历证书与职业资格、职业教育与终身学习的"五对接"。

(4)建构主义学习理论引导有效教学。要实现"人人成才",教学中就必须突出学生主体。教师作为引导者,利用情境、协作、会话等学习环境要素充分激发学生的主动性和首创精神,使学生有效地进行纺织品设计技术积累与学习成果转化。教学中将纺织文化传承与创新、技术纺织品、创意织物设计等内容引入课程体系,设计技术积累与专业能力提升学习导航图,引入互联网+工作情景与岗位角色模拟、项目学习与创业体验、OAO学习成果分享,优化了职业化人才培养策略。

(5)构建 FFS 项目化教学范式遵循学生认知规律,对接技术积累发展层次,设计了 4 个等级的技术积累项目(Four Technologies Accumulation):坯布产品设计、常规产品设计、典型产品设计、创新产品设计。对应每个工作项目,以真实的纺织企业品种研发项目为依托,以"设计创造价值"为核心,设计 5 个学习项目(Five Learning Projects):产品设计分析、小样设计与表达、CAD 设计、创新设计与市场应用。对接学习项目,构建了 6 个阶梯发展的实践环节(Six Practice Projects):项目训练实践、大学生创新实践、技能大赛、企业项目实践、毕业论文、职业实践与发展,实现个性化、多层次的实践能力培养目标。

(6)多维立体复合"教与学"成果转化体验。运用信息化教学手段,采用模拟设计部、典型案例、角色体验、信息咨询、网络学习、市场导航、成果测评等的多维立体结合的方法。让学生真实设计部工作环境中,通过各类设计元素的耳濡目染,能真实体验企业设计文化,体会与设计工作相关的市场和生产的协调工作,预测所设计开发的产品的市场前景、生产可行度,从而养成及时反思改进,统筹考虑的良好设计习惯。

(7)健全教学质量保障体系。配设优秀教学团队共同提升教学水平,创设设计师情景的实践教学环境提供良好平台,建立第三方人才培养质量评价制度,形成有效的教学质量保障体系。

三、 成果的创新点

(1)技艺结合,实施 FFS"纺织品设计"项目化教学模式,进行个性化、多层次培养,运用多元智能理论和建构主义教学理论指导教学,实现了纺织品设计知识与技能、项目学习与创业体验、学习成果与技能大赛、职业人的情感态度与价值观等人才培养的多维度立体复合。

(2)校企联合,以真实的纺织企业品种研发项目为依托,关注产品创新设计的核心技术,以"设计创造价值"为核心,设定学习性工作任务,注重技术积累,达到行知统一,实现教学实践与专业实践的融合。

(3)"课证"融通,建立开放的课程评价体系。通过组织参加中国纺织面料及花样设计大赛、全国高职高专职业技能大赛等多层次的技能大赛,激发学生"更好、更新、更优"的设计潜能,最终实现知识、能力、素养的全面提升。

(4)技术与创意融合,教学与产业联动,通过纺织品设计技术积累与学习成果转化训练,学生的创新设计能力、综合应变能力得到了很大提升,学生为企业设计了具有附加值的产品,得到企业的认可。

四、 成果的推广应用效果

(1)设计技术积累与专业能力展现。"纺织品设计"项目课程结合面料设计师职业工作实际,分层次、分阶段循序渐进,融入企业新产品设计研发工作任务,激发学生的设计潜能,培养并发展学生的职业技能。通过技术积累,学生的纺织品分析能力、改进设计、创新设计能力得到了提升。学生获取纺织面料设计师高级资格证的比例达 98%以上。与没有参与纺织品设计项目教学的毕业生相比,毕业后可立即融入企业产品设计开发、生产质量控制等工作中,3~5 年后可以成为设计部主管,职业发展潜力大。课程教学实践成果及获奖。"纺织品设计"项目化课程实施教学改革已有 8 年,与实施课改前的学生相比,在各个方面的表现都很突出,具体表现在:学生在全国面料技能大赛表现优异,学院声誉好。学生参与创新创业大赛获得省级一等奖 8 个、二等奖 8 个、三等奖 10 个,在参赛院校中名列前茅。大学生创新训练项目申报成功率高,完成情况好。参与项目化教学活动的学生积极申报省大学生创新项目,申报成功率高。主持完成江苏省大学生创新训练项目 6 项。学生撰写优秀毕业设计论文,获省级一等奖。学生撰写论文获得江苏省优秀毕业设计论文一等奖 1 篇、二等奖 2 篇、三等奖 4 篇。率先在全国高职高专面料及花样设计大赛中,展示了学生多层织物结构创新设计、绞综工艺产品创新设计、缂丝作品创新设计、填芯层联结构产品创新设计等新材料、新工艺、新技术的应用能力,师生团队在全国同类院校同台竞技场上,凭借其创新的设计理念和新工艺技术的应用水平脱颖而出。参与产学研项目,获多项专利,提高企业经济效益。参与项目课程实践项目,将自己设计制作的成果申请专利,增强了学生的自主创新能力和专利意识的培养,目前已经获得 11 项专利。项目课程中,师生共同参与精纺包袱样、牛仔面料、防辐射面料、吸湿排汗产品、休闲色织面料设计等产学研合作项目,设计作品得到企业认可,为企业直接创造经济效益 480 万元以上。有效促进了学风建设,提升了社会实践能力。2007—2014 级参与项目教学获"院文明班级"的就有 6 个班,其中有 3 名学生获得技师证,1 名学生获得市文明之星,1 名学生获得省自强之星。学生英语竞赛、数学竞赛、创业计划、暑期社会实践、体育竞赛等人文项目,获省级奖励 3 项。就业质量得到了显著提高。参与项目教学的学生经过技术积累与转化,获得了许多宝贵经验,为日后工作奠定了良好基础。在工作岗位中,他们的能力得到了充分的彰显,深受企业的好评。

(2)纺织品设计项目教学成果的辐射作用。常州纺织服装职业技术学院纺织品设计项目教学设计、课程标准、教学案例、课程网站成为专业其他课程如纹织工艺设计、纺织品外贸、家用纺织品设计等课程的参考标准,使其成为院精品课程。项目教学团队还为本校现代纺织技术、纺织品检测等专业,校外陕西纺织服装职业技术学院、山东丝绸职业技术学院、成都纺织高等专科学校进行了项目化教学指导,为其人才培养提供了良好的借鉴资源。

校企双主体合作办学模式下纺织服装实训基地的建设与探索

盐城工业职业技术学院

完成人及简介

姓　名	性别	所在单位	党政职务	专业技术职称
姜为青	男	盐城工业职业技术学院	艺术设计学院党总支书记	副教授
陈贵翠	女	盐城工业职业技术学院	无	讲　师
赵　磊	男	盐城工业职业技术学院	无	讲　师
张立峰	男	盐城工业职业技术学院	后勤保卫处副处	讲　师
王曙东	男	盐城工业职业技术学院	纺织服装学院办公室主任	讲　师
瞿才新	男	盐城工业职业技术学院	副院长	教　授
刘　华	男	盐城工业职业技术学院	纺织服装学院院长	教　授

一、 成果简介及主要解决的教学问题

纺织服装学院与江苏悦达纺织集团于 2011 年合作成立"悦达学院",实施"双主体办学",实现生产与教学相结合,创办了校企共建纺织服装实训基地建设的新模式,有利于实现纺织人才培养模式、课程体系建设、技能鉴定、教师能力提升、科技融合、社会服务等方面的创新和发展,有利于高技能人才的培养。

(一)引入企业项目,实现产教融合

双主体共建央财支持的生产性实训基地,实现生产与教学相融合,一是人才培养规格上,双主体共同按照企业标准设计人才培养方案。二是课程体系上,引入企业真实的产品和项目、根据典型工作任务开展课程体系。三是课程教学上,双主体共同组织教学,根据企业实际生产过程实施项目教学、工学交替。四是考核评价上,双主体共同评价。五是技能鉴定上,依托江苏省唯一的纺织行业特有工种技能鉴定所开展条粗、细纱、织造等技能鉴定项目。六是双师型教学团队上,生物质功能纤维的制备团队为江苏省优秀科技创新团队,双师型教师比例达 90%。

(二)共建科研平台,实现科技融合

依托实训基地与企业开展产学研合作,近年,教师承担的各类科研项目达 50 项。开展技术服务、技能鉴定、员工培训,年培训量达 600 人以上,为进一步扩展服务空间、提升服务能力搭建了新的平台。

二、 解决教学问题的方法

(1) 通过校企双主体合作办学,建设生产型实训基地。通过与江苏悦达纺织集团合作,校企双方在"优势互补、资源共享、务实合作、共融共进"的原则下实施双主体办学,实行董事会领导下院长负责制,共建了"产教一体"的校内生产型高技能人才培养实训基地。构建了生产型纺织服装实训基地的运行原则、组织架构、功能定位、设施配套、运行管理及考核评价等,并以此对基地建设进行全方位设计,对小样生产、规模生产、实训场所环境文化布置、厂房环境、产品检测等均做到生产与教学相结合,保证最终的产品质量。

(2) 以江苏省品牌专业和示范建设为契机,推进生产性实训基地建设。通过江苏省品牌专业和示范建设,

对江苏省品牌专业现代纺织技术专业、示范重点专业现代纺织技术专业、服装专业等加大了支持力度,场所扩建,设备新增和改造,确保稳定的生产实训工作;进一步开发"教学做一体化"课程的实训项目,车间即教室,白天上课,晚上开放实训室,安排双师型教师值班,强化学生的技能操作水平;通过校企合作建设"双师型"专业教师队伍,选派部分专业教师到企业挂职锻炼,提高专业技术素质,从合作企业一线职工中选拔聘请能工巧匠、技术骨干为兼职教师,提升师资队伍整体水平。

(3) 通过科技融合,深化校企合作校内生产性实训基地建设。通过科技融合,进一步拓展生产性实训基地的功能,将技能鉴定、产品研发、技术攻关、社会服务服务等工作纳入到实训基地建设中,将实训基地建设成果与社会需求相结合,一举多得。

三、 成果的创新点

(一) 借助合作办学,共建实训基地

通过与悦达纺织集团合作共建生产型实训基地,指导纺织服装类实训基地建设上层次、上水平,反过来,基地的机制、体制创新,教学模式创新、管理创新等又使得校企合作更深入、更完善,科技融合探索深化校企合作,校企合作指导生产型实训基地建设。

(二) 依托基地建设,实现产教融合

以高技能人才培养为目标,采用双主体办学模式,进行机制、体制、评价等创新实训基地建设,吸引企业参与实训基地建设,建设经费多元化投入,实现产教融合,运用企业真实的工作任务实施教学,悦达纺织企业人员全程参与到教学实施及评价。

(三) 创新基地管理,实现成果共享

通过与悦达纺织集团合作共建生产型实训基地,使其运行效率最优化,在生产性实训基地建设出台一系列的规章制度,有章可循,对校企合作的人才、产品、技术、设施等要素共享,实现学校、企业、学生等多方受益共赢局面。

四、 成果的推广应用效果

校企双主体合作办学模式下纺织服装实训基地为中央财政支持的高等教育实训基地和省财政支持建设的实训基地,基地充分利用学校、企业的教育资源与教育环境,全面提升人才培养质量,更好地培养高素质技能型人才,培养的学生连续四届获得全国纺织面料检测大赛团体一等奖,在全国纺织面料设计中也是屡创佳绩,徐毓亚同学和桂蕾同学获得了"职业技能标兵称号"。

对学院其他专业起到了示范作用,他们借鉴基地建设中的资金、运行、教学、管理模式来建设校内生产性实训基地,机电学院的机电一体化实训基地、现代纺织机电技术实训基地、经贸管理学院现代服务业实训基地陆续获批省财政支持建设的实训基地。纺织服装实训基地对省内外同类高职院校起到了辐射作用,先后有50余家高职院校先后到我院生产性实训基地参观交流,学院还对新疆等省(自治区)多所高职院校实施了对口支援,受惠学生数达 10 000 多人。依托纺织服装实训基地设立"江苏悦达纺织品研究所""江苏悦达家纺研发中心"等研发机构,开展新技术、新工艺和新产品的研究开发,促进科技成果的转化。完成省、厅级科技项目 20 余项,承担省级横向项目 5 项,获政府企业资助的科技经费 500 多万元,其中 20 多项新产品和新技术通过省级科技成果鉴定,取得各项专利 20 多项,其中发明专利 5 项。依托纺织服装类实训基地,为学生提供纺织服装类专业生产性实训,完成"教学做一体化"课程;为面向校内外的培训与与鉴定并开发新的培训与鉴定项目提供了场地和条件,有 5 000 多人取得了职业资格证书;面向社会和企业开设的各类培训项目,年培训人员达 2 000 人;纺织服装类实训基地,为专业教师"双师"型的提高提供了条件与保障,专业教师依托此平台进行产学研合作与工程实践,教科研能力得到明显提高,目前已有 90% 的专业教师达到了双师型,现代纺织技术专业团队为江苏省优秀教学团队,生物质纤维功能的制备为江苏省科技创新团队;教师课程开发能力得到普遍提高。

"政行校企"合作办学模式下高职染整专业学生职业素养培养的研究与实践

盐城工业职业技术学院

完成人及简介

姓 名	性别	所在单位	党政职务	专业技术职称
顾东雅	女	盐城工业职业技术学院	学生党支部书记	讲 师
项东升	男	盐城工业职业技术学院	无	副教授
金绍娣	女	盐城工业职业技术学院	无	讲 师
李 萍	女	盐城工业职业技术学院	无	教 授
王 岚	女	盐城工业职业技术学院	无	讲 师
许士群	男	盐城工业职业技术学院	机关党总支书记	副教授

一、 成果简介及主要解决的教学问题

(一) 成果简介

本成果以培养高素质技术技能型人才为出发点,依托省级示范性建设,以"政行企校"合作办学模式为背景,着力培养染整专业学生的职业素养,经过几年的研究与实践,以盐城市产棉和纺织大市为背景,以中小型印染企业所需的染化料的配制、分析测试等岗位的职业能力为导向,突破原有的教育教学理念、方法和内容,激发政府、行业、企业和学校共同协作、合作培养的积极性,同时注重引导学生自我发展、自主培养。本课题研究始于 2011 年院级重点教改课题,总结了一系列行之有效的经验,在染整专业质量工程和人才培养等方面取得了显著成果和综合效益,并得到广泛好评和推广应用。

(二) 主要解决的教学问题

(1) 如何培养染整专业学生的职业意识、职业道德和职业行为习惯。根据高职三年学制,大一学生开展目标规划,指导帮助每一位学生做好职业生涯规划,开展职业素质养成教育;大二学生掌握专业技能,迎接职业挑战,考取相关职业资格证书,参加各类技能竞赛,顶岗实习、实训,创业实践等,培养吃苦耐劳的职业精神;大三学生提升岗位胜任能力和岗位竞争力,提升学生岗位胜任能力和岗位竞争力,培养良好的职业行为习惯。

(2) 如何服务职业岗位能力培养,全面提升学生综合素养。经过职业资格鉴定、技能大赛的培养,极大地提高了学生的综合素质和就业竞争力。近 5 年,染整专业学生在省级以上技能大赛中获得团体一等奖 1 个、个人一等奖 3 个、二等奖 9 个,2 位同学被评省技能标兵。毕业生就业率 100%,用人单位对毕业生综合评价的满意度达 96.2%。

(3) 如何提升染整专业学生的职业技能。通过课、证融通使教学和职业资格证书接轨,以分析工和染色打样技能大赛为抓手,大力提升学生职业技能。

(4) 如何培养学生的创新创业能力。以学校 SYB、KAB 培训为契机,以创新创业锻炼为平台,以校、省大学生实践创新项目和大学生各项科技创业活动为依托,通过社团、协会等营造学技能、练技能的校园文化氛围,不断激发创新创业意识,从而培养创新创业精神和创新创业能力。

二、 解决教学问题的方法

(1) 优化课程结构,构建染整专业系统化职业素养训练体系,培养染整专业学生的职业意识、职业道德和职业行为习惯。根据"加强素质教育,强化职业道德,把社会主义核心价值体系融入到高等职业教育人才培养的全过程"的要求,提出了"技能＋人文"双元培养高素质技术技能型人才的目标,一方面,专业学习领域的课程要充分体现专业知识和职业技能,达到培养学生专业基本理论知识与核心技能的目的;另一方面,素质拓展领域的课程要以人文素质教育为主来培养学生内在的隐性的职业素养,将学生职业素养的培养纳入染整专业学生人才培养的系统工程,整合建设职业素养教育大人文课程体系。

(2) 构建政、行、校、企合作平台,服务职业岗位能力培养,全面提升学生综合素养。政府、行业协会和企业掌握重要的政策和信息资源,对产业发展和经济转型的把握更加科学,我们得到政府财政支持,吸收企业、行业参与专业设置。通过近几年的实践,学校成功地与企业共建生产性实训基地,开展校企合作订单式培养,联合知名企业共建二级学院,开设企业冠名班,搭建校园文化与企业文化对接的平台,将企业文化、职业素养的要求融入到实训、教学及办学的全过程,聘请企业技术能手担任职业素质辅导员,开展学生与企业老总面对面活动,了解企业、行业,增强职业素养的自我培养意识。

(3) 以职业资格鉴定、技能大赛为指引,提升染整专业学生的职业技能。以职业岗位资格为标准,将"化学检验中级工"和"染色打样中级工"技能鉴定的考核内容嵌入课程项目教学体系中。以江苏省化学检验工、全国高职高专染色打样工技能大赛为引领,打造了一批卓越技能型人才。加强职业技能训练的针对性,融入印染企业生产一线检验、染色打样工作内容,实现课程技能训练与社会化职业资格考核培训的有机结合,使学生毕业就能在染化料配色、检验分析岗位工作,实现零对接。

(4) 搭建提升学生职业素养的锻炼平台,培养学生的创新创业能力。充分利用校园文化活动载体,提升学生职业素养。通过政府扶持设立创业扶持基金、学生科技创新经费,以大学生创业培训为抓手,鼓励学生参加校、省大学生实践创新项目和各项科技创业活动,促进学生职业素养提升的有效载体。有效搭建校企、行校合作平台,提升学生职业素养。

(5) 建立科学合理的学生职业素养评价机制,构建多元评价体系。建立科学的学生职业素养评价机制能激发学生自觉、主动地锻炼和提升自身职业素养的积极性。染整专业作为试点,为每位在校学生制作了一份《职业素养培育过程》,要求每一位学生一定要有职业素养过程的成绩,评价体系有相关课程学习、参加课外活动、企业顶岗实习实训等方面,有自评、考核小组和他评,这既可供企业招聘时参考,又是对学生在校期间职业素养培育的一个导向。

三、 成果的创新点

(1) 构建"政行校企"办学新模式,培养学校中的"职业人"。通过政府支持,与企业共建生产性实训基地,开展校企合作订单式培养,联合知名企业共建二级学院,开设企业冠名班,四方联动共育职业精神和职业能力,将企业文化、职业素养的要求融入实训、教学及办学的全过程,促使学生向"职业人"转型。

(2) 构建基于"技能＋人文"双元体系优化课程结构,构建染整专业系统化职业素养训练体系。将学生职业素养的培养纳入染整专业学生人才培养的系统工程,强化职业道德,把社会主义核心价值观融入人才培养的全过程,通过"技能＋人文"双元体系整合建设职业素养教育大人文课程体系。

(3) 创新学生职业素质培养评价机制,构建多元评价体系。为每位在校学生制作了一份《职业素养培育过程》,包括思想政治与道德修养、人文修养、社会实践与志愿服务、科技创新与技能竞赛、文体活动与特长培养、技能培训、创业实践与工作经历、素质拓展专项训练等 8 个栏目,有效培养了学生良好的职业素养和工作习惯。

四、 成果的推广应用效果

"政行校企"合作办学模式下高职染整专业学生职业素养培养的研究与实践起始于 2011 年院级重点立项课题,成立了由课程团队负责人牵头的课题研究组。5 年来,课题组以染整专业为实践载体,在政、行、校、企四方联动人才培养模式上取得了较好实践成果,得到了众多方面的推广应用。

(一) 教育教学建设效果显著

(1) 研究课题"染整专业'知行融通'型教材建设的研究与实践"获 2011 年教育部高职高专轻化类专业教学指导委员会教育教学研究成果一等奖;研究课题"轻化类专业工学结合教学效果评价模式研究"获 2011 年教育部高职高专轻化类专业教学指导委员会教育教学研究成果二等奖;研究课题"基于工作过程系统化的'染整应用化学'课程项目化构建与实施"获 2014 年中国纺织工业联合会纺织之光教育教学成果三等奖。

(2) "染整助剂及其应用"成为省级精品课程,同时"染整助剂及其应用""染整应用化学"成为校级精品课程。编写了"十二五"规划教材《纺织品贸易与跟单》,合作出版了《染整应用化学》等教材,校企共同开发的课程达 3 门、校本教材 3 本。发表相关论文多篇。

(3) 对生态纺织、染化料 2 个省级工程中心的平台建设提供了强有力支撑。

(4) 对省教育科学规划课题"苏北纺织业校企合作模式与运行机制的研究与实践""高等职业教育与地方经济社会发展适应性研究——以沿海开发战略中的江苏盐城为例",省职业教育教学改革研究课题"工学结合课程教学评价研究",省高校哲社研究基金项目"工学结合过程学生在岗管理模式研究"等课题提供了案例分析支持。

(二) 学生职业技能得到显著提升

(1) 学生参加市劳动局组织的"化学检验工""染色小样工"职业技能鉴定,通过率达到 100%。

(2) 本专业学生参加 2010—2015 年化学检验工、2010—2014 年染色打样工等各类技能大赛成绩优异,共获各类省级以上团体一等奖 1 个,个人一等奖 3 个,二、三等奖 62 人。

(3) 染整专业共申报立项校级、省级大学生实践创新项目 10 多项。获得省级优秀毕业设计二等奖 3 项,省级优秀毕业设计三等奖 3 项,省级优秀毕业设计团队 1 项,2012 年江苏省大学生职业生涯规划二等奖,2013 年盐城市首届大学生创业创业大赛优秀鼓励奖,2014 年江苏省大学生数学建模大赛三等奖,2015 年江苏省首届"互联网＋"大学生创新创业大赛实践组三等奖,染整院级重点专业已累计教授学生 928 名,毕业生 668 名,教学效果得到了学生、社会、校外专家和印染企业一致好评。

(4) 学生参与发表科研论文多篇。

(三) 学生职业素养提高,企业需求度不断上升

本专业学生因实践应用能力强、职业素养高,深受企业欢迎,所有学生均带薪实习。毕业生供不应求,历届就业率为 100%。同时,毕业后自主创业的比例也在逐年增高。据麦可思调查显示:用人单位对染整毕业生的认可度和评价越来越高,满意率达 98% 以上,近几年的毕业生中有近 30% 的学生已走上了管理岗位。通过企业调研,对我校染整技术专业毕业生给予了充分的肯定和高度评价。绝大多数企业都认为我校毕业生具有良好的操作技能,接受新事物较快,能较迅速地融入企业实际工作;吃苦耐劳,具有良好的沟通协调能力和协作意识;肯钻研,肯思考,具有独立工作的能力。企业普遍认为,"政行校企"合作办学模式的构建,为培养学生的职业素养奠定了良好的基础。

高职院产学研一体化教学团队的构建与研究

盐城工业职业技术学院

完成人及简介

姓　名	性别	所在单位	党政职务	专业技术职称
王美红	男	盐城工业职业技术学院	科技处副处长	副教授
林元宏	男	盐城工业职业技术学院	继续教育学院院长	副教授
王翠萍	女	盐城工业职业技术学院	无	副教授
瞿才新	男	盐城工业职业技术学院	副院长	教授
刘　华	男	盐城工业职业技术学院	纺织服装学院院长	教授
樊理山	男	盐城工业职业技术学院	科技处处长	教授

一、 成果简介及主要解决的教学问题

（一）成果简介

本成果立足于产学研一体化教学团队的构建,围绕构筑校企融合的"双重保障机制"、实施师资培育四大工程、构建产学研活动的三级平台等三个方面,深入推进纺织人才培养综合改革,培养了一大批纺织行业优秀应用型人才。

（二）主要解决的教学问题

(1) 企业"参与职业教育的热情不足,社会责任感不强"的问题。企业的本性是追逐利益,没有好处的校企合作导致企业合作热情不高,我国职业教育改革面临学校"一头热"的尴尬。

(2) 兼职教师"职业教育参与度不深,所属企业支持度不足"的问题。企业兼职教师具有丰富的专业实践经验,但缺乏系统的理论知识;兼职教师参与教学多是个人行为,多是见缝插针式地参与职业教育活动,校企合作平台的缺位极大地制约了职业教育的深入发展。

(3) 专职教师"生产实际能力欠缺,实训课程难以展开"的问题。大多专任教师学校毕业后就到高职院校任教,缺乏专业实践能力,不适于学生技能的培养。由于能力和综合素质的不足,教学团队缺乏具有决定性影响的领军人物,导致团队松散、团队协作效果不强,影响了专业建设、课程改革等工作的有效实施。

(4) 学生"学习兴趣不高,创新能力不强"的问题。职教改革的最终目的是培养高素质技能型人才,使学生得到实惠。上述问题的存在,导致适应职业教育的可操作性学习项目(任务)不足,学生学习兴趣不高。学生仅仅学到了一些碎片化的知识和技能,没有达到企业运营所需的高素质技能的目标,学生的创新能力更无从谈起。

二、 解决教学问题的方法

（一）构筑校企融合的"双重保障机制",夯实教学团队"双岗双聘"的基础

(1) 创建职教联盟,激发企业参与职业教育的积极性。校企合作难以深入,关键是缺乏激发企业参与热情的动力机制和约束机制。政府为校企合作搭建政策平台(企业的社会责任政策、企业的利益政策)是促进企业

承担起职教责任的有力手段。经过多年的探索,我校受盐城市人民政府委托,牵头成立了盐城市纺织职业教育联盟,实现了盐城纺织职业教育校企资源的互补与共享。

(2)校企共建悦达学院,提振专兼职教师深化职业教育改革的信心。盐城工业职业技术学院与江苏悦达集团本着"优势互补、资源共享、风险共担、利益共享"的原则,按照现代企业运行机制组建了"悦达学院",双方各自委派、任命员工进入悦达学院工作,员工同时与企业和学校签署两份聘用协议、拥有校企两个工作岗位,在享受本单位工资待遇的同时,按工作量接受合作方报酬。

(二)实施师资培育四大工程,打造"双师结构"的产学研一体化教学团队

培养高素质技能型人才,教师的素质是关键。针对专职教师和兼职教师各有千秋、教师个人兼具长短的特点,实施"师资培育四大工程",即"师德塑造工程"、"师能提升工程"、"名优培养工程"及"活力激发工程",努力打造一支由校企专兼职教师组成的产学研一体化的"双师结构"教学团队。

(三)构建产学活动的三级平台,促进教、学方式的转化

为了培养学生专业技能和创新能力,学校整合校内外资源,构建了适应教学团队开展产学研活动的三级平台。实施专业教学的一级平台——校内外实训基地,培养学生创新能力、提高专兼职教师的教科研能力的二级平台——江苏省生态纺织研发中心、江苏省生态染化料研发中心,引导师生开展科技创新、创业活动的三级平台——技术转移中心。

三、 成果的创新点

(一)师资能力结构创新

改变了过去违背人的发展规律、片面追求"双师型"教师的做法,提出了产学研一体化的"双师结构"教师团队建设。通过实施"四项工程",不仅使作为个体的教师有足够的时间和条件逐渐向"双师型"发展,也能使学校在较短的时间内打造一支能适应当前职业教育需要的"双师结构"教学团队。

(二)团队保障机制创新

打破了过去政府对职业教育不作为或乱作为、企业对职业教育无热情、学校对校企合作一头热的局面,建立了政府、企业和学校三方联动的合作机制,明确了各自的责任和利益,调动了企业、专兼职教师和学生的积极性,为产学研一体化教学团队产生"协作共生"效应提供了动力。

(三)教学机制创新

通过实训、科研、技术转移等过程,教师教学由传统的教师"填鸭式"教学方式转化成对学生的引导、对问题的探讨与研究和对技能的指导,学生已经由传统的吸收式学习变成了体验式学习和探究式学习,知识和技能掌握轻松自然。

四、 成果的推广应用效果

高职院校"产学研"一体化模式的研究始于 2010 年 3 月,以我校现代纺织技术专业为实施载体,在专业、课程体系的构建、课程开发改革、教育实施平台建设、教育教学的组织实施、团队建设、团队保障机制等方面加以探索和应用,并在纺织品检测与贸易、染整技术、服装设计、应用化工技术、汽车检测与维修技术、机电一体化技术等 6 个专业的 2010 级中得以推广。多年的实践成果取得了较好的效果:我校纺织专业学生在全国技能大赛表现突出,学校连续四届荣获全国纺织面料检测大赛中团体一等奖,学校多次被表彰为江苏省高校毕业生就业工作先进集体。我校纺织服装学院被中国纺织工业联合会授予"2015 年全国纺织行业人才建设先进单位"荣誉称号,2014 年我校与多家合作纺织企业被中国纺织工业联合会授予"中国纺织服装人才培养基地"称号。2011年,"高职院校'教学做''教管学''产学研'三个一体化的模式研究"被评为学校教学成果一等奖、"高职院校'教学做、教管学、教产研'三个一体化育人模式研究与实践"获 2012 年中国纺织工业联合会教学成果二等奖。在2013 年第二轮人才培养工作水平评估中,我校的"高职院校'产学研'三个一体化的模式研究"得到了专家的好评。2014 年 6 月《中国纺织报》在《纺织院校产学研现状统计分析》一文中,对盐城纺织职业技术学院"产学研"建设成绩给予了很高评价,在全省乃至全国高职院中产生了良好的影响,人才培养质量稳步提升,应用专业学生的就业率保持在 99% 以上。

基于"互联网＋"的纺织类高职校信息技术"创新、创业"人才培养教学团队的建设

常州纺织服装职业技术学院

完成人及简介

姓　名	性别	所在单位	党政职务	专业技术职称
刘子明	男	常州纺织服装职业技术学院	无	副教授/高工
任志敏	男	常州纺织服装职业技术学院	无	讲　师
廖定安	男	常州纺织服装职业技术学院	无	讲师/工程师
邓　凯	男	常州纺织服装职业技术学院	副院长	教授/正高工
肖海慧	女	常州纺织服装职业技术学院	机电系主任	副教授

一、 成果简介及主要解决的教学问题

(1) 组建适应"互联网＋纺织"的信息技术"创新、创业"人才培养教学团队。纺织类高职校信息技术专业在"互联网＋纺织"的"创新、创业"人才培养的过程中,从贴近纺织企业及校企合作的角度,组建了由学校专任教师和来自行业企业的兼职教师共同组成教学团队,团队成员互助合作,发挥各自所长,培养了大批高质量的具有创新、创业能力的人才。

(2) 以教材建设为抓手,系统进行课程改革。自 2006 年以来,在团队带头人邓凯教授及团队成员的努力下,我们信息技术教学团队成员将自身的教学经验与企业的需求相结合,主编或参编符合纺织产业信息技术应用需求的教材 19 本,很好地配合了教学的需求。

(3) 以平台建设为基石,构建"创新、创业"人才培养学习、实践环境。以教学团队为依托,构建以学习者为中心的产、学、研、创平台,开展工学结合的"层次化、模块化"课程教学,将学生的技能培养,创业体验及实践相结合。营造一个开放式管理、开放式教学的共享教学环境。

(4) 理实结合,多层次的创业实践。以具有实践经验的教师团队为指导老师,带领学生从制订创业教育的目标开始,到学生成功的创业实践结束,步步深入,步步反馈,既层次鲜明,反馈信息也能更好地促进创业教育的进一步发展。

(5) 可靠的教学质量监控评估体系。为确保高质量创新人才培养目标的实现,我们构建了由教学院长及院、系两级教学督导组织,各系教学主任、教研室和教师三方及校内外专家、学生两方共同参与的"3＋2"教学质量监控与评估体系。

二、 解决教学问题的方法

(1) 组建优质团队,持续实证研究,不断反思总结。将专业教学团队的建设与专业的发展、课程教改、大学生创新与创业、校企合作、教材建设及专业课程教学资源库、企业典型项目案例进课堂等相关数据及时分析评价,与 IT 行业、企业及兄弟院校定期交流。反思总结现阶段长三角地区 IT 行业对高质量创新人才的需求,提出综合素质、基础知识、动手能力等协调发展的"五业贯通"高质量信息技术创新人才的育人理念。

(2) 实施"五业贯通",优化"双创"育人体系。针对信息技术高质量创新人才培养目标,遵循知识、能力、素

质并重的原则,构建"五业贯通"信息技术人才培养方案。充分整合现有教学资源,依靠信息技术行业协会和专业研究会,利用常州科教城的资源优势,以学业、职业、产业、就业和创业为主线,以理论、实训、实践、实施、实效五个环节融合贯通实施"五业贯通"。

(3) 多方合作,项目平台驱动,集成"双创"育人平台。电子信息工程技术专业以"车间＋公司＋行业协会＋创业基地"为载体(车间:电子信息产品生产的真实车间,公司:模拟的电子信息公司,行业协会:常州科教城电子信息协会,创业基地:常州纺织学院创业园),按照就业岗位的三个层次,开展工学结合的"层次化、模块化"课程教学,学生在"车间＋公司＋行业协会＋创业基地"中通过知识学习、技能培养、职业态度和规范的训练,创业体验及实践,实现零距离上岗或创业。

(4) 倡导自主创新实践,构建完善的学习、实践环境。营造一个开放式管理、开放式教学的共享教学环境,搭建一个"实践与学习结合、课内与课外相结合、专业学习与创新相结合、就业与创业相结合"的个性化发展平台,让学生"边学边练、边练边学"。

(5) 理实结合,多层次的创业实践。该模式从制订创业教育的目标开始,到学生成功的创业实践结束,步步深入,步步反馈,既层次鲜明,反馈信息也能更好地促进创业教育的进一步发展。

(6) 可靠的教学质量监控评估体系。为确保高质量创新人才培养目标的实现,我们构建了由教学院长及院、系两级教学督导组织,各系教学主任,教研室和教师三方及校内外专家、学生两方共同参与的"3＋2"教学质量监控与评估体系,负责对学校(学院)的"双创"教学工作进行监控、审议、评议和咨询。

三、 成果的创新点

(1) 理念创新。提出"以教学团队为依托,基于全面发展的创新教育"培养理念,以"五业贯通"为引领,以"教学质量监控评估体系"为保障,系统重构"一套方案、一个平台、二个环境、突出创新与创业(配合国家大众创业,万众创新战略)"的电子信息创新人才培养体系。

(2) 注重顶层设计,优化育人体系。聘请专业相关企业专家、教育改革专家和课程开发专家,与专业带头人、骨干教师、创业校友共同组建专业建设团队,构建并成功实施以高质量创新人才培养目标为导向的"五业贯通"的"层次化、模块化"人才培养方案、课程体系、实验教学体系,形成了鲜明的专业特色。

(3) 创建模拟工厂,倡导自主实践。按照"专业＋车间＋公司＋行业协会＋创业基地"的人才培养途径,建成一个拥有五个技术应用研发场所和两个生产车间的生产基地,通过这些公司和车间来组织学生的实践活动。

(4) 多方合作,项目平台驱动,开拓集成创新大平台。电子信息工程技术专业以"车间＋公司＋行业协会＋创业基地"为载体,形成真实情境供学生施展才能的集成创新大平台。学生已通过该平台的培育成功申报江苏省大学生创新实践项目12项,省级优秀毕业设计5人次,各级各类竞赛获奖28人次,申报专利3项,开发软件(有软件著作权证书)6项,制作获奖课件5项,创业成功17人次。

(5) 孵化与实践并举,开创创业人才培养新途径。以"KAB创业课程教学、SYB讲座—创业规划、创业竞赛—择优进创业园体验—创业孵化—创业实践,反馈信息,培养下一批创业者"为流程,以"四结合"(职前职后结合、自办联办结合、校内校外结合、长短结合)为理念。为学生的近期创业实践开辟了通道,为远景创业打下了基础。

四、 成果的推广应用效果

通过组建教学团队,优化人才培养模式,大幅度提升了信息技术创新人才质量,取得了一批标志性成果。

(1) 成果在全校应用,学生受益面大。实践证明,我们构建的"双创"人才培养体系特色鲜明,优势突出,学生受益颇丰,成绩突出,如:首届江苏省高等学校创新创业大赛、高等教育和职业教育创新创业大赛、电子专业人才设计技能大赛、全国大学生电子商务"创新、创意及创业"挑战赛、"蓝桥杯"全国软件技术人才大赛等各类竞赛,均获得一等奖、二等奖等较好名次。部分成果曾获中华人民共和国教育部、江苏省教育厅、中国纺织工业联合会、常州纺院第三届、第四届、第五届教学成果奖。自2008年以来,先后完成12项江苏省大学生实践创新项目的申报并结题。另有27名同学网上创业或实体创业成功。

(2) 信息技术专业群各专业教学质量工程全面推进。在专业团队负责人邓凯教授的带领下,团队成员分工合作,信息类各专业严格执行"五业贯通"的人才培养方案,所培养的学生专业理论基础踏实。先后与中软科创科技无锡有限公司、北京昆仑通态自动化软件科技有限公司、北京中水远洋渔业发展公司和深圳市汇川技术股份有限公司等建立联系紧密的校企合作关系,为学生实践能力的培养和产业意识的建立起到很好的作用,"就业与创业"课程得到实施,学生的创新创业意识创业能力得到彰显,就业水平明显提升。

(3)高水平教师全面服务专业教学及资源建设。团队互帮互助,教学能力、教学水平显著提高,为信息类人才培养提供了坚实支撑。杨卓、曾丽洁、胡宇刚、廖定安、黄岭等老师多次参加各级各类授课竞赛或其他竞赛并获奖,黄岭老师更是获评第一届常州纺院先进示范岗。

团队教师的科研能力也得到了提高,研究的课题也涉及到教育教学、科技发展、软件开发等各个领域。邓凯教授、刘子明、任志敏等老师的科研项目获十几项专利,邓凯、廖定安老师开发的软件获得多个软件著作权。

教学资源的建设也卓有成效,本教学团队的老师共主编或参编教材 19 部,并尝试建立了纺院第一个课程教学网站等。

(4)师生集成创新、创业能力大幅提升。经过几年来的探索和推广,近几年来,电子信息类专业学生的实践能力和创新能力明显提高,先后有 12 位同学成功申报学生在江苏省大学生创新实践项目,在创业实践方面也取得显著成绩,据统计,近两年,仅信息技术专业就有 50 余名学生参加"校园百草根商贸集市"进行创业模拟,20 余位学生进驻"纺院大学生创业园"进行创业实践,其中邓胜虎、张丰运、王龙龙、吴辰、郭海峰等同学经大学生创业园创业孵化,已经创业成功,7 位同学应用电子商务知识进行网上创业,已初具规模。在就业方面更是连续多年保持 100% 就业的成绩。

(5)研教相济教学成果广为辐射。研究团队共计在《电脑知识与技术》、《扬州大学学报》、《黑龙江教育》、《科技创新导报》、《科技信息》和《广东教育》等重要期刊上发表了创新人才培养、创业教育实践、教学质量监控相关的论文 18 篇,被知网、万方网等网站收集,起到很好的推广作用。

以机电工程系等为代表的常纺院创业教育的成功实施,已经在社会各界引起强烈反响,常州电视台、江苏教育电视频道都曾多次对本院的创业教育和学生的创业实践进行了报道。苏州经贸职业技术学院、南京工业职业技术学院、安徽职业技术学院等省内外高职院纷纷前来我院学习交流,辐射作用明显。

依托纺织服装生产性实训基地构建基于纺织行业的"小型企业财务会计"实践教学平台

广西纺织工业学校

完成人及简介

姓　名	性别	所在单位	党政职务	专业技术职称
甘　玲	女	广西纺织工业学校	无	会计师/讲师
朱　芳	女	广西纺织工业学校	无	高级讲师/技师
陈双双	女	广西纺织工业学校	无	副教授
刘爱坤	女	广西纺织工业学校	无	讲　师
李昭文	男	广西纺织工业学校	无	经济师
朱华平	女	广西纺织工业学校	系主任	高级讲师

一、 成果简介及主要解决的教学问题

本项目依托了我校纺织服装类示范专业、示范基地构建的基于纺织行业的"小型企业财务会计"实践教学平台。平台的构建主要以小型服装生产企业经营流程为基础,按照企业会计核算要求设立会计岗位,建立岗位制度,根据会计业务活动流程来做课程设计,优化课程体系,整合课程内容,调整课程计划。在会计实践教学基地里,学生能做中学,学中做,通过多月的账务处理来实现知识的融会贯通和财务处理技能的提高,克服了企业因财务部门的重要性和特殊性,不能为学生提供真实会计业务单据进行实训这一困难。

主要成果如下:

(1) 建成了校内会计专业特色实践教学基地——南宁市一心服装有限责任公司。

(2) 与南宁共赢会计服务公司共建了校外的会计实训基地。

(3) 构建了对接小型生产企业会计岗位的会计实践教学的"会计专业课程体系和课程标准"。

(4) 基于南宁市一心服装有限责任公司编写了全国公开发行的特色教材《小型服装生产企业会计实务操作模拟实训》和《小型服装生产企业成本核算实务模拟实训》。

(5) "构建基于纺织行业的'小型企业财务会计'实践教学平台"项目研究与实施论文。

(6) "构建基于纺织行业的'小型企业财务会计'实践教学平台"项目结题报告。

二、 解决教学问题的方法

利用我校服装、针织自治区中职示范实训基地常态化生产的特点建设的会计实训基地,补充完善基地的生产流程创设的会计业务流程,设定会计岗位,制定岗位制度,注重将会计岗位任务转化为教学任务,同时利用基于纺织行业的特色鲜明的《小型服装生产企业会计实务操作处理》和《小型服装生产企业成本核算实务模拟实训》教材设计学习情境,既能为学生提供一个心理上的工作环境和工作感受,又能激发学生对学习任务的浓厚兴趣,增强完成学习任务所必需掌握技能的信心。同时在教学过程中通过财务岗位轮换,学生间的学习交流,

教师的实时指导,切实提高了学生的账务处理的综合能力和知识的迁移能力,教师也在教学情境的设计中提高了实践经验,优化了专业教师的知识结构,实现师生教学相长的目的,教与学的效果显著。

会计专业学生在 2013 年度全区会计技能大赛中获得了 2 个三等奖,2015 年全区会计技能大赛电算化项目 2 个三等奖,在"2014 年全国中职院校'用友新道杯'沙盘模拟经营大赛区域半决赛"获得三等奖,2014 年广西中等职业学校教师技能大赛"会计信息化"项目三等奖,2015 年广西中等职业学校教师技能大赛"企业资源计划(ERP)沙盘模拟经营"项目三等奖。

三、 成果的创新点

(1) 编写的涵盖小型服装企业会计业务活动全过程的各种单证及相关信息的《小型服装生产企业会计实务操作模拟实训》和《小型服装生产企业成本核算实务模拟实训》教材,填补了当前没有针对纺织行业小型企业编写会计实用教材的空白。

(2) 利用学校纺织类省级示范实训基地常态化生产的特点开展会计教学,创设会计业务流程,设定会计岗位,制定岗位制度,建设能体现服装企业会计业务活动流程的实践,解决了会计专业到企业实习效果不理想的问题。

(3) 利用学校纺织类生产型实训基地的优势来开展会计专业基地建设,拓展原有专业实训室的功能;同时会计账务的设立也能使纺织生产更注意成本核算,达到资源共享、相互促进的最佳效果。

(4) 建设基于纺织行业的会计教材,构建一个小型逼真的服装生产企业开展会计实训,使教师的理念得到了更新,丰富会计理论和业务知识,提升教师团队专业素养。本项目的专业建设和教师培养方式不仅校内推广,也给兄弟院校提供成功的经验借鉴。

四、 成果的推广应用效果

(1) 依托服装生产性实训基地建成的校内会计专业特色实践教学基地——南宁市一心服装有限责任公司。服装生产性实训基地具备小型服装企业经营的基本元素。在服装基地里按企业的实际经营流程来设立财务部门及工作岗位,健全财务管理制度,制订岗位工作责职,收集和编制各种财务业务往来凭证,形成从原始凭证审核和汇总,记账凭证编制和复核、账本的登记到财务报表填制的完整的会计业务流程,为学生学习整套账务处理提供了一个会计实训基地。教师在实施教学的过程中,随着对企业的经营流程的熟悉和经验的积累,自身的综合教学能力也得到了进一步的提高。同时会计实践教学基地是在服装生产性实训基地的基础上建成的,切实提高了实训基地的利用率,实现了各专业间实训基地建设的共享性。

(2) 与共赢会计公司共建了校外实训基地。在具备企业氛围的校内实训基地开展实践教学,教师迅速提高职业能力,具备了与共赢会计公司共建校外实训基地的基础。在校外实训基地,教师可以接触到最新的财务信息和财务管理要求,为教师的知识更新提供了保证;同时通过专业的会计服务公司,为教师对外接账提供了新的渠道,成为了教师业务能力提升和服务社会的场所,是校内实训基地的有效补充和拓展。

(3) 基于建成基地的实际情况,构建地对接会计岗位的会计实践教学的课程体系和编制的"企业财务会计课程标准"、"企业财务会计综合实训课程标准"和"成本会计实训课程标准"3 门课程标准,强调以工作任务为中心组织课程内容,并进行教学设计,突出对学生账务处理能力的训练,让学生在完成具体项目的工作中学会相应工作任务,并构建相关理论知识,发展职业能力。

(4) 基于校内会计专业特色实践教学基地编写了公开发行的特色教材《小型服装生产企业会计实务操作模拟实训》和《小型服装生产企业成本核算实务模拟实训》。教材的内容上以纺织服装类企业经济业务为载体,源于真实,又高于真实;能针对小型服装企业生产特点,设计学习情境,以真实项目或模拟为导向整合内容;实训教材在建成的会计生产性实训基地开展实践教学,能为学生提供一个心理上的工作环境和工作感受,容易激发学生对学习任务的浓厚情趣以及完成学习任务所必需掌握技能的意志。

(5) 加快了会计专业带头人和骨干教师的培养,快速地提升了会计专业教师团队的专业水平,有效地实现"双师"型教师的培养。随着会计实践教学的开展,教师需对实训学习情景创设、实训流程设计、进度安排、内容的组织、手段的运用、学习过程的监控等,对会计教师队伍专业素养要求在不断提高。通过安排教师到合作企业实践或挂职锻炼、到知名学府进修、聘请企业专家到学校担任兼职教师和参与实训教学,鼓励教师参加职业技能培训,取得有关技能考核等级证书及参加技能大赛,提高自我能力和科研开发能力等,优化专业教师的知识结构,提高实战经验,实现教学相长的目的。

(6)在校内会计专业特色实践教学基地采用"教学做"一体化教学模式的成效显著。

① 工作任务创设日臻完善。根据会计专业培养目标,依据岗位的职业能力要求,由会计专业骨干教师和行业企业专家共同制定考虑模块式及流程式课程教学内容,开发生产性实训项目来实施实训教学任务。实训任务的制定使教学更注重在会计流程和会计业务技能的训练,让学生通过各种技能的训练塑造综合素质。

② 工作任务实施和考核思路清晰。工作任务最主要是要设计、实施业务处理,使学生了解和把握完成工作任务的每一个环节的基本要求与整个过程的重要难点。根据服装企业的财务岗位及工作流程,将技术知识与操作技能分解为出纳、仓管、成本会计、总账会计、会计主管5个模块,将理论知识、操作技能与工作流程的所有教学活动安排在实训基地进行。教学模式采用分岗位实践和小组团队方式,通过分组模拟实习、分模块模拟实习、阶段模拟实习、综合模拟实习进行,教学过程注重学生的自主互动,效果良好。

在实训评价上,建立质量评估考核指标,其内容包括每个财务岗位的实训日记、实训工作底稿、实训作业评价、实训综合报告、口试答辩等,结合会计行业的标准和特点,在考核项目、考核方式、考核内容、评分标准等各方面评估学生的操作规范、仪表风貌和社会活动能力,达到从学习任务意识向工作责任意识的迁移。另外,还建立了学生的作品展示柜,展示学生的作品,一方面鼓励了学生加强实践锻炼,另一方面又督促实训指导教师不断地提高实训教学质量。

③ "教学做"理实一体化教学模式的效果明显。对2011、2012、2013级的学生在专业教学上尝试了"教学做"一体化教学模式,效果明显。首先大幅度地提高了学生财务处理技能和自信心,成功地引导学生完成了职业能力迁移和职业生涯规划。其次,在项目实施期间和完成后,因为项目教师的大胆创新、精心准备及辛勤付出,会计专业的教学质量大大提高,学生的综合能力和知识的迁移能力大幅度提高,同时教师的教研能力也得到了快速的提升。会计专业学生在2013年度全区会计技能大赛中获得了2个三等奖,2015年全区会计技能大赛电算化项目2个三等奖,在"2014年全国中职院校'用友新道杯'沙盘模拟经营大赛区域半决赛"获得三等奖,2014年(刘爱坤)获广西中等职业学校教师技能大赛"会计信息化"项目三等奖,2015年(陈双双)获广西中等职业学校教师技能大赛"企业资源计划(ERP)沙盘模拟经营"项目三等奖。

跨界搭台，协同创新，突显"美第奇"效应

成都纺织高等专科学校

完成人及简介

姓　名	性别	所在单位	党政职务	专业技术职称
李强林	男	成都纺织高等专科学校	无	副教授
黄　俊	男	成都纺织高等专科学校	材料学院院长	副教授
任建华	男	成都纺织高等专科学校	无	讲　师
刘妙丽	女	成都纺织高等专科学校	无	教　授
黄方千	女	成都纺织高等专科学校	无	讲　师
文　德	男	成都纺织高等专科学校	无	副教授

一、 成果简介及主要解决的教学问题

（一）成果简介

以解决企业实际技术问题和科研项目为依托,以学生科研助理、创新人才和学生专业社团为参与主体,以学科竞赛和创意、创新、创业为主导,搭建了生—校—企—政(行业)跨界合作平台和学科竞赛平台,实现了跨界合作和校企深度合作,为现代学徒制和产教融合的推行奠定了良好的基础;同时搭建了专业实训—技能考证—技能竞赛培训一体化平台,建立了训练机制、经费筹集机制和激励考核机制,实现了岗位需求和技能培养的良好对接。学生通过跨界合作平台和学科竞赛平台,提高技能水平,为就业和实现自我价值打牢基础;教师通过校企合作为企业解决技术难题提升科研水平和社会服务能力,通过指导培育科研助理、创新人才和学生社团提升教育育人能力;学校通过搭建平台提升教育教学水平、提高校企合作经济效益和社会效益;企业通过跨界平台解决技术苦难,提升生产技术水平和产品品质,为打造品牌企业和品牌产品奠定基础;政府(行业)通过跨界平台提升社会服务质量和社会公信力,为招商引资奠定基础。

（二）主要解决的教学问题

(1) 解决学科竞赛缺乏良好平台的问题,建立健全训练机制、经费保障和激励机制。

(2) 解决生—校—企—政(行业)缺乏良好的跨界合作平台的问题,建立跨界合作机制。

(3) 解决高职高专院校缺乏科研梯队问题,为学生搭建创新创业平台,为教师提升教书育人技能、社会服务能力和科研水平。

(4) 为现代学徒制的推行和试点提供基础研究和实践。

二、 解决教学问题的方法

通过搭建生—校—企—政(行业)跨界合作平台和学科竞赛综合平台,建立训练机制、经费筹集机制和激励考核机制,有效地提升了学生、教师、企业的创意、创新、创造能力,提升了学校的教书育人水平,提升了政府和行业的社会服务质量和社会公信力。

(1) 搭建了实训—考证—赛前培训一体化平台。将技能考证和职业技能竞赛赛前培训融于专业实训课程教学之中,实现了三者一体化平台,举办了职业技能竞赛4次,学生和企业参加职业技能竞赛获得国赛、省赛一等奖2项、二等奖6项、三等奖18项,为社会人员培养职业技能证书(高级)428人。

(2) 搭建了生—校—企—政(行业)跨界合作平台——书画服饰文化创新中心。将数码印花技术、服装设计、书画大家、纺织服装行业和服装企业融于这个平台之中,依托现代数码印花技术,将书画创作应用于服饰文化,开发了近百件书画服饰作品,为服装企业创造了800余万元的价值,依托书画服饰文化创新中心举办了书画服饰文化节2次,参加全国非物质文化节展出4次,创新人才师资队伍参加全国信息技术应用水平大赛("国教华腾"服装创意设计及现代制造技术)获得二等奖2项、最佳指导教师奖1项。

(3) 组建科研创新团队。以解决企业实际技术问题为契机,以学生科研助理、创新人才和学生专业社团参与各级各类科研项目为依托,深入学习专业技能、参与科研课题研究、积极参与企业生产实践和学科竞赛,从而提高技能水平,为就业和实现自我价值打牢基础,培养了学生科研助理168名、创新人才16人,参与校企合作科研课题13项、省级科研课题7项、市厅级科研课题21项,成功获得5家企业的奖学金资助。学生获得四川省"挑战杯"等科技作品竞赛二等奖2项、三等奖2项。

(4) 搭建了"三创"平台。通过组建培养专业社团,选拔培养学生科研助理和优秀毕业生创新人才队伍参与科研课题研究和学科竞赛,为创意、创新、创造,为参与学科竞赛奠定基础,取得了良好成效。近5年来我院学生获得各级各类学科竞赛奖982项。

三、 成果的创新点

(1) 以解决企业实际技术问题和科研项目为依托,以学生科研助理、创新人才和学生社团为参与主体,以学科竞赛和创新创业为主导,搭建了生—校—企—政(行业)跨界合作平台和学科竞赛综合平台,实现了跨界协同创新和校企深度合作,为现代学徒制和产教融合的推行奠定了良好的基础,开辟了生—校—企—政(行业)多方共赢之路,突显了"美第奇"效应。

(2) 搭建了专业实训—技能考证—技能竞赛一体化平台,建立了训练机制、经费筹集机制和激励考核机制,实现了岗位需求和技能培养的良好对接。

四、 成果的推广应用效果

该成果的人才培养模式、搭建生—校—企—政(行业)之间的跨界合作平台和学科竞赛综合平台模式和学科竞赛的训练机制已从材料与环保学院推向纺织工程学院、辅助学院、机械工程学院、电气工程学院等全校的其他9个教学院系,并取得优异成绩,其具体成绩见表1。

表1 我校2011—2016年学生参与学科竞赛并获奖情况

	国家级			省部级			市厅级			校级及其他			
小计获奖等级	一	二	三	一	二	三	一	二	三	一	二	三	
职业技能竞赛	2	6	12	6	16	38	8	14	26	6	11	13	158
数学建模竞赛	3	8	6	12	28	23	—	—	—	—	—	—	80
科技作品竞赛				1	3	28	2	6	6	6	27	32	111
创新创业竞赛	—	—	—	4	10	12	5	8	15	21	33	46	154
其他竞赛获奖	2	4	5	3	8	17	45	68	89	64	78	96	479
小 计	7	18	23	26	65	118	60	96	136	97	149	187	982

同时,本项目的研究成果和人才培养模式和学科竞赛的训练机制在其他高职和中职院校也得到高度评价和推行,对基于校企深度合作的现代学徒制和产教融合的推行奠定了良好的基础。

基于信息化管理协同构建校级质量工程申报平台的研究与实践

广东职业技术学院

完成人及简介

姓名	性别	所在单位	党政职务	专业技术职称
黄 敏	女	广东职业技术学院	教务处长	教 授
陈晓燕	女	广东职业技术学院	教务处副处长	讲 师
蒋纯谷	男	广东职业技术学院	实训科长	工程师
吴志敏	男	广东职业技术学院	人事处处长	副教授
刘 娜	女	广东职业技术学院	科员	讲 师
陆盛初	男	广东职业技术学院	科员	助 教

一、简介及主要解决的教学问题

2007年1月,教育部、财政部颁布了《关于实施高等学校本科教学质量与教学改革工程的意见》(教高[2007]1号文),简称"质量工程",目前在高职院校已经实施的项目有专业认证、精品课程、实训基地、教改项目、教学名师、教学团队、大学生校外实践教育基地、大学生创新创业训练计划项目等。该工程是我国在高等教育领域实施的又一项重要工程,是新时期深化高校教学改革,提高高校教学质量的重大举措。

质量工程项目实施已8年,各项相关政策及制度已比较完善。随着高校教育信息化进程的不断加快,教学管理逐渐规范化、科学化、高效化,质量工程项目的申报评审已由原来的纸质申报、会议评审基本实现网络申报、网络评审。目前教育部、教育厅已分别建立了部分专项质量工程申报网站,如国家级教学成果奖申报评审网站、省级教学成果奖申报评审网站、省质量工程申报管理平台。广东省教育厅也将"完善教学质量和教学改革工程管理信息系统,提高管理的信息化、科学化水平"纳入年度工作计划。

网络申报、网络评审一方面对教务管理信息化程度提出较高的要求,另一方面对项目申报人的现代信息技术水平亦提出了很高的要求,对于大多数项目申报人而言,是一道不可逾越的鸿沟,有想法得不到实现,有成果得不到展示。

我院质量工程项目启动多年,大部分项目已与国家级、省级申报评审方式接轨,但每一次申报都会临时搭建一个项目网站。①缺乏规范性、系统性、科学性;②项目临时搭建、平台分散、各自为政,不具连续性、可检索性、统一性;③对项目负责人信息技术要求高,否则,需借用相关技术人员。急需开发一套校级质量工程申报管理系统平台进行资源整合、资源共享、资源检索。基于上述原因,由教务处牵头协同我院科研处(负责实训教学)、人事处(负责质量工程教学名师、教学团队项目)、研究所及信息中心打造我院校级质量工程申报管理平台。

通过该平台,我院近5年获得2个央财支持重点建设专业、4个省级品牌专业、4个省级重点专业、3个省级示范专业;4门省级精品课程、8门省级精品开放课程;3个央财实训基地、6个省级实训基地、7个大学生校外实践基地;20多项省级教改课题、20多项省级大创项目等标志性成果以及3 800多万元财政专项经费支持。

二、解决教学问题的方法

本成果在校级协同创新项目及省教学管理教指委立项重点项目的研究基础上,通过调研分析、资料收集整理、平台整合等途径,设计开发出我院校级质量工程申报管理平台,通过平台总体架构的顶层设计及分项目架构设计,逐步实现了我院质量工程项目管理信息化、科学化、规范化、连续化,教师申报的自助化以及个性化。

(一)平台项目架构顶层设计及分项目架构设计

1. 平台项目架构顶层设计

按照国家及省厅"质量工程"建设要求,结合省厅年度项目申报实际情况,我校质量工程申报管理平台从顶层架构设计上主要包含以下项目类别:专业建设专栏、质量工程(精品课程、实训基地、大学生校外实践基地、教改项目、大学生创新创业训练计划项目、教学团队)专栏、专项资金专栏和教学成果奖专栏。

2. 分项目架构设计

按照每一个分项目申报及验收评审指标体系要求,由项目分管部门仔细研读申报验收要求,设计每一个分项目的网页建设模板,以体现学校统一性、规范性,避免不必要的个体项目缺陷及材料不完整,在基本要求统一的基础上,鼓励分项目展示个性化材料及特色资源。

2012 年度广东省首批重点专业申报网站学校统一规范,如图 1 所示。

图1 指标体系解析

专业申报网站置顶菜单(含二级指标)及导航菜单设置统一规划,如图 2 所示。

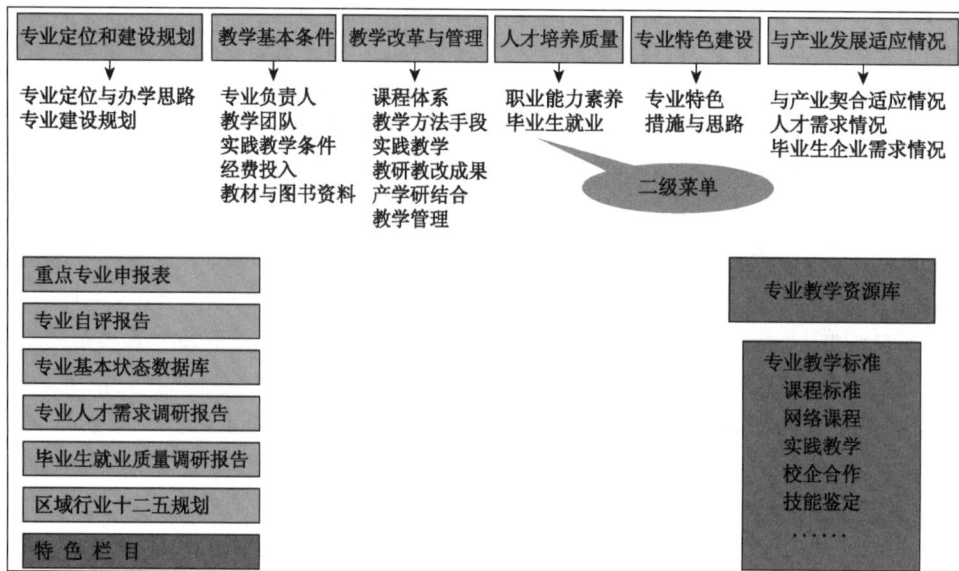

图2 菜单设计

2013年度在2012年基础上置顶菜单增加"遴选条件指标"。

（二）平台设计、开发与实践

1.设计开发专业建设项目申报管理平台

按照专业建设内容要求及评审指标体系设计开发专业建设项目专栏,含专业申报网站、专业验收网站、新增专业检查网站等。

2.设计开发精品资源共享课申报平台

按照国家精品开放课程评审指标体系及申报书要求,设计精品资源共享课一级指标及二级指标,形成统一的置顶菜单;根据精品资源共享课基本资源、拓展资源、创新资源等要求形成平台导航菜单,加上每门课程特色及个性化,形成精品资源共享课申报平台。

3.设计开发实训基地项目申报平台

按照实训基地申报条件要求及评审指标体系设计开发实训基地类项目申报平台。

4.设计开发教改项目申报管理平台

利用得实网络平台,结合教改项目特点,进行二次设计开发,形成教改项目申报网站。

5.设计开发教学成果奖申报平台

我院教学成果奖与国家级省级同步,每4年一次。自我院第二届教学成果奖暨广东省第六届省级高等教育教学成果奖启动以来,已经与省级评审逐步接轨,采取网上申报、网络评审的方式,完成了2届院级及省级教学成果奖的评选推荐工作,目前正在启动第四届院级教学成果奖暨第八届省级教学成果奖的申报评审工作。

6.设计开发教学团队申报平台

2015年度由我院人事处牵头启动第一届院级教学团队项目,同时作为下年度申报省级团队的培育项目。

（三）平台技术支持

(1)本平台在我院引进的成熟软件得实平台上进行二次开发,既降低了成本开发费用,又保证了平台运行的稳定性。

(2)网页制作个性化设计,易于操作,通过拖拉等方式简化操作,易于推广使用。

(3)具有完整的历史连续的指标体系管理机制。

(4)系统智能化水平高,尤其是网络评审时,汇总公式自动生成并能灵活定制,执行效率高。

(5)实现历史数据跨年度的检索。该平台汇总了近几年我院质量工程内涵建设成果,显示在同一页面,既便于管理部门查询往年数据,又便于全校教师检索学习,是一个极好的展示兼示范的平台。

三、成果的创新点

（一）逐层逐项目精心策划,系统规划、规范与个性并行

该平台按照国家和省厅的项目建设要求,项目组对整个平台的架构进行精心策划和顶层设计,同时对分项目架构按照每个项目的内涵建设要求和评审指标体系由分管职能部门进行了系统规划、统一规范,避免了各项目申报团队对相关文件精神领会的不透彻甚至出现偏差,也体现了学校职能部门的引导作用及规范管理,同时在规范的基础上,鼓励不同项目不同团队的特点和优势,自主增加个性化栏目,提倡规范与个性并行。

（二）架构清晰,检索性强

该平台架构设计依据是按照项目大类及上级主管部门启动项目申报的时间、阶段及类别进行总体架构和分架构设计,如广东省启动质量工程项目时,含精品开发课程、实训基地、大学生校外实践基地、大学生创新创业计划项目、教学团队、教学改革项目,于是平台把上述项目归为一个分架构;又如专业认证类项目,一般单独启动,故平台把专业建设归为一个分架构;此外教学成果奖、专项资金申报也分别作为平台的分架构,每一个分架构又按照不同年度不同项目再次细分,架构非常清晰,检索起来非常容易,不用搜索即可查询历史数据。

（三）实现自助性兼个性化

由于平台是在深圳得实平台上进行二次开发,得实平台在刚引进时即组织全校教师进行过全面培训,该平台对于非计算机专业教师而言,简单易学,容易操作,平时亦有教务处负责信息技术的老师进行辅导答疑,教师搭建网站非常方便,解决教师有想法得不到实现、有成果得不到展示的后顾之忧,实现教师网上申报的自助性,

同时技术娴熟的教师还可以充分展示个性化特点。

（四）成果解决的关键问题

该项目解决的关键问题在于平台开发技术团队能实现平台动态化、标准化、个性化、智能化，以达到项目申报人的自助性要求及个性化需求。

四、 成果的推广应用效果

（一）通过该平台，展示学院办学成果及内涵建设水平

该平台的搭建，充分展示了学校整体管理水平及信息化水平，也充分展示了学校专业、课程、实训基地、师资队伍、创新创业等方面的内涵建设水平。

（二）通过该平台，学校取得一系列标志性成果

自质量工程项目启动以来，随着时代的进步和信息化水平的逐步提升，"十二五"期间，纸质申报、会议评审的形式已非常少见，基本采取网上申报、网络评审的方式。该平台搭建以来，学校近 5 年在专业、课程、实训基地、教学成果等方面取得了一系列标志性成果。

以实训基地建设为载体，搭建校企联动 "立交桥"运行长效机制

广西纺织工业学校

完成人及简介

姓　名	性别	所在单位	党政职务	专业技术职称
刘　霞	女	广西纺织工业学校	副校长	高级讲师
黄启良	男	广西纺织工业学校	校　长	研究员
雷　敏	女	广西纺织工业学校	教育研究室主任	高级讲师
朱华平	女	广西纺织工业学校	服装工程系主任	高级讲师
刘　梅	女	广西纺织工业学校	纺织工程系主任	高级讲师
李红梅	女	广西纺织工业学校	教务科科长	高级讲师

一、 成果简介及主要解决的教学问题

（一）成果简介

广西纺织工业学校以共建实训基地为载体，校企发挥各自优势，以满足双方需求为出发点，实现教学过程与生产过程的对接，探索构建校企联动"立交桥"运行长效机制。

（1）以实训基地建设为载体，开辟校企合作新模式，在职教集团背景的校企合作工作委员会组织领导下，通过"校中厂"、"厂中校"、"工作室"和"校中店"等多种实训实体形成合力，从"校外合作"走到"校内合作"，从"校企合作"迈入"校企一体化"，逐步实现"以产助训、以创带训，互促联动，协同发展"的发展目标。

（2）依托实训基地，开设企业"冠名班"，由学校和企业共同设计课程体系，共定教学方案，共享教学资源，共管教学过程，共监教学质量。注重将岗位要求、企业文化融入教学方案，根据企业需求开发专业课程。

（二）主要解决的教学问题

通过学校走进企业建"厂中校"、企业走进学校建"校中店"等方式共建产教深度融合、办学特色鲜明的校企实训基地，解决了校企属于不同社会领域、核心利益并不相同从而导致校企合作深度不足的问题。

二、 解决教学问题的方法

（一）校企共建合作组织领导机构：校企合作工作委员会

2009 年联合牵头成立广西工业职教集团，2012 年成立广西纺织工业学校校企合作工作指导委员会，2015年牵头成立广西纺织服装校企行联席会，建立起校企合作工作指导委员会组织机构职能及运行机制。

（二）校企共建校内外实训基地：工学结合教学实践

（1）校企共建校内企业化实训车间——"校中厂"。与广西华邦制衣有限公司、佛山婴之坊服装有限公司等企业合作，将企业生产订单引入实训，开发以产品生产为任务的实训课程。

（2）校企共建企业内教学实训基地——"厂中校"。与本地纺织优势骨干企业——南宁锦虹公司合作，在锦虹公司内挂牌设立广西纺织工业学校教学点，作为学校纺织专业长期合作的教学实训基地，同时针对企业员工开展"学历教育＋在岗培训"的职业教育培训。

(3) 校企共建创新研发型实训场所——"工作室"。与广西金壮锦公司合作,在校内挂牌成立"民族绣织坊"工作室,注册"绣织坊"商标,开发家纺、服装产品,获专利 13 个。

(4) 校企共建实战营销型实训场所——"校中店"。与南宁聚冠体育用品有限公司、厦门优优汇联信息科技有限公司,在校内挂牌成立"校中店",初步构建线上、线下混合营销的方式。

(三) 校企共促人才培养模式改革:订单办学

与景盟公司合作,根据企业要求,德育课增加"景盟企业文化"内容;开发"景盟业务""景盟英语"等岗位技能及知识课程;按照企业的作息时间,安排"景盟班"的实训教学作息时间等,有效解决传统教学出现的学生专业技能水平和与岗位要求不对接、心理和身体状况与企业管理不对接的问题。

(四) 校企共建实训教学团队:"双师型"师资队伍团队建设

与广西华邦、佛山婴姿坊、景盟公司、香港中大公司等企业合作,企业派出技术人员到校指导教学实践,学校定期派出专业教师赴企实践。

(五) 校企共建实训基地绩效评估体系:基于社会贡献率的共建共享机制

一是为实训基地建设合作企业提供产品研发、职业技能培训服务;二是与学校合作资源库内的合作伙伴实施产品开发,新技术、新工艺的传授;三是与相关院校共享师资、设备、考证等优势资源。

三、 成果的创新点

(1) 提出了以实训基地建设为载体,搭建校企联动"立交桥"新模式,探索职业教育校企合作新内涵。

(2) 实施了"厂中校"、"校中厂"、"校中店"和"工作室"建设,探索了以企业订单引领为核心的校企联动"立交桥"运行模式。

(3) 开展了运行校企共建合作组织领导机构及运行机制、校企共建校内外实训基地、校企共建实训教学团队、校企共建实训基地绩效评估体系等长效机制的实证性研究。

四、 成果的推广应用效果

(1) 以服装实训基地为依托,2011 年 10 月建成"校中厂"1 个,承接广东佛山婴姿坊婴童用品有限公司婴幼儿服装、帽子生产订单,共生产了 5 个批次共 5 万多件;承接华邦制衣有限公司工作制服生产订单,共 3 个批次 1.5 万件产品;承接南宁高华制衣有限公司生产床上用品生产订单共 1.2 万件。2011 年 3 月与南宁锦虹棉纺织有限公司合作建成"厂中校"1 个,开班 3 期,培训学员 108 人。

(2) 利用"校中厂""厂中校"技术优势和人力资源优势,为兄弟院校服装专业学生进行技能培训和鉴定。自2011 年起每年为本校进行中级技能等级培训学生数可达 600 余人;为各职业院校进行服装技能鉴定,目前为南宁博海培训学校、灵山职业学校、广西经贸职业技术学院、广西二轻技工学校、广西理工学校等进行了中级技能培训及鉴定工作,达到了资源共享及辐射的效果。

(3) 与区域内企业合作进行技能人才培训业务。2009 年至 2016 年,我校和广西华盛集团合作开设了 11 次"服装生产技术管理培训班",有半个月的短期班,也有 3 个月的中期班,根据培训的对象设置不同的培训内容,提升华盛集团下属各监狱监区干警和管理人员素质与专业技能,有效推动其产业的发展和规模的扩大。

(4) 项目建设期间与广西华邦、佛山婴姿坊、香港中大公司等企业的合作中,企业分别派出制造部经理、工程师、生产主管、一线师傅等能工巧匠 35 人次到学校给专业课老师和冠名班学生上课,指导教学实践活动,学校派出专业教师 23 人次到合作企业进行实践锻炼,学习新技术和新工艺,接受企业文化教育,不断提高教师的实践能力和教学能力,使教学活动与企业生产实践紧密结合,构建学校教师和企业技术人员组成的"双师型"专业教师队伍。

高职院校实施"卓越技师"
人才培养的创新研究与实践

盐城工业职业技术学院

完成人及简介

姓 名	性别	所在单位	党政职务	专业技术职称
秦 晓	女	盐城工业职业技术学院	二级学院副院长	副教授
王建明	男	盐城工业职业技术学院	无	讲 师
陈 洁	女	盐城工业职业技术学院	二级学院党总支书记	教 授
程友刚	女	盐城工业职业技术学院	无	讲 师
赵菊梅	女	盐城工业职业技术学院	二级学院教学秘书	讲 师
瞿才新	女	盐城工业职业技术学院	副院长	教 授
吴 昊	男	盐城工业职业技术学院	无	副教授
刘 华	男	盐城工业职业技术学院	二级学院院长	教 授

一、成果简介及主要解决的教学问题

（一）成果简介

以教育部实施的"卓越工程师教育培养计划"为契机,完善高职院校人才培养理念,进一步强化企业工程实践,深化校企合作模式,加强师资队伍建设,建立科学评价体系,构建与创新适应经济社会发展需要的、具有鲜明特色的"卓越技师"人才培养机制。

在教育部大力推行"卓越工程师教育培养计划"的同时,提出高职院校"卓越技师"的人才培养。以陶行知教育思想为理论基础,构建"岗位引领、学做合一"的人才培养模式;在高职院校整体制定的关于校企合作的政策和机制这"一平台"基础上,进行"多途径"校企合作,共育"卓越技师";实施"学案导学"教学做一体化,打造一支"不断型"双师教师队伍;在"卓越技师"人才培养机制中构建校企合作人才培养模式下基于 PDCA 的教学质量保障闭环,提高高职教育的自组织能力,实现高职教育的可持续发展和升级循环;在高职院卓越技师人才培养的实施过程中,引入"卓越技师"考核,部分学生毕业前即可取得技师称号。学生毕业工作 2～3 年后可以直接考取技师资格证。

在现代纺织技术专业实施"卓越技师"人才培养对提高技术技能型人才培养的质量起到积极的推动作用,其成果在全校得到推广。该专业在服务行业、服务地方经济方面也做出了重大的贡献。

（二）主要解决的教学问题

(1) 解决当前人才培养模式难适应校企合作的现状。

(2) 协调卓越技师与技术技能型人才培养之间的关系。

(3) 改变目前高职院校教师队伍"双师"能力不足的情况。

(4) 做好校企合作人才培养模式下的教学质量保障。

(5) 解决"卓越技师"的认证问题。

二、 解决教学问题的方法

(1) 创新"岗位引领、学做合一"的校企合作人才培养模式。以陶行知教育思想为理论基础,构建"岗位引领、学做合一"的人才培养模式。以市场调研的就业岗位提炼职业岗位典型工作任务,从而转变成学习任务、构建课程体系,并依照岗位工作任务组织教学、实现学做合一。"岗位引领、学做合一"的人才培养模式依据工作岗位培养技能型人才,是"卓越技师"的培养基础。

(2) 坚持校企深度合作,共同培育卓越技师。"卓越技师"的工程素质必须在真实企业的真实产品生产项目中培养,坚持校企深度合作,坚持让学生在企业的生产现场学习、在真实的项目中学习,让学生自主完成项目任务、自主管理工程项目、自主评价工程项目,培养出名副其实的"卓越技师"。

(3) 进一步深化工学结合,"学案导学"实施教学做一体化。在专业核心课程中实施全新的学案导学的高职课程教学模式,采用灵活性强的活页学案导学导做,彻底打破了原课程的知识体系,重构了按设计员岗位任务要求的教学内容,教学内容实用,与学生未来工作岗位要求一致,有效激发学生的学习兴趣,增强学生自学的意识,提高学生的学习效率。

(4) 加强"不断型"双师教师队伍的建设。推行不脱离企业的"不断型"双师,提出"三师型"师资队伍的建设。同时,教师服务地方企业,研发的产品是教学案例,使学生在课堂上就能接触到真实的企业产品,并能够在指导下仿制或创新性地设计、生产新的产品,学生设计或改进的作品又成为教师在企业技术产品创新的源泉,形成了教师、学生、企业三方同赢的良性循环。

(5) 构建校企合作人才培养模式下基于 PDCA 循环的教学质量保障体系。基于 PDCA 循环的教学质量保障体系是大环套小环,一环扣一环,互相制约,互为补充的有机整体。上一级的循环是下一级循环的依据,下一级的循环是上一级循环的落实和具体化。同时,每一循环都会对目标和内容进行更新和修改,实现阶梯式循环上升。

(6) 学校、企业、行业三方共同培养、认证"卓越技师"。在"卓越技师"的人才培养计划中,由学校、企业共同培养,由行业协会参与考核、认证"卓越技师"。学生经过系统的学习和技能训练,经考核合格后,可获得由行业协会认证的"卓越技师"技能证书。

三、 成果的创新点

(1) 实施"卓越技师"人才培养计划开拓了高职院校人才培养的路径,"卓越技师"人才培养机制为高职院校的教育改革奠定基础,同时提高高职院校人才培养的质量。

(2) 学校、企业共同培养,行业协会参与考核,共同认证、引入"卓越技师"技能证书,这为高职教育的发展和出路拓展方向。

四、 成果的推广应用效果

(1) "岗位引领、学做合一"的人才培养模式及"以职业岗位关键能力为导向、双证融通、工学结合"的专业课程体系通过实施得到了行业、企业的普遍认可。多家媒体包括江苏教育、《中国纺织报》、《盐阜大众报》、中国纺织工业联合会网和中国高职高专教育网等进行了报道。通过建设,现代纺织技术专业已成为江苏省重点建设专业、江苏省特色专业、江苏省示范建设专业、江苏省品牌专业。

媒体报道相关链接:http://www.ec.js.edu.cn/art/2013/5/16/art_4344_119994.html
　　　　　　　　　http://www.ec.js.edu.cn/art/2013/4/25/art_4380_118081.html

江苏省重点专业:http://www.ec.js.edu.cn/art/2012/8/14/art_4627_89502.html

江苏省特色专业:http://www.ec.js.edu.cn/art/2008/7/18/art_4627_24824.html

江苏省品牌专业:http://www.ec.js.edu.cn/art/2015/4/17/art_4266_170540.html

(2) 通过技能比赛和创新训练,学生创新创意及实践动手能力得到极大提高,经过技能鉴定,学生顺利通过"卓越技师"考核,有一部分学生还可以获得"技师"称号。同时,学生参加全国高职高专院校学生纺织面料检测技能大赛和全国高职高专院校学生纺织面料设计技能大赛,多次获得团体一等奖以及多项个人一等奖。

大赛获奖 1：http://www.ctes.cn/Item.aspx? id=5492

大赛获奖 2：http://www.cztgi.edu.cn/news/11/11-18/0833366.shtml

大赛获奖 3：http://fytw.yctei.cn/kyxm_detail.asp? id=38

大赛获奖 4：http://news.china-ef.com/20121022/350509.html

大赛获奖 5：http://www.ctes.cn/Item/5930.aspx

大赛获奖 6：http://www.ctes.cn/Item/5925.aspx

(3) 不断深化教育教学改革,教育教学改革成果显著,开展了"工学交替、项目引领、案例法、情境法、启发法、研讨法"等灵活多样的教学方法。建成了 3 本省级精品教材,2 本江苏省重点教材,主编部委级规划教材《纺织材料基础》、《纺织实用技术》、《机织技术》、《针织服装设计》、《针织产品分析与设计》、《纺织检测技术》和《现代纺纱与操作技术》等近 20 本部委级规划教材。

(4) 依托纺织实训基地、生态纺织研发中心以及纺织技术转移中心,构建"一平台、多途径"校企合作模式,推进"产学研一体",积极开展项目研究、技术推广和社会培训工作,取得显著成效。近 3 年与企业联合申报省市级科研项目 25 项,其中省科技厅产学研前瞻项目 5 项,苏北科技专项 17 项,市科技局的工业支撑项目、纺织创新平台等 3 项,横向项目或者联合技术攻关 6 项,为企业开展员工培训、技能鉴定达 12 000 人次。累计为企业创造近 8 000 万元的经济效益,同时,带动了周边的农村劳动力就业计 1 300 多人,对提高行业竞争力,推进产业升级,加快绿色纺织经济的形成作出了巨大的贡献。

基于产教融合的理念，构建纺织高职教育"三融通"人才培养模式

江苏工程职业技术学院

完成人及简介

姓　名	性别	所在单位	党政职务	专业技术职称
马顺彬	男	江苏工程职业技术学院	学院科技秘书	讲　师
蔡永东	男	江苏工程职业技术学院	江苏省先进纺织工程技术中心副主任	教　授
马　斌	男	江苏工程职业技术学院	校长助理/组宣部部长	教　授
张曙光	男	江苏工程职业技术学院	无	教　授
周　祥	男	江苏工程职业技术学院	无	副教授

一、 成果简介及主要解决的教学问题

为了培养纺织高端技能型人才,适应高端纺织发展的需要,创新校企合作新机制,构建了纺织高职教育"三融通"人才培养模式。

(1) 课程开发与企业生产相融通。专业教师与江苏大生集团有限公司、南通东邦纺织有限公司等企业合作联合了申报科技项目多项,一方面解决了教学与企业生产实际相脱离的问题,另一方面让优秀学生参与教师各类研究项目,培养了学生科研意识和能力,实现了专业课程教学与企业技术发展同步,成功申报国家级资源共享课程1门。

(2) 在校学生与企业员工相融通。通过实施参与教师科技项目、"张謇拔尖人才"培养计划和大学生实践创新训练项目,先后将王欢、方盼、王小红、代帅成、秦瑶、谭春、刘梦、刘婵、陈彪等学生带入江苏华业纺织有限公司等相关纺织企业学习,在真实的企业生产环境中学习先进管理经验、生产技术等,实现理论与实践相合一,在毕业设计与实习期间采用"双导师双考核"机制,要求学生真题真做,培养了学生的工匠精神。

(3) 科技成果与企业产品相融通。搭建多元平台,与企业进行平等对接,先后与海安联发张氏色织有限公司、南通华普工艺纺织品有限公司合作,开发多个高新技术产品,并获得中国纺织工业联合会及南通市科技进步奖多项,为相关企业新增产值1亿元以上,并有5件专利转让给相关纺织企业并实现产业化。

二、 解决教学问题的方法

(1) 以项目研究为依托,推陈出新,将企业新技术融入专业课程教学。将教师与企业共同研究的最新成果引入专业课程教学中来,丰富课堂教学内容,同时也使专业课程内容与企业技术保持同步。

(2) 以培养创新创业人才为目标,通过多元途径,将学生培养成符合企业标准的"员工"。通过参与教师科技项目、"张謇拔尖人才"培养计划和大学生实践创新训练项目等途径,先后将多名学生带入合作企业参与项目研究,让他们融入企业生产实际,将其培养成符合企业标准的"员工",在毕业设计与实习期间采用"双导师双考核"机制,要求学生真题真做,培养了学生的工匠精神。

(3) 以提升企业经济效益为导向,及时转化最新科技成果,打通了学校服务社会与行业的通道。与南通及周边地区相关纺织企业深入开展校企合作,基本实现了产学研用一体化,为多家企业开发高新技术产品并获得中国

纺织工业联合会及南通市科技进步奖多项,为企业新增产值 1 亿元以上,促进了企业转型升级和产品提档。

三、 成果的创新点

(1) 实现课程开发与企业生产相融通。通过与企业紧密、深度合作,联合申报各类项目,将最新的研究成果融入专业课程教学,推陈出新,极大丰富了课程内容,同时也使专业课程内容与企业技术保持同步。让优秀学生参与教师校企合作项目,培养了学生科研意识和能力。

(2) 实现在校学生与企业员工相融通。通过实施教师科技项目、"张謇拔尖人才"培养计划和大学生实践创新训练项目,将学生带入企业真实的生产环境进行学习,大幅提升学生的创新创业意识和职业素质,提高了学生社会就业竞争能力,在毕业设计与实习期间采用"双导师双考核"机制,要求学生真题真做,培养了学生的工匠精神。

(3) 实现科技成果与企业产品相融通。通过与南通及周边地区相关纺织企业深入开展校企合作,基本实现了产学研用一体化,提高了企业生产技术和产品附加值,同时增强了师生参与社会服务的意识,提高了学生的创新创业意识。

四、 成果的推广应用效果

(1) 践行"三融通"人才培养模式,切实提高了学生的职业能力和素质,解决了学校教育与企业需求相脱离的问题或倾向,成功申报国家级资源共享课程 1 门。

(2) 实施"三融通"人才培养模式,毕业生的质量普遍得到提高,目前我校纺织专业学生供需比达到 1:6 以上,同时毕业生收到社会及企业的充分认可,许多毕业生已经成为企业骨干。被教育部评为 2015 年度全国毕业生就业工作典型经验 50 强高校。

(3) 为企业解决生产问题,努力将科技成果转化为生产力。与企业开展合作,获得科技进步奖 4 项,授权发明专利 11 件,转让发明专利 3 件和实用新型 2 件,为企业开发高新技术产品 2 个,企业新增产值 1 亿元以上,促进了企业转型升级和产品提档。

(4) 积极与企业联合开展项目研究,共主持或参与各类项目 10 项(表 1)。

表 1 校企项目

序号	项目名称	参与企业	立项单位	经费(万元)
1	南通市高职院校校企合作主要运作模式及支持政策研究	南通纺织工业协会	南通市科技局	4
2	专利视角下南通科技创新能力研究	南京瑞弘专利商标事务所(普通合伙)南通分所	南通市科技局	3
3	芦荟纤维家纺产品研制与生产	浙江耀川纺织科技有限公司	中国纺织工业联合会	0
4	超高分子量聚乙烯纱线及产品研发关键技术研究	江苏仪征金鹰纺织有限公司	江苏省教育厅	4
5	丙纶短纤矿山用过滤帆布研发的关键技术与产业化	江苏大生集团有限公司	南通市港闸区科技局	30
6	多功能生态性竹纤维地毯产业化	南通华普工艺纺织品有限公司	江苏省教育厅	10
7	超舒适高档色织面料研发	海安张氏联发纺织有限公司	中国纺织工业联合会	10
8	家纺新材料技术综合研究项目	南通苏州大学纺织研究院	南通苏州大学纺织研究院	6
9	花边工程技术中心建设	江苏惟妙纺织科技有限公司	江苏惟妙纺织科技有限公司	3.2
10	浆料性能测试	苏州高禾贸易有限公司	苏州高禾贸易有限公司	0.5

(5) 由于成果完成人在构建"三融通"校企合作人才培养模式方面表现突出,2013 年 2 月被南通市教育局、南通市科技局、南通市经济和信息化委员会联合评为校企合作工作先进个人。

基于校企深度融合的人才培养模式创新研究与实践——以染整技术专业为例

山东轻工职业学院

完成人及简介

姓　名	性别	所在单位	党政职务	专业技术职称
杨秀稳	女	山东轻工职业学院	无	教　授
张　昱	女	山东轻工职业学院	教务科研处副处长	讲　师
郭常青	女	山东轻工职业学院	轻化工程系主任	教　授
王开苗	女	山东轻工职业学院	无	副教授
肖鹏业	男	山东轻工职业学院	染整教研室主任	讲　师
张莉莉	女	山东轻工职业学院	无	讲　师

一、 成果简介及主要解决的教学问题

(一)成果简介

我国职业教育正处在快速发展阶段,党和国家将职业教育的改革与发展摆到了前所未有的重要位置。推进产业转型升级,提倡"大众创业、万众创新",实现"中国制造2025",都需要先夯实职业教育的根基,培养出质量过硬的高素质技术技能人才。职业教育本身也迎来了良好的发展契机,在国家"十二五"发展规划中强调:"要加快教育改革发展,创新人才培养机制,大力发展职业教育"。探索符合职业教育发展规律、适应行业企业和就业市场变化的人才培养模式,建立更加贴合实际、与企业岗位对接的课程体系,寻求以能力培养为核心的教学模式成为职业教育发展的关键。当前对于高等职业教育人才培养模式的研究不断发展,使得教学与生产的结合越来越紧密,但与真正意义上的无缝连接仍有一定差距。所以,继续深入进行职业教育人才培养模式的探索非常必要。针对此问题,山东轻工职业学院以本院央财支持建设专业、省级特色专业——染整技术专业为例,对基于校企深度融合的人才培养模式进行了深入研究、探索和实践,并于2011年6月将"基于校企深度融合的人才培养模式创新研究"立项为山东省职业教育与成人教育科研"十二五"规划课题。

(二)主要解决的教学问题

(1) 深入探索校企合作的人才培养模式,解决校企合作的"形式化""表面化"问题。本课题研究主要针对目前高等职业教育中存在的现实问题,如人才培养模式改革与创新问题,校企合作的"形式化""表面化"问题,学生技能培养的实效性问题,学生入职后的角色转换、知识运用、工作适应、负面事件的心理免疫问题等。

(2) 形成专兼结合的教学团队建设及实训基地建设的有效措施,解决学习与生产实践衔接问题。校企共建专兼结合的师资队伍,让企业专家及能工巧匠进学校、入课堂,使专、兼老师发挥各自专长共同完成教学任务。将企业的管理模式引入学校,让学生在校期间即熟悉、适应企业的管理模式。将企业的生产内容纳入教学任务,让学生在校期间即熟悉生产问题,实现学习与生产实践的无缝对接。

(3) 建设旨在培养学生综合职业能力及终身学习能力的人才培养方案。在充分调研的基础上,学校与企业共同确定专业人才培养目标,构建专业课程体系,制定融合优秀道德品质、专业知识与技能、职业精神与创业素质及人文素养的人才培养方案,探索校企深度融合,既满足企业岗位生产人才需要,又适合学生个人职业发展

需求的人才培养方法。让学生具备一定的职业素养和职业精神,具备终身学习的能力。

二、 解决教学问题的方法

(一) 基于建构主义学习理论,研究确立了"学训交替、能力递进"的人才培养模式

深入研究了建构主义学习理论中"知识、技能是情境化、个体化的产物""必须提供与现实生产场景交互作用的经历,丰富其体验,学习者才能通过判断、理解完成对知识、技能的构建"的观点,提出职业教育的教学设计必须有"理论学习"和"技能实训"的交替,才能使学习者将课堂上的学习与工作中的学习结合起来,跨越"学"和"用"的界线,实现能力的递进式培养,增强对职业的体验,加深对职业的理解。基于理论研究和企业调研,提出了我院高职染整技术专业"学训交替、能力递进"的人才培养模式。在专业能力递进培养过程中,全程渗透纺织行业"精、细、高"职业品质教育,贯穿求真务实、爱岗敬业、诚实守信、环保节能教育。

(二) 基于校企深度融合,构建专、兼结合的师资队伍

将教育哲学中"教育必须与生产劳动相结合"的理论与当前高职教育的发展势态有机结合,提出"校企深度融合"发展职业教育的观点。校企共建专兼结合的师资队伍,让企业专家及能工巧匠进学校、入课堂,使专、兼老师发挥各自专长共同完成教学任务。将企业的管理模式引入学校,让学生在校期间即熟悉、适应企业的管理模式。

(三) 针对不同岗位群技能需求的差异,构建了"套餐式"专业课程体系

依据行业企业调研、毕业生就业岗位调研和学生就业期望,确立专业面向的核心岗位群和迁移岗位群,从而确定染整工艺、染整检测、染整营销三个专业培养方向,并以此为依据构建课程体系:基于专业核心岗位群职业能力分析,构建了本专业"主干课程套餐";对接行业职业资格标准,强化专业方向综合职业能力,构建"技能方向实训项目套餐";增强职业拓展能力,构建"方向拓展课程配餐"。按照"学训交替、能力递进"人才培养模式的理念,以职业能力递进培养为逻辑主线,构建了套餐式专业课程体系,助推了本专业校企深度融合育人模式的改革与完善。

以"学训交替、能力递进"人才培养模式为原则,以"套餐式"专业课程体系为框架,以校企共建培养的专、兼职教师队伍及实训基地为保障,制定了我院高职染整技术专业人才培养方案。通过 2012 级—2014 级 3 个年级学生的教学实践与反馈改进,进一步完善了专业人才培养方案。

三、 成果的创新点

(1) 根据染整企业岗位设置情况,创造性的提出了"套餐式"专业课程体系的建设。分别设置面向不同就业岗位的专业课程"套餐",教师根据学生学习特点、能力倾向以及合作企业人才需求情况,向学生提供选修建议。提高了学生学习兴趣和工作适应性。

(2) 形成了基于校企深度融合,适合高职染整技术专业的"学训结合、能力递进"人才培养模式。包括融合优秀道德品质、专业知识与技能、职业精神与创业素质及人文素养的人才培养方案,校企深度融合的人才培养方法。该人才培养模式能充分考虑我国的染整技术专业现状,充分考虑我国职业教育的现状。方案适应我国目前的职业教育现状,具有较强的可操作性,将改变我国职业教育重知识储备与技能培养,轻职业精神、创业能力及人文素养的不合理状态。

方案的实施就是落实科学发展观,开展以人为本、以服务为宗旨、以就业为导向的职业教育工作的具体体现,对于培养适合经济社会发展需要、素质全面的职业技能人才具有深远的意义。

四、 成果的推广应用效果

(1) 基于校企深度融合的"学训结合、能力递进"人才培养模式在山东轻工职业学院染整技术专业 2012 级以来的多届学生中进行了教学实践与提升,取得了良好效果。学生参加全国技能大赛的成绩保持在参赛院校的前列,在顶岗实习中更有上佳表现,就业后受到企业普遍好评。

(2) 专业师资队伍得到了锻炼提高,多名专业教师被聘为企业技术顾问。校企合作开发教材、校企合作课程建设与改革、校企合作实训条件建设等均取得丰硕成果。

(3) 该人才培养模式已被山东轻工职业学院应用化工技术等相关专业学习、借鉴使用,并取得理想效果。

"校企轮转 分步递进"人才培养模式的研究

盐城工业职业技术学院

完成人及简介

姓　名	性别	所在单位	党政职务	专业技术职称
陈安柱	男	盐城工业职业技术学院	无	讲师/技师
苏宏林	男	盐城工业职业技术学院	汽车工程学院院长/党总支书记	副教授
罗文华	男	盐城工业职业技术学院	无	副教授

一、 成果简介及主要解决的教学问题

(一) 成果简介

"校企轮转 分步递进"人才培养模式指在人才培养的全过程中,通过与企业的深度沟通和融合,在学校与企业、生产性实训中心与企业之间多次交换,按照"认识、学习、锻炼、应用、综合"的培养顺序递进。充分利用学校和企业各自的资源优势,实践教学练一体化的高素质高技能人才培养模式。我院汽车技术服务与营销专业自2010 年起试点"校企轮转 分步递进"的人才培养模式后,2011 年汽服专业被立项为江苏省示范性高等职业院校重点建设专业,2012 年被立项为中央财政支持高等职业学校重点建设专业,进而不断开展课程体系改革、师资队伍、校企合作、工学结合运行机制、教学实验实训条件、社会服务能力等方面的建设,对江苏省的职业教育起到了示范引领和辐射带动作用,并取得了一系列标志性的教学成果。2012—2016 年汽服专业学生参加江苏省高职院校技能大赛"汽车营销"和"汽车维修"赛项获得团体一等奖 2 项、团体二等奖 5 项、团体三等奖 1 项;2015年代表江苏队参加全国职业院校技能大赛获得团体二等奖,教师陈安柱、罗文华被评为全国职业院校技能大赛优秀指导老师;2014 年专业教师罗文华参加全国机械行指委汽车检修赛项获得一等奖;2015 年教师陈安柱受中国汽车工程学会选派为全国职业院校汽车专业教师能力大赛裁判;2015 年中国机械工业教育协会重点课题"校企轮转 分步递进"人才培养模式的研究结题鉴定结果为优秀等级。

(二) 主要解决的教学问题

(1) 解决校企合作"一头冷,一头热"的问题。

(2) 解决学生如何由技术技能型成长为技艺型人才的问题。

(3) 解决专业教师如何由双师素质到双师型成长为优秀双师型的问题。

二、 解决教学问题的方法

(1) 成立"永宁汽车学院",发挥"校企合作中心"作用。我院与江苏永宁汽车城管理有限公司联合创建了永宁汽车学院,保证"校企轮转 分步递进"人才培养模式的顺利实施。

(2) 开发基于汽车"4S"工作过程的技能训练菜单。将专业理论知识融入真实生产过程之中。在训练学生综合职业技能同时,注重在生产过程中强化职业道德教育,培养学生职业意识、职业品质、职业责任感,不断提升学生的职业道德和职业素养。

(3) 打造校企互通、专兼结合的"双师"型优秀教学团队。聘请了行业企业专家 2 名,实行校企"双专业带头人"制,通过产学研结合、培训学习、挂职锻炼、技术服务等一系列有效措施,提高现有师资队伍的"双师"素质,

培养"双师型"骨干教师 6 名,从企业聘请技术骨干 10 名,使专业教师中"双师"素质教师比例达 90% 以上。

三、 成果的创新点

(1) 构建"双元化"教学主体,设计"校企轮转、分步递进"的人才培养模式。

(2) 构建基于"4S"工作过程为导向、以职业能力培养为主线的课程体系。

(3) 校企共建核心课程,培养学生的核心技能,形成针对"销售"、"售后服务"、"零配件"和"信息反馈"方面的特定岗位能力。

(4) 在实施"双证融通"的同时,把素质教育、创新与创业教育渗透到教学全过程。

(5) 优化校企共建悦达学院的运行机制,校企联合、共同参与人才培养的每一个环节。

四、 成果的推广应用效果

(1) 成果受益面大,学生实践能力和岗位适应能力明显提高。几年来,本成果在我校汽车类专业 1 500 多学生中进行应用,得到了学生和家长的普遍认可,从我校近 3 年的学生教学满意度调查情况看,汽车类专业学生对实践课程教学的满意度均达 95% 以上。学生先后取得 2015 年全国职业院校技能大赛"汽车营销"赛项团体二等奖,2012—2016 年学生参加江苏省高等职业院校"汽车营销"和"汽车维修"赛项获得团体一等奖 2 项、团体二等奖 5 项、团体三等奖 1 项。通过近 3 年对毕业生的跟踪调查,企业普遍对我校毕业生评价良好,评价我校学生到岗后能较快地适应岗位工作,上手快,动手能力强,能够敬业奉献,吃苦耐劳,具有良好的职业道德。

(2) 带动了专业教学改革,提高了专业建设整体水平。2011 年我校汽车技术服务与营销专业专业被立项为江苏省江苏省省级示范院校重点建设专业,2012 年立项为中央财政支持高等职业学校重点建设专业,同年被江苏省教育厅立项为"十二五"高等学校重点建设专业。与江苏永宁国际汽车城管理有限公司、东风悦达起亚捷翔 4S 店、一汽大众江苏中联 4S 店、宝马盐城宝成 4S 店等 16 家企业签订了校企合作协议,校企共建核心课程 8 门、精品网络课程 5 门,校本教材 12 本。在实践教学改革过程中,探索和实施了"教、学、做一体化"的现代教学模式,组建数字化汽车营销教学工厂、数字化汽车维修教学工厂,推进了项目化、任务驱动、基于工作过程的先进教学方法和教学手段,更新和调整了教学内容,优化了专业课程体系和人才培养方案。通过"校企轮转,分步递进"人才培养模式的构建,教师在校内企业挂职锻炼、顶岗实习,积累职业经验,提升实践教学水平,教师队伍"双师"素质得到提高,"双师型"教师比率从 2008 年的 58.42%,增加到目前的 91.08%。教师陈安柱、罗文华被评为全国职业院校技能大赛优秀指导老师;2014 年专业教师罗文华参加全国机械行指委汽车检修赛项获得一等奖;2015 年教师陈安柱受中国汽车工程学会选派为全国职业院校汽车专业教师能力大赛裁判。基于对本成果的研究,获批立项的各级各类课题近 30 项,其中省部级课题 3 项,公开发表论文 40 余篇。

(3) 得到社会广泛认可和关注,发挥了示范辐射作用。本成果"校企轮转,分步递进"人才培养模式研究不仅极大地提升了我院汽车技术服务与营销专业的办学质量和办学水平,取得了重大的人才培养效益,而且还辐射带动了诸如汽车检测与维修技术、汽车制造与装配技术、汽车电子技术等专业群的发展,成果中生产性的汽车 4S 实训中心和校企联办的 1 个"校中厂"及 2 个"厂中校",不仅为教学服务而且还为学生带来直接的顶岗实习,成果对解决高职汽服专业"实践教学难、校企合作浅"的问题,提供了一个良好的解决方案,具有较好的辐射示范作用。盐城工学院、泰州职业技术学院、扬州职业大学、盐城生物工程高等职业技术学校、盐城交通技师学院等多所兄弟院校来我校就专业建设和实践教学进行考察学习和交流。这样以服务换支持强化"校企合作、校校合作",不仅在校内其他专业得到了普遍推广,而且还在省内外同类和相近的专业中起到了引领和示范作用。

物流人才 STARS 培养模式的
探索与实践

武汉纺织大学高职学院

完成人及简介

姓　名	性别	所在单位	党政职务	专业技术职称
范学谦	男	武汉纺织大学高职学院	系主任	副教授
谢少安	男	武汉纺织大学高职学院	副院长	教　授
戴正翔	男	武汉纺织大学高职学院	无	副教授
占明珍	女	武汉纺织大学高职学院	无	副教授
瞿　翔	男	武汉纺织大学高职学院	无	讲　师

一、 成果简介及主要解决的教学问题

（一）成果简介

本成果是基于已结题的省部级教研项目"普通高校物流管理专业基于充分就业导向的 STAR 教学研究"（项目编号 JZW2013123）和校级教研项目"基于战略新兴人才培养 STAR 研究"（项目编号 2014JY186）的成果。"STARS"明星式教学法主要运用建构主义原理，引导学生构建特定的学习情景，组建学习团队完成适当的学习任务，设想可能采取学习的行动，及达到行动结果，从而激发学生的学习主动性，及时总结提升。STARS 可分为五步，S 是指构建情境（Situation），T 是构建学习团队（Team），A 是指学习活动（Action），R 是指学习成果（Result）展示或汇报，S 是指学习总结（Summary）以提升教育质量水平。

通过"物流人才 STARS 培养模式的探索与实践"，让物流管理专业学生构建意境并进入意境，组建团队，进行角色扮演，共同完成其任务，这有助于激发学生学习兴趣，更好地认知物流、热爱物流、投身物流、扎根物流，确保物流教学水平和教学质量稳步提升；可以充实教学内容，丰富教学形式，增进互动（特别是意境互动），加深对课堂书本知识和实现职业岗位要求的理解，教学相长，彰显我校和我院办学特色和人才培养特色；有助于深化教育教学改革；可以培养学生逐步具备成为明日的"物流明星"、"物流达人"、"物流精英"和"卓越物流师"的素质，促进以就业为导向的教改落地，实现充分就业，最终实现校、企、师、生的良性循环。

截止至今，我们团队先后完成相关的教研论文共计 28 篇，科研论文 18 篇，指导学生实习实践及参加各级各类比赛获奖有 18 项，教师参加全国行业教学与授课比赛，获奖 2 项，建立校外校企合作教学与就业实习实训基地 7 个。

（二）主要解决的教学问题

一是课堂教学中学生主体不突出，学习积极性与主动性不高的问题。通过强化学生主人翁意识，帮助学生构建意境，组建团队，进行角色扮演，共同完成其任务，这有助于激发学生学习兴趣，让学生更好地认知物流、热爱物流、投身物流、扎根物流，确保物流教学水平和教学质量稳步提升。

二是课堂教学的内容与教学形式陈旧问题。通过构建意境和引入相关企业岗位工作流程，让学生全程参与，与企业实际需求有效结合，适时地进行教学计划及课程调整，方便师生将课堂书本知识和现实职业岗位要求有效对接，教学相长，彰显我校和我院办学特色和人才培养特色。

三是解决实践性教学的痼疾。传统实践性教学往往是流于形式,光说不练假把式。我们通过校内 STARS 情景模拟,单元式或模块式的实习与实训,结合校外企业实践,比如:节日的顶岗实习、平时常态化的兼职实习,定期与不定期的调研实习等措施,促使教师转变教学观念、转变教学角色、转变教学方法,学生转变学习角色、转变学习态度、转变学习行动,培养学生爱好实践、会实践、快乐实践。从理念、制度和措施等方面入手让实践教学落地,真正学以致用,学有所成。

二、 解决教学问题的方法

本项目研究主要采用以下主要方法:

(1) 调查研究法。通过网络、问卷、会议和实地调研等手段,收集国内外大学特别是纺织类大学、国际贸易类、物流管理类大学 STARS 教学现状、发展趋势的基本数据、素材和文献,并在此基础上进行分类整理、统计、综合分析,为课题研究奠定基础。

(2) 比较分析法。注重国内与国外 STARS 教学的比较分析,特别是不同类型、不同年级的大学生的学习动力、学习能力和学习心理与行为习惯分析,为有效地运用新技术进行 STARS 教学提供依据。

(3) 实证研究法。选择试点样本为研究对象、应用推广试点,进行数理统计。武汉纺织大学高职学院为试点,首先是项目成员试点示范,而后又在该学院市场营销专业、国际贸易、工商管理等为试点,以点带面,培养更多、更好的 STARS 明星式创新型人才。

三、 成果的创新点

(1) 人才培养模式。通过构建"物流 STARS"的人才培养模式,彻底地改变过去"一言堂"的教学方法与教学模式,运用"STARS"教学法来培养 "明星型"的人才;同时,教学内容以岗位工作流程为核心进行创新,深化"应用型人才"的教育教学改革,有利于更好地培养服务和管理第一线高素质技能型专门人才。

(2) 专业核心课程体系。校企互动共同制定基于工作过程的专业核心课程体系,以企业岗位为导向确定教学内容,体现了能力本位、工作任务导向的职业教学理念,显著提高理论教学的针对性。核心课程以工作流程为依据,涉及采购管理、运输管理、仓储管理、流通加工包装与装卸搬运、配送、物流信息、国际物流、供应链管理等。

(3) 校企合作模式。校企合作共同构筑校内实训平台、校外实习基地和校企共建实训实践教学和就业基地,为实践教学中提升学生的动手操作能力,全面发挥其形象思维、发散思维特点提供了最佳平台。

(4) 教学方法和教学形式的创新。广大师生全程参与,亲身体验,角色扮演,"实证分析",总结经验得出结论,经得起检验。

四、 成果的推广应用效果

"物流人才 STARS 培养模式的探索与实践"已经在武汉纺织大学高职学院实施了 4 年,主要对象为武汉纺织大学高职学院物流管理系物流管理专业学生,相关合作的企业有广东心怡科技物流有限公司、武汉大道物流有限公司、武商量贩集团、北京宅急送等企业,通过 STARS 教学法的贯彻实施,校企深度合作,学校企业和师生满意度高,学生就业率是 100%。具体应用如下:

项目成员示范教学。为了培养创新型物流人才,项目组成员带头在班级教学中使用 STARS 教学法,一是做到"四注重",即注重了解学生需求,注重教学方案设计,注重启发学生思维,注重指导学生学习。二是成员互动教学示范,试点各有侧重、相互策应,如范学谦侧重校企互动、课堂模拟,谢少安侧重案例分析、小组讨论,戴正翔侧重英语情景练习、服务性学习,占明珍侧重模拟实践,瞿翔侧重人机互动等,形成了 STARS 教学模式理论研究和实践探索的合力,收到了很好的效果。

2012—2016 年,根据学生到课率、满意度和优秀率三项指标考核效果良好。一是学工部门统计的学生到课率要高出其他班级 5~10 个百分点,学生喜欢上课,一般到课率在 95% 以上。二是教务部门组织学生网上评教,满意度也高出同类其他老师,学生在线评教满意度都在 93% 以上。三是教研室流水作业改卷,项目成员所带班级的学生考试及格率、优秀率也有高出其他班级 6~8 个百分点。

组织全院推广应用。武汉纺织大学高职学院领导十分重视和大力支持创新人才培养的STARS教学模式的实践与探索,为此,学院作出三项决定,在全院推广与应用SATRS教学法。一是在物流管理专业试点,而后在营销专业和国贸易专业、工商管理专业进行扩大试点,进而在全院推广。二是组织STARS教学公开课、研讨会、经验交流会,并从2012年开始,每年组织一次青年教师讲课比赛,鼓励教师实践和观摩互动教学,教学相长,使参赛者、听课者相得益彰。三是倡导教师开展教学法研究活动,鼓励教师发表教研论文和参加国内、国际的教育会议。孵化一大批教研与科研文章与课题,参加校内外比赛屡获嘉奖,实习实训和实践基地纷纷建立,深受学校、企业和社会的好评。

组织院外推广应用。物流人才STARS培养模式的探索与实践,不仅在本院大力推行和应用,也先后在武汉纺织大学外经贸学院、湖北商贸学院(原湖北工业大学商贸学院)、武汉工商学院、武汉商贸学院、湖北经济学院法商学院等进行推广,也取得了良好的效果。武汉纺织大学外经贸学院院长杨崇才教授认为:"STARS培养模式的探索与实践不仅适合于高职高专教学,对独立学院创新型人才培养具有极大地借鉴意义"。湖北商贸学院学院管理学院院长王昌龄教授认为:"湖北商贸学院管理学院推广和应用STARS教学模式,学生学习的积极性明显提高,教学质量明显改观"。武汉工商学院物流学院副院长王勇认为:"物流人才STARS培养模式具有先进的教学理念、有完整的教学策略、有多样的教学方法,具有极多的应用理由和极大的推广价值"。武汉商贸学院物流学院院长乐岩教授认为:"STARS教学模式注重引发学生学习注意、激发学生学习兴趣、强化学生学习愿望、促进学生学习行动、提升学生学习的满意度,道出了课堂教学提高教学质量的真谛,揭示出培养创新人才有效互动的教学规律"。湖北经济学院法商学院教务处凡荣、长江职业学院教务处长苏伟、湖北交通职业学院教务处长严石林等认为STARS教学模式具有极大的推广价值,并总结出一条基本经验,那就是学校支持、团队合作、学生受益是STARS教学模式成功执行、成果推广应用的关键。

企业应用。我院与广东心怡科技物流有限公司签订实习与就业协议并挂牌,共同成立"心怡物流试点班"。其中广东心怡科技物流有限公司上海基地(即上海分公司)和武汉基地(武汉分公司)对我们培养的学生大加赞赏。认为我们毕业生拥有"三高三强":综合素质高,团队意识强;职业生涯目标定位高,企业主人翁意识强;工作干劲高,动手操作能力强。同时,我们与武汉锦程国际物流有限公司、武汉环海物流有限公司、武汉阳逻新港国际集装箱转运公司等签订合作协议,共同创办"国际物流试点班",联合培养高素质国际物流人才。

另外,中楚达海龙集团公司、五洲在线供应链联盟、武汉大道物流有限公司、顺丰速递湖北分公司、德邦物流有限公司、韵达快递湖北分公司、武商集团武商量贩、北京宅急送总部、武汉宅急送有限公司、京东商城、武汉东西湖保税物流园、武汉东湖综合保税区等企业建立联系,毕业生对口就业率高,并深受用户的好评。

产教融合培养纺织专业高素质技术技能人才的研究与实践

广东职业技术学院

完成人及简介

姓 名	性别	所在单位	党政职务	专业技术职称
李竹君	女	广东职业技术学院	专业带头人/系主任	教 授
刘 森	男	广东职业技术学院	学校副校长	教 授
吴佳林	男	广东职业技术学院	主任助理	讲 师
唐 琴	女	广东职业技术学院	纺织教研室主任	副教授
杨璧玲	女	广东职业技术学院	纺织教研室党支部书记(教研室主任)	副教授
陈继娥	女	广东职业技术学院	组织部部长	教授/高级工程师

一、 成果简介及主要解决的教学问题

本成果依托现代纺织技术省示范性专业及中央财政支持重点专业建设项目,以培养纺织专业高素质技术技能型人才为出发点,产教融合,研究现代纺织技术专业人才培养模式改革,树立"兴基础、重技术、强技能"的人才培养理念,提出人才培养的关键环节及方法途径,利用纺织职教集团、区域纺织产业集群及专业镇优势,构筑教产协同合作平台,校企深度融合,创新与实践人才培养模式改革。

项目研究和实践目标:①可复制的高职类现代纺织技术专业产教融合、校企共建方案;②可重用的高水平纺织类专业技术技能人才培养模式。

成果研究主要内容:①依托纺织职教集团,构筑教产协同合作平台,探索有效的校企运行机制;②创建并实施校企融合、工学结合的"项目引领、产学互通"技术技能人才培养模式;③校企共同构建"基于生产技术和工作过程的技术技能相融合"的课程体系;④改革教学模式,深化项目导向的课程教学改革;⑤加强 "任务驱动""项目教学"导向的高职特色教材建设;⑥构建阶梯递进式实践教学体系,校企共建"技能四级递进、项目三结合"的实践平台,提升学生职业技能;⑦打造"行业水平领先的"双师型"优秀教学团队,辐射带动,加强专业示范引领作用。

二、 解决教学问题的方法

(1) 依托纺织职教集团及纺织产业集群优势,构筑教产协同合作平台,探索有效的校企运行机制依托广东纺织职业教育集团及广东纺织产业集群优势,发挥学院纺织特色,以广东纺织专业镇为核心,构筑产教融合、协同发展的校企合作平台。深化政校企行合作,探索人才共育、资源共享、产教一体的校企合作育人机制,建立工学结合的长效机制,切实提高人才培养质量。

(2) 校企双主体,深化"项目引领、产学互通"的人才培养模式改革实施校企双主体高素质技术技能型人才培养,推进校企合作育人、过程共管、责任共担,深化工学结合的"项目引领、产学互通"人才培养模式改革。

(3) 校企共建"基于生产技术和工作过程的技术技能相融合"课程体系,基于岗位职业能力和生产技术要素分析,推进专业课程体系建设。

(4) 改革教学方法和考核评价,深化项目导向的课程教学改革课程标准,突出职业能力培养、课程教学项目引领,推行情境教学、任务驱动等行动导向教学模式,引入过程评价机制、企业参与评价机制、职业技能鉴定机制和用人单位评价机制,保证和提高教学质量。

(5) 加强"任务驱动""项目教学"导向的高职特色教材建设校企合作编写基于工作过程的"任务驱动""项目教学"导向等工学结合教材。

(6) 构建阶梯递进式实践教学体系,校企共建"技能四级递进、项目三结合"实践平台,凸显职业能力培养。构建了"基本技能培养、专业技能培养、综合技能培养"的能力阶梯递进式实践教学体系,实现以技能培养为核心的人才培养目标。依托"省级大学生校外实践教学基地"建设,校企共建"技能四级递进、项目三结合"的实践平台,以实现"基本技能、专业技能、综合技能、岗位技能"四级递进。实践项目"校企结合、工学结合、虚实结合",以校企结合为主轴,突出学生动手能力的培养。

(7) 打造行业水平领先、专兼结合的"双师型"优秀教学团队通过校企合作共同申报项目,建立"技能大师工作室""教师挂职实践锻炼工作站"等,实施"优秀教学团队培育工程""教师技能提升工程""教师企业经历工程",打造了一支"专兼结合、优势互补"的专业教学团队。双师素质教师比例达 90% 以上,兼职教师与专任教师比例达到 1∶1,兼职教师承担专业课时比例达 40%。培养了 2 名全国纺织先进工作者、2 名南粤优秀教师、3 名广东省高层次技能型兼职教师、1 名国内访问学者,1 名教师选拔为"千百十"校级培养对象,教师队伍整体素质得到提升。

(8) 构建全方位的教学保障体系,实施第三方评价制度。构建全方位的教学保障体系,完善教学环节质量标准、健全教学质量信息与评估系统,引入行业企业评价机制,建立"校企共管"的教学质量保障体系。引进麦可思第三方评价机制,建立多元化质量培养评价体系,保证了高素质技术技能型人才培养质量。

(9) 加强示范引领作用,辐射带动专业群发展推广现代纺织技术专业的建设成果,辐射引领学院专业群的建设,群内专业针织技术与针织服装 2014 年立项为广东省重点专业,针织技术与针织服装实训基地 2014 年获批为广东省高职教育实训基地,纺织品检验与贸易实训基地 2015 年获批为广东省高职教育实训基地。本专业的建设与发展,带动学校完善人才培养机制和专业建设机制,强化内涵建设,深化教育教学改革,不断提高人才培养质量。

三、 成果的创新点

(1) 理论创新改变学校本位的传统模式,提出产教融合共同培养纺织专业人才,探索并实践了纺织专业技术技能人才培养模式的教学体系、教学方法和教学保障体系,形成可复制的专业建设解决方案、高职类现代纺织技术专业校企共建方案,形成可重用的高水平纺织类专业技术技能人才培养模式。创建了基于工学结合的"项目引领、产学互通"人才培养模式,校企双主体,构建"基于生产技术和工作过程的技术技能相融合"的高职特色课程体系与阶梯递进的实践教学体系,撰写了专业教学标准,开发了系列专业课程标准,搭建校企实践平台,实现"实习与就业一体化"。

(2) 实践创新立足校企战略合作平台,整合校企资源,深耕专业建设,提升了专业办学内涵,建成现代纺织技术省级示范性专业及央财支持重点专业,建成省级高职教育实训基地。培育了系列省级精品课程、院级精品课程,出版多部专业教材,获得一系列教学成果奖。成功实施"2+0.5+0.5"教学模式,技能大赛取得突出成绩,学生就业实力增强。

四、 成果的推广应用效果

纺织专业人才培养模式改革经过多年的探索与实践,在现代纺织技术专业 40 个班级,近 2 000 名学生中实施,成效凸显。体现在以下几方面:

(1) 学生综合素质和实践能力得到全面提高。①通过人才培养模式改革,学生创新及实践动手能力得到极大提高,学生积极参与第二课堂活动、就业创业活动和全国技能大赛,均获优异成绩。参加 2015 年全国高职高专学生面料检测大赛获团体第二名、一等奖 1 个、三等奖 3 个、优秀奖 1 个;参加首届检测技能大赛获团体二等奖、一等奖 1 个、二等奖 1 个、三等奖 2 个、优秀奖 1 个;参加 2011 年第二届检测技能大赛获团体二等奖及一、

二、三等奖多项；参加 2012 年第三届检测技能大赛获团体二等奖及一、二、三等奖各一项，在全国纺织类高职院校中名列前茅，产生了较大的社会影响。2011—2013 年广东省"挑战杯"广东大学生课外学术科技作品竞赛中获多项奖项。②学生参加劳动与社会保障部组织的职业技能鉴定考核，通过率达到 98% 以上。

（2）学校人才培养质量得到社会广泛认可在纺织专业高素质技术技能人才培养模式的探索与实践中，校企深度融合建立的平台与基地、师资队伍及管理机制，有效支撑着纺织专业人才培养，使学生的就业竞争力进一步增强，年均为广东省纺织产业转型升级输送了大批高素质人才，毕业生初次就业率达到 97.8%，总体就业率 100%，多年来稳居广东省高校前列。2012 年就业率居广东省高校第一名，曾获"全国高职院校就业工作示范单位"和"广东省普通高校毕业生就业工作先进集体"等荣誉称号。毕业生的社会认可度高，学生顶岗实习受欢迎。绝大部分毕业生成为企业骨干。

（3）通过人才培养模式改革项目研究的具体实施，在课程体系、实践教学、课程建设积累了一定基础，形成以下成果，在纺织类专业教学改革中有一定的价值、意义和影响。①2010 年，现代纺织技术专业成为广东省示范性专业。②2014 年，"现代纺织技术特色专业建设的研究与实践"获第七届广东省教学成果奖二等奖。③2015 年，现代纺织技术专业获批为广东省首批品牌专业（1 类）建设点。④创建系列现代纺织技术精品课程：2010 年，专业核心课程"机织工艺设计与实施""织物结构与设计"被评为广东省精品课程；2014 年，3 门专业核心课程被评为广东省精品资源共享课程；另建成校级精品课程"牛仔布生产技术"、"纺织工艺学"和"纺织 CAD/CAM 实操技术"。⑤主编出版 6 部工学结合教材，其中 1 部为国家级规划教材。《纺织 CAD/CAM 技术》《纺织染概论》评为纺织服装教育部委级优秀教材。教材在多所高职院校使用，获得高度评价。⑥团队成员近年来共完成教改项目 10 多项、公开发表教学改革文章 10 篇。2014 年"现代纺织技术特色专业的研究与实践"获广东省教学成果一等奖，"基于工作过程导向的'机织工艺设计与实施'精品课程建设与实践"获中国纺织工业联合会教学成果奖三等奖。

（4）辐射示范带动作用纺织专业高素质技术技能人才培养模式改革所取得的成果，已经辐射到其他高职院校。与德国迈耶西公司合作的 PPP 项目校企合作职教模式，在其他高职院校产生较大影响，引来多所兄弟院校来院学习、交流。2014 年，专业群中"针织技术与针织服装"专业成为广东省重点专业建设点。2013 年在广东省举办的"高等职业教育改革与发展成果案例展"上，来自全省 49 所高职院校的 92 个专业的学院/系负责人参观了现代纺织技术专业人才培养模式改革教学成果展示。广东电视台、信息时报、珠江时报等媒体也先后报道和宣传现代纺织技术专业人才培养的成效，中央人民政府网、新华网等媒体就本校牵头组建广东纺织职业教育集团，实现政行企校深度融合进行了报道，已形成良好的品牌效应。

（5）专业教师社会服务能力增强纺织专业人才培养模式改革的探索与实践，也提升了专业教师的社会服务能力。不少企业主动要求学院帮助其培训员工。2015 年，受广东省政府委托，派出纺织专家参与新疆兵团草湖 30 万锭大型纺纱厂建设项目，实行技术援疆；2013 年，为西藏灵芝纺织集团开办了纺织技术培训班，来自西藏自治区的近 50 名企业技术骨干参加了培训，助推了新疆、西藏纺织产业发展。专业教师为广东溢达纺织公司等多家紧密型校企合作企业培训员工年均 1 600 多人次；与纺织检测中心与国家标准计量局佛山检测所合作，面向社会开展纺织品检测业务；与兴宁市合作成功申报了"省部产学研宁新纺织示范基地"；与佛山市南海区西樵轻纺城管理委员会共同申报建设"省部产学研结合西樵纺织示范基地"等。教师近年与企业合作开发的新产品参加"中国流行面料"评选，5 人次入围并获奖，研发产品投入生产获得了可观的经济效益和社会效益。

"非遗传承＋文化创新"型人才
培养实践与探索

成都纺织高等专科学校

完成人及简介

姓　名	性别	所在单位	党政职务	专业技术职称
李晓岩	女	成都纺织高等专科学校	教研室主任	副教授
阳　川	女	成都纺织高等专科学校	服装学院院长	教　授
晏　红	女	成都纺织高等专科学校	无	讲　师
钟　慧	女	成都纺织高等专科学校	无	讲　师
廖雪梅	女	成都纺织高等专科学校	服装学院副院长	副教授
胡　毅	女	成都纺织高等专科学校	教　师	讲　师

一、 成果简介及主要解决的教学问题

(一) 成果简介

2012 年,成都纺织高等专科学校服装专业教学团队开始致力于中国传统文化、民族服饰技艺等方面的专业研究,并在课程体系改革、专业教学实践以及人才培养模式等方面积极探索,进行了一系列文化传承与专业教学相结合的教学实践。3 年来,本成果教学团队立足服装专业特色优势,在参与学校非遗文化传承等重大项目中,创新专业教学和人才培养过程,注重"非遗传承＋文化创新"复合型人才培养,本成果作为我校成功申报文化部、教育部 2016 非物质文化遗产传承人群培训计划项目的重要组成部分。可概括为:

(1) 弘扬非遗文化、打造文化传人。通过教学改革,人才培养注重工匠精神、文化创新,培养"非遗传承＋文化创新"型专业人才。

(2) 推动企业参与文化建设,打造"传统文化＋工业"跨界合作项目。

(3) 开展国际交流,传播非遗文化。以非遗传承、文化创新打造专业特色教学成果,促进国内外非遗文化的传播。

(4) 开展社会服务,推动居家就业。以公益性社会服务项目促进社会人员提升就业谋生技能,带动民族地区经济发展,推动区域居家就业。

(二) 主要解决的教学问题

(1) 通过弘扬非遗文化,打造文化传人。解决了专业人才同质化、文化创新复合型人才匮乏的问题。

(2) 通过校企间"传统文化＋工业"跨界合作,解决了职业教育与文化传承创新与传播互动脱节的问题。

(3) 以非遗传承、文化创新打造专业特色教学成果,以此推进校园文化国际交流,解决了职业教育在国际交流中缺乏特色的问题。

(4) 开展公益性社会服务项目,带动民族地区经济发展,推动居家就业,解决了高校培养带动社区文化建设传播的瓶颈问题。

二、 解决教学问题的方法

(1) 弘扬非遗文化、打造文化传人。通过教学改革,人才培养注重工匠精神、文化创新,培养"非遗传承＋文

化创新"专业人才。

① 打造文化实践专业课堂。依托川蜀服饰文化研究中心,我校服装设计专业从 2012 年将传统服饰技艺融入专业实践教学中。从专业、课程、课堂 3 个层面,从积淀、熏陶、内化、传承 4 个功能来培育、凝练和传播学校教学文化。结合实践课堂教学改革,先后完成 6 个社会文化设计和培训教学项目,近 500 人次在非遗文化专业技能教学中受益。2015 年 7 月该成果展演荣获 2015 全国职业院校学生技术技能创新成果表演二等奖。

② 打造"大师 ＋ 传人 ＋ 教授"相结合的教师队伍。聘请非遗传承人、企业文化专家、手工艺人等作为特型导师进入专业课堂传授技艺,同时由专业教师进行技能整合和专业创新实践指导。

(2) 推动企业参与文化建设,打造"传统文化 ＋ 工业"跨界合作项目。教学团队与印染、纺织等企业合作,将传统文化与时尚设计、激光技术、数码印花技术结合,完成高新技术面料应用作品开发项目。通过教学课题研发,开展文化与专业跨界项目。

(3) 开展国际交流,传播非遗文化。以非遗传承、文化创新打造专业特色教学成果,促进国内外非遗文化的传播。课题组成员积极践行"一带一路"的责任与担当,通过特色技艺课堂、服饰文化展演、国际文化艺术节等活动,传播非遗文化。

(4) 开展社会服务,推动居家就业。以公益性社会服务项目促进社会人员提升就业谋生技能,带动地区经济发展,通过实际生产应用,推动居家就业。

三、 成果的创新点

(1) 创新非物质遗产传承方式,有效改善了服装设计专业人才供给结构。通过服装专业人才培养与非物质文化遗产传承对接,改变单一的传承方式。创新专业实践课堂,构建"大师 ＋ 传人 ＋ 教授"师资团队,实现非物质文化遗产的科学传承。培养"非遗传承 ＋ 文化创新"型专业人才。

(2) 创新专业教学跨学科培养模式,通过校企"传统文化 ＋ 工业"跨界合作项目,推进校企文化建设。利用学校优势,充分结合文化特色产业发展实际,积极开发文化产业与企业、职业教育相结合的教学项目。通过学科间教学、师资、项目的跨界合作,创新人才培养模式。

(3) 创新校园文化国内外交流模式。通过打造国际交流课程、非遗文化教学成果展、传统技艺交流学习等形式,创新校园文化国内外交流模式,构建校园"一带一路"新模式。

四、 成果的推广应用效果

(1) 成果在专业课程的应用推广。2012 年以来,将传统文化与专业课程教学相结合,在 2009 级、2010 级、2011 级、2012 级 4 个年级学生毕业设计、产品开发课程的专业教学中实施。服装专业毕业生就业领域扩展到印染企业、面料公司、纺织企业等。

(2) 成果在企业、社会服务、教学科研的应用推广。通过教学实施,完成与广东信迪印染有限公司的教学协议项目,完成四川省委宣传部等联合打造的"宋词雅韵"晚会服装设计与制作合同项目,完成以藏羌苗彝为代表的西南少数民族服饰复制项目。建立"民族服饰技艺传习室"。

(3) 成果对非遗文化传承的影响。2015 年 5 月至 12 月,项目组成员在已有教学实践基础上,申报成功 2016 文化部、教育部 2016 非物质文化遗产传承人群研修研习培训计划——西南少数民族服饰技艺普及培训、民间刺绣普及培训计划。

(4) 成果对"大师 ＋ 传人 ＋ 教授"教学团队的影响。通过非遗传承人、企业文化专家、手工艺人与教师之间的课程合作,打造了一支复合型纺织服装教学团队。

(5) 成果的国际影响力。2015 年 3 月,教学成果赴印度 Apeejay Stya University 参加国际艺术周,并在我校国际交流项目中进行展演和推广;2012 年 9 月 12 日至 16 日,参加了首届德国柏林"中国职业教育展"。

高级品牌女装设计人才培养改革与创新

香港服装学院

完成人及简介

姓 名	性别	所在单位	党政职务	专业技术职称
周世康	男	香港服装学院	院长	高级工艺美术师
曹亚箭	男	香港服装学院	无	服装设计高级技师
古福昌	男	香港服装学院	无	技 师
范福军	男	华南农业大学艺术学院	无	教 授

一、 成果简介及主要解决的教学问题

(一)成果简介

"高级品牌女装设计人才培养改革与创新"项目开始于 2010 年,由香港服装学院周世康院长根据服装行业对高级品牌服装设计人才的需求,带领学科教师,运用团队多年的教学经验,在原有的服装设计专业教学体系上进行大刀阔斧的创新改革,建立了面向行业需求的创新应用型服装设计专业人才培育创新模式,深受学员的欢迎与企业的好评,为行业输送了一批又一批的服装设计精英。

(二)主要解决的教学问题

踏入 21 世纪以来,中国服装业、民营服装品牌企业也发生了变革与升级发展,企业的发展需要人才,而服装作为传统的优势发展产业,需要的是能真刀实枪的实战型技能人才,服装市场对国际化的创新型人才的需求已迫在眉睫。而在过去的 10 年里,全国院校都看好服装市场的发展而开设服装专业,但由于办学机制的约束而无法冲破重学历、重理论的办学模式,导致了服装专业毕业生眼高手低就业难,而服装企业却出现人才难招的困局。通过树立新的教育观念,更新人才培养模式,建立新的培养目标,改革教学内容和课程体系,逐渐形成一套全新的、科学化、国际化的服装设计人才培养模式,有效地提高学生学习的自发性、自主性和开放性,培养学生的分析能力、协作能力、创新能力和实践能力等综合能力。通过与设计大师工作室的合作,有效地将科研成果转化为生动且富有深度的实践教学内容,极大地促进了培养学生创新思维的广度,实现了与市场的无缝对接。

二、 解决教学问题的方法

(一)强化品牌化、高级女装设计人才的培养与课程建设

为适应人才培养模式的改革更新,学校对课程体系、教学模式、教学评价体系等板块进行了合理的调整,强化品牌化、高级女装设计人才的培养,以突出培育高级品牌女装设计人才为重点,重新打造课程建设;进一步深化提升校企合作、逐步推行导师制、教师工作室制,并通过服装设计大赛、科研竞赛等真实项目与教学紧密配合,注重学生的人文素养和审美能力、动手能力、创新能力等培养,推行探讨式开放式教学和实施模块化教学。

(二)建立课程研发专家组 开展教学评估 提升育人质量

学院根据市场对人才结构的要求及我院以培养中高级女装设计师为特色教学的基础,科学设计每 1 门课程,突出专、精、强,并专门成立了课程研发专家组,专家组由学院资深讲师以及来自知名品牌女装企业的设计

总监、技术总监等组成。每1年,专家组成员会根据企业、学员对教学满意度的评估结果,以及企业发展的态势和人才发展趋势对教学计划、目标及方向进行修订与完善,及时开发、更新与完善课程体系,以确保专业课程设置走在市场前列,确保培养出来的人才有较强的实战动手能力,为企业创造价值,深受企业欢迎。

(三) 强化创新型人才培养的教育理念,加强产学研一体化教学

加强与服装企业、科研机构等相关单位的交流与合作,充分整合行业与社会资源,积极携手优势企业,倾力打造"产、学、研、销"一体化的服务平台,与企业联手共创"实用、实战、实练"的全新人才培养模式。此外,学院还投入上千万元与广东省服装服饰行业协会、广东省服装设计师协会携手,成立广东服装人才培训基地,打造开放开型、服务型、多元化合作的人才培育体系。

(四) 打造名师工程,培育明星学生

其一,培养教师的创新能力,鼓励教师走出课堂,去服装企业学习先进的服装行业新技术、新方法,防止知识老化,鼓励专业教师每年至少参加1次服装设计大赛等;其二,引入何建华、林姿含、王培娜、林进亮等国内知名服装设计师担任我院名师导师,开设名师课程,快速提升学生的实践能力与设计能力,实现与市场的无缝对接。

三、 成果的创新点

(1) 顺应时代发展,有效落实国际化新型设计人才的培养。顺应中国服装产业与国际服装业接轨对国际化高级服装专业人才培养的需求,主动迎接来自国际服装行业高端人才的竞争,提出服装设计人才培养的国际化教学理念。

(2) 课程体系的创新。课程体系由专业基础、专业理论、专业技能和专业实践4个模块组成,打破了传统的服装设计专业教学中学科基础课程、专业必修课程、专业选修课程、综合教育课程与集中实践的条块分割,形成以职业为导向,实现模块化教学的课程体系创新模式,提升学生的分析、设计、动手与创新能力。

(3) 教学方法的创新,强调个性化教学是本成果的创新型教学方法。注重因材施教,启发学生的创意,并将创意从服装款式设计开始,贯穿到样板设计、工艺设计以及最终的成品制作等一系列教学过程中。在情景中教学,革新传统老师教、学生学的被动教学,以学生做为主,老师教为辅,变被动为主动,提高学生学习积极性,使学生能够将自身的创意、专业特长、个性完整地表现出来。

四、 成果的推广应用效果

该成果的实施,使服装设计专业学生的综合素质、创新能力得到明显提高,取得显著成果。学生就业率年均保持在99.5%以上,学院培养出来的服装设计师占了全国服装设计师总数的20%;大部分毕业的学员在设计生涯上基本实现了1年从事助理设计师、2年晋升主设计师岗位,5年内晋升至设计总监的目标。项目开展至今,学校已为中国服装产业的发展与品牌的提升输送了1万多名优秀人才,其中有获得"广东十佳服装设计师"的王郁鑫、宋庆庆、朱珍斐等,还有创办了自己服装企业的卓洪波、陈国志、曾丽妮等,不胜枚举。

在该成果的应用及推广过程,教研成果日益丰硕,教师屡屡获奖。如学院喜摘广东省首届"省长杯"服装设计专项赛三等奖;周世康院长、王晖老师的"深圳市服装行业中小企业紧缺人才培养创新模式",郝永强、姜林老师、曹亚箭副院长的"职业教育服装设计表现技法实战教学创新模式"等2项教育成果被中国纺织工业联合会评为全国职业教育教学成果三等奖;"国际服装设计专业+林姿含名师课程"入选2015"凤凰庄杯"中国纺织服装产业研究优秀成果和校企合作专业优秀案例;古福昌老师荣获深圳市第八届职工技术创新运动会服装设计职业技能竞赛一等奖等。

企业驻校·名店订制·项目教学
——服装品牌管理专业人才培养模式创新实践

辽宁轻工职业学院

完成人及简介

姓　名	性别	所在单位	党政职务	专业技术职称
马丽群	女	辽宁轻工职业学院	副主任	副教授
韩　雪	女	辽宁轻工职业学院	教研室主任	讲　师
何　歆	女	辽宁轻工职业学院	无	讲　师
宋东霞	女	辽宁轻工职业学院	无	讲　师
乔　燕	女	辽宁轻工职业学院	教研室主任	讲　师

一、 成果简介及主要解决的教学问题

近几年服装业的发展相对缓慢,国内服装企业大多已处于加工型企业向品牌型企业转型的过程中,服装品牌管理也成为商品销售终端领域中最热门的话题之一,随之对服装品牌管理专业高素质技能人才的需求量和质量也随之发生了巨大变化,需要不断探寻全新的服装品牌管理专业人才培养模式与之相适应。学院积极试点,探索适应服装行业变化的服装品牌管理专业人才培养模式改革路径,形成了具有服装品牌管理专业特色的人才培养模式。在推动服装品牌管理专业人才培养模式改革试点过程中,通过吸引企业驻校,掌握行业信息,准确定位了专业人才培养标准;开展名店订制班,把握市场脉络,共同开发了专业人才培养方案;开发项目载体,重整教学内容,开展技能竞赛,以赛代练,提高专业教学质量;构建网络课程,优化教学资源,以信息化助推专业发展;由此构建了一套具有专业特色的服装品牌管理专业人才培养模式,全面推进了辽宁轻工职业学院服装品牌管理专业现代化建设和内涵质量的提升,这一特色人才培养模式在辽宁省各兄弟院校得到了广泛认可和推广。

二、 解决教学问题的方法

1. 企业驻校,掌握行业信息,准确定位人才培养标准

在 2009 年我院与上海欧迪芬内衣精品股份有限公司签署校内校外实践基地建设协议,建立"校中店"——璐比青年创业基地内衣实训店铺。基地全部由服装品牌管理专业学生参与营运,包括产品营销、货品管理、促销推广等,集团只提供必要的技术支持。

2. 开展名店订单,把握市场脉络,共同开发专业人才培养方案

学校与上海欧迪芬内衣精品股份有限公司、大连大都会购物中心有限公司等签署服装品牌管理专业"订单班"的合作办学意向,共同制订人才培养方案,科学架构"订单班"课程体系和培养运作机制,初步形成了服装品牌管理专业订单合作的人才培养模式。

3. 实施项目载体,整合教学内容

一是以项目为载体,整合教学内容。将企业项目直接引入教学,服装品牌管理专业学生直接到卖场上课,

以场中校教学为平台,将服装企业品牌陈列项目真正引入教学中。二是"课赛联动,校企协同"与企业共同开发"校企合作技能大赛"。三是校企合作开发项目教材。包括《服装陈列设计》、《市场营销》、《时尚买手》和《网络营销》等。四是重构项目运行的监控和评价体系。在所有专业课程的考核环节,以项目评价为蓝本,建立"过程＋结果""知识＋能力"的考核指标,鼓励学生以分组讨论、最终答辩的形式进行的评价体系。

4. 优化教学资源,信息化助推专业现代化

数字化系统实现了信息的储存数字化,促进专业信息化和现代化建设,提高教学资源利用效率。服装品牌管理专业现有网络教学平台、精品课程录播系统、模拟软件等都可实现网络化学习,使教学资源得到了更大程度的共享。

三、成果的创新点

1. 按照企业要求准确定位人才培养标准

院校是教育的入口,企业是教育的最终出口,服装企业进驻学校缩小了企业参与专业教学指导的空间距离和时间距离,并能及时将行业、企业最前沿的发展信息及趋势传达给学校,更有助于准确定位人才培养标准,实现了资源共享和和谐发展。

2. 与企业合作"订制班"共同开发人才培养方案

学院与多家企业合作开设企业"订制班",共同制订人才培养方案,"订单式"人才培养中整个运行过程包括:培养协议"双向制"、培养计划"双向制"、培养职能"双向制"、培养过程"双向制"、质量评估"双向制"。

3. 企业共同开发"校企合作技能大赛"

校企合作技能大赛进一步加强了校企合作,提高了学生的业务素质和团队协作能力。企业专业评委现场招聘,大赛中表现优异的选手优先就业。

4. 改变授课方式,注重个性化、信息化教学

采用新型开放课程的个性化、信息化服装品牌管理专业的教学模式,改变了教学信息的拥有、传递和交换方式以及传统的师生关系,实现从专注"教"到助力"学"的战略性转变,形成深度互动的探究性教学模式。

四、成果的推广应用效果

在服装品牌管理专业人才培养模式的探索和实践过程中,根据服装品牌管理专业的特点以及目前存在的教学问题,从人才培养标准、人才培养方案、人才培养模式、人才培养质量监控等方面提出了一套全新的人才培养体系。实现了理论和实践创新,在许多方面取得了很大成效。

1. 校企共建实习基地,提高学生专业能力

我院已与上海欧迪芬内衣精品股份有限公司、大连大都会购物中心有限公司等多家公司签订了教学实习、就业基地协议,并合作举办了"欧迪芬服装商品知识大赛"、"大都会杯卖场视觉营销大赛"和"璐比杯创新营销大赛"等多个校企合作技能大赛,增加了学生的就业渠道,为学生对口就业搭建了一个很好的平台。同时与上海欧迪芬内衣精品股份有限公司、大连大都会购物中心有限公司建立了2个中国纺织服装人才培养基地,企业为学校提供良好的生产实践条件和校外实训实习基地,并合作共建产学研结合示范基地。具体数据见表1。

表1 实习基地

近3年人才培养基地情况				
基础条件	多媒体教室	实训场地	企业开发的课程数	同时接纳学生顶岗实习的岗位数
	12个	52个终端店铺	6门	104人
校企师资情况	理论教师	3人	具有中级职称以上职业资格人数	12人
	实训教师	12人		
	培训管理人员	1人		

(续　表)

近3年人才培养基地情况				
培训规模及成效	年度	培训项目	培训人数	年度鉴定合格率
	2013	服装陈列设计	65	95%
		店长培训	38	100%
	2014	服装陈列设计	56	100%
		服装网络经营与维护培训	23	97%
	2015	服装陈列设计	62	98%
		店长培训	41	100%

2. 促进了学生高质量就业,获得较高企业满意度

通过人才培养模式改革与试点,促进了学生高质量就业。自2009年服装品牌管理专业人才培养模式应用至今7年来,共计培养市场所需服装品牌管理专业人才近600名,分别在欧迪芬、VERO MODE、ONLY、ZARA、AR-MANI、欧时力等国内外服装品牌公司就职。通过企业驻校·名店订制·项目教学的服装品牌管理专业人才培养模式,学生可以直接参与到品牌产品的管理、营销、进货、促销推广等整个流程,让学生直接具备了到公司实习、就业时立即上岗的能力和条件。近3年的毕业生整体就业率都在95%以上,并获得较高的企业满意度。

3. 优化了教师队伍结构,提升了教师职业素质

服装品牌管理专业的专任教师中,获得的职业资格等级证书的比例为100%。专业课教师在教育教学科研能力等方面也得到了全方位的提升。近5年来,教学团队组织策划服装类技能大赛近30多项,制作的"服装陈列设计"课件在教育部2013"全国多媒体软件大赛"中获得国家级一等奖;主持的"卖场空间规划"课程在2012教育部"全国职业院校信息化教学大赛"中获得课程设计国家级二等奖;参与的"产品三维设计表现"获得2012教育部"全国职业院校信息化教学大赛"中获得软件组国家级二等奖;参与制作的"服装构成形态设计"在教育部组织的"全国优秀网络课程及资源建设活动"中通过专家评审,在国家教育资源公共服务平台展示,是辽宁省仅入选的9个作品之一;制作的"服装基础美术"获得省级软件大赛二等奖;"服装买手"课件获得校级软件大赛二等奖等。教学团队成员在国内外期刊先后发表论文、作品40余篇,主持或参与省级以上教育课题12项,省教育厅教学成果奖3项,专业著作8部,在专业教学和技能大赛教学方面取得较好的成绩。

4. 行业、企业对服装品牌管理专业认同度明显提高

近年来,学院服装品牌管理专业建设质量得到家长的高度认可,新生报名和录取比例达2∶1。服装品牌管理专业建设举措在省内服装品牌管理专业建设中起到示范带动作用,得到了兄弟院校的广泛推广和应用,服装品牌管理行业、企业将学校作为资源的汇集地,将学校作为实现成果转化和转型升级的最好平台。学校还承办行业协会举办的培训大赛等,新闻媒体对服装品牌管理专业取得的成绩高度关注,《新商报》《大连日报》等媒体也对服装品牌管理专业做了相关报道(表2)。

表2　相关媒体报道

媒体	网址
中国女性网	http://www.nz86.com/article/123985/
Pop时尚资讯网	http://news.pop136.com/design/saishi/2009092110496.html
品牌服装网	http://news.china-ef.com/20090917/203267.html
搜狐文化	http://cul.sohu.com/20090909/n266597733.html
环球经贸网	http://china.nowec.com/c/11/20099/56058.html

依托三维人体测量的服装设计与工程专业人才培养模式改革与实践

江西服装学院

完成人及简介

姓　名	性别	所在单位	党政职务	专业技术职称
胡　佳	女	江西服装学院	服装管理分院院长助理	讲　师
段　婷	女	江西服装学院	服装管理分院院长	副教授/高级技师
黄春岚	女	江西服装学院	服装管理分院副院长	副教授
熊　欢	女	江西服装学院	服装管理分院教研室主任	助　教
涂晓明	男	江西服装学院	服装管理分院教研室主任	讲　师
付志臣	男	江西服装学院	无	助　教
徐雪梅	女	江西服装学院	服装管理分院教研室主任	高级技师

一、成果简介及主要解决的教学问题

本课题以"科技创新,扩大优质教育资源"为理念,提升专业建设水平,推进信息技术运用,以学科专业为切入点,以培养产业转型升级和公共服务发展需要的高层次技术技能人才为主要目标,课题结合三维测量技术在教学内容上提出适合学科专业转型发展的实践课程教学,建立完整的实践课程教学内容体系,进而从转变教学观念、教学模式、教学内容、教学方法等方面对过去教学中落后的状况进行全面的改革探索,以期望构建适合现代服装行业的科学的系统的实践课程教学体系,实现服装教育从艺术设计到结构版型的整体优化。本课题通过三维测量人体基础参数调查,实践课程信息化教学改革,实现四个优化,即服装设计与工程专业建设、实践课程改革的完善化;人体工效学课程内容的信息化;服装结构版型设计的标准化;制版与推版的准确化。充分运用三维测量采集的精准数据,完成产、学、研、赛、展等实践教学的转型,使得在校师生掌握一手的精确数据参数和个性化服装量身定制,并提早熟悉国内外服装生产领域的新型重点服装生产方式,缩短毕业生与服装市场的磨合期,为学生顶岗与就业打下坚实的基础。

(1) 该课题带动服装设计与工程专业建设级实践课程改革的完善,在服装设计与工程专业进行的人才培养模式改革中,从学院自身特点出发,将市场缺乏的科技性人才作为人才培养的目标,切实地、有针对性地实行了实践课程的科技化改革,并在教学实践中取得了显著成效。

(2) 促进"人体工程学"课程内容的信息化,在当前世界服装发展中,网络环境下个性化定制服装的发展已成为世界服装业发展的重要趋势。随着计算机网络技术的发展,未来服装业必然实现网络环境下的数据应用,这也是人体工程学中数据信息化的最好体现。

(3) 推动了服装结构版型设计的标准化,丰富实践教学内容,采用产、学、研、赛、展等多种实践教学形式,在遵守教学大纲要求的前提下,课程的实践教学部分都设置全国性的专业赛事项目,进一步明确了三维人体测量数据在制作大赛服装时的特殊版型的准确性,教学内容实现了系统性、多样性、渐进性、贯穿性四个特性,教学成果丰厚。

(4) 规范制版与推版的数据准确化,三维人体测量是正确把握人体特征的必要手段,只有通过科技化三维人体扫描仪进行测量,才能精确的掌握人体全身标准数据,进行服装结构设计时才能使各部位的尺寸有可靠的依据,才能保证服装适合人体的体型特征,舒适美观。这些数据也为服装版型课程提供了科学的标准。

该课题研究对进一步促进了服装设计与工程专业课程建设的科技化与技术性,真正实现现代化工学结合,具有重要的现实意义。教学过程中的科技性,使得学校、市场、学生三位一体,营造真实的现代化服装本科院校服装专业,取得了丰厚的教学效果。

二、 解决教学问题的方法

(1) 基于三维人体测量构建实践课程教学内容体系,打破原相关课程的固着状态,形成数字化的全新课程教学内容,构建现代化、标准化、数字化的实践课程教学体系。根据国内外服装生产方式转型的情况,提升学生市场意识及专业技术水准,数字化的三维人体参数贯穿整个服装专业实践课程教学当中,使课程内容更加科学和实用。依托国内成年人工效学基础参数的调查可以将一些新的教学理念、教学方法、教学手段与教学内容融合起来,形成一套适合现代服装行业的服装设计与工程教学体系。在标准化、数字化实践教学模式实施的这几年毕业生就业率100%。

(2) 基于工效学三维人体测量参数,进行"工作室项目教学"和"赛事项目教学"两种不同的教学模式的课程教学来优化教学方法。以数字化教学为核心展开教学方法的研究,结合三维测量参数的准确化、标准化制定教学方案,使教学任务进行合理的分配,充分利用数字化资源,让理论与实践结合、艺术与技术并重,在执行教学任务过程中打破常规教学,将各种教学内容、方法、手段落实到实处,产生好的教学效果,这才是科学教学方式与手段的充分体现。"工作室项目教学"模式:以市场需求为出发点,建立对应的工作室,充分利用人体三维测量标准参数来引导设计教学,不仅提高了学生的理论水平和实操技能,而且使课程与市场的接轨,使培养的学生能够满足社会的和企业职业岗位的要求。"赛事项目教学":在遵守教学大纲要求的前提下,课程的实践教学部分设置为全国各类专业赛事项目,进一步明确教学活动中学生的主体地位,加强学生的学习参与性与主观能动性,通过"以赛代练"进行实践教学环节改革,这样更加有利于学生实践水平和创新能力的提高。通过参赛学生利用三维人体数据测量数据的准确性和个性化,学生先后在"浩沙杯"中国泳装设计大赛、"名瑞杯"中国婚纱设计大赛、"威丝曼"中国针织时装设计大赛、中国国际经编时装设计大赛、"九牧王"中国时装设计大赛、"石狮杯"全国高校毕业生服装设计大赛等赛事中摘金夺银,近几年在这些大赛中共获得60多个奖项。

(3) 实践课程教学中的四个优化的实践教学模式,有效地改善了实践教学环境,明显地提升了实践教学的质量。历经近四年的时间,学校不断完善三维测量数字化的建设,深入市场调研,走访企业名校,2016年,与中国标准化研究院院合作完成"中国成年人工效学基础参数调查——南昌市成年人人体尺寸数据采集"项目。学校也聘请了企业的优秀管理者和设计师作为专业顾问、兼职教师在订单班上课。在合作过程中,共同开发和建设课程,使课程教学内容更加贴近生产实际,更加实用,课程的理论知识和生产实践结合的也更加紧密。不断完善、深化、推进实践课程教学模式,并进一步拓宽了校企合作的渠道,提升了合作的层次,为进一步进行现代化教学改革打下了坚实的基础。

(4) 以实践课程教学改革为平台,培养教师的综合素质。建设以本校教师为主体,企业优秀设计师为补充的多元化一流专业教师队伍。教师是教学过程中的引导者,教师的综合素质决定着教学实施的成功。教师既要懂理论教学,又要精通实训教学;既要精通某一课程,还要掌握相关课程知识;既要了解书本,还要了解企业最新的设备、市场的变化。为了提高教师的综合素质,学校聘请了国内外优秀的服装设计师、服装专家、教授,从专业知识、科技化设备运用、教学理念、教学方法手段等多方面,对在校服装专业教师队伍进行了系统的培训,同时还选拔优秀教师到台湾等地考察,使服装专业教师了解最前沿的专业知识,掌握先进的教学理念和教学方法。

三、 成果的创新点

(1) 基于三维测量的标准化研究型项目进行"工学结合＋项目群"科学教学的课程改革。教师以标准化人体测量参数进行实践课程教学,课程培养体系模块实际就是一个合理任务分配、数字化研究、标准工艺设计,结合市场前瞻项目实施的过程,学生的实践学习过程就是一个标准化生产过程,从而实现教学管理工程化,教学内容标准化,特别强调培养学生标准化的技能技术和专业水准。

(2) 在实践课程教学改革过程中,突破以往只改形式不改内容,只注重人才培养方案、教学模式、教学方法的改良,忽略了现代社会评价学校及学生注重的是实质内容与结果。本课题结合现代服装行业发展趋势,时下国内人群的三维测量数据参数,采取打破传统教科书式的、老旧经验化的服装教育方式,建构科学的实践课程教学体系的研究模式,依托三维测量参数设置数字化、标准化课程,科学保证学科以最新、最准确的知识传授与综合实践活动相结合,进行实验研究,力求实现服装院校与社会需求的完美接轨、互利互赢。

四、 成果的推广应用效果

实践课程教学是服装专业教学的重要组成部分,也是实现人才培养目标的重要途径。通过本课题的研究,对服装设计与工程专业的实践课程教学进行改革,缩短学校与企业在人才培养规格需求上的差距,从而为企业培养具有核心竞争力的服装专业优秀人才。

(1) 构建了数字化的全新课程教学内容,构建现代化、标准化、数字化的实践课程教学体系。本课题在实践课程教学改革上,首先从人才培养目标入手,调整教学计划,修订教学大纲,课程结合三维测量技术在教学内容上提出适合学科专业转型发展的实践课程教学,建立完整的实践课程教学内容体系,进而从转变教学观念、教学模式、教学内容、教学方法等方面对过去教学中落后的状况进行全面的改革探索,以期望构建适合现代服装行业科学系统的实践课程教学体系,实现服装教育从艺术设计到结构板型的整体优化。新的实践课程教学体系通过在服装专业教学实践中的运用,收效显著,学生的实践能力和创新能力得到了很大提高,学生先后在"浩沙杯"中国泳装设计大赛、"名瑞杯"中国婚纱设计大赛、"威丝曼"中国针织时装设计大赛、中国国际时装创意设计大赛、"乔丹"杯运动装备服装设计大赛、"虎门杯"国际时装创意设计大赛、中国国际经编时装设计大赛等赛事、中国大学生时装周、"石狮杯"全国高校毕业生服装设计大赛中摘金夺银,近几年在这些大赛中共获得60多个奖项,这些大赛都是中国目前含金量极高的大赛,而其中的金银奖获得者更代表了整个行业在该领域中的制高点。毕业生也由于实践能力强、综合素质高,就业连年走俏、供不应求。

(2) 修订完善了实践教材的内容。原有实践课程教材内容滞后,内容千篇一律。通过本课题的研究,对原有实践课程教材进行了增删修订,删除内容老化、数据不准确、结构不合理的专业实践知识,增加最新的科学标准专业数据和合理准确的专业知识,学校先后与河北美术出版社、中国纺织出版社合作出版了《立体裁剪》《服装款式设计》等20余本系列服装实训教材,以便学生具备高标准的专业水平,拥有较好的实践动手能力、市场实战能力和综合素质拓展能力。

(3) 改革优化了实践课程的教学模式。本课题通过三维测量人体基础参数调查,进行课程数字化教学改革,实现四个优化,即服装设计与工程专业建设,实践课程改革的完善化;"人体工程学课程"内容的信息化;服装结构版型设计的标准化;推版与制版的准确化。充分运用三维测量采集的精准数据,完成产、学、研、赛、展等实践教学的转型,使得在校师生掌握一手的精确数据参数和个性化服装量身定制,并提早熟悉国内外服装生产领域的新型重点服装生产方式,通过完成一系列的实训项目,来理解和掌握理论知识及操作技能,这种理论性与实践性相结合的互补式教学方法,促进了学生思维能力、创新能力、综合能力的提高。学校教师利用自身专业优势,结合服装行业发展实际开展课题研究,完成各类研究课题100余项。

(4) 推动完善了校内数字化教学基地建设。在原有服装实践教学的基础上,为了满足数字化实践教学的需要,整合并新建了服装设计实验中心、服装工程实验中心、服装技术基础实验中心、服饰文化展示中心、现代教育技术实验中心等10个实践教学中心;建有三维测量、3D打印、面料纤维鉴别、服用性能检测、CAD款式设计、服装和鞋类生产等98个实验室。将实验教学同理论教学和科学研究紧密结合,在整合实验教学内容、改革实践教学模式。学院的服装实验基地系省和中央财政支持建设的示范性实验实训基地,学院的服装实验基地系省和中央财政支持建设的示范性实验实训基地。与此同时,学院与雅戈尔、好孩子、利郎、波司登、匹克、特步、CBA、鸭鸭等省内外品牌企业共同建立了稳固的校外实习基地105个。

(5) 不断产生广泛的行业影响力。至今学校已累计获得国家级奖项60余项,学生参与总数达到100多人次。4个专业被评为省级特色专业,6门课程被评为省级精品课程。与企业共建了13家综合性实习实训基地,被中国纺织工业联合会、中国纺织教育学会授予"纺织服装中国人才培养基地"。学校还与石狮市签订了市校战略合作协议,学校在石狮设立的石狮服装设计研究院,已成为该校涵盖纺织面料、服装服饰完整产业链的,集设计、技术、管理、营销和社会实践为一体的应用技术型人才培养基地。

高级品牌女装立体裁剪人才
培养创新模式

香港服装学院

完成人及简介

姓 名	性别	所在单位	党政职务	专业技术职称
周世康	男	香港服装学院	院长	高级技师
曹亚箭	男	香港服装学院	无	服装设计高级技师
古福昌	男	香港服装学院	无	高级技师
范福军	男	华南农业大学艺术学院	无	教 授

一、 成果简介及主要解决的教学问题

(一) 成果简介

"高级品牌女装立体裁剪人才培养创新模式"项目开始于 2010 年,香港服装学院周世康院针对服装行业对高级品牌女装立体裁剪人才的需求,带领学科教师,运用团队多年的教学经验,在原有的服装裁剪教学体系上进行大刀阔斧的创新改革,开创了面向行业需求的服装立体裁剪高级人才培育创新模式,建立了一个标准化、科学化、系统化的服装立体裁剪教学体系,深受学员的欢迎与企业的好评。

(二) 主要解决的教学问题

中国服装企业里从事纸样设计、工艺设计及成衣规格设计、生产技术管理等服装立体裁剪技术人员,大多数是缝纫工出身,以自学为主及"老人"带新人的方式进行培养,但这样的培养方式"产量"不高,根本无法满足市场的需求。与此同时,当下针对服装立体裁剪人才的培养开设独立专业的高等院校凤毛麟角。为此,该成果依托我院原有的服装裁剪课程的基础上,根据市场对高级品牌服装立体裁剪人才的需求情况,对服装裁剪课程进行系统优化,快速提升学生对立体裁剪、各种款式造型设计与面料的运用,掌握时装立体结构、工艺流程设计、各类服装的成衣制作,服装纸样设计原理、工业纸样放缩、服装生产技术管理等,并把考取国家服装裁剪中、高级职称融入教学当中,实现毕业即可持证上岗,与市场无缝对接。

二、 解决教学问题的方法

(一) 课程体系的构筑和整合

其一,学生在学习期间的课程分为专业基础、专业理论、专业技能和专业实践 4 个模块,通过学习并把服装类国家职业资格考证(服装裁剪)中、高级的考试大纲分别融入到日常的专业课程当中。其二,根据企业技术人才需求方向,在已有服装裁剪课程基础上,再细分出"高级服装立体裁剪"、"高级成衣工艺纸样实战"和"高级服装工艺"等课程,为企业系统化、标准化培养立体裁剪师、工艺制作师等高级技术人员。

(二) 运用多形式的教学方法,开展实战操作程序

(1) 项目教学法。模拟企业真实的运作环节,根据企业的部门设置,分工合作,相互配合,共同承担服装立体裁剪教学任务以及校企合作项目。如模拟国际、国内高级成衣板房操作,学习一线品牌立体裁剪、制版技术。

(2) 品牌案例教学法。通过企业调研、校企合作,获得大量的品牌服装裁剪案例,并与校企合作企业技术总

监、高级技术人员一起研讨开发,将企业真实的产品生产过程进行整合、归纳后,形成课程的教学内容。

(3) 实训基地教学法。其一,到校企合作的服装企业,开展参观服装生产流程为主的实践教学;其二,到知名品牌服装企业,企业技术总监、高级技术人员授课,进行面对面的技术交流;其三,与服装企业开展订单培养,学员到企业开展实习工作,通过以师带徒的方式,独立辅导。

(三) 加强教师队伍的建设

其一,强化专业教师培养,制定相应的师资培养措施,造就一支双师型师资队伍,实现"课堂企业化"。通过有计划的安排教师到纺织服装企业生产一线进行专业技能培训,学习先进的服装行业新技术、新方法,防止知识老化,着实提高他们的实践能力,鼓励专业教师每年至少参加 1 次服装设计大赛等;其二,从纺织服装企业聘请既有高理论水平又有较强实践能力的专业技术人员到校,如技术总监、立体裁剪师、高级纸样设计师等,他们除承担部分专业理论和校内实习课教学外,还兼具带动、培训我院专业教师,实现与市场的无缝对接。其三,引入国际知名服装院校技术大师开设名师课程,分享国际先进服装制作技术和经验,快速提升学生的视野与技术水平。

三、 成果的创新点

(一) 有效推动服装立体裁剪高技能人才的系统化、科学化、标准化培养

开创了面向行业需求的服装立体裁剪高级人才培育创新模式,按照企业对服装立体裁剪人才的岗位设置、技术要求等情况,并把并把考取国家服装裁剪中、高级职称融入教学当中,建立起一个标准化、科学化、系统化的服装立体裁剪教学体系。

(二) 以职业能力培养为重点,开展项目实操

以职业能力培养为重点,以岗位工作任务为依据,采用企业真实项目,整合教学内容。以校企合作为平台,整个教学过程体现"教、学、做"一体化,形成以职业为导向,实现模块化教学的课程体系创新模式,提升学生的分析、设计、动手与创新能力。

(三) 教学方法的创新

其一,引入品牌案例教学法,通过企业调研、校企合作,获得大量的品牌服装裁剪案例,并与校企合作企业技术总监、高级技术人员一起研讨开发,将企业真实的产品生产过程进行整合、归纳后,形成课程的教学内容。其二,强调个性化教学,注重因材施教,启发学生的创意,在情景中教学,革新传统老师教、学生学的被动教学,以学生做为主,老师教为辅,变被动为主动,提高学生学习积极性,使学生能够将自身的创意、专业特长、个性完整的表现出来。

四、 成果的推广应用效果

(一) 服务行业

该成果的实施,使我院形成了以中高端女装为特色,注重实践应用能力和专业技术能力的养成,开创了高级品牌女装立体裁剪人才培养创新模式,所培养的学生基础扎实,技术能力突出,具有良好的素质和适应能力,出现学生就业率较高、企业对学生反馈较好、社会影响力大、企业主动上门联系签约多的现象。目前该专业学生就业率达到 100%,近 5 年来已经为深圳乃至全国培养了 2 000 多名服装裁剪技术人才,在一定程度上缓解了深圳乃至广东省及其周边地区服装企业对中、高级服装立体裁剪人才的需求。

(二) 特色立业

学院注重专业技能培养,执行"双证书"制度,近 5 年职业技能鉴定考核参与率达到 90%,鉴定通过率达到 75%。在开展服装立体裁剪人才培养过程中,同时推动着深圳服装职业资格鉴定工作,铺就行业人才发展之道。

(三) 成果强业

本成果积累了一套行之有效的教学、科研、育人体系,服装立体裁剪专业学生的综合素质、创新能力、技术水平得到明显提高,学生在国内各类服装技能大赛中屡屡获奖。如 2015 年深圳市好技师好讲师系列活动服装裁剪竞赛中,学员严丹荣获一等奖,严丹、彭堂乐、左克府、周海鹏、夏文、陈艳梅荣获了"深圳市技术能手称

号"等。

(四) 创新兴业

积极开展校企合作和开展产、学、研相结合等方面的工作,在新工艺推广应用和技术人员培训等方面积极为省内外企业服务。如协助企业制订、完善服装企业产业链核心技术应用规范与标准,引导服装工艺流程模式化系统的技术进步与创新,推动科研成果顺利转化为生产力。

知行合一技能导向的纺织经管类
实景育人培养模式探索

成都纺织高等专科学校

完成人及简介

姓　名	性别	所在单位	党政职务	专业技术职称
姜宁川	男	成都纺织高等专科学校	经济管理学院院长	教　授
何　涛	男	成都纺织高等专科学校	纺织服装产业发展研究中心常务副主任	副教授
庞霓红	女	成都纺织高等专科学校	国际贸易教研室主任	讲　师
夏远江	男	成都纺织高等专科学校	经济管理学院办公室主任	副教授

一、 成果简介及主要解决的教学问题

分析当前建设具有中国特色、世界水准的现代职业教育体系给高职高专教育改革提出的任务,探讨了纺织产业经管类高职专业人才培养模式创新与课程改革的路径——"知行合一,实景育人,技能导向,以赛促学"——纺织产业经管类人才培养模式。

遵循科学流程。规划先行,点面结合,激励创新,探索了一条高效可行的实现路径——教学做一体化(技能赛事、企业项目)和岗课证融合两翼齐飞。高职院校应该注重培养学生的职业素质、实践技能和团队精神,以满足企业对高职应用型人才的要求。

确立人才培养目标与前景。纺织产业经管类专业人才既满足职业岗位需求又更具适应能力、更有事业发展后劲,实现可持续性、外延拓展性、内涵增长性就业。树立多元人才观、质量观,重视专业人才差异性,尊重高职人才共性,努力使纺织产业经管类专业人才适销对路。

二、 解决教学问题的方法

(1) 基本思路。知行合一,技能导向,实景育人,以赛促学,以赛促教;规划先行,点面结合,激励创新。

(2) 遵循科学流程。规划先行,点面结合,激励创新,实现路径——教学做一体化(技能赛事、企业项目)和岗课证融合两翼齐飞。高职教育要坚持开放性,走与企业紧密结合之路。

(3) 核心任务。加强内涵建设提升办学质量。加强实习实训基地建设,推进校企融合,吸纳优质资源,提高学生实践创新能力、注重素质教育等。人才培养必须以职业能力为核心,通过课程改革完成人才培养模式创新。营销技能、管理技能和岗位业务技能是经管人才技能适应岗位要求的关键,而且上述技能既有内在层次关系,又体现了互促共生的协调发展关系。通过三方面素质技能的系统训练,构建和岗位需求、职业标准相衔接的实践教学体系、通过赛事、项目,构建企校一体育才体系、知行合一的机制(源于专业、胜任职业,专业内核、职业表征),积极推行考核模式改革,可切实提高纺织经管类专业学生能力,拓展其发展空间,帮助学生达成自我实现。

三、 成果的创新点

(1) 本项探索清晰评判了社会经济新形势下,企业对高等职业教育领域经管类应用型高技能人才的素质能力需求,进行了纺织产业经管类专业人才适应岗位、成长、成才规律的调研。

（2）强化验证了实景育人实践教育（用赛事、企业项目培养技能）之于人才培养的关键性作用。

（3）遵循科学流程。规划先行，点面结合，激励创新，探索了一条高效可行的实现路径——教学做一体化（技能赛事、企业项目）和岗课证融合两翼齐飞。

（4）以赛促学培养能力，以赛促教完善师资，在合作中增进校企关系，在赛事中树立专业形象和学校声誉。

（5）实践所构建企校一体育才体系、充分发挥校内外教育资源优势、特点，启发更多的高职院校培育出更有特色，更具就业和发展优势的高职人才。更好地适应企业岗位需求，更好地满足高职师生、家长们的教育期望，实现社会、企业、学校、教育部门四赢。本探索对丰富我国高职教育人才细分类型研究与实践也有很好帮助，本探索有多赢效应，推广前景值得期待。

四、 成果的推广应用效果

校企合作，强化能力，才能培养完全适应当下中国市场经济活动的纺织经管类高级应用型人才。教改的目标是：立规划，抓实施，出成果，育人才，广受益。从 2010 年起，3 年之内，技能赛事进专业、进计划（必修课、选修课均可）、参赛均获奖，通用赛事全面铺开，专业大赛提升水平。将学历教育、职业技能培养与职业认证三者有机结合起来，构筑"岗""课""证"三位一体的课程体系；积极组织参赛同时主办校赛配合，扩大赛事参与受训面，优选人才出成果；各项赛事由专业教师团队负责运行，采用目标管理的运行机制。纺织产业经管类专业人才职业素质技能培养建设规划中明确要求：企业参与赛事方案设计，企业项目纳入赛事题目，企业专家共同指导学生，企业、教师、公众共同评价成绩，赛事项目成果供企业经营参考。为此，我们在专业教学计划中建立了两个支持体系，即"项目化、模块化"课程体系、"实景式"实践教学体系，以保障共同充分发挥校内外教育资源优势，实现培养纺织服装类企业需要的高素质与强技能的应用型人才目标。2011 年至 2016 年，我校参加全国大学生外贸跟单（纺织）职业能力大赛、企业经营管理沙盘模拟竞赛、国际贸易会计职业能力竞赛、市场营销大赛、创业大赛等各类省级以上大赛，共计有 186 人次荣获国家级一等奖 11 项次、二等奖 7 项次、三等奖 8 项次、省级一等奖等 20 余项，取得了很好的成绩。各类校赛参与学生 2 508 人次，在全院、全校营造了提高素质的良好氛围。掀起了一轮又一轮的强技能、赛专业、比学赶超的学习高潮。专业课程采用项目化教学方法，融"教、学、做"为一体。针对各子项目任务要求设计教学情境，通过课堂教学、现场教学、实训、实习等多种教学方式，采用项目驱动、任务引领式教学、现场教学法、案例教学法、专题调查、讨论式教学法、自主学习教学法、网络教学、课堂讨论等多种教学形式，使理论与实际有机结合，将教学情境和工作领域切实融合；强化技能培训和鉴定，将学历教育、职业技能培养与职业认证三者有机结合起来，建立"岗""课""证"三位一体的课程体系，在完成实际工作任务之过程中最大限度地强化学生的岗位实操能力培养。

染整技术专业工学结合"订单式"
人才培养模式的改革

辽东学院

完成人及简介

姓　名	性别	所在单位	党政职务	专业技术职称
梁　鹏	女	辽东学院	系主任	教　授
于志财	男	辽东学院	化工学院系主任	讲　师

一、 成果简介及主要解决的教学问题

"染整技术专业工学结合'订单式'人才培养模式的改革"项目研究依托辽东学院化工学院染整技术专业，于2012年4月辽东学院和杭州富丽达集团控股有限公司——庄丽染整公司签订校企合作办学协议开始，根据该企业专业人才规格要求，辽东学院为"富丽达订单班"单独制定专业人才培养方案，并照此方案开展教学工作，取得了一定的成果。

(1) 与庄丽染整有限公司合作联合开展染整技术专业学生订单培养工作，探索改革人才培养模式，打通了产学合作的途径，实现学校、企业、学生，多赢。学校为企业培养了"适销对路"的人才，企业成为学校人才培养和输送基地；拓宽了学生的就业渠道，学生掌握了企业所要求的技能和能力，达到了就业零距离，实现了无缝对接。

(2) "校企合作、工学结合"教学模式取得新突破。"订单培养"实行"1.5＋1.5"的工学结合的专业人才培养新模式，以组织结构连接校企双方。经过在校期间的基本理论与技能学习——工学结合、企业顶岗实习——就业等教学形式，形成校企合作的聚集效益。

(3) 建立与"订单式"人才培养目标相适应的课程体系。在校企合作中以需求为导向，按企业的生产实际调整课程设置，把职业岗位要求的知识、技能和素质与学生的认知、学习过程有机结合起来，构成相关教学内容。

(4) 建立稳定的校外实习基地。将庄丽染整有限公司定点为学校的实习基地，并组织学生在企业进行现场教学，使学生能够得到高水平的实践，走出学校就能直接上岗，切实体现了高职教育培养技能型人才的功能。

二、 解决教学问题的方法

(1) 校企合作、共同开发课程、共同制定工学结合的人才培养方案。通过到庄丽染整有限公司实地考察，广泛征求企业技术人员的意见，充分了解企业对岗位技能的需求，共同确定"模块化"课程体系，完成了辽东学院染整技术专业2012级"富丽达班"订单培养方案的制定。探索实行"1.5＋1.5"的校企合作、工学结合的人才培养新模式。前"1.5"是指一年半时间在校期间进行基本理论与技能学习；后"1.5"是指一年半时间进行工学交替、企业顶岗实习。

(2) 教学更有针对性。我们从企业生产实际出发，分解企业的各个生产环节，将岗位与技能细化。在校期间使学生具备企业各岗位所需求的基本知识、技能与素质。校内教学围绕企业岗位技能与素质展开，工学结合、顶岗实习教学严格按照企业生产实践岗位技能展开，做到边工作边学习，培养学生树立良好的职业道德，具备踏实的工作态度，树立劳动观念、组织纪律观念，为企业创造价值。

(3) 改革教学组织形式。结合工学结合"订单式"人才培养模式的改革，教学组织分解为学校学习和企业学

习两部分,形成在校期间的基本理论与技能学习——工学结合、企业顶岗实习的教学组织形式。

(4) 建立深入的校企合作关系。依托企业建立大学生教育实习基地,将基地建设成集学生实习、员工培训、教师企业锻炼等多功能于一体的大学生实训教育基地。

(5) 充分发挥校企双方的教育教学优势。通过"订单式"培养这个合作平台,能充分发挥学校在教育教学活动中的师资与设施的优势,也可以充分发挥企业在技能培养和岗位实习培训中的技术与设备的优势。

三、 成果的创新点

(1) 实现了"校企合作、工学结合"人才培养模式的新突破,完成了"1.5＋1.5"工学结合教学模式的探索。突出应用能力和职业能力的培养,强化了实践环节。

(2) 构建了染整技术专业新的课程体系,深化了教学内容与教学方法的改革。课程设置和课程内容完全按照企业岗位技能与素质要求来完成,企业需要什么就安排什么课程,教学方法也随着课程内容的改变而改变。职业基本理论与素质的课程安排在学校学习阶段,生产岗位所需技能与素质课程安排在顶岗实习阶段。

(3) 提高了染整技术专业人才培养的质量。针对染整企业人才需求定向培养,学生掌握了行业、企业所要求的技能与能力,达到了就业零距离。

四、 成果的推广应用效果

本项目以实施"订单式"培养为实践载体,围绕专业人才培养模式改革开展理论研究与实践探索,经过三年多的努力取得可喜成绩,围绕专业人才培养模式改革的理论研究不断深化。

(1) 从学校角度,第一,学校和企业之间建立了良好的沟通平台,为企业开辟了聘用人才的新途径。第二,通过学校和企业的合作,有效增强了学校的生命力,拥有更多资源培养企业需要的应用型技术人才。第三,对高校学生就业具有指导性作用,有效提高就业率。校企"订单式"培养模式就业针对性较强,能够较好的实现学生毕业与就业之间的过渡,提高就业率。第四,推动了"双师型"教师队伍建设,促进学校师资整合,促进综合性教师成长。第五,促进了课程教学方式方法、实践教学内容及课程考核方式的改革。学校在进行课程设置时,充分面向市场,以培养应用型人才为最终目标,"订单式"培养模式正好为学校创造了参与市场合作的机会,有利于学校及时、有效地把握市场需求,积极改善课程设置,有效提高学校的适应性。

(2) 从企业角度,第一,有效降低企业招聘及人才培训成本。第二,提高培训效益,这种培训充分运用了学校的部分教育功能,有助于使企业内部的培训更加全面,更有深度,使毕业学生能更快更有效的上岗。第三,降低了企业人员流动的频率及人员流动带来的损失,节省企业为招人、养人等投入的人力、物力、财力、时间。

"染整技术专业工学结合'订单式'人才培养模式的改革"项目研究成果在促进专业人才培养模式改革、推动产教融合、校企合作、提高人才培养质量等方面取得明显成效。围绕专业人才培养模式改革的理论研究不断深化,在面临高等教育转型发展的大背景下,相信该成果对于其他专业的教育教学改革会有借鉴意义和推广价值。

新常态下的职业教育课程
项目化教学实践

嘉兴职业技术学院,嘉兴锦丰纺织整理有限公司,
嘉兴市特欣织造有限公司

完成人及简介

姓　名	性别	所在单位	党政职务	专业技术职称
戴桦根	男	嘉兴职业技术学院	教研室主任	副教授
曹　颖	女	嘉兴职业技术学院	现代纺织技术专业学生支部书记	讲　师
刘　会	女	嘉兴职业技术学院	无	讲　师

一、 成果简介及主要解决的教学问题

（一）成果简介

现代纺织技术专业是学院工科类专业中率先进行"工学结合"课程改革的专业之一,2008年起,启动了以教育部2006年16号文件精神为指导课程改革,突出了以"任务驱动,项目引领"课改理念。2010年在学院省示范建设及本专业浙江省特色专业建设的双重利好推动下,选择基础较好第一轮4门课程及再次遴选其他4门技术课程,共8门核心课程进行课程项目化教学改革,改革中提出并落实了"四个一"要求:一个满足岗位要求的课程标准,一个好的项目设计方案,一个能够落实学做一体的环境,一个具有创新风格的课程信息化载体。经过2010—2015年间的不断发散与优化,特别2014年起,启动了第二轮以"教育部关于开展现代学徒制试点工作的意见"（[2014]9月）,及"浙江省高校课堂教学创新行动计划2014—2016",第三轮以"嘉兴职业技术学院课程改革方案[2015]87"为指导的课程改革,使专业技术课程的传统教学痕迹得到充分刷新,传统教学手段得到颠覆性改革。

（二）主要解决的教学问题

(1) 基于MES模式,创新提出了"小立课程,大做功夫"的课程标准理论。

(2) 解决了内容选择与实用性、技术性的动态变化矛盾。以职业岗位能力需求为唯一焦点,将各个单元项目从原有的学科为主的课程体系中分离出来,在"学"与"用"之间构建一条"零距离"的通道。

(3) 打通学徒制教学与项目情景设计间直通车。摒弃2个误区,师傅不是万能师傅,学生不一定要精通专业的各门技术课程,打通了师傅与徒弟之间的最后1公里。

(4) 解决了课程项目设计与教学设备增长的动态变化。课程项目设计"大做功夫",以设备开发设计项目。"好设备不再成为摆设,好炊具有好米来下"。

(5) 营造了教师个性与学生特质间的绿色P2P。翻转课堂、线上线下交流、大型创意实验,成为亮点,全国纺织职业院校技能大赛、省挑战杯成绩彰显课改成果。

二、 解决教学问题的方法

(1) 课程改革落实"四个一"。一个满足岗位要求的课程标准,一个好的项目设计方案,一个能够落实学做一体的环境,一个具有创新风格的课程信息化载体。

（2）课程建设树立职业教育新常态意识。以四个动态性（即课程标准与职业岗位、课程内容与技术变化、项目设计与学徒制融合、项目选择与教学设备增长）为基础，以我院现代纺织技术核心课程为抓手，改革中树立职业教育新常态意识。

（3）课程项目实施有可持续性。项目设计不过度依赖于企业，项目实施不过度消耗社会资源，增加发展后劲与可持续性。

三、 成果的创新点

（1）研究了新常态下职业教育的系列问题。以四个动态性（即课程标准与职业岗位、课程内容与技术变化、项目设计与学徒制融合、项目选择与教学设备增长）为基础，以我院现代纺织技术核心课程为抓手，研究了新常态下职业技术教育的课程改革问题。

（2）刷新了课程信息化建设新页面。走出了一条课程信息化资源建设的独特之路：通过拍摄企业生产设备操作示范、大型实验实训设备操作示范、企业工程师生产讲解教学视频 45 个，及课堂教学与生产车间现场在线连线等实践，挑战了课程信息化建设的旧模式。

四、 成果的推广应用效果

（1）本项目开展有力提升了课程建设内涵。专业有四门课程分别为 1 门省精品课程，3 门嘉兴职业技术学院重点课程，全部验收合格，引领 8 门核心课程先后进行改革。

（2）本项目实施有力推进了校外基地建设及教学团队建设。嘉兴欣昌印染有限公司、嘉兴特欣纺织有限公司、嘉兴锦丰纺织整理有限公司 3 家企业与本专业合作，获得了"中国纺织服装人才培养基地"择优秀项目，并由中国纺织工业联合会、中国纺织服装教育学会授牌。

（3）项目实施期间哺化产生了与嘉欣丝绸集团共同合作、嘉兴市欣禾职业教育集团现代学徒制试点项目，实现了学徒制培养的真正落地，10 多名工程师参与课程教学，教学团队形成了具大合力。

（4）形成了一批教学改革及教育科学研究项目和成果。①基于网络技术的课程评价体系研究（2013 年省教育厅项目）。②"纺织品测配色技术"课程协同建设项目（2015 年职业教育"现代纺织技术"专业国家教学资源库建设项目，FZZYK2015-22-24-1）。③"纺织材料检测"课程协同建设项目（2015 年职业教育"现代纺织技术"专业国家教学资源库建设项目，ZYK-2015-22-17-1）。④学徒制模式下课程项目设计动态变化研究以纺织染整专业为例（2013 年省教育厅项目教改项目）。

（5）学院教学研究项目（3 个）。①纺织品检测技术"业务订单嵌入式教学模式的改革与研究"院级课题。②印花技术项目设计与学徒制模式教学手段对接研究。③互联网＋要素资源的课堂教学模式改革与实践以纺织品染色课程为例。

（6）促进了人才培养质量提升。表现为学生动手能力和应用专业知识解决实际问题的能力明显提高，学生在科研课题研究和全国赛事中取得佳绩。2015 年团队教师指导带领学生参加 2015 年浙江第十四届"挑战杯—创智下沙"大学生课外学术科技比赛二等奖。2012 年度团队教师指导学生参加第五届全国高职高专院校学生染色小样工技能大赛获得 2 个 1 等奖，1 个二等奖，1 个三等奖的好成绩；2013 年团队教师指导学生参加第六届全国高职高专院校学生染色小样工技能大赛获得 1 个一等奖，1 个三等奖的好成绩；2014 年的纺织品设计大赛，学生获得了 1 个二等奖；2015 年的纺织品检测比赛，学生获得了 2 个二等奖、2 个三等奖的好成绩。

对接地方政府人力资源战略，创建服装设计专业多元化课程体系与创新人才培养

江西服装学院

完成人及简介

姓　名	性别	所在单位	党政职务	专业技术职称
黄春岚	女	江西服装学院	无	副教授
段　婷	女	江西服装学院	服装设计与管理分院院长	副教授/高级技师
胡　佳	女	江西服装学院	无	讲　师
胡艳丽	女	江西服装学院	无	讲师/工艺美术师
王智沛	女	江西服装学院	无	讲师/助理工艺美术师
唐新强	男	江西服装学院	无	讲　师
徐雪梅	女	江西服装学院	无	高级技师

一、 成果简介及主要解决的教学问题

本课题"对接地方政府人力资源战略,创建服装设计专业多元化课程体系与创新人才培养"是我校与地方政府及企业本着"政校企合作,产学研共赢"的理念,提出服装设计专业课程以多种模块化形式展开教学,本课题通过校府、校企合作,聘请企业导师进入课堂与校内老师配合教学,开展综合实训基地建设,从教学模式、教学观念、教学方法与手段上进行了全面的改革。自从2013年开始与石狮市政府合作,2013年、2014年、2015年与企业制定了订单班培养,2016年与南昌共青城、万商城合作等,从课程设置特色化、课程开发多元化、课程内容能力化、课程目标岗位化、课程实施项目化、课程建设开放化、实践课程重点化、教学组织灵活化、课程建设精品化、课程评价社会化,通过系列多元化课程体系建设缩小了学生与企业之间的距离,同时也培养了部分学生可以自主创业的能力。

(1) 改变了传统的服装设计专业教学模式,实行课程中直接让企业设计师或设计总监与校内老师共同授课。校内老师教基本理论及技能方法,企业导师带入实际的企业项目引导学生实践,激发学生更大的学习兴趣,把传统的理论单一教学转化为在企业实际项目中掌握服装专业技能,政校企合作深入人才培养的全过程,从而实现课程内容能力化、课程目标岗位化。

(2) 从培养知识型人才向培养应用型专业人才转变,实现一体两翼三结合的人才培养模式,"一体"即以培养服装设计专业应用型人才为主体,"两翼"即为学校与政府,学校与企业的合作共赢,"三结合"即为课内与课外、专业内与专业外、校内与校外相结合。

(3) 课程模块的多元化课程体系,包括校内、校外、网络、面授及创新创业等的课程模块。多元化课程体系的形成,扩大了学生的学习选择,优化了学生的学习环境,在提高课程的育人功效方面取得了显著成效。激发了学生的学习热情,调动了学生的学习积极性;改进了学生学习方式,促进了学生主动学习、有效学习;培养了学生的动手能力和解决实际问题的能力;增强了学生的交流、合作等社会技能,提高了学生参与社会生活的能

力;激发了学生的创造活力,促进了学生个性才能的发展,课程中采用产、学、研、赛、展等多元化形式,课程内容有真实的企业项目、真实的赛事项目,教学成果丰厚。

(4)课程模块化多元化,有利于课程设置与就业目标挂钩,可根据职业岗位需要的知识、技能和态度来确定课程内容,使"能力本位"的思想得到体现;有利于专门化课程模块的设置与市场需求的变化保持一致,可以根据人才需求和学生就业率的变化情况,调整选修相应专门化课程模块的学生人数,体现出课程设置和课程选择的动态性,有利于新专业的开发和对已有专业的改造。该课题研究对进一步深化政校企合作,真正实现工学结合,具有重要的现实意义。教学过程中政校企支撑,政府、学校、企业、学生四位一体,通过与政府签订的人才资源策略、与企业签订的订单班,打造双师结合的师资队伍,实现"政校企合作,产学研共赢",赛事中也取得了丰硕的教学成果。

二、 解决教学问题的方法

(1)通过政校企多方位合作,形成以课程开发多元化、课程内容能力化、课程目标岗位化的多元化课程体系,从而实现创新人才的培养。政府、学校、企业按照"优势互补、共谋发展、务实高效、互惠共赢"的原则,发挥各自优势,通过产品研发中心及各类大赛平台全方位合作,三方共同推进人才培养。课程开发紧贴职业岗位需求。一是学校与企业建立合作伙伴关系,根据企业对人才的需求"量身订制"培养计划和课程教学内容;二是建立有行业和企业管理者、技术专家参加的专业指导委员会,让行业、企业的专家直接参与制定专业培养目标和课程教学计划,确定课程教学内容和评估标准,以及参与课程建设的全过程。以能力培养为导向设计课程内容。通过真实岗位(群)能力或技术应用能力分析,确定相应的技能或能力模块,设置对应的课程或训练项目。在课程内容设计上,分解出从事具体职业岗位(群)工作所需的能力要素,形成由基础技能、核心技能和综合技能构成的教学内容体系。以就业为导向进行课程目标设计,不仅要有职业教育共性目标要求,而且要有清晰的职业基本能力要求以及具体职业岗位的工作标准,要明确职业岗位人才规格、知识结构、能力结构的目标定位。由于课程目标瞄准某种职业,落实到具体岗位,就业方向直接在学校人才培养的课程方案中清晰体现,使课程目标直接与就业目标挂钩,大大缩短学校教育与就业需求之间的距离,从而实现创新人才的培养。

(2)通过建立课程实施项目化、教学组织灵活化、课程建设精品化的课程体系来实现创新人才培养。课程多元化体系以课程结构的项目化设计,增强课程弹性,对职业化课程进行优化和补充。对专业主干课实施"基于任务的项目教学法"。将课程内容分为若干项目,学生学习的过程即是完成项目任务的过程。项目实施过程中邀请企业和行业专家直接参与,共同培养学生在纺织服装企业环境下的服装产品设计能力和品牌服装推广能力。课程教学采用灵活的"校企合作、师生互动、工学交替"的组织形式,以工作过程为导向,采取工作—学习—工作的方式,提高学生社会实践能力,重视操作性课程,保证操作性课程教学学时占50%左右。学生在校以理论学习为主,辅以实验、实训和在企业生产实践交替进行,让学生在职业训练中学习、在学习中进行职业训练;采取"请进来""走出去"的方式,邀请企业业务骨干和行业专家给学生开展专题讲座,传授最新业务知识,开展技能培训,介绍企业文化等;组建学习团队,以团队为单位,强化团队合作精神。按照全校统筹、合理布局、任务明确的建设目标,制定精品课程建设规划,分年度、分任务、分责任部门贯彻落实。在建设中分校级精品、省级精品、国家精品三级全面推进。除了完善制度,保证充足的经费支持外,重点抓好课程建设的基础工作:一是大力开展课程改革研究,二是加强标准化建设,三是加强教材建设。分院有校级精品课程"女装结构设计与工艺",省级精品课程"款式设计""服装效果图",且有配套的精品课程教材由中国纺织出版社出版。

(3)通过培养知识型人才向培养应用型专业人才转变,实践课程重点化,实现一体两翼三结合的创新人才培养模式。从培养知识型人才向培养应用型专业人才转变,实现一体两翼三结合的人才培养模式,"一体"即以培养服装设计专业应用型人才为主体,"两翼"即为学校与政府,学校与企业的合作共赢,"三结合"即为课内与课外、专业内与专业外、校内与校外相结合。将实践教学落实到具体课程教学中,完善实践教学设计,强调以项目为中心设计实践课程。规范课内实践教学基本要求,如计划、大纲、项目单卡、教学进度计划等。根据课程性质进行不同的实践课程设计,明确能力要素、实践项目支撑点、考核标准及配套设备、设施等(图1)。

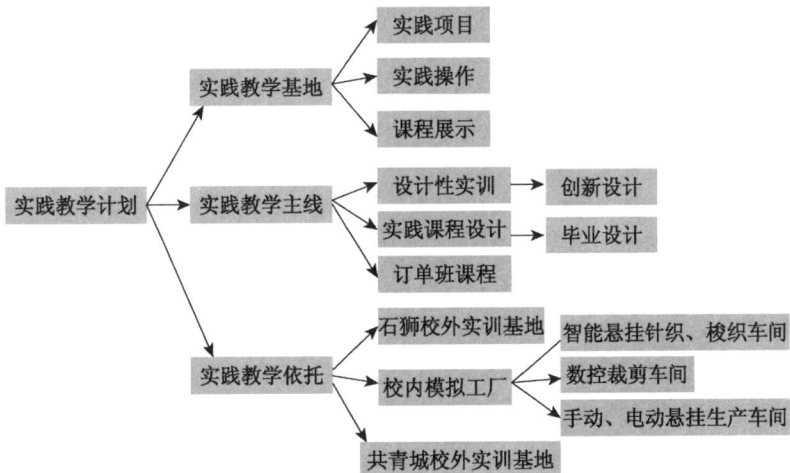

图1　实践教学计划

(4) 以政府、企业、学校合作为平台,培养专业教师的综合素质,建设以本校双师型教师为主体,聘请企业导师为补充的多元化一流专业教师队伍。人才培养质量是学校的立足之本,是办学的核心力量。教师是学校重要的人力资源,学校建设了一支以"双师型"教师为主体的素质优良、专兼结合、相对稳定的师资队伍,学校还聘请了一批企业导师队伍,针对校内教师建立3~5年1周期的轮训制度,针对新进大学毕业生建立第1年必须到企业或生产一线参加实践的制度,进一步完善教师到企业参加生产实践管理办法和教师外出参加培训管理办法。大力推行"学历教育＋企业实训"和"互联网＋"的培训模式,通过政校企合作建立"双师型"教师培训基地,全面提高教师的职业教育教学能力。同时也选派了部分优秀老师及教学管理人员到台湾考察学习。

三、 成果的创新点

(1) 加强政、校、企多形式合作,以订单班、企业赛事等形式促进"应用型创新人才培养",我校通过与石狮政府、江西共青城政府签订人才资源战略,与利郎有限公司、美盛文化创意股份有限公司、广东迪凯服饰有限公司等公司签订订单班及赛事协议推进课程建设。

(2) 课程体系从课程设置特色化、课程开发多元化、课程内容能力化、课程目标岗位化、课程实施项目化、课程建设开放化、实践课程重点化、教学组织灵活化、课程建设精品化、课程评价社会化来促进"应用型创新人才培养"。

(3) 聘请企业设计师、设计总监、总经理等进入课堂教学,参与人才培养方案的制定,我校依托石狮校外实践基地,聘请了一批企业设计师、设计总监、总经理等为企业导师,其中有20多位企业导师。这些企业导师直接给学生上课,带入企业文化、企业项目,有些学生课余时间直接跟着企业导师长期完成课外其他项目。各类服装企业导师的课程教学参与使学生多元化发展,也促进了应用型创新人才培养。

四、 成果的推广应用效果

本课题"对接地方政府人力资源战略,创建服装设计专业多元化课程体系与创新人才培养"是我校与地方政府及企业本着"政校企合作,产学研共赢"的理念,提出服装设计专业课程以多种模块化形式展开教学,从课程设置特色化、课程开发多元化、课程内容能力化、课程目标岗位化、课程实施项目化、课程建设开放化、实践课程重点化、教学组织灵活化、课程建设精品化、课程评价社会化,通过系列多元化课程体系建设缩小了学生与企业之间的距离;同时也培养了部分学生可以自主创业的能力。

(1) 加强政、校、企多形式合作,以订单班、企业赛事等形式促进"应用型创新人才培养"。我校通过与石狮政府、江西共青城政府签订人才资源战略,与利郎有限公司、美盛文化创意股份有限公司、广东迪凯服饰有限公司、七匹狼新事业发展中心蓝标品牌部、江苏阿仕顿服饰有限公司、江苏阿里金币服饰有限公司和浙江乔顿服饰有限公司等公司签订订单班合作,服装类应用型创新人才培养方案的改革,从学校实际出发,整合各方资源,围绕社会需求,以培养应用型创新人才必备的拓展能力为主线,以新的开放型实践教学体系替代传统的实践教学体系,与地方政府、学校、企业形成良性互动关系,发挥专业优势,服务地方经济,促进地方经济的发展,且与企业签订赛事合作协议,企业支持赛事金额达5万元。

(2)课程体系从课程设置特色化、课程开发多元化、课程内容能力化、课程目标岗位化、课程实施项目化、课程建设开放化、实践课程重点化、教学组织灵活化、课程建设精品化、课程评价社会化来促进"应用型创新人才培养"。我校课程设置特色化课程有生产实训,模拟企业车间的实训课程,课程开发多元化,从网络、精品课程视频教学、半单元授课、五周校外实训基地课程、选修课等丰富学生的专业能力及视野;课程内容能力化是直接有企业导师上课,企业导师以实际研发项目进行教学;课程教学组织灵活多样,学生作品有些参与大赛、有些参与企业。目前选入企业工作室学生作品100多份,学生参与大赛入围获奖的达70多项。其中我校2015届本科生郑建文获"九牧王杯"第20届中国时装设计新人奖评选新人奖,2014年获江西省大学生科技创新与职业技能展示团体总分专科组第一名,2014年获江西省大学生科技创新与职业技能展示团体总分本科组第二名,第五届石狮杯全国高校毕业生服装设计大赛秦泰作品《市井小调儿》获金奖,李盛作品《万物生长》获铜奖。王芝婷获2014年江西省大学生科技创新与职业技能展示金奖,李光兵获2014年江西省大学生科技创新与职业技能展示铜奖,云深深获2014年江西省大学生科技创新与职业技能展示银奖。毕业生实践能力强、综合素质高,学生就业率为100%。

(3)聘请企业设计师、设计总监、总经理等进入课堂教学、参与人才培养方案的制定来促进"应用型创新人才培养"。我校依托石狮校外实践基地,聘请了一批企业设计师、设计总监、总经理等为企业导师,其中有石狮市铂宾服饰设计有限公司的总经理兼艺术总监何冰,赛琪体育用品有限公司服装开发中心总监胡冬正,福建省石狮市佐奇服装研发有限公司总经理兼总监陈远锋,福建柒牌集团有限公司服装制版师章九龙,泉州市云尚三维科技有限公司创始人、总经理许华港,台隆控股集团有限公司研发总监吴志辉,泉州XG服饰有限公司主设计师廖蓉清,福建省狮牌户外商贸有限公司服装设计开发总监吕梦龙,福建省狮牌户外商贸有限公司副总经理余海泉和石狮/福建野豹集团总经理/设计总监魏永春等20多位企业导师。这些企业导师直接给学生上课,带入企业文化、企业项目,有些学生课余时间直接跟着企业导师长期完成课外其他项目。各类服装企业导师的课程教学参与使学生多元化发展,也促进了应用型创新人才培养。

(4)在服装业界已经产生了广泛的影响力。在第五届金翼奖网易教育年度大选颁奖典礼上,江西服装学院荣获"2013年度最具影响力民办高校"荣誉称号。2014年被中国纺织工业联合会、中国纺织教育学会授予"纺织服装中国人才培养基地"。2015年,第二次参加中国国际大学生时装周的江服,从2014年的"黑马"到2015年赢得"成绩优异质量上乘"的口碑,江服荣获"2015中国国际大学生时装周人才培养奖"和"2015年度中国时装设计育人奖"。新华社、江西电视台、江西日报、江西教育电视台等媒体纷纷报道了我校服装专业的办学特色。在腾讯网、现代教育报、中国民办教育杂志联合主办的"改革开放30年中国民办教育大典"颁奖盛典上,获"中国十大就业质量示范院校"称号,学院毕业生年年供不应求。

"纺纱技术"课程信息化、职业化教学改革的实践

成都纺织高等专科学校

完成人及简介

姓 名	性别	所在单位	党政职务	专业技术职称
罗建红	女	成都纺织高等专科学校	纺织工程学院党总支书记	副教授
姚凌燕	女	成都纺织高等专科学校	无	副教授
刘秀英	女	成都纺织高等专科学校	无	副教授
刘光彬	男	成都纺织高等专科学校	无	高级工程师
宋雅路	男	成都纺织高等专科学校	纺织学院院长	副教授

一、 成果简介及主要解决的教学问题

本成果主要以我校现代纺织技术专业的专业核心课程"纺纱技术"的教学改革为切入点,紧扣课程的培养目标是"能设计"(指能进行产品设计和工艺设计),"会操作"(指具有运转操作技能、质量检测技能和设备调试维护技能),"懂管理"(指初步具有生产现场管理和经营管理能力),突出"会操作"的职业技能培养。毕业后能在纺纱生产一线从事技术支持与技术管理工作的技术员和班组长的培养目标。通过校企深度融合,强调基于工作过程,以项目模块化教学为中心,集纺纱原理、纺纱设备、纺纱工艺、纺纱生产操作和质量检测为一体的"项目化、五结合"的课程内容改革,从课程的设计、组织到实施整个教学过程符合实践性、开放性和职业性的职教总体要求,实现了"教、学、做"一体化。建立了"纺纱技术"核心课程资源库,具有交互性的功能,可以在线学习、并能实现在线过程监控与考核。由本教学团队编写并出版了符合职教需求的任务驱动、项目引领的工学结合教材,以"产学研"合作教育为主要形式,加强实训基地和师资队伍建设,实现了资源共享与四川纺织区域经济发展相适应,培养社会紧缺的应用型纺织技术人才,提升我校纺织专业的服务能力。

二、 解决教学问题的方法

(一) 校企合作、工学结合运行机制建设

校企合作,实现人才共育。开创了"专业院与产业园区合作共赢"的新模式;建成了校企融合、理事会制的"纺织工程"二级学院;成立了由行业协会、企业组成的"现代纺织技术专业教学指导委员会"。

(二) 人才培养模式与课程体系改革

(1) 以企业需要为目标,确定学生就业岗位群;根据学生就业岗位群拟定学生的素质结构与专业能力,确定专业培养方案;根据课程在培养方案中的定位,围绕专业核心能力建立课程培养目标。

(2) 构建以纺纱加工任务为导向,集纺纱原理、纺纱设备、纺纱工艺、纺纱生产操作和质量检测为一体的"项目化、五结合"的课程内容体系。

(3) 整个教学过程融"教、学、做"为一体,融入职业技能考核,实行"双证制"。

(三) 师资队伍建设

选派多名专业教师到行业企业对口挂职或兼职,构建了一支由20人组成的兼职教师团队。

(四) 专业实训基地建设,社会服务能力显著提高

校内实训中心具有满足实训、社会服务、科研需求的功能。先后为多个企业员工进行了纺纱专业知识的社会培训,先后与多个企业合作开发了多种新型纱线。

(五) 课程信息化资源建设

项目化教材、网络课程与信息化实践资源的建设。课程信息化实践资源,项目化教材被中国纺织服装教育学会评为优秀。网络课程资源库具有在线学习功能,实现了资源共享。

三、 成果的创新点

(1) 教学模式、方法与手段的改革创新。

① 多种人才培养模式的成功构建,为纺织企业培养了"靠得住、留得下、用得上"的纺织人才。

② 教学方法改革,提升学生的职业素养强化职业能力训练,提高学生专业核心竞争力。

(2) "项目化、五结合"的课程内容体系改革以项目模块化教学为中心,集纺纱原理、纺纱设备、纺纱工艺、纺纱生产操作和质量检测为一体的"项目化、五结合"课程内容体系。

(3) 项目化教材、网络课程与信息化实践资源的建设课程信息化实践资源,项目化教材被中国纺织服装教育学会评为优秀。网络课程资源库具有在线学习功能,实现了资源共享。链接:纺织专业教学资源库及公共服务平台、纺纱核心课程资源库。

(4) 与产业园区/企业的合作,校企合作方式灵活,产学研多元化深度融。"订单班"实现人才共育,合作建立实训基地和产品研发基地,引企入校建立校内实训基地。

(5) "实职互派、双向兼职"的"双师"队伍建设,提升了社会服务能力。

四、 成果的推广应用效果

(1) 建设成效通过深度融入纺织服装产业园区建设,建立了校企合作制度,创新办学体制机制。以专业核心课程改革为抓手,推动人才培养模式和课程体系改革,切实提升学生的专业核心竞争力,提升专业建设水平,提高人才培养质量。通过为产业园区企业提供优质的技术服务、人力培训服务,提升了学校现代纺织技术专业服务行业企业的能力。核心课程的教学目标强调技能培养与素质教育有效结合,学生综合素质好,就业质量不断提高,我校现代纺织技术专业培养的人才职业性较强,能适销对路,就业率一直保持在 95% 以上,就业分布在全国不同的地区。

(2) 推广应用。

① 具有双元制特色的乾宏班培养模式值得推广应用。学校与集团共同制定人才培养方案和专业培养标准,学生和教师全程参与公司的设备选型和安装运行、产品设计、生产工艺制定等,课程设置及教学内容紧扣公司实际进行,公司参与学生学业评价。形成了校企合作招生、合作培养、合作就业、合作发展的四合作人才培养模式。

② "实职互派、双向兼职"的"双师"队伍建设值得推广应用,极大提高了专业专任教师"双师"素质,提升了社会服务能力。

③ 充分利用校企共建共享的产学研实训基地,有利于提升老师的科研能力。深入开展应用研究与技术服务,服务社会需求,振兴区域经济。

④ 面向社会、面向行业、面向教师、面向学生提供优质的专业核心课程网络资源,尤其是具有在线过程监控学习的课程信息化和来自企业实际生产的信息化实践教学资源视频建设,值得推广应用。综上所述,我校现代纺织技术专业纺纱技术课程职业化、信息化教学改革,符合国家产业经济结构调整方向,适应四川纺织区域产业发展的需要,以纺织企业对人才技能要求为培养目标,培养模式多样化,校企产学研深度融合,改革课程内容,强化学生实践能力训练,注重学生就业和创业能力的培养。不仅能胜任当前职业岗位技能的需要,而且能为学生储备今后工作发展所需的可持续学习能力,实现知识再生和迁移,拓展职业能力的"接口"。

工学结合教学效果评价及学生在岗管理模式研究——以染整专业为例

盐城工业职业技术学院

完成人及简介

姓　名	性别	所在单位	党政职务	专业技术职称
孙开进	男	盐城工业职业技术学院	招生办公室主任	副教授
项东升	男	盐城工业职业技术学院	无	副教授
张　伟	男	盐城工业职业技术学院	无	讲　师

一、 成果简介及主要解决的教学问题

本成果主要以江苏省教育厅高校哲学社会科学研究资助项目 (09SJB880064)"工学结合过程中学生在岗管理模式研究"、江苏省教育厅职业教育教学改革研究课题"工学结合课程教学评价研究"(GYC29)和教育部轻化教指委"工学结合教学效果评价模式研究"(轻化课题 201018)等教改课题为依托,并结合江苏省教育科学"十一五"规划课题"苏北纺织业校企合作模式与运行机制的研究"(200616)、江苏省教育厅职业教育教学改革研究课题"'校企合作、工学结合'人才培养模式的研究与实践"(2009/281)研究成果,对染整专业人才培养进行了理论探讨和实践探索。

本成果在研究和实践中,主要解决了以下问题:

(1) 完善了工学结合过程中学生管理体系,解决了管理错位问题。搭建了在岗学生"学校全程主控、企业全面主管、学生全员自律"的一套管理架构,有效厘清了校、企、生管理职责。

(2) 界定了学生的身份,解决了学生定位问题。明确了工学结合中顶岗学生的"学生"和"准职业人"的两种身份,形成符合顶岗学生双重身份认知的、有效的理论教学和工学结合模式。

(3) 建成了"校、企、生"参与的三维评价体系,解决了评价片面、缺失的问题。面向顶岗学生的自我管理能力、职业道德、生产意识、成本意识和安全意识评价体系;面向企业的岗位能力培养、工作行为实时监控与及时纠偏为主线的监控评价体系;面向学校的生产性课程的课程质量标准、课程质量监控的评价体系。提高了评价的有效性和系统性。

(4) 探索形成了具有自身特色的"双链对接、双教融合、双证融通、双元互动"的"四双"育人模式,解决了校企培养脱节的问题。将主干专业链与支柱产业链"双链对接"、理论教学与实践教学"双教融合"、毕业证书与职业资格证书"双证融通"、学校文化与企业文化"双元互动",提高了人才培养质量。

二、 解决教学问题的方法

(1) 基于职业标准开发工学结合的整体方案,构建以职业能力培养为主的顶岗实习体系。根据专业岗位调研和典型工作任务分析,结合染整专业培养目标及染色打样工等国家职业标准,确定了工学结合的学习目标与实习内容。以学生岗位能力培养为核心,使知识学习、能力训练和素质培养三位一体贯穿于工学结合过程,保证实用型人才培养目标的实现。

(2) 以"工学结合、行业标准引导"组织与实施教学。以典型的与课程内容密切相关的实例工程为载体,采用实例贯穿、行业标准指导、岗位能力牵引等多种形式,构筑"认知性基础实践→综合应用性课程设计→岗位技

能性的实训→生产现场岗位能力实习"工学交替内容,通过"感知、学习、应用、实践"学法,提高学生的综合职业能力。

（3）发挥现代教育技术作用,建立起工学结合顶岗实习的信息管理系统平台。依托校园数据网平台,设计了基于web方式的顶岗实习信息管理平台,供学生、企业、学校管理部门及时了解顶岗实习的过程信息,提高管理效能。该系统分为6个子系统,实现以下功能:信息服务,岗位信息发布,选岗,过程信息监控,实习评价,交流平台,系统管理。从而实现管理手段的信息化、科学化。

（4）按照"资源整合、文化融合、产学结合"的协同育人模式,将学校的人才培养与企业的生产管理有机结合。将企业文化、管理制度、工作流程都融入到工学结合的全过程,让学生在职业道德、职业技能以及爱岗敬业精神等方面得到全面的培养。

三、 成果的创新点

（1）探索形成了"1234"的校企合作模式。即:搭建一个平台,由校企双方的相关人员组成一个领导小组,搭建一个平台,协调合作和教学效果评价中的各种事宜;建立"二元制"的管理评价机制,由学校与企业共同管理和评价学生;分三个阶段逐步落实教学效果评价;通过"岗位—技能—素质"三个阶段,最终实现工学结合教学效果的有效评价;以"社会适应能力、行业通用能力、专业核心能力和岗位专用能力"四个切入点为评价内涵,进行教学效果评价。

（2）构建了以职业能力为本位的"333"人才培养模式。即:校企共同开发专业支撑课程、专业核心课程和专业拓展课程3个模块化课程;职场体验实习、专业顶岗实习和就业顶岗实习3个层面;学与做、校内与校外培养;校内与企业考核3个结合。

（3）建立了"345"工学结合质量保障体系。企业、学校和学生三方评价;评价标准、督导队伍、评价方法和信息反馈四环保障和"五化"课程考核模式(考核内容科学化、考核形式多样化、考核主体多元化、考核对象差异化、考核时间全程化),为工学结合质量提供了制度保障和评价标准。

四、 成果的推广应用效果

本成果应用于我校2010—2015级染整专业的教学工作中,4年多来,共聘请21名企业、行业专家为染整专业教学指导委员会成员;盐城市印染有限公司等11个企业、染整专业7个班级303名同学参与工学结合教学活动。

（1）制度建设有成效。根据工学结合运作的实际,建立了一整套基于工学结合教学模式的专业与课程体系、教学监管体系、人才评价机制和"校企合作、工学结合"的长效运行机制。

（2）运作管理规范化。校、企、生职责明确,参与企业逐年增加,学生投诉率逐年降低,工伤事故矛盾激化率为零。

（3）人才培养质量显著提高。学生的动手能力、综合分析问题和解决问题的能力迅速提高。近3年,该专业在参加全国技能竞赛中获团体二等奖1个、三等奖3个,个人二等奖4个、三等奖6个。"双证书"获取率连续3年达到100%,毕业生就业形势看好,近3年染整专业毕业生的供求比均保持在1:5以上,初次就业率达100%。

（4）专业建设取得突破。染整技术专业被评为院级重点专业,主干课程"染整助剂及其应用"被评为江苏省级精品课程,建成江苏省生态染化料研发中心1个,获得省级资助课题3项,国家级教学成果1项,校级教学成果3项。

基于 SPOC 的 "纺织企业管理与成本控制" 课程翻转课堂教学改革研究与实践

成都纺织高等专科学校

完成人及简介

姓　名	性别	所在单位	党政职务	专业技术职称
胡颖梅	女	成都纺织高等专科学校	发展规划处处长	副教授
蔡　育	女	成都纺织高等专科学校	无	工程师
韩亚东	女	成都纺织高等专科学校	无	讲　师
梁　平	男	成都纺织高等专科学校	国有资产管理处处长	副教授
罗建红	女	成都纺织高等专科学校	纺织工程学院党总支书记	副教授
徐杨博	男	成都纺织高等专科学校	无	无

一、 成果简介及主要解决的教学问题

本成果针对课程特点,提出了以成本控制为核心,以专题教学为模块的课程内容组织方式,以学生为主体、教师为主导的课程教学组织方式,以学校网络课程教学平台为辅助手段的基于 SPOC 的翻转课堂教学模式。课题组建设完成"纺织企业管理与成本控制"教学资源库,资源库涵盖丰富,为学生提供了分专题的详细学习方案、在线学习 PPT、视频及拓展资料,学生能够在线完成自测及专题考试,学习效果透明及时。以在线资源库为手段,学生注册成为 SPOC 教学对象,将线上学习与课堂学习完整结合,学生线上完成理论知识学习,课堂解决学习问题;课下完成实践操作,课堂进行操作评价改善;充分体现"教师主导,学生主体"的教学理念。在教学过程中实施行动导向,实践 PDCA 循环,不断提升学生知识能力、技能能力与社会能力。

课题需解决的主要问题:

(1) 解决课程内容涵盖丰富,知识容量大而课时量有限,学生学习易陷入被动状态的问题。

(2) 解决学生理论知识与未来工作实践的结合,提升学生的职业素养的问题。

(3) 解决课程与实践结合紧密,教材缺乏纺织行业最新的动态与成果,学生难以熟悉和掌握纺织企业发展方向与趋势问题。

(4) 解决学生职业综合素质满足企业发展要求,提高学生自主学习能力、创新能力、团队合作能力的问题。

二、 解决教学问题的方法

(1) 提出翻转课堂教学模式,构建实施方案,制定符合持续改进理念的实施办法。依据本课程教学模式,制定教学改革实施方案,建设"纺织企业管理与成本控制"课程网络教学平台;依托平台进行教学组织、教学流程、教学方法、教学内容、考核方式五个方面的改革。教学组织上采取学生分团队教学,教学流程上实施资讯、计划、实施、实践、检查、评价、改善阶段递进,线上线下、课上课下辅助协同;教学方法上,以行动导向法为基本方法,广泛采用案例分析法、张贴板法、讨论法、引导文法等多种方法,充分发挥学生主观能动性;教学内容上,注重切合纺织行业发展动态,向学生及时介绍最新的技术、管理发展成果;考核方式上,将考试作为改进学生学习的工具,强化考试的形成性评价作用。

(2)建成"纺织企业管理与成本控制"网络教学资源库,以其为 SPOC 教学资源,有效实现翻转课堂教学模式。课程资源库包括课程简介、教学团队、在线学习、排行榜、作业与考试 5 大板块,课程简介使学生初步了解课程基本情况及学习目标,在线学习是学生的主要学习平台板块,排行榜可对学生登录、作业、测试的情况按照教师预先设计比例给出评分排行,作业与考试是学生完成自测和测试的平台板块。

(3)贯彻持续改进思想,采用 PDCA 循环提升学生能力。学习阶段的 PDCA 循环实现学生知识能力提高,案例分析/调研阶段的 PDCA 循环实现学生技能能力提高,测试评价阶段的 PDCA 循环实现学生自主学习能力提高。

三、 成果的创新点

(1)创新地将翻转课堂模式应用到纺织企业管理课程中,并首次采用 SPOC 教学方式,在纺织专业教学中尚属首创。

(2)建设完成"纺织企业管理与成本控制"教学资源库,并将资源库在实践中予以充分应用,实现了教学资源库与学生使用的有效互动。

(3)创新地将 PDCA 循环持续改进思想植入到教学各环节中,以学生能力的不断提升作为人才培养的根本途径,采取有效措施实施持续改进。

四、 成果的推广应用效果

本成果在我校现代纺织技术 2012 级、2013 级两个年级进行了实践,效果良好。

本成果在本校服装设计专业(营销方向)"服装企业管理"课程、纺织品商品检验与贸易专业"纺织企业管理"课程进行推广实践。

2014 年,第一完成人受中国职业技术教育学会邀请,对 10 余所高职院校教师做"职业教育课程教学设计、方法与案例"讲座,本成果得到受培教师的高度认可。

中国儒家文化视阈下的服装设计专业设计理念创新与教学实践

安徽职业技术学院

完成人及简介

姓 名	性别	所在单位	党政职务	专业技术职称
龙 琳	女	安徽职业技术学院	无	副教授
袁传刚	男	安徽职业技术学院	纺织服装系系主任	教 授
魏迎凯	男	安徽职业技术学院	服装教研室主任	副教授
许平山	男	安徽职业技术学院	无	副教授
赵剑章	男	安徽职业技术学院	无	讲 师
金 隽	女	安徽职业技术学院	纺织服装系实训室主任	高级实验师
喻 英	女	安徽职业技术学院	教研室主任	副教授
郝文洁	女	安徽职业技术学院	党政秘书	助 教

一、 成果简介及主要解决的教学问题

通过"中国儒家文化视阈下的服装设计专业设计理念创新与教学实践"项目研究,深化了我院服装设计专业教学改革,创新了教学模式,强化了专业实验实训条件建设,将中国儒家文化思想渗透到服装设计理念中,从而使得学生真正懂得服饰设计的真谛,增强服装的文化内涵。

该项目研究提升教师教、科研水平,项目成员完成或在研多项教、科研项目;发表了大量的论文。通过该项目建设,也促进了专业竞赛水平的不断提升。我院参赛队在 2015 年获得"2015 年全国职业院校技能大赛高职组服装设计与工艺竞赛"服装设计和工艺 2 个一等奖;教学团队获得"2015 安徽省教学成果"一等奖。我院服装设计专业学生尚永节同学在全省大学生"双创之星"评选中,获得"创新之星"荣誉称号。"全国技能大赛"和"教学成果"一等奖的获得,展示了安徽职业技术学院服装专业设计理念创新与教学的成功实践;展示了学生积极向上、奋发进取的精神风采和熟练的职业技能;展示了我院服装设计与工艺专业师生的职业素质和技能水平,积极推进了服装专业建设和人才培养模式的改革与发展。"创新之星"荣誉称号的获得,是我院职业教育、创新教育改革成果,引导广大学生增强创新精神和创新能力,进而推动形成创新的良好学习氛围。

二、 解决教学问题的方法

(1) 文献研究。查看文献资料,深入研究儒家思想的精髓,着装行为心理动机特别是女性着装行为心理动机等,研究着装的变迁的历史特征及规律。分析研究民族文化背景,将服饰文化和社会发展相联系,在具体选择研究的角度时可以选择服装设计中的多个方面,比如服装的款式设计、服装的色彩设计和服装的面料设计等。

(2) 社会调研、资料分析。对当代政治经济、文化、女性心理等进行调查研究。对典型的款式造型、面料材质、色彩纹样等分析研究,总结出服装的服饰特点及其象征意义。分析总结当代女性的着装行为、心理因素等。

(3) 重视并加强优秀的传统文化推广与传播,提升学生的文化素养。儒家学说,并非孔子的一家之言,而是

一个中华传统中众多文化知识及道德经验的结集,汇合成为一个生活和思想的系统,它代表源远流长的民族智慧,对当前的社会文教发展,仍能发挥积极的和有力的指导作用。重视并加强优秀的传统文化推广与传播,从而提升学生的文化素养。

(4)校企共建"服装工作室"的创新教学模式。以现代服装企业的岗位需求为目标,深化工学结合的人才培养模式改革,校企共建"服装工作室",以各类大赛和企业真实项目为任务,采取工作过程为导向的任务驱动教学方式,实现专业技能训练与职业能力训练并驾齐驱的服装设计专业学工一体的基于"工作室"现代学徒制人才培养模式。

发挥教师的专业特长,带领优秀学生,把校内服装实训室和"服装工作室"建设成能为社会、企业完成一定任务,使之成为工学结合的纽带,校企联合的平台,服务企业与社会的窗口。

(5)教研并进。形成以培养工作能力为核心的教学、比赛、实训为一体的创新格式,专业人才培养定位具有非常清晰的针对性与适用性。教师应不断提升自身的文化修养,鼓励教师研究专业技能与教学方法,建设出一支专兼结合、年龄、学历、职称结构合理、"双师"素质较高、作风过硬、实用实干的专业教学团队。专业教师走出国门,与国外院校专家教授进行学术交流。2013—2014年,纺织服装系有5位专业教师到韩国韩瑞大学进行学术交流。

三、 成果的创新点

儒家思想如何对中国当代女性服饰文化产生深刻影响,只有了解人的思想、文化对服饰及着装行为的巨大影响,从而真正懂得服饰设计的真谛,增强服装的文化内涵,提升我国服装设计水平。

(1)研究人的着装行为及心理动机。

(2)研究服装设计的核心内容。

(3)分析出服饰流行的根本原因,希望中国的服饰文化、服饰产品能够更广泛地传播开来,希望中国的服饰品牌对市场的号召力和多地域伸展力得到增强。

(4)指导服装品牌专业建设项目——服装设计工作室设计出有市场潜力、有文化内涵的服装,更好地为企业服务。

四、 成果的推广应用效果

成果立足于将儒家文化和思想融入到服装设计专业建设中,对服装设计品牌专业建设起到了促进作用。在成果研究过程中,鉴儒家思想的精髓为课程建设和教学设计所用,吸收与掌握儒家经典,将其运用到服装设计课程教学中,创新设计理念,提升服装设计课程教学的文化内涵。对服装、服饰设计教学研究、服装设计课程改革的指导、服装设计工作室建设和促进校企合作,提高企业生产服务能力均有引领作用。

该项目的成果在以下项目中作了推广应用:

(1)2014年主持安徽省高校人文社会科学研究重点项目:安徽民间服饰文化遗产保护及其在时装设计中的应用——以传统民间服饰肚兜为例,项目编号:SK2014A280,三类。

(2)2015年参与教育部人文社会科学研究一般项目青年基金项目:"服妖"及魏晋南北朝时期的服饰风尚研究,项目编号:15YJC760034 国家级。

(3)2015年参与高校人文社科重点研究项目:基于现代审美视阈下的池州傩服饰保护与革新研究,项目编号:SK2015A581,三类。

(4)2016年参与安徽省高校人文社会科学研究重点项目"徽州文化元素符号在服装面料设计中运用研究"项目编号:SK2016A0510,三类。

(5)2016年参与安徽省高校人文社会科学研究重点项目:安徽"花鼓灯"舞蹈服饰形制传承与创新设计研究,项目编号:SK2016A0507,三类。

基于该项目发表了以下论文:

(1)2016.03《近代民间肚兜形制及其手工修复针法》发表于《纺织学报》2016年第03期,一类,第一,ISSN0253-9721;CN11-5167/TS,EI核心收录。

（2）2015.01《黄金分割法在男西服中的应用》发表于《纺织学报》2015 年第 01 期,二类,第一,ISSN0253-9721;CN11-5167/TS,CSCD 核心。

（3）2015.11《民间服饰的辟邪功能》发表于《长江大学学报》2015 年第 11 期,三类,第一,ISSN1673-1395;CN42-1740/C。

（4）2016.01《徽州服饰的流变及其特征》发表于《长江大学学报》2016 年第 01 期,三类,第一,ISSN1673-1395;CN42-1740/C。

（5）2015.02《池州傩事中的花卉图案寓意解读》发表于《池州学院学报》2015 年第 01 期,三类,第一,ISSN1674-1102;CN34-1302/G4。

"服装材料"精品课程建设与实践

江西服装学院

完成人及简介

姓 名	性别	所在单位	党政职务	专业技术职称
董春燕	女	江西服装学院	服装工程分院副院长	讲 师
陈娟芬	女	江西服装学院	服装工程分院院长	教 授
廖师琴	女	江西服装学院	无	助 教
杨 陈	男	江西服装学院	无	讲 师
程浩南	男	江西服装学院	无	助理讲师

一、 成果简介及主要解决的教学问题

应用型本科教育的培养目标是以社会需求为导向,培养行业和市场需要的应用型人才,学校培养的人才能否实现顺利就业、高质量就业,反映了学校根本任务是否实现。"服装材料"作为服装设计与工程专业必修的一门专业基础课,是学生从事服装类工作的基础理论,在传统服装材料教学中,常常根据教材中的内容,以纤维——纱线——织物为主线,逐一讲解各种纤维、纱线的理化性能、织物的分类、特征及应用等内容,学生普遍反映许多学过的知识用不上,也不知怎么用,在实际工作中想要的知识又没学到,这样,势必会影响学生的学习兴趣和学习积极性。因此,对"服装材料"课程进行教学改革是应用型人才培养的关键环节。在应用型本科教育改革理念下,结合企业就业岗位,科学设计教学模式,优化教学内容、艺术教学设计,从而激发学生积极思维和探索欲望,培养学生的实践动手能力和创新能力。立足于培养服装领域的高素质、综合性的工程技术人才,通过对课程内容进行整合、序化在组织实施中容入行业要素、产业要素,逐步完善"开放性、综合性、设计性"的建设目标,培养学生的学习能力,重视知识、能力、素质协调发展,强调创新、实践,将课堂教学与实践环节紧密结合,以实践促教学,以富有特色且具较高水平的实验、实训教学平台和创新实践平台促进学生全面成长。

二、 解决教学问题的方法

根据服装设计与工程专业的课程特点和服装行业的实际需求,以应用能力就业培养和导向进行项目建设,结合服装材料课程的基本理论,通过翻转课堂、微课及实践教学,使学生将理论知识较好的应用于实践,在实践学习中使理论知识得以巩固和加强,从而增强学生的学习兴趣,有效地提升学生的动手能力。

主要解决方法如下:

(1) 优化课程教学内容。内容选取首先考虑服装行业发展所需要和完成企业岗位所需的知识、能力和素质。针对服装企业一线工人、服装工艺师、制版师、设计师助理、设计师、营销、服装管理等不同岗位整合教学内容,根据岗位完成任务所需技能能力,进一步细化教学模块,制定与以上职业相互匹配的岗位基础能力与创新能力知识模块,教学内容的安排与实施充分体现理论与实践一体化,教、学、做一体化。

(2) 改革课程教学方法。通过优化教学设计,模拟真实工作环境进行多元化实践及员工岗位化使教学项目"源于生产,高于上产",充分体现岗位性、实践性和可持续发展性;地点一体化,充分体现学生主体、教师主导的教学结构;以及采取角色扮演、市场调研、现场演示、分组讨论、案例分析等激发学生的显能、潜能,实现无障碍就业。

(3) 丰富课程教学手段。PPT、FLASH、视频、图片等资料增加教学信息量,提高直观度,在有限时间内将呆板理论内容生动化,提高教学效果;应用远程教育技术手段,依托网络教学技术手段建立服装材料精品课程,建立资源库、网上解答平台、QQ群、微信群、教师博客等解答学生提出问题。

(4) 完善课程考核模式。考核注重学生技能考核,学生成绩分为平时成绩(40%)和考试成绩(60%)综合评定。平时成绩重点包含面料收集与分析册、面料检测实践、平时出勤、分组合作等阶段性成绩,考试成绩为综合试卷,基础理论与面料分析结合。

(5) 建设优良教学资源。根据我校实际情况进行自主教材的编写,录制精品视频课、精品实践课程、建设校内、校外实训实习基地,采取多种措施加强师资培养。

三、 成果的创新点

(1) "项目导向、任务驱动、模块组合、能力本位"式教学模式。整个教学围绕4大模块组织实施,学生在完成每个模块时为完成相应的工作任务,训练岗位能力,掌握相应理论知识。

(2) 服装材料课程秉承"基于工作过程的岗位技能要求"的原则,员工角色化。教学项目虚拟真实工作环境,与实际工作环境中实际任务具有一致性,充分体现应用能力的培养。

(3) 课程与实践地点一体化、多元化实践活动。为学生创建良好学习环境,如工程技术中心材料基础中心实验室,设计多元化实践活动,满足不同技能能力、综合能力的培养。

(4) "多元教师"参与教学。教师团队中既有师德高尚、治学严谨的教授专家,又有实践经验丰富的实践教师、高级工程师,还有执教能力强、教学效果好的优秀青年教师。

(5) 充分体现学生为主体、教师为主导的教学结构。学生是学习问题或任务的发现者和探究者、学习问题和任务的解决者。教师是岗位能力培养设计者,知识信息的导航者、学习过程的辅导者。

(6) 考核方式多元化。考核注重学生技能考核,如面料收集与分析册、面料检测实践、分组合作等阶段性成绩。

四、 成果的推广应用效果

"服装材料"课程经过近几年的改革与探索,更新丰富了教学内容,延伸了其内涵,更符合服装设计与工程专业学生实际需求,评为省级精品课程;通过对本课程教学大纲优化调整,编写教材《服装材料与应用》及实验指导书等对各项资源进行合理配置,开展项目式、模块化教学,运用多媒体、网络资源、市场调查、面料分析等调动学生学习"服装材料"课程的积极性,教学质量稳步提高。同时利用我校校府合作企业优势进行现场实践,通过实践实习、企业专家讲座等方式,实现校企有机结合,提升教学实际效果,有效将学生引入服装设计与工程专业大门。通过对国家级实验实训示范基地工程技术中心内纤维、纱线、面料检测实验室、面料再造实验室、面料展示厅等多个实验室进行改造和升级,极大激发学生的学习兴趣和积极性,提高学生动手实践能力。通过建设服装材料精品课程,使服装材料的教学与服装设计、服装工艺等课程形成联动式立体化教学体系,在授课过程中穿叉服装材料的选择、采购、应用等环节相关课程,形成良好的互动循环,为学生真正步入职场提供智力指导。

构建与实施"工学循环"的纺织技术及营销专业课程体系

广西纺织工业学校

完成人及简介

姓 名	性别	所在单位	党政职务	专业技术职称
巴 亮	男	广西纺织工业学校	主任	高级讲师
赵善兵	男	广西纺织工业学校	副校长	高级讲师
覃洁宁	女	广西纺织工业学校	无	高级讲师
陈卫红	女	广西纺织工业学校	无	高级工程师
冯 霞	女	广西纺织工业学校	无	高级讲师
陆冰莹	女	广西纺织工业学校	无	工程师

一、 成果简介及主要解决的教学问题

纺织技术及营销专业主动适应市场对人才发展需求,确定专业人才培养方向。按照"校企合作、工学结合、以岗位为中心、以能力培养为主线"的创新人才培养模式建设思路,以"共建共管、互利双赢"为原则,系统设计人才培养方案,构建专业课程体系,着力培养学生的职业道德、职业技能和就业创业能力。专业依托行业企业的优势资源,破解专业建设过程中的瓶颈,形成以"工学循环"为特点的人才培养模式。

以服务为宗旨,以就业为导向,以能力培养为主线,瞄准职业岗位,按岗位标准要求设定人才培养目标;根据职业岗位能力的需求,构建课程体系,确定教学内容;围绕职业岗位能力组织实施教学,实行理实一体化的教学模式;重视学生校内学习与实际工作岗位的一致性,实现专业教育与行业教育、岗位教育有机结合,学生与行业、岗位、社会"零距离"接触,使学生在真实的岗位环境中训练职业技能,培养职业素养。

本项目自立项以来经过两个年级的教学实践和调整,已经初步形成了"工学循环"有企业适时参与,适应我校的纺织技术及营销专业课程体系。在多个年级中得到了教师和学生的一致好评。

主要成果如下:

(1) 制定"纺织技术及营销专业"人才培养方案。

(2) 编制"纺织品检测"、"纺织材料鉴别"、"纺织品网店运营"和"织物结构与设计"课程的课程标准。

(3) 编写《纺织品检测》和《纺织材料鉴别》2 本校本教材,公开出版《纺织品网店运营》和《织物结构与设计》特色教材。

(4) 主编的《织物结构与设计》被评为纺织职业教育"十二五"部委级规划教材。

(5) 2015 年 12 月主编的由凤凰出版社出版的《纺织品网店运营》一书被列入教育部中职纺织类专业国家规划立项教材。

(6) 公开发表论文《基于翻转课堂的〈织物结构与设计〉课程改革》、《利用纺织 CAD 设计壮锦织物的探索》、《利用纺织 CAD 制作常见特殊效果面料》和《纺织专业纺织品网店运营教学设计探析》。

(7) 构建与实施"工学循环"的纺织技术及营销专业课程体系项目结题报告。

二、 解决教学问题的方法

(1) 根据调研确定人才培养的总体目标。经调研,广西、珠三角、长三角经济带,地理位置优越,经济发展条件得天独厚,纺织技术水平不断提高,因此对纺织类技能人才的需求量大增。确定设计、检测和营销3个方向的岗位大类对社会对纺织技能人才的实际需求,经专业指导委员会(由企业技术专家和校内学科带头人组成)研讨,确定纺织技术及营销专业人才培养的总体目标。

(2) 以职业活动为导向的课程体系建设。根据人才培养目标及规格,专业指导委员会分析具体岗位对专业技能需求,确定岗位典型工作任务,对典型工作任务进行分析、整合,根据完成典型工作任务所需能力,构建以能力模块为单元的课程体系,教学部门在教学指导委员会的有效监控下实施教学。针对本专业人才培养服务的3个岗位群及区域对专业技能人才的要求,分析提炼典型的工作任务。以强化岗位能力为导向,以职业资格标准为基础,在企业专家参与下对岗位工作任务、能力标准进行分析,依据在实际工作中具体工作任务出现的频繁程度重要性以及所能承载的知识与技能水平,确定专业对应的典型工作任务;按照职业能力确定培养目标,对每个典型岗位进行整合,形成3门主要核心专业课程,将每门核心课程分为多个学习模块,每个模块既有联系又相对独立;创新教学过程与生产过程对接方式,将岗位工作过程融入实训教学环节。从岗位能力对接课程中得出,基于岗位典型工作任务、以能力培养为主线,将检测、设计及营销等职业能力融入到专业课程当中,构建以职业活动为导向、3个技能方向的课程体系。制定专业人才培养方案时,在培养规格与目标定位、课程建设思路、课程教学实施、教学资源建设、实验实训条件保障、质量评价等方面,学校与行业企业进行广泛交流与协商,以校企共定方案、共担任务、共管过程、共评质量为原则,进行系统设计。最终形成"工学循环"的纺织技术及营销专业课程体系(图1)。

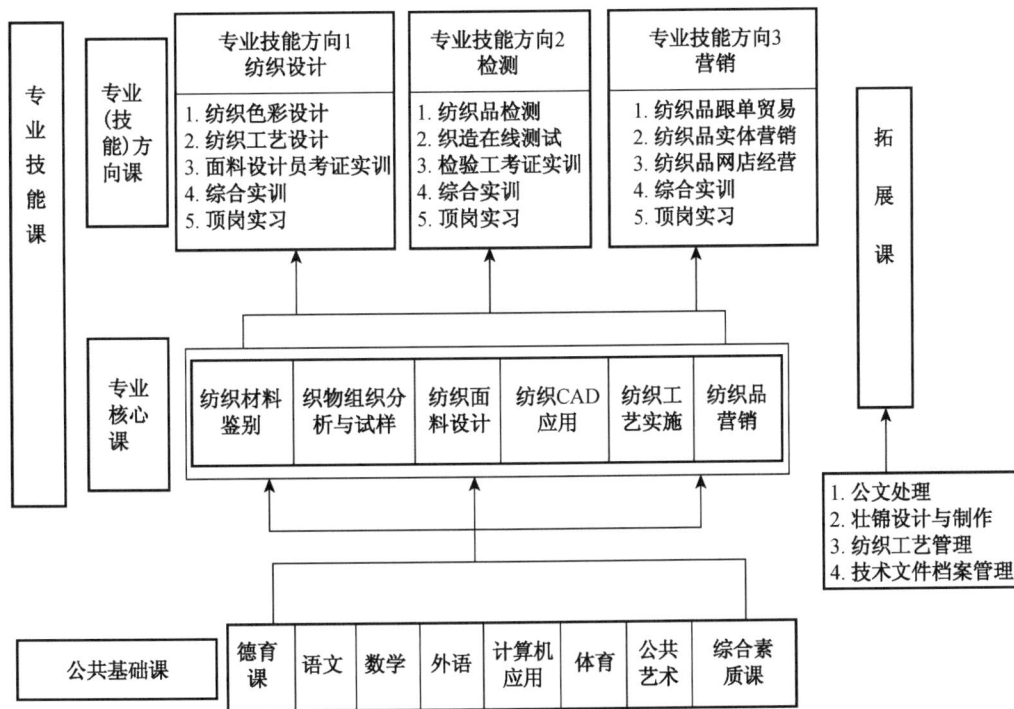

图1 "工学循环"的纺织技术及营销专业课程体系

(3) 优化课程结构体系、调整各类课程的比例整个培养课程结构体系由4大板块组成,即:公共基础课、专业核心课、专业方向课和专业拓展。在保持学科、专业课的比例不低于50%的前提下适当降低公共课比例,提高实践课的比例。计划调整后的培养方案中,各类课程比重如下:公共基础课为33%,专业核心课为22%,专业方向课为8%,实践课程为36%。专业课采用理论与实践相结合,加大实践教学力度,提高实践课时在整个课程结构体系中的比重,实现实践教学总课时在55%以上。

（4）开发"岗位任务模块化"课程专业课程改革立足于培养学生的专业能力、职业能力和社会能力。"纺织品鉴别"、"纺织品网店运营销"和"纺织面料设计"等专业核心课程的教学内容设计以"岗位需要"为依据，根据典型工作岗位任务选择合适的模块，设计学习任务，让学生在完成具体的工作任务中学习技能知识。明确课程建设目标，编写一体化校本教材《纺织品检测》和《纺织材料鉴别》2 本，公开出版《纺织品网店运营》和《织物结构与设计》特色教材 2 本。

三、 成果的创新点

（1）创设"工学循环"人才培养模式，开辟校企合作共育人才新途径。紧扣校企合作主线，以共定方案、共担任务、共管过程、共评质量、共享成果为途径，在教学团队建设、课程建设与实施、实训基地建设、培养质量评价、教学资源开发与利用等方面进行了有效探索，借力行业企业优势资源，形成了以能力梯进递次推进的"工学循环"人才培养模式，开辟了校企合作共育人才的新途径。

（2）以检验技术联合体为平台，构建了共同推进专业发展与行业技术进步的运行模式。以服务地方经济为宗旨，依托行业优势，由学校牵头，联合本地行业专家和技术骨干组建纺织技术联合体，成立专业指导委员会和专业教学团队，共同开展专业建设、新技术研发，扩大专业在行业中的影响力，为人才培养营造良好的外部环境。通过举办有专业指导委员会和行业技术骨干参加的相关技术论坛，开办技术交流网站，建设共享型行业资源库等，促进行业技术进步，达到校企双赢。

（3）构建以就业为导向、能力为本位，基于工作岗位的模块化课程体系。根据岗位能力需求将纺织技术及营销专业的课程构建为 3 个方向，即纺织设计、纺织品检测及纺织品营销。依据行业标准，精选教学内容，打破学科体系结构。根据职业岗位工作过程和工作规范要求整合课程，课岗融通、双证融合，精选教学内容，强化就业导向，将项目课程考核评价与社会、企业认可的职业资格证考试接轨。

（4）"优势互补、功能衔接"的校内外实训基地建设，实现课堂教学的有效延伸。在锦红纺织企业，合作共建融教学与实践为一体的校外基地，部分核心课程在企业进行教学，学生在未来的工作岗位类似的实际环境中，进行理论学习和实践操作训练，校企双方共同参与学生的实践技能考核。在校内建设与企业工作环境相同的专业实训基地，主要让学生通过反复练习达到熟练掌握基本技能的目的。

四、 成果的推广应用效果

构建与实施"工学循环"的纺织技术及营销专业课程体系改革研究与实践分别对纺织技术及营销术专业 2010 级及 2011 级学生进行了教学实施，从教学效果评价的问卷调查结果上看（每个年级收发调查问卷 50 份、企业收发调查问卷 50 份），在学生调查问卷中，87.3%认为教学内容安排合理，所学的知识与技能符合企业需求；在企业调查问卷中，80.7%认为课程设置合理，81%认为纺织技术及营销术专业的教学大纲、教学指导方案的定位是正确的，87.4%认为学生能力培养要求符合包装印刷企业各类岗位的能力需求。总的来看，经过课程体系的改革后，本专业的课程设置符合纺织企业各类岗位的能力需求，本专业教学大纲、教学指导方案定位正确，并根据教学内容建立了合理的、多样化的课程评价体系模块，经过实施，用人单位对学生的评价较好。

纺织品装饰艺术设计专业
职业能力培养探索与实践

常州纺织服装职业技术学院

完成人及简介

姓 名	性别	所在单位	党政职务	专业技术职称
薛 霞	女	常州纺织服装职业技术学院	服装工程分院副院长	讲 师
邢文凯	男	常州纺织服装职业技术学院	服装工程分院院长	副教授
张际仲	男	常州纺织服装职业技术学院	无	讲 师
包荣华	男	常州纺织服装职业技术学院	无	讲 师

一、成果简介及主要解决的教学问题

多年来,纺织品装饰艺术设计专业在高职教育人才培养模式探索中,以提高教学质量,培养学生综合实践能力为目标,构建了项目化课程体系;以大赛、校企合作为依托,为师生提供实践教学平台和实战项目,丰富了实践教学内涵;以实践项目为载体,实施工学结合的专业能力培养模式,创新了实践教学模式和方法;将"教、学、训、赛"相结合,提高师资的教学水平,形成了较为完善的"教、学、训、赛"为一体的实践教学体系。通过实践教学、创新实践的推进,使专业特色有序的发展,推进了职业教育的进程,"教、学、训、赛"相结合,为企业、行业服务,为企业提供专业人才,促进艺术教育与纺织服装产业实现可持续发展。成果较好地解决了专业内部的实践教学资源不足;学生实践动手能力提高不快;实施和解决课程项目化教学成果单一性;专业教师理论较强、实践经验缺乏,教学质量难以保证等问题。为高职院校艺术类专业在实践教学改革和校企合作运行机制等方面提供了经验和示范。

二、解决教学问题的方法

(1) 工作室建设、软硬件配套设置搭建高水平的实践教学平台。根据纺织品行业需求和高职专业人才培养目标的要求,结合学院的专业办学定位和办学思路,通过加强专项资金、先进技术设备,引入企业高技术人员和项目,创造了优良的基础条件及优势,搭建高水平的实践教学平台。

(2) 课证融通。教、学、训,赛一体化,强化学生职业技术能力构建以岗位职业能力培养为主线的科学的实践教学体系,对课程体系进行了重构,加大实践课程比重;注重实践教学,培养学生的岗位职业能力;创新了专业教学中实施教、学、训,赛一体化的模式,发挥职业技能培训鉴定的合力作用。使学生的综合职业能力有了明显的提高,艺术审美鉴赏能力进一步增强,教学效果与职业技能培训成效显著。

(3) 全国性纺织面料大赛成果与校企合作建设丰富课程项目化教学。学生连续多次在全国纺织服装类高职高专院校学生技能大赛面料花样设计中取得金奖的好成绩。"海宁家纺杯"中国国际家用纺织品创意设计大赛,作为中国最权威、最专业的中国国际家用纺织品创意设计大赛,每年有学生获得"优秀奖"或"入围奖"。与多家企业的校企合作项目极大的丰富了课程项目化的教学。如"家纺艺术设计"课程与浙江升丽纺织有限公司"提花创意设计"项目,"电脑印花艺术设计"课程与德赛数码科技有限公司"印花创意设计"项目等。

(4) 聚合资源,构建专业教学团队。在多年的专业教学改革与课程建设中,专业教师均达到"双师型"的要求,融企业工程师与高职院校教师为一身,创造了教学、科研、设计、开发、经营管理的实际业绩。

三、 成果的创新点

(1)实践教学体系全面培养了学生综合职业能力。以培养学生综合职业能力为主线,构建"教、学、训、赛一体化"的实践教学体系。以校企合作为途径,以项目为载体,构建基于生产实践过程的课程体系,创建校企合作的教学模式,设计并实施基础实践、专业实践和创新实践交叉递进的模块化项目教学内容,体现了纺织服装艺术类教学实务性、实践性强的特点。

(2)全国性纺织面料大赛成果与校企合作建设丰富课程项目化教学。对课程体系进行了重构,将大赛主题融入课程教学中,综合实训以企业的实战项目来进行,这样与多家企业的校企合作项目极大地丰富了课程项目化的教学。以赛带练,以赛促教促学,以项目带动实践,并取得了丰硕的成果。

(3)教学团队建设保障了教学质量的持续提高。通过建立专兼教师结合、校企互通的双师型教科研团队,使专业教学与生产实践、科研创新、各类竞赛相结合,在提高师资教学水平、学术水平的同时,促进了教学质量的持续提高。

四、 成果的推广应用效果

本成果在常州纺织服装职业技术学院服装系纺织品装饰艺术设计、染织艺术设计专业中得到了应用和推广,成效显著。

(1)加快了纺织品装饰艺术设计专业建设和人才培养模式改革。通过实施本成果,加快了纺织装饰艺术设计专业的建设步伐,深化了人才培养模式改革,有力地推进了应用性高技能人才培养的进程。

(2)提高了教学质量,人才培养质量明显提高通过深化实践教育教学改革,强化学生的实践动手能力,使教学质量得到了明显的提高。人才培养质量明显提高,学生获得国家级奖 1 项、省级奖 5 项,我专业教师因辅导全国职业院校技能大赛选手参赛成绩显著。近 5 年来,毕业生一次性就业率达到 98%,毕业生以综合素质好、实践能力强受到社会、企业的普遍认可和欢迎,用人单位对学生的工作能力、工作态度都给予了较好的评价。

(3)师资队伍教科研能力明显提升。通过专业带头人建设、"双师型"骨干教师队伍建设、兼职教师队伍建设等措施,师资队伍的教科研能力得到明显提升。近 5 年来,团队主持江苏省科技厅科技支撑计划项目 1 项,承担常州市科技局等市(厅)级项目 2 项;发表论文 16 篇,并将横向课题带进了实践教学课堂,丰富了教学内涵。近 5 年,教师积极参与行业规划发展和参与校内外各类社会实践,获得了良好的社会声誉,如邢文凯老师带领学生连续承担企业项目设计工作,实现了纺织品装饰艺术设计专业和企业的深度融合,受到行业、企业一致认可。通过提升师资队伍的教科研能力,为学校教学质量的提高奠定了良好基础。纺织艺术设计等专业全面实施和应用,获得了学校和学生的一致认可和满意。2010—2015 年第三届至第七届全国纺织服装类高职高专院校学生技能大赛中面料设计花样组均获金奖,多位教师获"优秀指导老师"称号;2010—2015 年"海宁家纺杯"中国国际家用纺织品创意设计大赛中多位同学获优秀奖、入围奖;多位教师获"优秀指导老师"称号。2015"依丽雅斯杯"第二届常州文化创意和设计大赛获龙城设计铜奖、优秀奖。

新形势下高职物联网专业项目化教学模式研究

山东科技职业学院

完成人及简介

姓　名	性别	所在单位	党政职务	专业技术职称
杨　磊	男	山东科技职业学院	专业负责人	讲　师
杜元胜	男	山东科技职业学院	无	高级工程师
李存伟	男	山东科技职业学院	无	助　教
李洪建	男	山东科技职业学院	系副主任	讲　师
张瑞玲	女	山东科技职业学院	无	讲　师

一、 成果简介及主要解决的教学问题

（一）成果简介

从 2013 年开始,课题组开始研究高职物联网专业项目化教学模式,主要研究项目化教学模式在高职物联网的专业开展,基于项目化教学的人才培养方案在山东科技职业学院 2013 级、2014 级、2015 级物联网应用技术专业实施,取得了不错的效果,2015 年申报山东省企业培训与职工教育重点课题,得到立项并获得二等奖。

（二）主要解决的教学问题

（1）基于项目化教学的物联网应用技术专业人才培养方案的制定。

（2）在物联网应用技术专业教学实践中,项目化教学的设计与实施。

（3）新形势下,物联网专业学生创新创业能力的培养。

二、 解决教学问题的方法

（1）资料收集。通过问卷调查和访谈法了解目前潍坊市及周边地区物联网人才需求状况,并查看部分高校物联网专业人才培养方案,掌握基本情况,确定研究方向。

（2）实践研究。整理总结调研资料,进一步分析基于企业真实项目进行人才培养的可行性和优势。

（3）资料整理。通过对调研成果的分析和研究,形成新的物联网人才培养方案,并撰写调研报告。

（4）专业合作。通过与学院传统优势的纺织服装类专业合作,在纺织服装实习工厂进行智能化改造。

三、 成果的创新点

（1）在高职物联网应用技术专业人才培养中引入项目化教学。

（2）形成有物联网特色的项目化教学模式。

（3）制定基于工作岗位的物联网应用技术专业人才培养方案。

（4）结合学院纺织服装类专业优势,物联网专业教学项目选择学院纺织服装实习工厂的智能化改造等。

（5）结合山东科技职业学院"线上线下＋翻转课堂＋职场化教学"为特征的现代职教课程教学模式,形成了有我院特色的、以企业真实项 目为载体的物联网专业项目化教学模式。

四、 成果的推广应用效果

基于高职物联网专业项目化教学模式的人才培养方案已经在山东科技职业学院 2013 级、2014 级、2015 级物联网应用技术专业实施，特别是与纺织服装类专业合作，充分利用其实习工厂的智能化实训环境，取得了不错的效果，2014 级学生动手能力提升明显；在物联网特色的项目化教学模式下，2015 级学生思维活跃，将有利于培养全面发展的高素质技能型专门人才。取得成绩如下：

(1) 第十二届年齐鲁软件设计大赛一等奖。

(2) 2015 年山东省职业技能大赛三等奖。

(3) 第七届、第八届科技创新制作比赛第一名。

(4) 学院第七批创新创业基金研究项目一等奖。

(5) 山东省大学生学术课题项目获立项并结题。

(6) 第九届发明杯全国创新大赛二等奖。

(7) 第十四届挑战杯山东省大学生学术科技作品二等奖。

(8) 山东省物联网应用大赛三等奖。

(9) 学院创新创业基地入驻项目 3 项。

(10) 荣获学院创业之星称号。

以职场为导向的高职人文素质课程改革创新研究与实践——以公共英语分级教学为例

山东轻工职业学院

完成人及简介

姓 名	性别	所在单位	党政职务	专业技术职称
张玉惕	男	山东轻工职业学院	副院长	教 授
吕 宁	女	山东轻工职业学院	副处长	讲 师
胡 燕	女	山东轻工职业学院	英语教研室主任	讲 师
刘晓玲	女	山东轻工职业学院	无	副教授
蒋 宏	男	淄博职业学院	无	讲 师
刘爱琴	女	山东轻工职业学院	无	初 级

一、 成果简介及主要解决的教学问题

（一）成果简介

本成果在充分调研和理论研究的基础上,结合高职教育的特点和高职公共英语教学现状,从教学目的、实施流程、教学内容、教学方法、教学评价等方面进行创新,构建了以职场为导向的高职公共英语分级教学模式,并在山东轻工职业学院 2011 级和 2012 级学生中选取实验对象,进行实证研究,通过实验组和对照组前后成绩的对比验证了模式的有效性。同时,项目组制定的"2011 级大学英语分级教学方案""2012 级大学英语分级教学方案",以及"大学英语课程标准""大学英语课程整体设计"等均在我院实施,并收到良好的教学效果。本项目成果为其他兄弟院校的高职英语教学改革提供了典范,也为其他人文素质课程的改革提供了可借鉴的经验。

（二）主要解决的教学问题

(1) 高职院校学生生源复杂,英语基础参差不齐,如何使不同层次学生的英语学习得到共同的提高。

(2) 如何解决基础课教学与专业教学两张皮,使人文素质课程与专业课程教学相结合,真正起到为专业人才培养服务的作用。

(3) 如何克服传统英语分级教学的种种弊端,使分级更加科学化,切实提高高职公共英语教学的效率。

二、 解决教学问题的方法

(1) 文献研究法。本课题在理论研究部分主要运用文献研究法,广泛搜集和查阅国内外分级教学理论研究文献资料,并对当前高职英语教学的最新改革成果进行归纳总结,在此基础上开展研究工作。

(2) 调查研究法。在调查研究阶段主要采用问卷调查、深度访谈等方法深入了解目前高职人文素质课程教学现状和高职英语分级教学的实施现状,找出问题,在此基础上提出假设。

(3) 实证研究法。在教学实验阶段主要采用实证研究的方法,通过实验组和对照组的前测、后测数据分析,形成结论,验证假设。

(4)行动研究法。在实验的教学环节,对实验组和对照组进行教学的实时监控,对过程中出现的问题随时研究解决。

三、 成果的创新点

(1)以职场为导向,提升高职英语教学目的,创造性地由传统的提高学生的英语应用能力扩展到学生职场素养的形成和跨文化沟通能力的培养。

(2)对传统英语分级教学实施流程进行了创新。在制定分级标准时,加入学生专业背景的考虑,克服了传统英语分级教学单一划分标准的弊端,使分级标准更加科学化、人性化。在教学过程中,进行职场因素在各个实施环节的导入,提高教学内容的实用性和可操作性。

(3)打破传统高职院校人文素质课程和专业课程两张皮的现象,对教学内容进行项目化的教学设计,并根据授课对象的专业特点和职业倾向,适当增加与专业领域相关的文化知识和交际技巧,使英语教学更好地为专业教学和学生的专业发展服务,更好地发挥人文素质课程为专业课程服务,为专业人才培养服务的功能。

四、 成果的推广应用效果

(1)教学效果显著。本成果自2012年起正式在山东轻工职业学院应用,为更好地验证分级教学的实施效果,分别在2011级和2012级中随机选取学生组成实验组和对照组,并分别由同一位教师授课,进行实证研究。结果显示,分级教学模式能够提高当前高职英语教学的效率,以职场为导向的高职公共英语分级教学模式比传统的分级教学模式能够更加行之有效地促进学生英语综合应用能力的提高。值得一提的是,模式对于2012级学生的有效程度大于2011级,因此可以说,随着该成果在教学实践中得到不断的完善,对教学效果提升的作用不断加强。同时,新的教学模式的实施,使我院学生在山东省高职高专英语应用能力考试(又称英语三级考试,现已停考)中成绩连创新高。

(2)教学成果丰硕。自2012年实施以来,课题组完成了"高职人文素养课程教学现状调研与分析报告"和"高职公共英语分级教学现状调研与分析报告",制定"大学英语分级教学实施方案"、"大学英语"课程标准、"大学英语"课程整体设计和单元设计,以及大学英语A、B级口试方案等。同时建成"大学英语"院级精品课程,申请实用新型专利1项,发表中文核心期刊论文1篇,论文 *An Experimental Research on the Classroom Techniques of Intercultural Approach to FLT* 获山东省第七届中外教师外语教学研讨会三等奖。本成果获得学院2015年度教学成果三等奖。

(3)推广应用成效明显。随着高职外语教学的发展,本成果的研究理念被越来越多的兄弟院校的师生所接受和认可,在各级各类竞赛中取得良好的成绩。2013年4月,教育部高职高专英语教指委、深圳职业技术学院主办的第四届全国高职高专英语写作大赛山东赛区比赛,2012级国际商务专业学生张亚琪获二等奖;2013年4月,山东省教育厅主办的山东省第九届高职高专实用英语口语大赛,2012级纺检贸易专业学生孙妮妮获三等奖;2013年5月,高等学校大学生教学指导委员会、高等学校大学外语教学研究会主办的全国大学生英语竞赛(NECCS),2012级纺检贸易专业学生孙妮妮获一等奖,国际商务专业学生王萍萍、张亚琪获二等奖。同时,课题组成员在与同类院校教师的交流中也逐渐崭露头角。2014年9月,课题组成员作品 *The Status of Woman* 获山东省高校青年教师多媒体教学课件竞赛三等奖;2014年5月,课题组成员微课作品 *Business Cards and Introduction* 获山东轻工职业学院第二届微课教学比赛一等奖。总之,本成果为其他兄弟院校的高职英语教学改革提供了典范,也为其他人文素质课程的改革提供了可借鉴的经验。2014年3月,在由教育部职业院校外语类专业教学指导委员会和上海外语教育出版社联合举办的第八届全国高职院校英语教学高级论坛上,课题组成员进行主旨发言,与国内其他高职院校分享课题成果和实施经验。

染整专业图案设计方向创新人才
课程体系改革研究与实践

广西纺织工业学校

完成人及简介

姓　名	性别	所在单位	党政职务	专业技术职称
姚　洁	女	广西纺织工业学校	副院长	讲　师
李红梅	女	广西纺织工业学校	教务科科长	高级讲师

一、 成果简介及主要解决的教学问题

（一）成果简介

纺织印染行业目前在不断发展,中国已经成为世界纺织工业的重要加工中心,随着计算机技术的发展,染整技术专业的数码印花技术迅速发展起来,利用数码技术来完成印花的过程,数码印花技术的出现,使得纺织印染行业的生产过程不再是高能耗、高污染、高噪音,真正实现了绿色生产,而数码印花也将会是中国印染行业之后发展的一个主流方向。数码印花从 2009—2012 年,以每年 23％ 的速度在全球快速增长,并且有加速发展的趋势,数码印花总产量将达到 2 530 亿平方米,发展速度惊人,数码印花行业即将进入大爆炸时期。新型技术的发展,需要大批量技术人才满足生产的需求。我校平面媒体印制技术专业从染整技术图案设计方向中脱颖而出,从 2011 年起,紧紧跟随产业的发展方向,通过大量的市场调研、专业研讨等,根据生产技术发展和岗位能力需求,对染整技术图案设计方向进行调整并设置了平面媒体印制技术专业,对染整技术图案设计方向的课程体系进行了改革,以培养适应数码印花技术发展的创新应用型人才。

（二）主要解决的教学问题

(1) 解决了染整技术图案设计方向暨平面媒体印制技术专业人才培养方案优化的问题,能够及时适应产业转方式、调整结构的变化,充分把握纺织、印染、印刷包装行业人才需求情况,根据社会需求和企业实际灵活适时地调整专业训练内容,量身定制培养方案,培养高品质创新人才,较好解决了人才培养模式与市场需求脱节之间的教学问题。

(2) 解决了实训场所、创新平台不足及人才培养环境模式相对封闭的问题。通过深度推进校企合作、工学结合、实训室建设、青年教师下企业、聘请企业技术人员等合作途径,弥补了普通教学模式下实训基地、创新平台不足及人才培养模式封闭的现象,以多元化、相对开放的培养环境、实践能力训练和管理平台,全方位提升学生的综合素质和职业技能。

(3) 进一步完善染整技术图案设计方向暨平面媒体印制技术专业实践教学课程体系,突出本专业基本技能—专业技能—综合技能三位一体,并以专业核心技能为中心的技能教学目标。

二、 解决教学问题的方法

（一）根据调研确定人才培养的总体目标

进行企业论证调研,通过对纺织、印染、包装印刷企业的图案设计岗位进行调研,成立由行业专家、技术人员和骨干教师为主的专业建设指导委员会,通过访谈行业企业专家、咨询企业人力资源部主管、车间主任、技术骨干、能工巧匠、问卷本专业毕业生,充分了解和分析纺织、印染、包装印刷行业图案设计方向岗位的发展及岗

位需求状况,根据专业课程要求及企业对中职生的岗位要求完善现有的教学大纲及教学指导书,从培养职业岗位能力出发制定课程体系。

(二) 确立"校企合作、仿岗培养"的人才培养模式

以南宁市锦硕辉工艺品有限公司、中山华泰工艺制品有限公司、中山中荣纸类印刷制品有限公司、南宁市裕成五星印务有限公司等实习基地(合作企业群)和校内实训基地为依托,与企业密切合作,在校企共同组成的专业教学指导委员会指导下,在充分的行业企业调研基础上,遵循学生的职业成长规律和认知规律,深化专业建设与教学改革,确立了"校企合作,仿岗培养"人才培养模式,使学生在做中学、学中做,实现了校企双方共同培养。

(1) 适应市场需求,准确定位人才培养目标。平面媒体印制技术专业成立由校内专业带头人、骨干教师和校外企业技术专家组成的专业教学工作委员会,进行广泛市场调研,围绕企业需求确定人才培养目标。开展调研工作,访谈行业、企业专家,得到专业建设指导性意见,了解行业和专业技术的发展状况;调研企业技术人员,得到企业的真实工作状态描述,为确定就业岗位、培养目标、教学内容提供依据;进行学生问卷调查,得到毕业生及在校生对教学设计、课程实施等提出的意见。较为全面的调研工作使我们紧密跟踪人才市场的需求变化,准确掌握用人单位的需求和学生职业发展规律,对所调研的数据进行整理、分析,得到平面媒体印制技术专业就业的职业领域和主要就业岗位群,最终将人才培养目标定位为:面向印刷工业企业及其相关的出版、包装、服装、印刷材料、广告传媒等企事业单位,主要培养具有创意和现代印刷审美意识,掌握现代图文信息处理及现代复制技术,具备印品设计和印品质量检测、彩色图像图形文字及多媒体信息处理、印艺平面设计与制作、图文信息处理、印刷工艺策划、电脑制版、排版、晒版与打样、印刷设备操作和质量控制等能力的技能型人才。

(2) 校企合作、确定人才培养方案。平面媒体印制技术专业根据岗位能力的培养要求和校内外学习的资源条件,创建了"校企合作,学岗融合"人才培养模式,将学习任务与工作任务融合、学习情境与工作环境融合。根据印刷企业典型岗位规格要求以及专业的学习规律,在新生入学的第 1 学期,打破"先学文化基础后学专业基础"的常规,安排 1 门专业体验课程与文化基础课程、专业基础课程同期进行,通过教师指导学生制作生活中常用的印刷产品,让学生亲身体验学习平面媒体印制技术专业的乐趣,从而培养学生学习专业的兴趣,再培养学生的文化素养,认识专业和职业。在第 2、3 学期则依托校内专业实训基地重点进行理实一体化教学,培养专业核心知识和技能,第 4 学期则按照典型岗位工作任务要求强化实训,完成岗前岗位职业能力的培养。第 3 年则针对区内外印刷企业对平面媒体印制技术专业技能型人才的需求安排顶岗实习,根据学生就业兴趣、技能水平及其综合评价情况,在顶岗实习中对学生进行人职匹配,同时融合学校对学生的教育,使人岗相适。经过顶岗实习的配岗强化,进一步提高学生的岗位工作能力和职业迁移能力,使顶岗实习成为人才培养的重要组成部分,达成人才培养目标(图 1)。

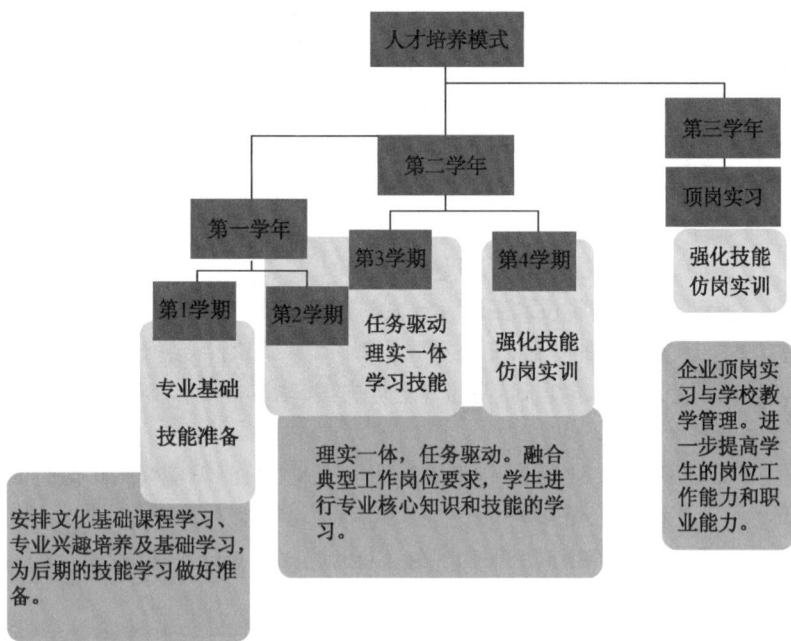

图 1 平面媒体印制技术专业"校企合作,学岗融合"人才培养模式示意图

(3) 进一步完善平面媒体印制技术专业实践教学体系,突出本专业基本技能—专业技能—综合技能三位一体并以专业核心技能为中心的技能教学目标。本项目完成平面媒体印制技术专业 6 门核心课程的整体设计,制定 6 门核心课程的课程标准,开发 2 个专门化方向课程;优化专业实训项目,完善 2 门专业实训课标准,完善实训管理制度,完成 1 本校本教材,制作 2~3 个多媒体教学课件。在核心课程中融入染整专业数码印花技术课程内容,进一步强化染整专业数码

印花技术图案设计方向创新技能人才的培养。教学效果证明,本专业课程内容的设置、课时的安排、课程机构的设计充分考虑到了教学资源的各因素进行。对专业基础课程内容进行整合,将相关专业理论课程融入实践课程,按技能培养要求进行模块化组合,增强教学内容的实用性。课程内容的设置是在分析了平面媒体印制技术专业典型工作任务的专业能力、方法能力和社会能力的基础上,基于工作过程的知识和技能的要求选区相关教学内容设置的。因此它在与职业岗位工作任务的要求是紧密结合的,也就是说,学生完成课程内容的学习,能达到行业企业对职业岗位的要求。课时的安排,是在平面媒体印制技术专业整个模块课程的整体规划的前提下进行的,因此它具有科学性和合理性。课程结构的设计是充分考虑到学生学习的规律由浅入深设计的。课程的实施过程中,采用理论实践一体化模块式教学模式,抓住了中职学生擅长动手操作,理论基础薄弱的学习特点,多安排实操练习,理论课搬到实训室来上,学生在做中学,教师在做中教,做到"教、学、做"一体化。对学生开展职业规划和创业教育课程,突出对学生创业精神、创业意识和创业实践能力的培养。

专业课程的教学坚持"做中学、做中教"的理论与实践糅合在一起的教学方式,采用案例教学、项目教学、现场教学、多媒体教学等教学方法,开展综合实训和模块实训,定期组织技能比赛,培养学生的综合职业能力和岗位适应能力。

以职业技能为基点,以能力强化为导向,彰显中职教育目标。平面媒体印制技术专业核心技能体现了实际职业工作岗位的需求,实现学校人才培养与企业人才需求的无缝对接。

(三) 以技能竞赛为平台,构建更具职业化实践教学评价标准

改革考试模式,专业课以平时过程性技能操作考核为主,能进行实践考核的科目尽量采用现场操作考核及多种评价方式,既调动了学生平时训练的积极性,又能够综合反映学生的学习效果。通过参加市级、校级技能竞赛,学生在提高既能的同时也强化了职业道德意识。技能竞赛的开展在推进专业建设和课程改革的同时也构建了更具职业化实践教学评价标准,还有利于教师的业务水平的提升。

(四) 教材建设

明确课程建设目标,编写 1 本项目化特色校本教材《图案数码印制》,用于本专业数码印花技术课程的教学。

(五) 实训基地建设

实训条件不断改善,现已建成集教学、社会培训、职业资格鉴定为一体的实验实训基地,满足平面媒体印制技术专业的实践教学,染整专业的数码图案设计实训室、数码印制实训室、茧丝绸数码产品实训室的使用,保障了本专业学生在染整专业图案设计方向上的技能培养。

三、 成果的创新点

(1) 构建了"校企合作,仿岗培养"的人才培养模式,紧扣校企合作主线,构建以实践能力为根本,以人才培养为主导,创新人才培养模式,在人才培养模式上注重学生职业技能的培养,注重教学的实践环节,培养符合企业实际职业岗位需要的人才。

(2) 创新了将染整专业图案设计岗位与平面媒体印制技术课程体系相结合,构建了以就业为导向、能力为本位,基于工作岗位的模块化课程体系,根据岗位能力需求将平面媒体印制技术专业的课程体系进行重构,优化了人才培养方案,构建了"校企合作,仿岗培养"的人才培养模式。

(3) 以技能竞赛为平台,构建更具职业化实践教学评价标准。

四、 成果的推广应用效果

染整专业图案设计方向创新人才课堂体系改革研究与实践分别对平面媒体印制技术专业 2010 级、2011 级、2012 级学生进行了教学实施,从教学效果评价的问卷调查结果上看(每个年级收发调查问卷 50 份、企业收发调查问卷 50 份),在学生调查问卷中,84%认为教学内容安排合理,所学的知识与技能符合企业需求;在企业调查问卷中,83%认为课程设置合理,80%认为平面媒体印制技术专业的教学大纲、教学指导方案的定位是正确的,85%认为学生能力培养要求符合包装印刷企业各类岗位的能力需求。总的来看,经过课程体系的改革后,本专业的课程设置符合染整专业图案设计岗位、包装印刷企业各类岗位的能力需求,本专业教学大纲、教学指导方案定位正确,并根据教学内容建立了合理的、多样化的课程评价体系模块,经过实施,用人单位对学生的评价较好。

职业院校学生学习主动性研究

山东轻工职业学院

完成人及简介

姓　名	性别	所在单位	党政职务	专业技术职称
王　峰	男	山东轻工职业学院	无	教　授
张为乐	女	山东轻工职业学院	就业指导中心主任/校企合作办公室主任	教　授
王瑞芝	女	山东轻工职业学院	图书馆副馆长	副研究馆员

一、 成果简介及主要解决的教学问题

（一）成果简介

本成果是已经通过鉴定的山东教育科学规划课题,成果主要研究了以下问题:

1. 学生学习主动性中教师的直接作用

① 教师的喜怒哀乐对学生的影响。

② 如何帮助职业院校学生形成积极的学习态度。

③ 教师如何改变传统的教学观念,并具备热爱学生的心理品质。

④ 要用变化发展的目光去看待每一个学生。

⑤ 如何改变教学思想,不断提高教学质量,并使教学方法日益完善。

⑥ 如何加强师生间的沟通,发掘学生的学习潜力。

⑦ 如何依托就业渠道,使学生对前途充满信心。

2. 学生学习主动性中教师的间接作用——引导学生合理的自我评价

① 如何帮助学生正确认识自身的优势和不足。

② 如何引导学生客观恰当的自我评价。

③ 如何去分析成功或失败的原因。

3. 如何利用学院资源引导学生自主学习

① 学院专业图书的利用。

② 学院现代化信息资源的利用方式。

4. 以山东丝绸纺织职业学院(学院现已经更名为山东轻工职业学院)为例进行学生学习主动性研究

① 总体问卷调查(对山东丝绸纺织职业学院学生进行问卷调查)。

② 对学生学习主动性调查问题量化分析、提出建议。

（二）主要解决的教学问题

教师是教学的主导,学生是教学的主体。探索出学生学习主动性的根源后,教师可以更好地进行教学设计,更符合实际地实施教学计划。这样,作为教师能更好地从教学中得到启示,把握教学的实质,体会教学的真谛,从而使教师整体素质得以提升;作为学生能从教师的引导中保持一个轻松的心态,可自主地获取知识,能健康实际的自我评价,从而走上工作岗位后能很快适应环境、愉快工作生活。

二、解决教学问题的方法

成果解决教学问题的方法体现在以下几个方面:

1. 通过研究学生学习主动性中教师的直接作用,使教师有更多的责任感去提升自己的整体素质

学生学习主动性中教师的直接作用:第一,教师的喜怒哀乐对学生有着重要的影响。学生需要积极的、快乐的情绪,它是获得好的心态与积极主动学习的动力源泉,因此需要教师要传递给学生阳光的正能量;第二,帮助学生形成积极的学习态度。职业院校学生的学习态度大致分为积极方面和消极方面两个方面。教师要引导学生多向积极方面发展;第三,教师需要改变传统的教学观念,并具备热爱学生的心理品质;第四,教师要用变化发展的目光去看待每一个学生,让学生感受到自己变化之成果;第五,教师要改变教学思想,提高教学质量,并使教学方法日益完善;第六,加强师生间的沟通,发掘学生的学习潜力;第七,依托就业渠道,使学生对前途充满信心。当教师感受到自己责任具体而重大后,努力提升自身整体素质成为自然。

2. 引导学生进行合理的自我评价,使学生不好高骛远,扎实学习、工作

第一,帮助学生正确认识自身的优势和不足。在合适的时间,以恰当的方式,让学生客观认知自我;第二,引导学生客观恰当的自我评价。在教师引导下全面客观的评价学生自己,对学生的专业的学习、社会经验的获得、生活态度的转变有不可替代的作用;第三,成功或失败的客观分析。教师应该引导学生根据自身行为结果做出恰当的归因,避免归因不当所造成的心理失衡,从而严重影响学习活动的效能和主动性。

3. 利用学院图书资源引导学生自主学习

第一,学院专业图书的利用。第二,学院现代化信息资源的利用方式。这两方面掌握后,一是可以使学生利用图书馆资源进行专业能力的自我提高;二是可以调整心态,把喜欢阅读的轻松诙谐的书籍与专业提高书籍以不同的时间段与轻重点关注点进行和谐分配;三是可以立足自己的专业进行学习期间利用图书馆感受企业文化。

4. 以本学院为例进行学生学习主动性研究,可以使教师更准确地把握学生实际,使教学更贴近学生

第一,对学院学生进行问卷调查。调查共发放问卷4 800份(当时在校生的98%),收回有效问卷4 712份,有效回收率达到98.2%,对调查结果进行了量化分析;第二,依据调查量化分析结果对学院学生学习主动性问题提出教学上的建议。第三,教师全面掌握学生的学习生活现状后,使自己的具体教学更具有针对性。

三、成果的创新点

创新点体现在以下几方面:

1. 成果的研究注重理论联系实际

项目(课题)的研究过程中一是加强了学生学习主动性问题的理论研究,从学生学习主动性中教师的直接作用到学生学习主动性中教师的间接作用都进行了必要的理论研究;二是以问卷的形式掌握了本院学生的具体的思想与行为状态。

2. 成果主要采取的研究方法恰当有效

一是应用已有资料研究法,对项目组成员已经发表的成果进行系统总结,进一步研究它对职业教育实施的可行性与可能性;二是应用调查分析法、比较研究法、总体概括法,通过调查分析形成阶段性成果,再应用于实际教学中进行比较研究、验证,最后用总体概括法形成项目所需成果。

3. 调查研究结果的统计方法

一是数据分析时使用数学软件,使结果更科学;二是量化调查结果时使用直观的图示,使结果一目了然;三是对比方式应用表格,使差异化的区别更分明。

四、成果的推广应用效果

本成果(课题)自通过鉴定以来已有4个年头,它在学院的教育教学中应用效果是明显的。特别在以下几个方面的应用尤为突出:

1. 教师有更多的责任感去提升自己的整体素质

通过研究学生学习主动性中教师的直接作用(共7点)使教师倍感自己肩负责任之重大,对自身整体素质的提高意识要求更高,努力提升自己专业水平与学生管理水平的积极性高涨。近3年来,有60多名教师被评为省、市或学院的"优秀教师"。

2. 学生对自身合理的自我评价,让学生有了更宽广的学习、生活情怀

当学生认清了自我的实际情况后对学习的信心、态度、期盼都有了很大转变。结果就是同学之间的关系更和谐了,学习比以前主动了,效果比以前更好了。仅2015年学生参加各类比赛的成绩较之前有很多提高。全国性比赛一等奖8项、二等奖23项、三等奖35项,师生参加全省性大赛获一等奖16项、二等奖38项、三等奖25项。

3. 以本学院学生进行的问卷调查,使教师对学生有了更清晰具体的认识,教学更贴近学生

通过问卷调查结果的分析与研究,让教师更认清了学生的关注点在哪,怎样才能使学生更好地接受知识。

"学生作品商品化"的服装工艺
课程建设和实践

重庆工贸职业技术学院

完成人及简介

姓　名	性别	所在单位	党政职务	专业技术职称
李志慧	女	重庆工贸职业技术学院	无	讲　师

一、 成果简介及主要解决的教学问题

服装工艺课程开设在第2、3、4、5学期,根据每学期学生的学习掌握能力不同,分别对应不同的内容教学。"学生作品商品化"——军训服的制作贯穿在第3、4、5学期教学内容中,结合学院实际情况,根据每年招收新生人数来确定制作新生军训服的数量,学生从制版—推板—裁剪—工艺制作—成品检测一直参与其中。不但培养了学生的动手能力,也为学院减少了军训服费用的开支。

主要解决的教学问题:学生在"做中学,学中做",教、学、做一体化,培养学生制版—推板—裁剪—工艺制作—成品检测工作任务中的每项任务的分析与解决问题的能力。

二. 解决教学问题的方法

(一) 直观分析法

由于服装工艺课程具有理论与实践密切结合的特点,采取传统的教学模式已远远不能满足当前数学的需要,教师应当采用启发式而不是填鸭式教学方式。在军训服制作中我们发现,如果采用普通的讲述法教学,则使缝制技术和工艺设计理论变得抽象、复杂、难学。因此,我们采用直观的分析法以及行为引导法,利用挂图、教具、电化教学等现代化教学手段,使学生先获得感性知识,在头脑中形成鲜明的表象,使形象思维向逻辑思维的过渡。同时利用高质量的板书内容,使其重点突出,简洁易记,又不失系统性。在理论课讲述中,将军训服原理与操作方法图文并茂,进一步增强了学生的感性认识,帮助学生消化理解服装缝制造型的动态设计过程,为下一步工艺操作奠定良好的基础。在实践课程中,对于军训服的每一个具体工序依次示范给学生看。

(二) 类比法

现代服装的款式千变万化,多种多样,缝制工艺也随其变化万千。如果以件论件地进行教学,学生即使到毕业,也学不会全部的缝制工艺。为了使学生在较短时间内,掌握较多的缝制工艺及其工艺设计原理,我们在教学中运用美学的重新构成原理和科学的类比分析法。将具有相似性的各类缝制造型要素分别归类,构成手缝、机缝、熨烫三大基础工艺,以及各种领、袖、口袋、门襟等部件工艺及其整件组合工艺等。在教学中,将军训服的制作与其他款式服装对比分析,举一反三,师生共同从研究局部结构关系与人体相关因素入手,寻找出与之相适应的技术手段。在向学生传授知识、技术的同时,还注意教给学生基本的工艺设计方法和思考问题的基本思路,使学生学习其他工艺时,感到轻车熟路,甚至达到能够自学的程度。

三、 成果的创新点

"学生作品商品化"——军训服的制作贯穿在第3、4、5学期教学内容中。结合学院实际情况,根据每年招收新生人数来确定制作新生军训服的数量,学生从制版—推板—工艺制作—成品检测一直参与其中。从学生

自己购买面料制作单一作品到学院统一购买面料学生制作,并将作品转化为商品。在制作过程中给予学生一定经济补助,学生既锻炼了动手能力,又学好了专业知识,也为学院减少了经费的开支。纺织品检验与贸易专业实践教学体系的研究与实践加强和改善了学校德育工作的研究。

四、 成果的推广应用效果

自2013年4月到2016年4月底,共计制作新生军训服6 000余套,学生工艺水平提升较快,应用效果良好。

纺织品检验与贸易专业实践
教学体系的研究与实践

武汉职业技术学院

完成人及简介

姓 名	性别	所在单位	党政职务	专业技术职称
包振华	男	武汉职业技术学院	纺织服装学院党支部书记	副教授
徐 华	女	武汉职业技术学院	无	副教授
范 皓	男	武汉职业技术学院	科研处项目管理科科长	讲 师
何方容	女	武汉职业技术学院	无	副教授

一、 成果简介及主要解决的教学问题

（一）成果简介

以纺织品检验与贸易专业人才培养方案和专业课程体系为核心,根据高职教育特点,结合纺织/印染/服装及相关贸易企业的生产实际,提出构建适合本专业特点的实践教学体系。

该实践教学体系包括目标体系、内容体系、管理体系、保障体系和评价体系5个部分,其中,目标体系是整个实践教学体系的前提和纲领性文件,为后面的各项体系奠定基础;内容体系是实践教学体系的核心是在专业人才培养目标下对专业课程体系的必要补充,是目标体系的具体化,是指导实践教学活动的具体实施文件;管理体系是为顺利开展实践教学活动所制定的相应实践教学管理规定等;保障体系则是为顺利开展实践教学所提供的必要保障;评价体系是对整个实践教学活动结果的评价。

（二）主要解决的教学问题

(1) 以专业人才培养方案和专业课程体系为基础,构建符合本专业特点的实践教学体系框架。

(2) 构建本专业的实践教学体系中实践教学课程的基本结构,使实践教学活动更加直观。

(3) 针对纺织品检验部分某些实践课程在教学内容上出现的交叉或重复,重新界定和划分实践教学内容,突出重点。

(4) 结合教学实践和企业生产实践,编写能满足实践教学需要的实践教材,逐步提高实践教学水平。

二、 解决教学问题的方法

(1) 增加实践教学体系,补充和完善现有的课程体系。现有的专业课程体系不能完全突出实践教学环节的教学活动及其相应的教学内容,实践教学活动在教学监控方面存有缺陷。建立在专业课程体系框架下的能满足专业实践教学活动所需的实践教学体系,是对现有展业课程体系的必要补充。

(2) 划分本专业实践课程中的交叉重叠问题。教学实践中发现,本专业有些实践课程的教学内容存在一定的重复,有必要重新界定这些实践课程的内容划分,主要包括①纺织品检验类实践教学内容;②纺织品贸易类实践教学内容。通过重新界定相关课程的实践教学内容,各实践教学活动就有章可循,学生也知道哪些属于本实践课程应掌握的内容。这不仅理清了实践课程的知识结构,教师的教学活动也能顺利开展。

(3) 指导实践教学活动的顺利开展。实践教学体系的建立使本专业的实践教学课程规范化,实践教学活动的开展有序化,实践教学各环节的可操作性也更强,学生也可预知各阶段应开展的实践教学课程,熟悉应掌握

的知识目标、技能目标以及考核评价的方式方法。

（4）引导实践教材的开发。为保证实践教学活动的顺利进行，结合教学实践和企业的生产实践，组织专业教师和企业技术人员、兄弟院校教师积极探索、共同研究，编写具有高职教育特点、能紧密结合生产实际的实践教学教材，逐步提高实践教学的理论水平和实际操作水平。

三、 成果的创新点

（1）独立制订了适合本专业的实践教学体系。现有的实践教学课程结构隐含在专业课程体系中，而课程体系有不能完全突出实践教学环节的各项内容。因此，建立在专业课程体系框架下的能满足专业实践教学活动所需的实践教学体系，是对现有课程体系的必要补充。独立制订适合本专业的实践教学体系，可使实践教学活动具有可操作性，更有利于教学管理及教学活动的开展。

（2）系统规划了实践教学体系的各项指标。一个完备的实践教学体系包含很多内容，通过系统规划、设计，使实践教学体系更加完善，对指导本专业的实践教学活动具有非常重要的意义。按照各项指标，师生在实践教学活动中有规律可循，提高了实践教学的整体教学水平。

（3）整合实践教学资源，给我校纺织服装学院相关专业起到示范作用。本专业的实践教学活动涉及到纺织、染整、服装等专业，通过建立实践教学体系，可有效整合相关专业的实践教学资源，同时对其他专业的实践教学活动起示范引领作用。

四、 成果的推广应用效果

本专业的实践教学体系从2011年开始构建。自2012年以后，每年都在不断地进行调整和修正，现已形成较为完善实践教学体系，并在"纺织品检验与贸易专业"的2010级、2011级、2012级、2013级、2014级学生中实施。本专业的实践教学体系实施后，学生的专业知识和实践技能加强了。毕业生的岗位适应能力和综合素质明显提高，得到了用人单位的一致好评。同时，教师的科研能力也得到了加强，公开出版的教材得到了社会的好评。

该实践教学体系于2014年在教育部纺织行业教学指导委员会纺织专业教学指导委员会上进行了主题发言，得到了与会代表的肯定。

荆州职业技术学院"纺织品检验与贸易"专业基本上采用我校该专业的人才培养方案。

加强和改善学校德育工作的研究

山东科技职业学院

完成人及简介

姓　名	性别	所在单位	党政职务	专业技术职称
宫淑芝	女	山东科技职业学院	副院长	教　授
王　伟	男	山东科技职业学院	组织委员	讲　师
马文卿	女	山东科技职业学院	英语教研室主任	工程师
丁爱美	女	山东科技职业学院	无	副教授
王首席	男	山东科技职业学院	无	副教授
陈灵锐	女	山东科技职业学院	无	讲　师

一、 成果简介及主要解决的教学问题

"加强和改善学校德育工作的研究"为山东省职业教育与成人教育研究所"十一五"规划课题。2006年9月立项,2006年11月开题,2011年12月结题。课题主要解决了5个教学问题:第一,进行了德育课程深度改革,创新了"1+1"德育教学新模式积极探讨并开展了"1+1"教学模式改革,"1+1"即一次理论课加一次实践课。第一次理论课主要通过专题教学讲解教材的重点和难点,第二次实践课则从第一次课的具体理论出发,一一对应,紧密联系当今社会实际和大学生活的各方面展开实践教学活动,达到"1+1>2"的效果。第二,进行了语文学科课堂教学德育渗透研究,拓宽了德育教育的领域和渠道。在"大学语文"课程教学中,教师用心搜集,并与当代大学生的思想实际紧密联系,潜移默化地对学生进行思想教育。第三,开展了心理素质训练,进行了培养学生健康人格教育方式的研究。开展了心理素质实训训练,参训学生的心理面貌与其他学生相比发生了很大改观,在自信心、语言表达、人际交往和思维策略等方面水平有显著提高。第四,开展素质拓展团队实训活动,培养学生合作精神方面有成效。结合专业特点与大学生素质培养的要求,通过素质拓展团队合作体验式训练,使学生团队之间的协调、沟通能力及个人综合素质方面均有所提高。

二、 解决教学问题的方法

（一）调查研究法

为更好地了解大学生对"思政课"的看法和建议,我们每个学期末都开展大学生"两课"教学状况调查,了解学生对"思政课"教学改革的意见和建议。从中可以寻找增强学生学习兴趣的主要途径和方法,可以明确学生所喜欢的实践教学形式,还可以了解到学生希望参观学习的地方,为下一步改革和开拓大学生思想政治教育基地指明了方向。对调研情况进行分析总结,为课题研究提供了第一手资料。

（二）实践教学法

实践课教学方式和教学手段的改革是提高"思政课"教学效果的必由之路。实践课所采取的方式多种多样,主要包含教学录像、学生课、集体讨论总结、社会调查、辩论课、集体阅读、问题论文等形式。"1+1"教学模式可以使学生在最短的时间内将理论与实践相结合,以最快的速度用实践来检验课本理论知识的正确性和实用性,充分提高学生理论联系实际的能力。同时,努力开展课外实践教学,如成立大学生思想政治研究会,让学生自我教育,自我管理。

（三）典型案例法

教学中设计了大量典型案例,精心选择了引导案例,课程内容及课外作业也引入了与理论结合的典型案例。教学过程中,教师根据教学目的要求,组织学生对案例思考分析、讨论交流,教给他们分析问题解决问题的方法,激发学生主动学习。

（四）比较分析法

对正反案例进行比较分析,两相对照,特征鲜明。运用比较分析方法,收到事半功倍之效。

三、 成果的创新点

第一,进行了德育课程的深度改革,创新了一种德育模式。积极探讨并开展了"1＋1"教学模式改革,"1＋1"即一次理论课加一次实践课。第一次理论课主要通过专题教学讲解教材的重点和难点,第二次实践课则从第一次课的具体理论出发,一一对应,紧密联系当今社会的实际和大学生活的各个方面展开实践教学活动,达到"1＋1>2"的效果。

第二,积极进行德育学科渗透,拓宽德育教育的领域和渠道。寓思想政治教育于语文教学中。在"大学语文"课程的教学中,我们的教师用心搜集,并与当代大学生的思想实际联系起来,潜移默化地对学生进行了思想教育。

第三,开展了心理素质训练,较好进行了培养学生健康人格教育方式的研究。

第四,素质拓展实训收到了良好的效果,培养学生合作精神方面有成效。

第五,指导教师工作制教育方式有突破。指导教师工作制促进了高职学生的个性发展,通过因材施教,使具有不同素质倾向、兴趣爱好、来源差异较大的高职生都能够进行个性化培养。

四、 成果的推广应用效果

"加强和改善学校德育工作的研究"为山东省职业教育与成人教育研究所"十一五"规划课题。2006 年 9 月立项,2011 年 11 月开题,2011 年 12 月结题。通过对大量资料的整理、分析,结合我校实际情况,总结并设计出独特的"1＋1"德育教育模式,并付诸于实践,全面提高了学生的综合素质及心理素质,促进了学生正确思维方式的形成,提高了学生分析问题和解决问题的能力。本课题的研究使学生、老师以及学校都受益匪浅。课题结题后在学院内部的纺织学院、服装学院、机电技术学院、信息系、经济管理学院、土木工程学院等 2011、2012、2013、2014 级思政课教学中使用"1＋1"教学模式,反馈效果良好。语文课的教学中渗透思想教育内容,教师教学理念发生了根本转变,改变了传统的德育课堂教学模式。全校以一种全新的德育教育方式去引导学生,将德育教育贯穿于灵活的方式及方法中去,学生学习积极性得到极大提高,受益学生达一万多人。课题研究组在德育工作中尤其是思政课的教学中进行了有效的改革,成绩显著。德育教育的有效运行模式值得推广。

附录 ·

"纺织之光" 2016 年度中国纺织工业联合会纺织职业教育教学成果奖预评审会议专家名单

序号	姓名	工作单位	职务
1	倪阳生	中国纺织服装教育学会	会　长
2	仲岑然	江苏工程职业技术学院教务处	处　长
3	张玉惕	山东轻工职业学院	副院长
4	金卫东	江苏工程职业技术学院	副院长
5	赵玲珍	常州纺织服装职业技术学院	副院长
6	瞿才新	盐城工业职业技术学院	副院长

"纺织之光"2016年度中国纺织工业联合会纺织职业教育教学成果网络评审专家名单

序号	院　校	姓名	职称
1	安徽职业技术学院	汪邦海	副教授
2	安徽职业技术学院	瞿　永	教授
3	安徽职业技术学院	陈　纲	教授
4	安徽职业技术学院	武松梅	副教授
5	安徽职业技术学院	钱　洁	高级工程师
6	安徽职业技术学院	喻　英	副教授
7	安徽职业技术学院	袁传刚	教授
8	安徽职业技术学院	田　丽	教授
9	安徽职业技术学院	张　勇	副教授
10	常州纺织服装职业技术学院	蒋心亚	研究员
11	常州纺织服装职业技术学院	赵玲珍	研究员
12	常州纺织服装职业技术学院	贺仰东	副教授
13	常州纺织服装职业技术学院	邓　凯	教授/研究员/高工
14	常州纺织服装职业技术学院	成丙炎	研究员
15	常州纺织服装职业技术学院	张文明	教授
16	常州纺织服装职业技术学院	曾　红	教授
17	常州纺织服装职业技术学院	朱　红	教授
18	常州纺织服装职业技术学院	杨蕴敏	教授/高工
19	常州纺织服装职业技术学院	夏　冬	教授
20	常州纺织服装职业技术学院	项建华	教授
21	常州纺织服装职业技术学院	袁红萍	副教授
22	常州纺织服装职业技术学院	陶丽珍	副教授
23	常州纺织服装职业技术学院	李臻颖	副教授
24	常州纺织服装职业技术学院	庄立新	副教授
25	成都纺织高等专科学校	黄小平	教授
26	成都纺织高等专科学校	王朝晖	教授
27	成都纺织高等专科学校	太扎姆	副教授
28	成都纺织高等专科学校	胡颖梅	副教授
29	成都纺织高等专科学校	梁　平	副教授
30	成都纺织高等专科学校	罗建红	副教授

序号	院　校	姓名	职称
31	成都纺织高等专科学校	冯西宁	教　授
32	大连轻工业学校	刘玉荣	高级讲师
33	大连轻工业学校	王琳秀	高级讲师
34	大连轻工业学校	田秋实	高级讲师
35	广东文艺职业学院	张丹丹	教授/高级服装设计师
36	广东文艺职业学院	周国屏	高级服装设计师/美术副教授/国家一级高级服装设计技师
37	广东职业技术学院	刘　森	教　授
38	广东职业技术学院	李竹君	教　授
39	广东职业技术学院	陈水清	高　工
40	广东职业技术学院	王维亚	副教授
41	广东职业技术学院	王家馨	教　授
42	广东职业技术学院	杨　念	副教授
43	广东职业技术学院	薛福平	教　授
44	广东职业技术学院	刘宏喜	教　授
45	广东职业技术学院	文水平	副教授
46	广东职业技术学院	何丽清	副教授
47	广东职业技术学院	黄　敏	教　授
48	广东职业技术学院	陈志铭	高级讲师
49	广东职业技术学院	张卫红	副教授
50	广东职业技术学院	沈细周	副教授
51	广西纺织工业学校	雷　敏	高级讲师
52	广西纺织工业学校	李红梅	高级讲师
53	广西纺织工业专科学校	余　燕	高级工程师
54	广西纺织工业学校	马宇丽	高级讲师
55	广西纺织工业学校	柏干梅	高级讲师
56	广西纺织工业学校	朱华平	高级讲师
57	广西纺织工业学校	周志东	讲　师
58	广西纺织工业学校	巴　亮	讲　师
59	广西纺织工业学校	于　虹	高级讲师
60	广西纺织工业学校	刘　梅	高级讲师
61	广西纺织工业学校	汪　薇	高级讲师
62	广西纺织工业学校	陈卫红	高级工程师
63	广西纺织工业学校	梁雄娟	高级讲师
64	杭州职业技术学院	林　平	高级经济师

（续　表）

序号	院　校	姓名	职称
65	杭州职业技术学院	张　芸	经济师
66	杭州职业技术学院	贾文胜	教　授
67	杭州职业技术学院	陈加明	副教授
68	杭州职业技术学院	许淑燕	教　授
69	杭州职业技术学院	郑　路	经济师
70	杭州职业技术学院	程利群	教　授
71	杭州职业技术学院	梁宁森	教　授
72	杭州职业技术学院	袁　飞	副教授
73	杭州职业技术学院	郑小飞	副教授
74	杭州职业技术学院	刘桠楠	副教授
75	杭州职业技术学院	白志刚	教　授
76	杭州职业技术学院	卢华山	副教授
77	杭州职业技术学院	寇勇奇	工程师
78	杭州职业技术学院	章瓯雁	教　授
79	杭州职业技术学院	童国通	副教授
80	嘉兴职业技术学院	戴桦根	副教授
81	嘉兴职业技术学院	顾金孚	教　授
82	嘉兴职业技术学院	高慧英	副教授
83	江苏工程职业技术学院	金卫东	研究员
84	江苏工程职业技术学院	仲岑然	教　授
85	江苏工程职业技术学院	金永安	教　授
86	江苏工程职业技术学院	马　斌	教　授
87	江苏工程职业技术学院	张曙光	教　授
88	江苏工程职业技术学院	陈志华	教　授
89	江苏工程职业技术学院	耿琴玉	副教授
90	江苏工程职业技术学院	马　昀	副教授
91	江苏工程职业技术学院	王亚鹏	副研究员
92	江苏工程职业技术学院	丁永久	副研究员
93	江苏工程职业技术学院	江荣华	副教授
94	江苏工程职业技术学院	邢　颖	副教授
95	江苏工程职业技术学院	尹桂波	副教授
96	江苏工程职业技术学院	钱雪梅	副教授
97	江苏工程职业技术学院	陈伟伟	副教授
98	江西服装学院	陈万龙	教　授
99	江西服装学院	杨汉东	副教授
100	江西服装学院	陈娟芬	教　授

序号	院　校	姓名	职称
101	江西服装学院	闵　悦	副教授
102	江西服装学院	刘　琼	副教授
103	江西服装学院	信玉峰	副教授
104	江西服装学院	张　宁	副教授
105	江西服装学院	曹　莉	副教授
106	江西服装学院	黄春岚	副教授
107	江西服装学院	段　婷	副教授
108	辽东学院	路艳华	教授
109	辽东学院	林　杰	副教授
110	辽东学院	程德红	副教授
111	辽东学院	卢　声	副教授
112	辽宁轻工职业学院	王仁成	教授
113	辽宁轻工职业学院	毕万新	教　授
114	辽宁轻工职业学院	熊丽华	教授
115	辽宁轻工职业学院	李　敏	教授
116	辽宁轻工职业学院	段国裕	副教授
117	辽宁轻工职业学院	马丽群	副教授
118	辽宁轻工职业学院	邓鹏举	教　授
119	辽宁轻工职业学院	白嘉良	教　授
120	辽宁轻工职业学院	曲　侠	副教授
121	辽宁轻工职业学院	王雪梅	副教授
122	辽宁轻工职业学院	祖秀霞	副教授
123	辽宁轻工职业学院	王静芳	副教授
124	辽宁轻工职业学院	薛飞燕	副教授
125	辽宁轻工职业学院	杨　旭	副教授
126	辽宁轻工职业学院	荆友水	副教授
127	沙洲职业工学院	倪春锋	教授
128	沙洲职业工学院	范尧明	副教授
129	沙洲职业工学院	于　勤	副教授
130	山东科技职业学院	丁文利	教授
131	山东科技职业学院	李志贤	教　授
132	山东科技职业学院	董传民	副教授
133	山东科技职业学院	董敬贵	教　授
134	山东科技职业学院	李爱香	副教授
135	山东科技职业学院	任雪玲	教　授
136	山东科技职业学院	张宗宝	副教授

(续 表)

序号	院 校	姓名	职称
137	山东科技职业学院	韩文泉	教 授
138	山东科技职业学院	王艳芳	副教授
139	山东科技职业学院	沈文玲	副教授
140	山东科技职业学院	孙金平	副教授
141	山东科技职业学院	王安平	教 授
142	山东科技职业学院	孙清荣	副教授
143	山东科技职业学院	管伟丽	副教授
144	山东科技职业学院	闫红清	副教授
145	山东轻工职业学院	张玉惕	教 授
146	山东轻工职业学院	刘仰华	教 授
147	山东轻工职业学院	郭常青	教 授
148	山东轻工职业学院	杨秀稳	教 授
149	山东轻工职业学院	王 峰	教 授
150	山东轻工职业学院	陈 利	副教授
151	山东轻工职业学院	马雪梅	副教授
152	山东轻工职业学院	张 昱	讲 师
153	山东轻工职业学院	吕 宁	讲 师
154	山东轻工职业学院	肖鹏业	讲 师
155	山东轻工职业学院	杨永亮	讲 师
156	山东轻工职业学院	董泽建	讲 师
157	山东轻工职业学院	周 磊	讲 师
158	陕西工业职业技术学院	杨建民	教 授
159	陕西工业职业技术学院	贾格维	教 授
160	陕西工业职业技术学院	纪惠军	教 授
161	陕西工业职业技术学院	严 瑛	教 授
162	陕西工业职业技术学院	雷利照	教 授
163	陕西工业职业技术学院	康 强	教 授
164	陕西工业职业技术学院	王化冰	副教授
165	陕西工业职业技术学院	潘红玮	副教授
166	陕西工业职业技术学院	裴建平	副教授
167	陕西工业职业技术学院	杨小侠	副教授
168	陕西工业职业技术学院	冯秋玲	副教授
169	陕西工业职业技术学院	王显方	副教授
170	陕西工业职业技术学院	曹红梅	副教授
171	陕西工业职业技术学院	姚海伟	副教授
172	陕西工业职业技术学院	胡 蓉	副教授

序号	院　校	姓名	职称
173	陕西工业职业技术学院	袁丰华	副教授
174	陕西工业职业技术学院	王晓梅	副教授
175	陕西工业职业技术学院	负秋霞	副教授
176	无锡工艺职业技术学院	谢建平	副教授
177	无锡工艺职业技术学院	穆　红	副教授
178	无锡工艺职业技术学院	陈　珊	副教授
179	无锡工艺职业技术学院	高　岩	副教授
180	武汉纺织大学高职学院	李世宗	教　授
181	武汉纺织大学高职学院	李德骏	教　授
182	武汉纺织大学高职学院	张家胜	教　授
183	武汉纺织大学高职学院	肖信华	副教授
184	武汉职业技术学院	温振华	副教授
185	武汉职业技术学院	全建业	副教授
186	武汉职业技术学院	项洪文	副教授
187	武汉职业技术学院	何方容	副教授
188	武汉职业技术学院	李　岳	副教授
189	武汉职业技术学院	廖选亭	副教授
190	武汉职业技术学院	汪　玲	副教授
191	武汉职业技术学院	陈汉东	副教授
192	武汉职业技术学院	向虹云	副教授
193	武汉职业技术学院	孔　莉	副教授
194	武汉职业技术学院	黄　皓	副教授
195	武汉职业技术学院	刘建明	副教授
196	香港服装学院	周世康	高级技师
197	香港服装学院	曹亚箭	高级技师
198	香港服装学院	郭仕美	高级技师
199	香港服装学院	冯晓川	高级技师
200	香港服装学院	杨　辉	技　师
201	香港服装学院	刘成均	高级技师
202	香港服装学院	陈章增	技　师
203	香港服装学院	吴　慧	技　师
204	香港服装学院	占国干	高级技师
205	香港服装学院	龙宝仔	中级技师
206	香港服装学院	古福昌	高级技师
207	盐城工业职业技术学院	张荣华	教　授
208	盐城工业职业技术学院	张林龙	教　授

（续 表）

序号	院　校	姓名	职称
209	盐城工业职业技术学院	瞿才新	教　授
210	盐城工业职业技术学院	孙卫芳	教　授
211	盐城工业职业技术学院	樊理山	教　授
212	盐城工业职业技术学院	刘德驹	教　授
213	盐城工业职业技术学院	李建国	研究员
214	盐城工业职业技术学院	吴益峰	副教授
215	盐城工业职业技术学院	刘　华	教　授
216	盐城工业职业技术学院	许俊生	副教授
217	盐城工业职业技术学院	杜　梅	副教授
218	盐城工业职业技术学院	李　萍	教　授
219	盐城工业职业技术学院	许士群	研究员
220	盐城工业职业技术学院	王宜君	副教授
221	盐城工业职业技术学院	姜为青	副教授
222	浙江纺织服装职业技术学院	王梅珍	教　授
223	浙江纺织服装职业技术学院	杨　威	教　授
224	浙江纺织服装职业技术学院	陈运能	教　授
225	浙江纺织服装职业技术学院	张福良	教　授
226	浙江纺织服装职业技术学院	夏建明	教　授
227	浙江纺织服装职业技术学院	吴建华	教　授
228	浙江纺织服装职业技术学院	罗炳金	教　授
229	浙江纺织服装职业技术学院	张芝萍	教　授
230	浙江纺织服装职业技术学院	王　苹	教　授
231	浙江纺织服装职业技术学院	王　瑄	教授/高级工程师
232	浙江纺织服装职业技术学院	祝永志	副教授
233	浙江纺织服装职业技术学院	朱远胜	副教授
234	浙江纺织服装职业技术学院	叶宏武	教授/高级工程师
235	浙江纺织服装职业技术学院	王　成	副教授
236	浙江纺织服装职业技术学院	龚勤理	教　授
237	浙江横店影视职业学院	洪文进	助　教
238	重庆工贸职业技术学院	任小波	副教授

"纺织之光" 2016 年度中国纺织工业联合会
纺织职业教育教学成果奖评审会专家名单

序号	姓名	单　位	学术(行政)职务
1	王琳秀	大连市轻工业学校	高级讲师
2	邓鹏举	辽宁轻工职业学院	教　授
3	任小波	重庆工贸职业技术学院艺术与文化传播系	系主任
4	全建业	武汉职业技术学院纺织服装学院	副院长
5	刘成均	香港服装学院	高级讲师
6	杨　威	浙江纺织服装职业技术学院	副院长
7	杨建民	陕西工业职业技术学院纺织染化学院	院　长
8	余　燕	广西纺织工业学校教育督导办	主　任
9	汪邦海	安徽职业技术学院纺织服装学院	院　长
10	张卫红	广东职业技术学院继续教育部	副主任
11	林　杰	辽东学院	副教授
12	金卫东	江苏工程职业技术学院	副院长
13	姜朋明	盐城工业职业技术学院	院　长
14	洪文进	浙江横店影视职业学院教研科	副科长
15	顾金孚	嘉兴职业技术学院纺织与艺术设计分院	院　长
16	郭常青	山东轻工职业学院	系主任
17	黄小平	成都纺织高等专科学校	副校长
18	蒋心亚	常州纺织服装职业技术学院	院　长
19	程利群	杭州职业技术学院人事处	处　长